DIE GRUNDLEHREN DER MATHEMATISCHEN WISSENSCHAFTEN

IN EINZELDARSTELLUNGEN MIT BESONDERER BERÜCKSICHTIGUNG DER ANWENDUNGSGEBIETE

HERAUSGEGEBEN VON

R. GRAMMEL · E. HOPF · H. HOPF · F. K. SCHMIDT
B. L. VAN DER WAERDEN

BAND LXXXIX

THEORIE DER RIEMANNSCHEN FLÄCHEN

VON

ALBERT PFLUGER

SPRINGER-VERLAG
BERLIN · GÖTTINGEN · HEIDELBERG
1957

THEORIE DER RIEMANNSCHEN FLÄCHEN

VON

ALBERT PFLUGER

PROFESSOR DER MATHEMATIK
AN DER EIDGENÖSSISCHEN TECHNISCHEN HOCHSCHULE ZÜRICH

MIT 5 TEXTABBILDUNGEN

SPRINGER-VERLAG
BERLIN · GÖTTINGEN · HEIDELBERG
1957

ISBN-13: 978-3-642-94699-8   e-ISBN-13: 978-3-642-94698-1
DOI: 10.1007/978-3-642-94698-1

ALLE RECHTE, INSBESONDERE DAS DER ÜBERSETZUNG
IN FREMDE SPRACHEN, VORBEHALTEN

OHNE AUSDRÜCKLICHE GENEHMIGUNG DES VERLAGES IST ES AUCH NICHT
GESTATTET, DIESES BUCH ODER TEILE DARAUS AUF PHOTOMECHANISCHEM
WEGE (PHOTOKOPIE, MIKROKOPIE) ZU VERVIELFÄLTIGEN

© BY SPRINGER-VERLAG OHG.
BERLIN · GÖTTINGEN · HEIDELBERG · 1957
Softcover reprint of the hardcover 1st edition 1957

BRÜHLSCHE UNIVERSITÄTSDRUCKEREI GIESSEN

MEINER FRAU GEWIDMET

Vorwort

Es besteht heute wohl kein fühlbarer Mangel an Büchern, welche die RIEMANNschen Flächen zum Gegenstand haben. Im Jahre 1953 erschien R. NEVANLINNAs „Uniformisierung" (R. NEVANLINNA [1*]), wo der Nachweis der fundamentalen Existenzsätze unter bewußter Beschränkung auf konstruktive Methoden, das sind die alternierenden Verfahren von SCHWARZ und NEUMANN, eine überaus klare und durchsichtige Darstellung gefunden hat. WEYLs „Idee der RIEMANNschen Fläche" (H. WEYL [1*]) wurde in der dritten umgearbeiteten Auflage wiederum zu einem modernen Buch. M. SCHIFFER und D. C. SPENCER publizierten ihre tiefgreifenden Untersuchungen über ABELsche Differentiale auf kompakten berandeten Flächen in einer umfangreichen Abhandlung (SCHIFFER und SPENCER [1*]), und es haben H. BEHNKE und F. SOMMER in den zwei letzten Kapiteln ihres Buches „Theorie der analytischen Funktionen einer Veränderlichen" (Springer-Verlag, Berlin 1955) die RIEMANNschen Flächen wiederum unter einem besonderen Aspekt behandelt.

Daß den genannten Büchern nun die vorliegende Monographie „Theorie der RIEMANNschen Flächen" beigefügt wird, findet eine Art Rechtfertigung u. a. in dem Versuch, verschiedene Methoden Existenzbeweise zu führen, einer vergleichenden Betrachtung zu unterziehen. Sowohl dem PERRONschen Verfahren wie auch dem DIRICHLETschen Prinzip liegt je eine Extremalbedingung zugrunde. Bei der Methode von PERRON handelt es sich darum, geeignete Klassen von subharmonischen Funktionen u zu definieren, sog. PERRONsche Klassen $\mathfrak{P}$, deren Supremum $h = \sup_{u \in \mathfrak{P}} u$ eine harmonische Funktion mit vorgeschriebenen Eigenschaften ist (vgl. § 6.5 und Kap. IV A). Das Verfahren ist einfach und führt rasch zur Lösung einer Reihe potentialtheoretischer Existenzfragen. An Topologie werden lediglich einige mengentheoretische Grundbegriffe verwendet und die analytischen Hilfsmittel beruhen im wesentlichen auf der GAUSSschen Mittelwertungleichung (6.5) für subharmonische Funktionen und dem daraus fließenden Maximumprinzip. Seine Eleganz wird jedoch erkauft durch den Verzicht auf ein konstruktives Verfahren. Es gibt aber zum PERRONschen Verfahren sog. *konstruktive Varianten*, mit denen man eine wachsende Folge subharmonischer Funktionen konstruiert, die einer PERRONschen Klasse $\mathfrak{P}$ angehören und gegen das Supremum $h = \sup\limits_{u \in \mathfrak{P}} u$ konvergieren. Solche ,,Maximalfolgen`` liefern die Verfahren von Schwarz, Poincaré und Kellogg (vgl. § 29). Trotz des allgemeinen Charakters der Perronschen Methode ist sie nicht auf alle Riemannschen Flächen anwendbar. Wenn nämlich $\mathfrak{P}$ eine Perronsche Klasse ist und $h = \sup\limits_{u \in \mathfrak{P}} u$ die zugehörige harmonische Funktion, so ist $u - h$ für jedes $u \in \mathfrak{P}$ eine nicht positive subharmonische Funktion. Nun gibt es Riemannsche Flächen, wie z. B. die geschlossenen Flächen, die euklidische Ebene u. a. m., auf denen jede nach oben beschränkte subharmonische Funktion notwendig eine Konstante ist. In diesem Fall wären alle $u \in \mathfrak{P}$ schon harmonische Funktionen, die sich von h nur um Konstanten unterscheiden, und es wäre somit die Methode trivial bzw. nicht mehr effektiv. Das Perronsche Verfahren und die entsprechenden konstruktiven Varianten sind also für eine ausgedehnte Klasse von Riemannschen Flächen, den sog. nullberandeten Flächen, nicht brauchbar.

Hier springt das Dirichletsche Prinzip in die Lücke (vgl. Kap. IV.B). Es ist auf beliebige Riemannsche Flächen anwendbar, ist aber dafür einer Einschränkung anderer Art unterworfen. Will man z. B. nachweisen, daß zu einer exakten 1-Form ω eine cohomologe harmonische 1-Form ω_0 existiert, so wird man voraussetzen, daß die Norm von ω endlich sei. Man definiert eine bestimmte Klasse zu ω cohomologer Formen, was bei nicht-kompakten Flächen auf verschiedene Weise geschehen kann, und man beweist, daß unter den Elementen dieser Klasse eines mit kleinster Norm existiert und dieses harmonisch ist. Hierzu konstruiert man mit Hilfe einer Minimalfolge durch Betrachtungen im kleinen eine harmonische Form ω_0. Der Nachweis, daß diese Form zu ω cohomolog ist, macht aber noch eine globale Betrachtung nötig, bei der in irgendeiner Weise der Integralsatz von Stokes hineinspielt, was beim Perronschen Verfahren nicht der Fall ist.

Da man beim Dirichletschen Prinzip von der Existenz einer Minimalfolge ausgeht, liefert es eine reine Existenzaussage. Es gibt aber auch hier, analog wie bei der Perronschen Methode, konstruktive Varianten, wenigstens bei kompakten Flächen, die gestatten, eine Minimalfolge direkt zu konstruieren (vgl. § 33). Daß sich das klassische, sog. Neumannsche alternierende Verfahren[1] zur Konstruktion harmonischer Funktionen mit gegebenen Singularitäten auf einer geschlossenen Fläche als eine solche konstruktive Variante des Dirichletschen Prinzips herausstellt, ist der besonderen Erwähnung wert.

Wir nehmen die Riemannsche Fläche im Sinne von Weyl-Radó (T. Radó [2]), das ist ein zusammenhängender Hausdorffscher Raum R

---

[1] Dieses Verfahren geht eigentlich auf H. A. Schwarz [1*], S. 168—171, zurück, vgl. L. Sario [7].

mit einer zweidimensionalen konformen Struktur. Es wird nicht gefordert, daß auf R eine abzählbare Umgebungsbasis existiere, m. a. W., daß das zweite Abzählbarkeitsaxiom gelte, sondern es folgt die Gültigkeit dieses Axioms aus der konformen Struktur, wie T. RADÓ [2] mit Hilfe der Uniformisierung erstmals gezeigt hat (vgl. auch R. NEVANLINNA [1*]). Dieser Sachverhalt verdient eine gewisse Beachtung. Nicht nur gibt es zusammenhängende HAUSDORFFsche Räume mit einer zweidimensionalen differenzierbaren Struktur und ohne abzählbare Umgebungsbasis, sondern es gibt auch komplex-analytische Mannigfaltigkeiten der komplexen Dimension n, $n = 2, 3, \ldots$, wo das zweite Abzählbarkeitsaxiom nicht erfüllt ist[1]. Den Ausgangspunkt für den Nachweis einer abzählbaren Umgebungsbasis auf einer RIEMANNschen Fläche bildet der Satz von P. ALEXANDROFF [1], wonach ein zusammenhängender, im kleinen kompakter und metrisierbarer topologischer Raum dem zweiten Abzählbarkeitsaxiom genügt. Die Metrisierbarkeit der RIEMANNschen Fläche folgt leicht aus der Existenz einer stetig differenzierbaren Funktion, deren Gradient nur an isolierten Stellen verschwindet, ein Verfahren, das bei mehr als zwei reellen Dimensionen versagt. Erst zum Nachweis einer solchen Funktion wird die konforme Struktur benutzt.

Wir subsumieren die RIEMANNsche Fläche bald der topologischen, bald der differenzierbaren Fläche. Die Idee der analytischen Fortsetzung z. B. findet im Begriff der unverzweigten Überlagerung ihre allgemeine topologische Fassung; dem Begriff der unbegrenzten und unverzweigten Überlagerung entspricht als funktionentheoretische Spezialisierung die unbegrenzte Fortsetzbarkeit eines Funktionselementes; die topologisch invariante Formulierung der analytischen Abbildung einer RIEMANNschen Fläche in eine solche führt zum Begriff der „inneren Abbildung" im Sinne von S. STOÏLOW [1*], das ist eine stetige und gebietstreue Abbildung einer topologischen Fläche T in eine topologische Fläche T', die kein Kontinuum auf einen Punkt abbildet (Kap. II). Im Kap. III (Homologie und Cohomologie) wird die RIEMANNsche Fläche der differenzierbaren Fläche subsumiert. Zwar gehen wir auch dort stets von einer konformen Struktur aus, denn es kann jeder orientierbaren differenzierbaren Fläche eine konforme Struktur aufgeprägt werden, und die dortigen Begriffe sind, abgesehen von der Abbildung * (vgl. § 8.5), gegenüber eineindeutigen, stetig differenzierbaren und orientierungstreuen Abbildungen invariant. Es ist hier gegeben, von dem eleganten „calcul différentiel extérieur" von E. CARTAN Gebrauch zu machen, der sich im Falle von zwei reellen Dimensionen ohne besonderen Apparat handhaben läßt.

---

[1] Vgl. E. CALABI und M. ROSENLICHT Complex analytic manifolds without countable base. Proc. Amer. Math. Soc. **4** (1953).

Es entspricht wohl einer ursprünglichen Auffassung, den Homologiebegriff der 1-Zyklen (ganzzahlige Linearkombinationen geschlossener Wege) auf das Linienintegral zu gründen: Zwei Zyklen $\mathfrak{z}$ und $\mathfrak{z}'$ auf einer RIEMANNschen Fläche R heißen homolog, wenn die Integrale $\int\limits_{\mathfrak{z}} \omega$ und $\int\limits_{\mathfrak{z}'} \omega$ für alle exakten 1-Formen ω gleichen Wert haben. Dieser Homologiebegriff ist dual zur Cohomologie der exakten 1-Formen auf R. Da wir von Anfang an beliebige, also auch nicht-kompakte Flächen betrachten, ist es zweckmäßig, den exakten Formen mit kompaktem Träger eine besondere Rolle zuzuweisen. Dies führt dazu, zwischen einer Homologie im starken Sinne („berandend im kompakten Sinn") und im schwachen Sinn („berandend im nichtkompakten Sinn") zu unterscheiden. Der geometrische Aspekt der Homologie (nullhomolog $=$ „berandend") kommt allerdings erst in § 23 auf Grund einer Triangulierung zum Vorschein. Natürlich kann jede topologische Fläche trianguliert werden. Es ist aber für manche Zwecke vorteilhaft, eine der konformen Struktur angepaßte Triangulierung zu haben, wo die Kanten aus analytischen Bogen bestehen. Eine solche wird in § 9 konstruiert und ergibt sich übrigens auch aus der Uniformisierung (§ 35.3.2).

Den Impuls zu der seit 15 Jahren intensiven Forschung auf dem Gebiete der abelschen Differentiale auf nicht-kompakten RIEMANNschen Flächen, insbesondere auf solchen von unendlich hohem Geschlecht, und der sich anschließenden Klassifikationsfragen gab R. NEVANLINNA durch seine Arbeit „Quadratisch integrierbare Differentiale auf einer RIEMANNschen Mannigfaltigkeit". Auf Grund eines Satzes von BEHNKE-STEIN [1] weiß man, daß zu jeder exakten komplexen 1-Form auf einer nichtkompakten RIEMANNschen Fläche eine cohomologe analytische Form existiert. Auf einer nicht-kompakten Fläche enthält also jede (komplexe) Cohomologieklasse eine harmonische und sogar eine analytische Form, ganz im Gegensatz zu den kompakten Flächen, wo es in jeder Cohomologieklasse wohl eine harmonische, aber im allgemeinen keine analytische Form gibt. Während bei kompakten Flächen jede Cohomologieklasse genau ein harmonisches Differential als den natürlichen Repräsentanten dieser Klasse enthält[1], gibt es bei nicht-kompakten Flächen in jeder Cohomologieklasse unendlich viele harmonische und sogar analytische Differentiale. Hier geht die ausgezeichnete Stellung der harmonischen Formen verloren. Wenn man aber beachtet, daß bei kompakten Flächen eine harmonische Form dadurch charakterisiert ist, daß sie unter allen exakten Formen seiner

---

[1] Dieser klassische Satz ist ein Spezialfall des Theorems von HODGE-DE RHAM über harmonische Formen auf einer n-dimensionalen, im differentialgeometrischen Sinne RIEMANNschen, kompakten Mannigfaltigkeit. Vgl. G. DE RHAM, Variétés différentiables. Hermann & Cie, Paris 1955.

Cohomologieklasse die kleinste Norm hat, so ist es natürlich, bei nicht-kompakten Flächen in der Weise ähnlich vorzugehen, daß man sich auf exakte Formen von endlicher Norm beschränkt. Auf Grund des DIRICHLETschen Prinzips gibt es zu jeder solchen Form eine cohomologe harmonische Form, die unter den Elementen seiner Cohomologieklasse die kleinste Norm besitzt. Diese ist eindeutig bestimmt, zwar nicht durch die Cohomologieklasse selbst, aber durch die zusätzliche metrische Minimalbedingung für die Norm. Erst bei Beschränkung auf die Klasse von solchen RIEMANNschen Flächen, auf denen jede harmonische Funktion mit endlichem DIRICHLET-Integral notwendig eine Konstante ist, enthält jede Klasse cohomologer exakter Formen endlicher Norm genau eine harmonische Form. Mit diesen wenigen Andeutungen soll auf die in § 39 behandelten Probleme hingewiesen werden, die in natürlicher Weise zu den in Kap. VII behandelten Klassifikationsfragen führen. Eine Reihe allgemeiner Sätze und raffiniert konstruierter Beispiele haben hier zu einer vorläufigen Abklärung geführt. Auf eine eingehende Darstellung, vor allem der teilweise recht komplizierten Beispiele mußte hier verzichtet werden.

Die vorliegende Monographie erhebt auch in anderer Hinsicht keinen Anspruch auf Vollständigkeit: Es wird auf die Verallgemeinerung NEVANLINNAs Theorie der meromorphen Funktionen auf RIEMANNsche Flächen (G. HÄLLSTRÖM [1], TSUJI [2]) nicht eingegangen; ebenso nicht auf die Fortsetzbarkeit RIEMANNscher Flächen (S. BOCHNER [2], T. RADÓ [1], L. SARIO [1], M. HEINS [4, 5]), die Methode der Kernfunktion (S. BERGMAN [1], S. BOCHNER [1], O. LEHTO [1], M. SCHIFFER [3], BERGMAN und SCHIFFER [1], K. I. VIRTANEN [2, 4]) sowie auf die Untersuchungen von M. HEINS über das LINDELÖFsche Prinzip (vgl. M. HEINS [7, 8] sowie O. LEHTO [3]).

Es verbleibt mir die schöne Aufgabe zu danken: Herrn Professor R. NEVANLINNA für sein stets aufmunterndes Interesse, meinem Freunde BENO ECKMANN für seine wertvollen Ratschläge sowie den Herren Dr. A. AEPPLI und Dr. J. HERSCH vor allem, die mit unermüdlichem Interesse das Manuskript und die Korrekturen durchgesehen und durch ihre Kritik und Verbesserungsvorschläge mir einen großen Dienst erwiesen haben.

Herrn Professor Dr. F. K. SCHMIDT und dem Springer-Verlag danke ich für ihr bereitwilliges Verständnis für die Verzögerungen meiner Arbeit und die Sorgfalt, die diesem Buche zuteil wurde.

ALBERT PFLUGER

Zürich, im September 1956

Inhaltsverzeichnis

Fünftes Kapitel. Uniformisierungstheorie

Sechstes Kapitel. Harmonische und analytische Differentiale

Siebentes Kapitel. Einige Klassen von RIEMANNschen Flächen

Erstes Kapitel

Begriff der RIEMANNschen Fläche

§ 1. Die analytische Funktion im großen

Es ist ein charakteristischer Zug der analytischen Funktion, daß ihre analytische Fortsetzung, falls sie überhaupt möglich, eindeutig bestimmt ist. Dies führt auf die Idee, eine analytische Funktion, die in einem Gebiet der Ebene gegeben ist, nur als ein Teilstück einer analytischen Funktion im großen zu betrachten, von der man durch sukzessive analytische Fortsetzung des ursprünglichen Funktionselementes immer mehr erfassen kann. Dieser WEIERSTRASSsche Prozeß der analytischen Fortsetzung[1] führt im allgemeinen auf mehrdeutige Funktionen und es ist sein großer Vorzug, daß er eine exakte Behandlung dieser mehrdeutigen analytischen Funktionen ermöglicht.

Zur Beschreibung dieses Prozesses betrachten wir eine Potenzreihe

$$P = \sum_{1}^{\infty} c_n (z - a)^n \tag{1.1}$$

mit dem Mittelpunkt a und dem Konvergenzradius $\varrho(P) > 0$. Sie stellt in ihrem Konvergenzkreis $|z - a| < \varrho(P)$ eine analytische Funktion $w_P(z)$ dar, die wir das von P erzeugte *Funktionselement* nennen. Durch Reihenumordnung von P oder durch die TAYLORsche Entwicklung von $w_P(z)$ wird dann jedem Punkt a' des Konvergenzkreises eindeutig eine Potenzreihe

$$P' = \sum_{0}^{\infty} c_n' (z - a')^n, \quad n!\, c_n' = w_P^{(n)}(a') \tag{1.2}$$

und damit ein Funktionselement $w_{P'}(z)$ zugeordnet, das eine *unmittelbare analytische Fortsetzung* von $w_P(z)$ ist. Die Potenzreihen P', die den Punkten a' mit $|a' - a| < \varepsilon, 0 < \varepsilon \leq \varrho(P)$, in der angegebenen Weise entsprechen, bilden eine *ε-Umgebung* von P.

Wir nehmen nun die Gesamtheit $\{P\}$ der Potenzreihen (1.1) und betrachten dann und nur dann zwei Potenzreihen als gleich, falls sie in den Koeffizienten c_n wie auch im Mittelpunkt a übereinstimmen. Durch die oben definierte ε-Umgebung wird in $\{P\}$ ein Umgebungsbegriff ein-

---

[1] Vgl. K. WEIERSTRASS, Ges. Werke, Bd. 1 (1894), S. 83—84, sowie B. RIEMANN [1*], S. 88—89. Ferner sei für diesen wie auch für den folgenden § 2 auf die entsprechenden Ausführungen bei H. WEYL [1*] verwiesen.

geführt, der offenbar den HAUSDORFFschen *Umgebungsaxiomen*[1] genügt. Dies ist für die ersten drei Axiome trivial. Nachzuprüfen bleibt das vierte: Sind P und P' zwei Elemente aus $\{P\}$ und sind ihre Mittelpunkte a und a' verschieden, so haben P und P' disjunkte Umgebungen. Ist aber $a = a'$ und haben zwei ε-Umgebungen von P und P' ein gemeinsames Element P'' mit dem Mittelpunkt a'', so müßten die von P und P' erzeugten Funktionselemente in der Umgebung von a'' und somit überhaupt übereinstimmen. Daraus folgt dann $P = P'$. *Es wird also in der Menge $\{P\}$ der Potenzreihen* (1.1) *durch den eingeführten Umgebungsbegriff eine Topologie definiert, welche diese Menge $\{P\}$ zu einem* HAUSDORFFschen *Raum macht.*

Eine zusammenhängende Komponente R dieses Raumes[2] ist offenbar durch folgende zwei Eigenschaften charakterisiert:

1) Sind P und P' zwei Elemente in R, so gibt es in R solche Elemente $P_1, \ldots, P_n, P_{n+1}$ mit $P_1 = P$ und $P_{n+1} = P'$, und zugehörige Umgebungen $U(P_k)$, $k = 1, 2, \ldots, n$ daß P_{k+1} in $U(P_k)$ gelegen ist. Dies bedeutet, daß die Potenzreihen $P_1, \ldots, P_{n+1}$ durch Umordnen sukzessive auseinander hervorgehen oder daß die durch P und P' dargestellten Funktionselemente analytische Fortsetzungen voneinander sind.

2) Ist P ein Element in R, so gehört auch jede Umgebung von P zu R.

Jedem $P \in R$ ist eindeutig sein *Mittelpunkt* $a(P)$ in der z-Ebene zugeordnet und dadurch eine stetige Abbildung

$$z = a(P) \tag{1.3}$$

von R in die z-Ebene definiert. Diese Abbildung ist im kleinen homöomorph; einer Umgebung $U_\varepsilon(P)$ entsprechen umkehrbar eindeutig und stetig die Punkte der Kreisscheibe $|z - a| < \varepsilon$. Anderseits ist jedem P eindeutig eine komplexe Zahl $w(P)$, nämlich *der Wert des Funktionselementes im Zentrum* zugeordnet. $w(P)$ ist auf R eindeutig, und im kleinen, d. h. in jeder Umgebung $U_\varepsilon(P)$, ist $w(P')$ gemäß (1.2) von der Form

$$w(P') = w_P(z), \quad z = a(P'), \tag{1.4}$$

---

[1] Vgl. ALEXANDROFF-HOPF [1*], S. 43 und 67. Die HAUSDORFFschen Umgebungsaxiome lauten:

1) Jeder Punkt p des Raumes besitzt mindestens eine Umgebung und ist in jeder seiner Umgebungen enthalten.

2) Der Durchschnitt zweier Umgebungen eines und desselben Punktes enthält eine Umgebung dieses Punktes.

3) Liegt der Punkt q in einer Umgebung $U(p)$ des Punktes p, so besitzt er eine in $U(p)$ enthaltene Umgebung.

4) Zwei verschiedene Punkte besitzen disjunkte Umgebungen.

[2] Vgl. ALEXANDROFF-HOPF [1*], S. 48—49.

also eine analytische Funktion der Variablen z. *Somit werden durch $w(P)$ sämtliche Funktionselemente, die aus einem durch analytische Fortsetzung hervorgehen, zu dieser einzigen, auf R eindeutigen und im kleinen analytischen Funktion der Variablen z zusammengefaßt*; dies ist die WEIERSTRASSsche *analytische Funktion im großen.*

§ 2. Das analytische Gebilde

2.1. Im vorigen Paragraphen haben wir gesehen, daß der Raum R der Funktionselemente einer analytischen Funktion im großen durch (1.3) bzw. (1.4) stetig in die z-Ebene bzw. w-Ebene abgebildet wird. Dabei ist aber die z-Ebene gegenüber der w-Ebene dadurch ausgezeichnet, daß (1.3) im kleinen homöomorph ist, aber nicht (1.4).

Wir wollen nun diese Sonderstellung der z-Ebene aufheben, indem wir den Begriff des Funktionselementes verallgemeinern[1]. Schreiben wir nämlich (1.1) in der Form

$$z = a + t, \quad w = \sum_0^\infty c_n t^n, \tag{2.1}$$

so kommen wir auf die Idee, den lokalen Zusammenhang zwischen z und w durch einen Parameter t zu beschreiben, also

$$z = P(t), \quad w = Q(t)^{\,2} \tag{2.2}$$

zu setzen, wo P und Q irgend zwei Reihen sind, die nach ganzzahligen Potenzen von t fortschreiten und nur endlich viele negative Potenzen von t enthalten. Je nachdem, ob nur positive Potenzen von t vorkommen oder nicht, ist P von der Form

$$P = a_0 + a_m t^m + \cdots \text{ für } m > 0 \text{ bzw. } a_m t^m + \cdots \text{ für } m < 0 \text{ mit } a_m \neq 0 \tag{2.3}$$

und entsprechend

$$Q = b_0 + b_n t^n + \cdots \text{ für } n > 0 \text{ bzw. } b_n t^n + \cdots \text{ für } n < 0 \text{ mit } b_n \neq 0. \tag{2.4}$$

Wir setzen voraus, daß in einer gewissen Umgebung $|t| < \varepsilon \ (\varepsilon > 0)$ die beiden Reihen konvergieren und $(P(t), Q(t)) \neq (P(t'), Q(t'))$ ist für $t \neq t'$. Es stellt dann (2.2) einen *schlichten Zweig einer analytischen Kurve* oder ein *Funktionselement $e = e(P, Q)$* dar. Da offenbar die Wahl des Parameters t zur Darstellung des Elementes e unwesentlich ist, setzen wir *die Gleichheit zweier Funktionselemente* durch folgende *Definition* fest: *Bestehen für zwei Potenzreihenpaare $(P_1(\tau), Q_1(\tau))$ und $(P(t), Q(t))$ vermittels einer Potenzreihe (mit positivem Konvergenzradius)*

$$\tau = c_1 t + c_2 t^2 + \cdots, \quad c_1 \neq 0 \tag{2.5}$$

---

[1] Vgl. K. WEIERSTRASS, Ges. Werke, Bd. 4, S. 16—19.

[2] Dieses Q ist das P in § 1.

in der Umgebung des Nullpunktes die Identitäten

$$P_1(\tau) \equiv P(t) \quad und \quad Q_1(\tau) \equiv Q(t), \qquad (2.6)$$

so stellen sie dasselbe Funktionselement dar. Je nachdem, ob in (2.3) m positiv oder negativ ist, kann wegen $a_m \neq 0$ jedes Funktionselement in bezug auf die Variable z auf eine der beiden *Normalformen* gebracht werden:

$$z = a + \tau^m, \ m > 0; \quad z = \tau^m, \ m < 0. \qquad (2.7)$$

m und entsprechend n sind also von der Darstellung unabhängige Größen. τ ist im Falle $m = \pm 1$ eindeutig bestimmt, in den anderen Fällen gibt es $|m|$ verschiedene normierte Parameter, die auseinander durch Multiplikation mit einer $|m|$-ten Einheitswurzel hervorgehen.

Ist $m = 1$ und $n > 0$, so haben wir die im vorigen Paragraphen betrachteten *regulären Funktionselemente.* Im Falle $m > 1$ sagen wir, das Element sei bezüglich z von der $(m - 1)$-*ten Ordnung verzweigt*; für $m = 1$ nennen wir es *unverzweigt. a* ist sein *Mittelpunkt*, wir sagen auch *das Element liegt über $z = a$.* Im Falle $m < 0$ liegt dann das Element über $z = \infty$ und ist von der $(m - 1)$-ten Ordnung verzweigt.

2.2. In der Gesamtheit $\{e\}$ aller Funktionselemente (2.2) werden nun folgende Teilmengen als *Umgebungen* ausgezeichnet: Ist $(P(t), Q(t))$ für $|t| < \varepsilon$ eine Darstellung des Funktionselementes e, so entspricht jedem t, $|t| < \varepsilon$, ein Element e_t, das durch die umgeordneten Potenzreihen

$$P_t(\tau) = P(t + \tau) = \sum_{m'}^{\infty} a_k' \tau^k$$

$$Q_t(\tau) = Q(t + \tau) = \sum_{n'}^{\infty} b_k' \tau^k \qquad (2.8)$$

dargestellt wird. Diese Elemente e_t, $|t| < \varepsilon (> 0)$, bilden eine Umgebung $U(e)$ von e. $U(e)$ ist bestimmt durch die Wahl der Darstellung und der Zahl $\varepsilon (\varepsilon > 0)$. *Dieses Umgebungssystem erfüllt die vier* HAUSDORFF*schen Axiome.*

1) $e = e_0$ liegt offenbar in $U(e)$.

2) Zu jedem e' aus $U(e)$ gibt es ein t' in $|t| < \varepsilon$, so daß e' durch das Potenzreihenpaar $P'(\tau) = P(t' + \tau)$ und $Q'(\tau) = Q(t' + \tau)$ dargestellt wird. Wählen wir nun $\varepsilon' = \varepsilon - |t'|$, so entspricht dem Kreis $|\tau| < \varepsilon'$ offenbar eine Umgebung $U(e')$, die in $U(e)$ gelegen ist.

3) Zwei Umgebungen $U(e)$ und $U_1(e)$ desselben Elementes e sind definiert durch zwei Darstellungen $(P(t), Q(t))$ und $(P_1(\tau), Q_1(\tau))$ und zwei Zahlen ε und ε_1. Da sie dasselbe Element darstellen, wird der Kreis $|t| < \varepsilon'$ für genügend kleines $\varepsilon' < \varepsilon$ durch (2.5) in den Kreis $|\tau| < \varepsilon_1$ abgebildet. Es entspricht also der Darstellung $(P(t), Q(t))$ und der

Zahl ε' eine Umgebung $U'(e)$, die wegen (2.6) in $U(e)$ und $U_1(e)$ enthalten ist.

4) Weniger trivial nachzuweisen ist das *Trennungsaxiom*: Zu verschiedenen Elementen gibt es disjunkte Umgebungen. Es seien (P, Q) und (P_1, Q_1) im Sinne von (2.7) normierte Darstellungen zweier Funktionselemente e und e_1, also $P = a + t^m$ und $P_1 = a_1 + \tau^{m_1}$ mit $a = 0$ bzw. $a_1 = 0$ für $m < 0$ bzw. $m_1 < 0$. Nehmen wir nun an, jede Umgebung von e habe mit jeder Umgebung von e_1 Elemente gemeinsam. Dann gibt es zwei Nullfolgen $\{t_\nu\}$ und $\{\tau_\nu\}$, so daß die entsprechenden Elemente e_{t_ν} und e_{τ_ν} gleich sind und daher

$$P(t_\nu) = P_1(\tau_\nu) \qquad \nu = 1, 2, \ldots \qquad (2.9)$$
$$Q(t_\nu) = Q_1(\tau_\nu)$$

ist. Daraus folgt, daß m und m_1 gleiches Vorzeichen haben, $a = a_1$ und daher $t_\nu^m = \tau_\nu^{m_1}$ ist. Es gibt also eine Nullfolge z_ν, so daß $z_\nu^{|m_1|} = t_\nu$ und $z_\nu^{|m|} = \tau_\nu$ ist. Durch die Substitution $t = z^{m_1}$, $\tau = z^{|m|}$ entstehen aber aus $Q(t)$ und $Q_1(\tau)$ die analytischen Funktionen $f_1(z) = b_0 z^{n|m_1|} + \cdots$ und $f_2(z) = b_0' z^{n_1|m|} + \cdots$, evtl. mit einem Pol in $z = 0$, die wegen (2.9) in den Stellen z_ν übereinstimmen und daher identisch sind. Es ist also $Q(t) = Q_1(\tau)$ für $t = z^{|m_1|}$ und $\tau = z^{|m|}$. Sind nun m und m_1 verschieden und etwa $|m_1| < |m|$, so gibt es in jeder Umgebung von $z = 0$ zwei Werte z_1 und z_2, so daß $t_1 = z_1^{|m_1|}$ und $t_2 = z_2^{|m_1|}$ verschieden sind, während $\tau_1 = z_1^{|m|}$ und $\tau_2 = z_2^{|m|}$ zusammenfallen. Wegen $t_1^m = t_2^m$ wäre aber dann $(P(t_1), Q(t_1)) = (P(t_2), Q(t_2))$, was gemäß § 2.1 ausgeschlossen ist. Es ist also $m = m_1$ und deshalb $e = e_1$. Damit ist auch das HAUSDORFFsche Trennungsaxiom als gültig erwiesen.

Es ist also die Gesamtheit $\{e\}$ der Funktionselemente mit der topologischen Struktur, welche durch den oben eingeführten Umgebungsbegriff in $\{e\}$ erklärt wird, ein HAUSDORFF*scher Raum*. Eine zusammenhängende Komponente R dieses Raumes heißt „*analytisches Gebilde*" (z, w) und ist durch folgende zwei Eigenschaften charakterisiert:

1) Sind e und e' zwei Elemente des Gebildes R, so gibt es in R eine Kette von Umgebungen $U_1, U_2, \ldots, U_n$ von denen je zwei aufeinander folgende einen nicht-leeren Durchschnitt haben, die erste das Element e und die letzte das Element e' enthält.

2) Enthält eine Umgebung U ein Element aus R, so gehört ganz U zu R.

Dies bedeutet: Das analytische Gebilde (z, w) enthält alle Funktionselemente und nur diese, welche man von einem einzigen ausgehend sukzessive durch Umordnen der darstellenden Potenzreihenpaare (oder unmittelbare analytische Fortsetzung) (2.8) erhalten kann. Die regulären Funktionselemente (2.1) bilden in R einen zusammenhängenden Teilraum R', der mit dem Begriff der analytischen Funktion im großen (§ 1) verknüpft ist. Die irregulären Funktionselemente sind in R isoliert.

§ 3. Begriff der RIEMANNschen Fläche

3.1. Wenn wir von dem begrifflichen Inhalt des Elementes e absehen, indem wir ihm einen *abstrakten Punkt* p zuordnen, so wird aus dem analytischen Gebilde $R = (z, w)$ ein abstrakter HAUSDORFFscher Raum. Fragen wir dann, was für eine Struktur auf diesem Raum durch die spezielle Natur der Funktionselemente und des Umgebungsbegriffes definiert wird, so gelangen wir zu dem Resultat, daß das analytische Gebilde ein zusammenhängender HAUSDORFFscher Raum R ist, mit den Eigenschaften:

1) *Zu jedem Punkt $p \in R$ gibt es eine Umgebung U und einen Homöomorphismus α, der U auf die Kreisscheibe $K = \{t \mid |t| < 1\}$ abbildet.*

2) *Liegt ein Punkt p in zwei Umgebungen U und U' der genannten Art mit den Homöomorphismen α und α', so ist die Abbildung $t' = \alpha' \alpha^{-1}(t)$ in der Umgebung von $\alpha(p)$ direkt konform.*

Beweis. a) Dem Punkt p entspricht ein Funktionselement e und dieses besitzt bei geeigneter Wahl des Parameters eine in $|t| < 1$ gültige Darstellung (2.2). Dadurch ist eine Umgebung U von p bzw. e definiert, deren Punkte eineindeutig den Punkten des Kreises $|t| < 1$ zugeordnet sind. Diese Zuordnung ist offenbar in beiden Richtungen stetig und definiert den genannten Homöomorphismus α.

b) Die Umgebungen U und U' sind definiert durch eine Darstellung $(P(t), Q(t))$ bzw. $(P'(t'), Q'(t'))$ mit $|t| < 1$ und $|t'| < 1$. $p \in U \cap U'$ bedeutet dann, daß mit $t_0 = \alpha(p)$ und $t_0' = \alpha'(p)$ die aus $(P(t_0 + \tau), Q(t_0 + \tau))$ und $(P'(t_0' + \tau'), Q'(t_0' + \tau'))$ durch Umordnen erhaltenen Potenzreihenpaare dasselbe Funktionselement e darstellen. Es gibt also nach (2.5) und (2.6) eine Potenzreihe $\tau' = c_1 \tau + c_2 \tau^2 + \cdots$ mit positivem Konvergenzradius und $c_1 \neq 0$,welche entsprechenden τ und τ' bzw. t und t' dasselbe Funktionselement $e_t = e_{t'}$ entsprechen läßt; es ist also die Abbildung $t' = \alpha' \alpha^{-1}(t)$ in der Umgebung von $t_0 = \alpha(p)$ konform.

3.2. Indem wir nun diesen Raum R von seinem Zusammenhang mit dem analytischen Gebilde (z, w) lösen, gelangen wir zum *Begriff der (abstrakten)* RIEMANNschen Fläche[1].

Definition. *Die* RIEMANN*sche Fläche R ist ein zusammenhängender* HAUSDORFF*scher Raum mit einer Überdeckung durch offene Mengen U und diesen U zugehörigen Abbildungen α von folgender Art:*

---

[1] Die Flächen, deren sich RIEMANN [1*] in seiner bahnbrechenden Dissertation bediente, waren von fundamentaler Bedeutung für die gesamte Entwicklung der geometrischen Funktionentheorie und der Topologie. Eine allgemeine Fassung des Begriffs der *geschlossenen* RIEMANNschen Fläche findet sich in anschaulicher Form bei F. KLEIN („Über RIEMANNs Theorie der algebraischen Funktionen und ihrer Integrale", Leipzig 1882), währenddem ein allgemeiner Begriff der *offenen* RIEMANNschen Fläche wohl erst von P. KOEBE (Göttinger Nachrichten 1908, S. 338—339) gegeben wurde. Einen bedeutenden Markstein in der Entwicklung dieses Begriffes bildet das Erscheinen des grundlegenden Werkes „Die Idee der RIEMANNschen

1) *U wird durch α homöomorph auf eine Kreisscheibe $K = \{z \mid |z| < 1\}$ abgebildet*;

2) *gehört p zu U und U', so ist die zusammengesetzte Abbildung $z' = \alpha' \alpha^{-1}(z)$ in der Umgebung von $\alpha(p)$ direkt konform.*

Die Bedingung 1) besagt, daß der zusammenhängende HAUSDORFFsche Raum R mit einer *lokal zweidimensionalen euklidischen Struktur* versehen ist. Diesem wird dann durch die Auszeichnung eines Systems von Homöomorphismen, die der Bedingung 2) genügen, noch eine *konforme Struktur* aufgeprägt. Diese Redewendung ist in folgendem Sinn zu verstehen: Jede offene Menge U, zu der ein Homöomorphismus $z = \alpha(p)$ existiert, welcher der Bedingung 1) und in bezug auf die gegebenen Homöomorphismen α' der Bedingung 2) genügt, definiert zusammen mit α eine konforme *Parameterumgebung*. Diese ist also als der Inbegriff der Umgebung U und der Abbildung $z = \alpha(p)$ der genannten Art zu verstehen und wird mit (U, α) oder (U, z) oder auch einfach mit U bezeichnet. Eine (2 dim.) konforme Struktur ist nun definiert als das System aller Parameterumgebungen der genannten Art. Zwei verschiedene Überdeckungen des HAUSDORFFschen Raumes durch offene Mengen mit zugehörigen Homöomorphismen gemäß den Bedingungen 1) und 2) können dieselbe Gesamtheit der konformen Parameterumgebungen und somit die gleiche konforme Struktur definieren. Da in der obigen Definition die RIEMANNsche Fläche von der speziellen Überdeckung abhängt, muß sie durch die folgende *Gleichheitsdefinition* ergänzt werden: *Wenn zwei Überdeckungen* (des HAUSDORFFschen Raumes) *durch offene Mengen mit zugehörigen Homöomorphismen gemäß den Bedingungen* 1) *und* 2) *dieselbe konforme Struktur erzeugen, so definieren sie dieselbe RIEMANNsche Fläche.* Zusammengefaßt können wir also sagen, *die RIEMANNsche Fläche ist ein zusammenhängender HAUSDORFFscher Raum mit einer zweidimensionalen konformen Struktur.*

Ist (U, z) eine Parameterumgebung, so heißt z ein *zulässiger (komplexer) lokaler Parameter*; die zu U homöomorphe Kreisscheibe K ist der zu (U, α) gehörige *Parameterkreis*. Wenn ein zulässiger Parameter z im Punkte p verschwindet, so sagen wir, er sei ein *Parameter mit dem Zentrum p.*

Fläche" von H. WEYL ([1*], erste Auflage 1913), wo der Begriff der topologischen Fläche und der RIEMANNschen Fläche zum ersten Male streng formuliert wurde. Einen bemerkenswerten Beitrag hat ferner T. RADÓ [2] gegeben, in dem er zeigte, daß die Gültigkeit des zweiten Abzählbarkeitsaxioms nicht gefordert werden muß, sondern aus der konformen Struktur bewiesen werden kann. Schließlich hat die neuere Entwicklung der Topologie eine solche Klärung ihrer Grundbegriffe gebracht, daß mit deren Hilfe auch dem Begriff der RIEMANNschen Fläche wohl eine definitive Form gegeben werden konnte.

Die Auszeichnung der Homöomorphismen, die der Bedingung 2) genügen, besagt auch, daß in jedem Punkt die lokalen Parameter einer *komplexanalytischen Parametertransformation* unterliegen. Die hierdurch definierte *komplexanalytische Struktur* ist also hier, d. h. im Falle *einer* komplexen Dimension, mit der *konformen Struktur* identisch.

Ist G in R ein *Gebiet* (eine zusammenhängende offene Punktmenge), so gibt es offenbar eine Überdeckung von G durch Parameterumgebungen in R, die ganz in G liegen. G ist also in bezug auf die in R erklärte Topologie und die in G gelegenen Parameterumgebungen von R selbst eine RIEMANN*sche Fläche.*

Ist irgend eine Teilmenge A der RIEMANNschen Fläche R als topologischer Raum zu betrachten, so ist seine Topologie stets die von R in A induzierte Topologie, d. h. das System der offenen Mengen in A besteht aus den Durchschnitten $O \cap A$ der offenen Mengen in R mit A.

3.3. Sind R und R' zwei RIEMANNsche Flächen, so heißt eine *homöomorphe Abbildung φ von R auf R' konform*, wenn für jedes Paar entsprechender Punkte p_0 und p_0' aus einem lokalen Parameter z' in p_0' durch Verpflanzung ein zulässiger Parameter $z = z'(\varphi(p))$ in p_0 entsteht. Die *konforme Abbildung* definiert unter den RIEMANNschen Flächen eine Äquivalenzrelation. Denn die Identität liefert offenbar eine konforme Abbildung von R auf sich selbst (Reflexivität), ist φ eine konforme Abbildung von R auf R', so wird R' durch φ^{-1} konform auf R abgebildet (Symmetrie) und die Zusammensetzung einer konformen Abbildung von R auf R' und einer solchen von R' auf R'' ergibt eine konforme Abbildung von R auf R'' (Transitivität). Zwei *konform äquivalente* Flächen sind offenbar Realisierungen ein und derselben abstrakten Fläche. Sie sind a fortiori von demselben topologischen Typus. Es sind aber zwei homöomorphe RIEMANNsche Flächen nicht notwendig von demselben konformen Typus. (Das ist jedoch der Fall für die zur Zahlenkugel homöomorphen Flächen.) Die Mannigfaltigkeit der konformen Äquivalenzklassen von RIEMANNschen Flächen mit demselben topologischen Typus zu untersuchen ist eine grundlegende, aber schwierige Aufgabe.

3.4. Eine auf R *eindeutige komplexwertige Funktion $f(p)$*, welche in den lokalen Parametern

$$f_z = f(p(z)) \qquad\qquad (3.1)$$

analytisch ist, heißt *auf R analytisch.* Während aber die Koeffizienten der Potenzreihenentwicklung

$$f_z = c_0 + c_m z^m + \cdots, \quad c_m \neq 0$$

von dem lokalen Parameter in p abhängen, sind c_0 und m, d. i. *der Wert der Funktion f* und *ihre Ordnung m* im Punkte p, davon unabhängig. Ist f_z meromorph, d. h. bis auf Pole regulär analytisch, so heißt f *auf R*

meromorph. Die Vielfachheit eines Poles hängt wiederum nicht von den zugehörigen lokalen Parametern ab. Die negative Vielfachheit $- m$ ist die Ordnung von f an dieser Polstelle. Durch eine meromorphe Funktion f ist jeder Stelle $p \in R$ eine ganze Zahl, nämlich ihre Ordnung $\mathrm{ord}_p f$ zugeordnet. Sie ist nur an isolierten Stellen von 1 verschieden, wenn f keine Konstante ist.

Wie zu Beginn dieses Paragraphen gezeigt wurde, ist das analytische Gebilde (z, w) eine RIEMANNsche Fläche R. Es ist aber noch mehr: Unabhängig von der gewählten Darstellung $(P(t), Q(t))$ ist jedem Element e des Gebildes und damit jedem Punkt $p \in R$ ein Wertepaar (z, w) $= (P(0), Q(0))$ zugeordnet. Wir schreiben für $P(0)$ bzw. $Q(0)$ das Symbol ∞, wenn die betreffende Potenzreihe Glieder mit negativen Exponenten hat. Es sind also z und w eindeutige Funktionen auf R,

$$\begin{aligned} z &= z(p) \\ w &= w(p) \end{aligned} \qquad p \in R, \tag{3.2}$$

welche in den lokalen Parametern t von der Form (2.2), also *meromorphe Funktionen* auf R sind. Indem der Punkt p auf der RIEMANNschen Fläche R variiert, wird durch (3.2) der analytische Zusammenhang zwischen z und w, wie er in nucleo in einem einzigen Funktionselement vorgegeben und durch fortwährende analytische Fortsetzung (2.8) entfaltet wird, im großen dargestellt. Dies ist also die Rolle, welche die zu einem analytischen Gebilde gehörige RIEMANN*sche Fläche* hier zu spielen hat: *Den globalen Zusammenhang zwischen z und w geometrisch zu uniformisieren*, d. h. mit Hilfe eines einzigen geometrischen Parameters, eben des Punktes p auf R in der Form (3.2) darzustellen. Während aber diese geometrische Uniformisierung lediglich durch einen Abstraktionsprozeß gewonnen werden konnte, ist die Frage nach der Darstellung der globalen Beziehung zwischen z und w mit Hilfe eines *einzigen komplexen Parameters t*

$$\begin{aligned} z &= z(t) \\ w &= w(t) \end{aligned} \tag{3.3}$$

die eigentliche Aufgabe der *Uniformisierungstheorie.*

Irgend zwei meromorphe Funktionen z und w auf R sind als Funktionen der lokalen Parameter t von der Form (2.3) bzw. (2.4). Es ist aber nicht gesagt, daß $z = P(t)$ und $w = Q(t)$ die weitere Bedingung für ein Funktionselement erfüllen, daß in einer genügend kleinen Umgebung des Nullpunktes $t = 0$ verschiedenen Werten t und t' verschiedene Wertepaare $(P(t), Q(t))$ und $(P(t'), Q(t'))$ entsprechen. Dies erkennt man unmittelbar an den beiden auf der RIEMANNschen Zahlenkugel meromorphen Funktionen $z = t^2$, $w = t^4$. Die Stellen, wo die erwähnte Bedingung nicht erfüllt ist, sind aber auf R isoliert. Es sei nun (U, t)

eine Parameterumgebung auf R mit einem Zentrum, das von jenen Stellen verschieden ist. Dann wird durch z und w in diesem Parameter t ein Funktionselement dargestellt; dieses definiert ein analytisches Gebilde (z,w), zu dem gemäß § 3.1 eine RIEMANNsche Fläche R' gehört. Wann sind R' und R einander gleich?

Hierfür müssen erstens die beiden meromorphen Funktionen z und w als Funktionen der lokalen Parameter t auf R ausnahmslos Funktionselemente im Sinne von § 2.1 darstellen. Diese Funktionselemente sind analytisch zusammenhängend, d. h. irgend zwei gehen durch eine Kette von unmittelbaren analytischen Fortsetzungen auseinander hervor. Deshalb gehört zu jedem $p \in R$ ein Element in (z,w): R wird eindeutig in (z,w) abgebildet. Diese Abbildung muß nun zweitens eine eineindeutige Abbildung *auf* (z,w) sein. Dann ist R offenbar die zum Gebilde (z,w) gehörige RIEMANNsche Fläche.

Die fundamentale Tatsache, daß auf jeder RIEMANNschen Fläche zwei meromorphe Funktionen existieren, welche die beiden eben genannten Bedingungen erfüllen, mit andern Worten, daß jede RIEMANNsche Fläche die RIEMANNsche Fläche eines analytischen Gebildes ist, wird in den §§ 38.2.5 und 40.3.5 bewiesen werden.

§ 4. Beispiele von RIEMANNschen Flächen

4.1. Die Kreisscheibe ist trivialerweise eine RIEMANNsche Fläche, da sie selbst schon eine Parameterumgebung ist; ebenso die z-Ebene, da man sie durch Kreisscheiben überdecken kann. Die Zahlenkugel wird, abgesehen vom Nordpol, durch stereographische Projektion konform auf die z-Ebene abgebildet. Indem wir für das dem Kreis $|z| < 2$ entsprechende Gebiet den Parameter $z_1 = z/2$ wählen und für das dem Kreisäußern $|z| > 1/2$ entsprechende Gebiet inklusive Nordpol den Parameter $z_2 = 1/z_1$, erhalten wir zwei Parameterumgebungen, welche die Zahlenkugel überdecken und den Bedingungen 1) und 2) in § 3.2 genügen. Die Zahlenkugel ist also eine RIEMANNsche Fläche.

4.2. Wir denken uns in der z-Ebene endlich oder abzählbar unendlich viele Exemplare von geradlinigen Polygonen (auch mit Ecken in ∞) gegeben und jedes im positiven Sinne orientiert. Jede Seite dieses *Polygonsystems* soll mit mindestens einer anderen Seite zusammenfallen und mit genau einer von diesen gepaart sein. An diese *Seitenpaarung* stellen wir folgende Bedingungen:

1) Die Polygone lassen sich nicht in zwei Klassen teilen, so daß die Seiten jeder Klasse unter sich gepaart sind *(Zusammenhangsbedingung)*.

2) Die Orientierung der Polygone induziert auf gepaarten Seiten entgegengesetzte Orientierung *(Bedingung für Orientierbarkeit)*.

Punkte dieses Polygonsystems, die einander zugeordnet sind, betrachten wir als äquivalent: Ein innerer Punkt eines Polygons ist nur mit sich selbst äquivalent; zu einem inneren Punkt einer Kante gibt es genau einen andern äquivalenten Punkt; zu einer Ecke gibt es keine, endlich viele oder unendlich viele andere äquivalente Punkte. Die Ecken der letzteren Sorte lassen wir weg. Indem wir nun äquivalente Punkte identifizieren, also gepaarte Seiten verheften, entsteht aus dem gegebenen Polygonsystem ein *zusammenhängender HAUSDORFFscher Raum F mit einer abzählbaren offenen Überdeckung* $\{U_\nu\}$, *wo jedes U_ν einer offenen Kreisscheibe homöomorph ist. F* ist wegen der Bedingung 2) eine *orientierte Fläche*. Durch die obige Identifikation wird das Polygonsystem (wenn wir von den Ecken, die mit unendlich vielen anderen äquivalent sind, absehen) stetig auf F abgebildet. Beschränkt man diese Abbildung φ auf ein Polygon, so ist sie topologisch. Sie bewirkt also eine polygonale Zerlegung der Fläche F. Liegt der Punkt $p \in F$ im Innern eines Polygons oder einer Kante, so gibt es eine Umgebung U von p und einen zugehörigen Homöomorphismus α von folgender Art: φ^{-1} bildet U auf eine Kreisscheibe der z-Ebene und $\alpha\varphi$ diese Kreisscheibe ganz linear in den Einheitskreis ab. Liegt also p in zwei solchen Umgebungen U und U', so gehen die zugehörigen Parameter durch die ganze lineare Transformation $(\alpha'\varphi)\,(\varphi^{-1}\alpha^{-1})$ auseinander hervor. Eine Ecke $p_0 \in F$ inzidiert mit einer Anzahl Polygone $\pi_1, \ldots, \pi_n$. Diesen entsprechen in der z-Ebene die Polygone $\Pi_1, \ldots, \Pi_n$; $e_1, \ldots, e_n$ sollen ihre Ecken sein, die durch φ auf p_0 abgebildet werden und deshalb mit demselben Punkt z_0 zusammenfallen. $\varepsilon_1, \ldots, \varepsilon_n$ seien die zugehörigen Innenwinkel. Zufolge der Paarungsvorschriften ist $\varepsilon_1 + \cdots + \varepsilon_n = 2\pi k$ ein ganzzahliges Vielfaches von 2π. Wählen wir r so klein, daß der Kreis $|z - z_0| < r$ keine anderen Ecken von $\Pi_1, \ldots, \Pi_n$ enthält, so haben diese Π_k mit dem Kreis je einen Kreissektor gemeinsam. Bei zyklischer Anordnung werden diese Sektoren durch $t = \sqrt[k]{\dfrac{z - z_0}{r}}$ so in den Kreis $|t| < 1$ abgebildet, daß die inverse Abbildung $t \to z$ und die Abbildung φ zusammen eine homöomorphe Abbildung von $|t| < 1$ auf eine Umgebung U in F bewirken, wobei $t = 0$ in p_0 übergeht. Ihre inverse Abbildung ist der zu U gehörige Homöomorphismus α. Die so konstruierten α erfüllen die Bedingungen 1) und 2) in § 3.2: F wird zusammen mit diesen α zu einer RIEMANNschen *Fläche*.

Das geschilderte Verfahren entspricht genau der Methode, wie man zu einer mehrdeutigen Funktion $f(z)$ die zugehörige RIEMANNsche Fläche konstruiert. Man sucht ein System von Polygonen in der z-Ebene, auf denen f eindeutig und bis auf die Ecken analytisch ist. Dadurch erhält man in jedem Polygon einen eindeutigen Zweig $f_\varkappa$. Jeder Seite s von $\Pi_\varkappa$ entspricht ein eindeutig bestimmter Zweig f_j, mit dem $f_\varkappa$ über s analytisch zusammenhängt. Die Seite s ist dann mit der angrenzenden Seite von Π_j gepaart.

4.3. 1. Ist F im dreidimensionalen Raum eine orientierbare und genügend oft differenzierbare Fläche $\xi_i = \xi_i(u, v)$, $i = 1, 2, 3$, so gibt es zu jedem Punkt $p \in F$ eine Umgebung U, in der F ein *isothermes Koordinatensystem* $z = x + i\,y$ hat, d. h. die metrische Fundamentalform ds^2 in (x, y) die Gestalt $ds^2 = \lambda(z)\,|dz|^2$ annimmt. Indem wir auf F die komplexen isothermen Parameter z auszeichnen, wird F zu einer RIEMANNschen Fläche.

2. Dasselbe gilt natürlich auf einer beliebigen *zweidimensionalen orientierbaren RIEMANNschen Mannigfaltigkeit*, wenn sie genügend oft differenzierbar ist. Es sei R ein zusammenhängender HAUSDORFFscher Raum mit einer Überdeckung durch offene Mengen U und zugehörigen Homöomorphismen α mit folgenden Eigenschaften:

a) Jedes α bildet U auf eine Kreisscheibe $x^2 + y^2 < 1$ ab.

b) Ist $U \cap U'$ nicht-leer, so hängen die lokalen Koordinatensysteme (x, y) und (x', y') in $U \cap U'$ durch zweimal stetig differenzierbare Koordinatentransformationen $x' = x'(x, y)$, $y' = y'(x, y)$ mit positiver Funktionaldeterminante zusammen.

Ferner sei auf R eine positiv definite Fundamentalform $ds^2 = E\,dx^2 + 2F\,dx\,dy + G\,dy^2$ gegeben, die gegenüber den genannten Koordinatentransformationen invariant ist und in welcher E, F, G zweimal stetig differenzierbar sind. Dann gibt es in U ein ausgezeichnetes Koordinatensystem $\zeta = \xi + i\,\eta$, in welchem ds^2 die Form $ds^2 = \lambda(\zeta)\,|d\zeta|^2$ annimmt[1].

In bezug auf diese ausgezeichneten Parameter ζ ist R eine RIEMANNsche Fläche.

§ 5. Kompakte Teilmengen; Kompaktifikation

Kompakt bedeutet hier bikompakt im Sinne von ALEXANDROFF-HOPF ([1*], S. 86): *Ein topologischer Raum heißt kompakt, wenn jede seiner offenen Überdeckungen eine endliche Überdeckung enthält.*

5.1. Wir zeigen zunächst: *Jede RIEMANNsche Fläche ist lokalkompakt,* d. h. jeder Punkt besitzt eine Umgebung mit kompakter abgeschlossener Hülle. Es sei U eine Parameterumgebung und $z = \alpha(p)$ die Abbildung von U in den entsprechenden Parameterkreis $K = \{z \mid |z| < 1\}$. Dann ist der Kreis $K_1 = \{z \mid |z| < 1/2\}$ das Bild einer Umgebung U_1 in U. Daß ihre abgeschlossene Hülle $\overline{U}_1$ der abgeschlossenen Kreisscheibe $\overline{K}_1$ homöomorph sei, ist nicht selbstverständlich. Wohl ist U_1 der offenen Kreisscheibe K_1 homöomorph, daß aber bei Abschließung von U_1 nicht noch andere Punkte hinzukommen als jene, die der Peripherie $|z| = 1/2$

---

[1] Vgl. S. S. CHERN, P. HARTMANN, A. WINTNER [1]. Nach dem dortigen Satz existieren die isothermen Parameter, wenn E, F, $G \in C^1$ und die Krümmung K stetig ist. Letzteres ist der Fall, wenn E, F, G zweimal stetig differenzierbar sind

entsprechen, bedarf eines Beweises. Es sei $\bar{p}$ ein Punkt aus $\bar{U}_1$ der nicht auf diese Peripherie abgebildet wird. Dann gibt es eine gegen $\bar{p}$ konvergente Punktfolge aus U_1; ihr entspricht in K_1 eine Punktfolge, die gegen einen inneren Punkt z konvergiert. Diesem entspricht ein Punkt p in U_1. Es haben also jede Umgebung von p und jede Umgebung von $\bar{p}$ Punkte gemeinsam, nämlich solche der genannten Folge, und nach dem Trennungsaxiom müssen p und $\bar{p}$ identisch sein. Es ist also $\bar{U}_1$ mit $\bar{K}_1$ homöomorph und mit $\bar{K}_1$ ist daher auch $\bar{U}_1$ kompakt.

Eine Parameterumgebung V mit kompakter Hülle $\bar{V}$ nennen wir eine *Zelle*, wenn es eine Umgebung $U \supset \bar{V}$ gibt und eine konforme Abbildung $z = \alpha(p)$ von U in die z-Ebene, welche V in den Parameterkreis $K = \{z|\ |z| < 1\}$ überführt. Unter (konformer) *Parameterzelle* verstehen wir den Inbegriff (V, α) einer Zelle V und einer Abbildung α der genannten Art. Wir schreiben dafür auch (V, z) oder kurz V. Der $z = 0$ entsprechende Punkt in V heißt das *Zentrum der Parameterzelle*.

5.2. Die Vereinigung von endlich vielen Zellen ist offenbar in R kompakt und besteht aus endlich vielen zusammenhängenden Komponenten. Diese lassen sich durch eine endliche Zellenkette miteinander verbinden. Ihre Vereinigung mit den schon vorhandenen Zellen bildet einen zusammenhängenden *Zellenbereich*. Er ist ein Gebiet mit kompakter abgeschlossener Hülle. Ist G irgendein solches in R kompaktes Gebiet[1], so ist sein Rand Γ, d. i. die Menge der Randpunkte von G selbst kompakt. Er ist entweder zusammenhängend oder zerfällt in zusammenhängende Komponenten. Jede Randkomponente ist ein Kontinuum oder ein Punkt. Besteht der Rand aus endlich vielen Kontinuen, ist jedes einzelne Kontinuum eine Jordankurve und jeder Randpunkt Häufungspunkt von Punkten, die weder zum Gebiet noch zum Rand gehören, so sagen wir kurz: *G sei von endlich vielen getrennten Jordankurven* $\gamma_1, \ldots, \gamma_n$ *berandet.*

Eine kompakte RIEMANNsche Fläche heißt auch geschlossen, eine nicht-kompakte offen. Da die nicht-kompakten Flächen wenigstens lokal kompakt sind, können sie durch einen ALEXANDROFFschen *Punkt* oder „*idealen Rand*" zu einem kompakten Raum abgeschlossen werden[2].

So wird z. B. die euklidische Ebene durch Hinzufügen des unendlich fernen Punktes zu einem kompakten Raum gemacht. In diesem Punkt ist durch den Parameter $1/z$ noch eine konforme Struktur gegeben[3],

---

[1] Eine Punktmenge A eines topologischen Raumes R heißt „in R kompakt" oder „relativ-kompakt", wenn ihre in R abgeschlossene Hülle $\bar{A}$ kompakt ist.

[2] Vgl. ALEXANDROFF-HOPF [1*], S. 93.

[3] Daß die euklidische Ebene nur auf diese Art zu einer geschlossenen RIEMANNschen Fläche erweitert werden kann, folgt unmittelbar aus dem Satz von RADÓ-BEHNKE-STEIN-CARTAN (vgl. HEINZ [1]), welcher im Falle *einer* komplexen Dimension folgendermaßen lautet: „Auf der RIEMANNschen Fläche R sei

aber im allgemeinen wird dies nicht möglich sein: Jede Riemannsche Fläche R kann zu einem kompakten topologischen Raum $\overline{R}$ abgeschlossen werden und im allgemeinen auf sehr verschiedene Arten, aber die konforme Struktur auf R kann nur in speziellen Fällen auf $\overline{R}$ ausgedehnt werden. Es sei nun $\overline{R}$ irgend eine Kompaktifizierung von R. Ein beliebiges Gebiet G in R, es braucht nicht in R kompakt zu sein, ist kompakt in $\overline{R}$. Die Menge seiner Randpunkte, die in R liegen, bilden *den Relativrand*, die anderen den *idealen Rand* von G.

5.3. Berandete Riemannsche Flächen. Wir sagen, der Relativrand Γ eines Gebietes G auf R sei analytisch, wenn zu jedem $q \in \Gamma$ eine Parameterzelle (V, α) mit dem Zentrum q gehört, so daß $V \cap G$ durch $z = \alpha(p)$ auf den Halbkreis $H^0 = \{z \mid |z| < 1,\ y > 0\}$ und $V \cap \Gamma$ auf das Intervall $-1 < x < 1$, $y = 0$ abgebildet wird. Dies veranlaßt, *berandete Riemannsche Flächen* R_B in folgender Weise zu definieren: R_B *ist ein zusammenhängender* Hausdorff*scher Raum mit einer Überdeckung durch offene Mengen U und zugehörigen Abbildungen α von folgender Art*:

1) U *wird durch* α *homöomorph entweder auf eine Kreisscheibe* $K = \{z \mid |z| < 1\}$ *oder auf einen Halbkreis* $H = \{z \mid |z| < 1,\ y \geqq 0\}$ *abgebildet*;

2) *gehört* p *zu* U *und* U', *so ist die zusammengesetzte Abbildung* $z' = \alpha' \alpha^{-1}(z)$ *in der Umgebung von* $\alpha(p)$ *direkt konform*. Die Punkte auf R_B, welche bei einer Abbildung $U \xrightarrow{\alpha} H$ auf das Intervall $-1 < x < 1$ fallen, bilden den *Rand* Γ.

Nehmen wir nun von diesem Hausdorffschen Raum R_B ein zweites Exemplar, wieder mit der Überdeckung $\{U\}$, aber jetzt mit den Homöomorphismen $\overline{z} = \overline{\alpha}(p)$, so erhalten wir eine zweite berandete Riemannsche Fläche R_B^*. Die Zuordnung entsprechender Punkte p und p^* definiert eine topologische Abbildung τ von R_B auf R_B^*, die einen lokalen Parameter z in seinen konjugierten $\overline{z}$ überführt und deshalb eine indirekte konforme Abbildung ist. Sind γ und γ^* einander entsprechende Randkomponenten von R_B und R_B^*, so entsteht aus R_B und R_B^*, durch „*Verheften längs* γ *und* γ^*", indem entsprechende Punkte identifiziert werden, eine einzige berandete Fläche $\widehat{R}_B$. Den Übergang von R_B zu $\widehat{R}_B$ nennt man die Schottky-*Verdoppelung von* R_B *entlang* γ. Die obige Abbildung τ definiert auf $\widehat{R}_B$ eine Spiegelung, welche die symmetrischen Teile R_B und R_B^* vertauscht und die analytische Kurve $\gamma = \gamma^*$ fest

eine komplexwertige stetige Funktion f gegeben, welche überall auf R, wo $f(p) \neq 0$ ausfällt, analytisch ist. Dann ist f auf ganz R analytisch." Nun sei R eine geschlossene Riemannsche Fläche, welche die euklidische Ebene E als Teilgebiet enthält. Wir setzen $f = \dfrac{1}{z}$ auf E und $f = 0$ auf $R - E$. Dann genügt f den Voraussetzungen des vorigen Satzes. Da die Nullstellen der analytischen Funktionen f isoliert sind, ist $R - E$ ein einziger Punkt.

läßt (Symmetrielinie). Werden alle Randkomponenten von R_B mit den entsprechenden von R_B^* verheftet, so entsteht eine RIEMANNsche Fläche. Ist R_B kompakt *(kompakte berandete Fläche)*, so führt die SCHOTTKY-Verdoppelung entlang des ganzen Randes zu einer geschlossenen RIEMANNschen Fläche.

§ 6. Harmonische und subharmonische Funktionen; Maximumprinzip, PERRONsches Theorem

6.1. Die reellen Parameter (x, y), $x = Re\,z$, $y = Im\,z$ hängen miteinander durch unbegrenzt differenzierbare Koordinatentransformationen

$$x' = x'(x, y), \quad y' = y'(x, y) \tag{6.1}$$

zusammen. Daß eine Funktion n -mal in x, y stetig differenzierbar sei, ist also von dem betreffenden Koordinatensystem nicht abhängig[1]. C^n bezeichne die Klasse der auf R *n-mal stetig differenzierbaren Funktionen*; insbesondere bezeichnet C^0 die Klasse der *stetigen Funktionen*. Da die Koordinatentransformationen (6.1) den CAUCHY-RIEMANNschen Differentialgleichungen genügen, transformiert sich der LAPLACE*sche Differentialausdruck* $\Delta_z u = u_{xx} + u_{yy}$ gemäß der Formel

$$\Delta_z u = \left| \frac{dz'}{dz} \right|^2 \cdot \Delta_{z'} u. \tag{6.2}$$

Die LAPLACE*sche Gleichung* $\Delta u = 0$ hat also eine invariante Bedeutung und wir nennen ein $u \in C^2$, das auf R dieser Gleichung genügt, eine *harmonische Funktion*. Sie ist dadurch charakterisiert, daß sie in den lokalen Parametern harmonisch ist. Für jede Parameterzelle (V, z) gilt daher mit $u(z) = u(p(z))$ die GAUSS*sche Mittelwertgleichung*

$$2\,\pi \cdot u(0) = \int_0^{2\pi} u(re^{i\varphi})\,d\varphi, \quad 0 \leqq r \leqq 1. \tag{6.3}$$

Ist u in einer Umgebung U konstant, so ist sie es auf der ganzen Fläche. Denn die Konstanz von u folgt zunächst für jede Parameterumgebung, die U enthält. Da aber die Parameterumgebungen auf R verkettet sind, ist u auf der ganzen Fläche konstant.

6.2. Mit den harmonischen in mancher Hinsicht verwandt sind die *subharmonischen Funktionen* (T. RADÓ [1*]). Wegen (6.2) hat auch die Ungleichung $\Delta u \geqq 0$ eine invariante Bedeutung. Wir nennen ein $u \in C^2$, das auf R dieser Ungleichung genügt, subharmonisch. Diese Klasse ist aber für viele Zwecke zu eng. Allgemein definieren wir eine reellwertige Funktion u als subharmonisch auf R, wenn sie folgenden drei Bedingungen

---

[1] Dagegen sind die Werte der partiellen Ableitungen von dem betreffenden Koordinatensystem abhängig.

genügt:

1. Es ist $-\infty \leqq u < \infty$, $u \not\equiv -\infty$;
2. u ist *nach oben halbstetig*, d. h. es gilt

$$\limsup_{p' \to p} u(p') \leqq u(p), \quad p \in R; \tag{6.4}$$

3. u genügt in jeder Zelle, als Funktion eines zugehörigen Parameters $z = r e^{i\varphi}$, der *Mittelwertungleichung*

$$2\pi \cdot u(0) \leqq \int_0^{2\pi} u(r e^{i\varphi})\, d\varphi, \quad 0 \leqq r \leqq 1^1. \tag{6.5}$$

Jede harmonische Funktion ist also auch subharmonisch. Ebenso $\log |f|$, *wenn f analytisch (ohne Pole) ist. Mit u_1 und u_2 ist auch* $\sup(u_1, u_2)$ *subharmonisch. Wenn eine monoton abnehmende Folge $\{u_n\}$ von subharmonischen Funktionen an einer einzigen Stelle nach unten beschränkt ist, so ist auch die Grenzfunktion subharmonisch*[2].

6.3. Das Maximumprinzip. Wir formulieren dieses Prinzip für *subharmonische Funktionen*, woraus sich dann das Entsprechende für harmonische und analytische Funktionen unmittelbar ergibt, und wir beweisen zunächst

Satz I. 1 (schwache Form des Maximumprinzips): *Es sei u auf der RIEMANNschen Fläche R subharmonisch und $M = \sup\limits_{p \in R} u(p)$ ihr Supremum. Dann ist $u(p) < M$ für $p \in R$, außer es sei u die Konstante M selbst.*

Zum Beweise nehmen wir an, es sei $u(p_0) = M$. Ist (V, z) eine Parameterzelle mit dem Zentrum in p_0, so ist

$$u(0) = M \geqq \frac{1}{2\pi} \int_0^{2\pi} u(r e^{i\varphi})\, d\varphi, \quad 0 \leqq r \leqq 1,$$

und wegen (6.5) dann $u \equiv M$ in V. Da aber die Zellen auf R verkettet sind, folgt dann $u \equiv M$ auf ganz R.

---

[1] Für stetige u kann das Integral im RIEMANNschen Sinne genommen werden. Im allgemeinen Fall ist $u(r e^{i\varphi})$, als Funktion von φ, von oben halbstetig, ist also die Grenzfunktion einer monoton abnehmenden Folge stetiger Funktionen $f_n(e^{i\varphi})$. Der Grenzwert $\lim\limits_{n \to \infty} \int_0^{2\pi} f_n(e^{i\varphi})\, d\varphi$ ist nur von u und nicht von der speziellen Wahl der Folge $\{f_n\}$ abhängig und definitionsgemäß gleich dem Integral in (6.5). Im Sinne von L. SCHWARTZ [1*] gilt auch hier noch $\Delta u \geqq 0$. Übrigens kann die Bedingung 3. durch folgende (schwächere) Bedingung ersetzt werden:

3'. Zu jedem $p \in R$ existiert eine Parameterzelle (V, z) mit dem Zentrum p, in welcher die Mittelwertungleichung (6.5) erfüllt ist.

Denn diese Zellen sind auf R verkettet und deshalb folgt auch aus 3' das Maximumprinzip in § 6.3. Dieses liefert wie dort das Prinzip der harmonischen Majorante, was dann zur Ungleichung (6.5) für jede Zelle (V, z) führt.

[2] Vgl. T. RADÓ [1*], S. 14.

Aus diesem Satz folgt unmittelbar: Auf einer kompakten RIEMANNschen Fläche ist jede subharmonische Funktion (also auch jede harmonische Funktion) und jede analytische Funktion (ohne Pole) notwendig eine Konstante.

Eine für die Anwendungen wichtigere Form des Prinzips lautet

Satz I. 2 (starke Form des Maximumprinzips): *Es sei G ein in R kompaktes Gebiet mit dem Rand Γ, u in G subharmonisch und für jedes $q \in \Gamma$*

$$\lim_{p \to q \in \Gamma} \sup u(p) \leq M \, (< \infty). \tag{6.6}$$

Dann ist entweder $u < M$ in G oder $u \equiv M$.

Beweis. Wir setzen $\operatorname{Sup}_{p \in G} u(p) = S \,(\leqq \infty)$. Dann gibt es in G eine Punktfolge $\{p_n\}$ mit $\lim\limits_{n \to \infty} u(p_n) = S$. Da $G \cup \Gamma = \bar{G}$ kompakt ist, enthält $\{p_n\}$ eine konvergente Teilfolge, die wir wieder mit $\{p_n\}$ bezeichnen. Der Grenzpunkt p liegt in G oder auf Γ. Liegt er in G, so ist wegen (6.4) $u(p) = S$ und daher u eine Konstante $\leq M$. Liegt p auf Γ, so ist wegen (6.6) $S \leq M$, also $u \leq M$ in G. Gibt es aber einen Punkt p in G mit $u(p) = M$, so ist $u \equiv M$ und damit der Satz bewiesen.

Die Voraussetzung des Satzes wurde nicht voll ausgenützt. Es wurde nicht benützt, daß G ein relativ-kompakter Teil einer RIEMANNschen Fläche sei, sondern nur, daß G eine RIEMANNsche Fläche und in einem topologischen Raum kompakt ist. Damit wurde der folgende, etwas allgemeinere Satz bewiesen:

Satz I. 2'. *Es sei eine RIEMANNsche Fläche F in einem topologischen Raum R kompakt und Γ der Rand von F bezüglich R. u sei in F subharmonisch und erfülle in jedem Randpunkt $q \in \Gamma$ die Bedingung (6.6). Dann ist $u < M$ in F oder $u \equiv M$.*

Folgerung: *Es sei G irgendein in der RIEMANNschen Fläche R kompaktes Teilgebiet mit dem Rand Γ, u subharmonisch in G, h in G harmonisch und stetig auf $G \cup \Gamma$. Gilt dann für jedes $q \in \Gamma$*

$$\lim_{p \to q} \sup u(p) \leqq h(q),$$

so ist $u < h$ in G oder $u = h$. Denn es erfüllt $u - h$ die Voraussetzungen des Satzes I.2 mit $M = 0$. Dieses Ergebnis wird kurz dadurch ausgedrückt, daß man sagt, es gelte für die subharmonischen Funktionen das *Prinzip der harmonischen Majorante.* Dies ist für subharmonische Funktionen charakteristisch. Erfüllt nämlich u die Bedingungen 1. und 2. in § 6.2 und das Prinzip der harmonischen Majorante, so folgt durch dessen Anwendung auf Zellen die Gültigkeit der Mittelwertungleichung (6.5).

Eine Funktion u heißt *superharmonisch*, wenn $-u$ subharmonisch ist. Für superharmonische Funktionen gilt ein zu den Sätzen I. 1.2 und 2′ analoges *Minimumprinzip*.

6.4. *Eine gleichzeitig sub- und superharmonische Funktion u ist harmonisch.* Denn sie ist stetig; und für jede Parameterzelle (V, z) bestimmt das POISSONsche Integral

$$h(z) = \frac{1}{2\pi} \int\limits_0^{2\pi} u\left(e^{i\theta}\right) \frac{1 - |z|^2}{|e^{i\theta} - z|^2}\, d\theta \tag{6.7}$$

in V eine harmonische Funktion, die auf $\overline{V}$ stetig ist und auf dem Rande mit u übereinstimmt. Da u sowohl sub- wie auch superharmonisch ist, gilt für $u - h$ das Maximum- und das Minimumprinzip. Daher ist $u = h$, also harmonisch in V und somit auf R. Es kann also eine *harmonische Funktion* definiert werden als eine *stetige Funktion, die in jeder Zelle der Mittelwertgleichung* (6.3) *genügt*. Daraus folgt dann

1. *Eine lokal gleichmäßig konvergente Folge harmonischer Funktionen hat eine harmonische Grenzfunktion* (erster HARNACKscher Satz).

2. *Eine monotone Folge harmonischer Funktionen, die an einer Stelle beschränkt ist, konvergiert überall und lokal gleichmäßig zu einer harmonischen Funktion* (zweiter HARNACKscher Satz).

Zum Beweis des letzteren bemerken wir, daß gemäß der POISSONschen Integralformel in jeder Zelle, wo h positiv ist, die Ungleichungen

$$\frac{1 - |z|}{1 + |z|} \cdot h(0) \leqq h(z) \leqq \frac{1 + |z|}{1 - |z|} \cdot h(0) \tag{6.8}$$

gültig sind. Ist nun

$$h_1 \leqq h_2 \leqq \cdots \leqq h_n \leqq \cdots$$

eine wachsende Folge harmonischer Funktionen und (V, z) eine Parameterzelle mit dem Zentrum in p_0, wo die Folge beschränkt ist, so folgt mit $h = h_m - h_n$, $m > n$, aus (6.8) die lokal gleichmäßige Konvergenz der Folge in V und da die Zellen verkettet sind, auf ganz R.

6.5. Das Theorem von PERRON. Dieses liefert ein wichtiges Prinzip zur Erzeugung harmonischer Funktionen. Wir definieren zunächst für jede subharmonische Funktion u und jede Zelle V auf R einen linearen Operator Vu: Für stetiges u ist h diejenige harmonische Funktion in der Zelle V, welche auf deren Rand mit u übereinstimmt, also in bezug auf einen zugehörigen Parameter die Darstellung (6.7) besitzt. Im allgemeinen Fall (nicht notwendig stetiges u) ist h die „beste harmonische Majorante" von u in V[1]. Mit diesem h setzen wir

$$Vu = \begin{cases} u \text{ auf } R - V \\ h \text{ auf } V. \end{cases}$$

---

[1] Zur Konstruktion der besten harmonischen Majoranten nehmen wir eine monoton abnehmende Folge $\{f_n\}$ von Funktionen, die auf dem Rande von V stetig

Es ist offenbar Vu wieder subharmonisch und $Vu \geq u$. Nun gilt der folgende

Satz I. 3 (Theorem von PERRON): *Auf einer RIEMANNschen Fläche R sei eine superharmonische Funktion v und eine nicht-leere Menge $\mathfrak{P}$ von subharmonischen Funktionen u mit folgenden Eigenschaften gegeben: Es ist*

1) $u \leq v$ *für* $u \in \mathfrak{P}$,
2) $\sup(u_1, u_2) \in \mathfrak{P}$ *für* u_1 *und* u_2 *aus* $\mathfrak{P}$,
3) $Vu \in \mathfrak{P}$ *für jedes* $u \in \mathfrak{P}$ *und jede Zelle V auf R.*

Dann ist $H(p) = \sup_{u \in \mathfrak{P}} u(p)$ *auf R harmonisch.*

Beweis. a) Wir zeigen zunächst, daß H stetig ist. Es sei (V, z) eine Parameterzelle. Für Vu, als Funktion von z, setzen wir $h(z)$. Dann ist offenbar (wegen $Vu \geq u$) $\sup_{u \in \mathfrak{P}} h(z) = H(z) \left(= H(p(z))\right)$. Sind die h positiv, so folgen aus den HARNACKschen Ungleichungen (6.8) durch Übergang zum Supremum (schrittweise von rechts nach links) die entsprechenden Ungleichungen für $H(z)$. Dies ergibt, daß $H(z)$ endlich und damit stetig ist [2]. Falls die h nicht positiv sind, so können wir uns auf solche h beschränken, die $\geq$ einem festen h_0 sind. Dieses hat eine endliche untere Schranke m. Mit $h - m$ anstelle von h folgt dann genau gleich, daß $H - m$ und damit auch H in V stetig ist.

b) *H ist subharmonisch.* Denn es gilt für jedes $u \in \mathfrak{P}$ und damit auch für H die Mittelwertungleichung (6.5).

c) *H ist superharmonisch.* Wir betrachten H und die Funktionen der Klasse $\mathfrak{P}$ als Funktionen eines lokalen Parameters z auf dem Kreis $|z| = r (\leq 1)$. Zu jedem $\varepsilon > 0$ und $z = re^{i\varphi}$ gibt es ein $u_\varphi \in \mathfrak{P}$ mit $H(z) - u_\varphi(z) < \varepsilon/2$ und daher eine Umgebung V_φ von $re^{i\varphi}$ mit $H(z') - u_\varphi(z') < \varepsilon$ für $z' \in V_\varphi$. Diese V_φ überdecken die Kreislinie $|z| = r$, also tun es nach HEINE-BOREL schon endlich viele unter ihnen, nämlich $V_{\varphi_1}, V_{\varphi_2}, \ldots, V_{\varphi n}$. Nun ist $H(z) - u_{\varphi_\varkappa}(z) < \varepsilon$ in $V_{\varphi_\varkappa}$, $\varkappa = 1, 2, \ldots, n$, also $H(z) - \sup_{(\varkappa)} u_{\varphi_\varkappa}(z) < \varepsilon$ auf $|z| = r$. Wir setzen $\sup_{(\varkappa)} u_{\varphi_\varkappa} = u$ und bezeichnen die in $|z| < r$ harmonische Funktion, die auf $|z| = r$ mit u übereinstimmt, mit $h(z)$. Dann ist

$$H(0) \geq h(0) = \frac{1}{2\pi} \int_0^{2\pi} u(re^{i\varphi}) \, d\varphi > \frac{1}{2\pi} \int_0^{2\pi} H(re^{i\varphi}) \, d\varphi - \varepsilon$$

---

sind und dort gegen u konvergieren. Mit h_n bezeichnen wir die in V harmonische und auf $\overline{V}$ stetige Funktion, die auf $\overline{V} - V$ mit f_n übereinstimmt. Nach dem zweiten HARNACKschen Satz und wegen $h_n \geq u$ konvergieren diese h_n gegen eine Funktion h, die in V harmonisch und $\geq u$ ist. h ist die beste harmonische Majorante von u in V (vgl. T. RADÓ [1*], S. 31—32).

[2] Genau hier wird die Voraussetzung 1) des Satzes verwendet. Wie man sofort sieht, kann man sie durch die (scheinbar schwächere) Voraussetzung ersetzen, daß $\sup_{u \in \mathfrak{P}} u$ auf einer in R dichten Menge endlich sei.

für jedes $\varepsilon > 0$, also $H(0) \geqq \dfrac{1}{2\pi} \int H(re^{i\varphi}) \, d\varphi$ für jede Parameterzelle (V, z). $H(z)$ ist somit superharmonisch.

d) H ist gleichzeitig sub- und superharmonisch, also *harmonisch*.

6.6. Das *Theorem von* PERRON *gestattet nun auf der* RIEMANNschen *Fläche R die Existenz einer stetig differenzierbaren reellen Funktion f nachzuweisen, deren Gradient nur in isolierten Stellen verschwindet*, mit welcher wir im nächsten Paragraphen auf R eine Metrik konstruieren werden. Hierzu wählen wir auf R zwei getrennte Zellen V_0 und V_1 mit den Rändern Γ_0 und Γ_1. Dann gibt es in $R_1 = R - V_0 \cup V_1$ eine harmonische Funktion h, welche auf Γ_0 verschwindet und auf Γ_1 gleich 1 ist. Die stetigen und subharmonischen Funktionen u in R_1, die auf Γ_0 verschwinden und auf $\Gamma_1 \leqq 1$ sind, bilden nämlich in bezug auf die RIEMANNsche Fläche R_1 eine PERRON*sche Klasse* $\mathfrak{P}$, d. h. $\mathfrak{P}$ genügt mit $v = 1$ den Voraussetzungen des Satzes I. 3. Es ist also $h = \sup\limits_{u \in \mathfrak{P}} u$ in R harmonisch.

Es bleibt zu zeigen, daß h die vorgeschriebenen Randwerte annimmt. Sind $z_i = \alpha_i(p)$ zu V_i, $i = 0,1$ gehörige Parameter, so bilden sie noch eine Umgebung $U_i \supset V_i$ auf eine Umgebung des abgeschlossenen Parameterkreises $\overline{K}_i$ ab, welche eine Kreisscheibe $K_i^* = \{z_i \mid |z_i| < 1 + \varepsilon, \ \varepsilon > 0\}$ enthält. Wir setzen $V_i^* = \alpha_i^{-1}(K_i^*)$ und

$$v_0 = \begin{cases} \dfrac{\log|z_0|}{\log(1 + \varepsilon)} & \text{in } V_0^* \\ 1 & \text{in } R - V_0^* \end{cases} \qquad \text{bzw.} \qquad u_0 = \begin{cases} 1 - \dfrac{\log|z_1|}{\log(1 + \varepsilon)} & \text{in } V_1^* \\ 0 & \text{in } R - V_1^*. \end{cases}$$

u_0 gehört zu Klasse $\mathfrak{P}$, v_0 ist superharmonisch und majorisiert alle $u \in \mathfrak{P}$ wegen des Minimumprinzips für die superharmonische Funktion $v - u$. Wegen $v_0 \geqq h \geqq u_0$ in R_1 nimmt dann h die vorgeschriebenen Randwerte an.

Nun ist es leicht, h in die Zellen V_0 und V_1 stetig differenzierbar fortzusetzen, so daß der Gradient nur in isolierten Stellen verschwindet[1].

§ 7. Die RIEMANNsche Fläche ist metrisierbar

7.1. Gemäß § 6.6 gibt es auf R eine stetig differenzierbare Funktion f, deren Gradient nur in isolierten Stellen verschwindet. Setzen wir $\lambda_z(p) = \sqrt{f_x^2 + f_y^2}$, $z = x + iy$, so transformiert sich $\lambda_z(p)$ beim Übergang zu einem anderen lokalen Parameter z nach dem Gesetz $\lambda_z(p) \, |dz| = \lambda_{z'}(p) \, |dz'|$. Es ist also $ds = \lambda_z(p) \, |dz|$ ein Differential, das überall

---

[1] Betrachten wir z. B. die Zelle V_0. Durch Beschränkung auf $V_0^* - V_0$ wird h in bezug auf den Parameter $\alpha_0(p) = z_0 = re^{i\varphi}$ eine harmonische Funktion $h(re^{i\varphi})$, $1 \leqq r \leqq 1 + \varepsilon$. Wir setzen $\dfrac{\partial h(re^{i\varphi})}{\partial r}\Big|_{r=1} = n(\varphi)$ und $f = r^4 + (n(\varphi) - 2) r^3 + (1 - n(\varphi)) r^2$ in V_0. Analog konstruiert man f in V_1. Indem wir in $R - V_0 \cup V_1$ noch $f = h$ setzen, erhalten wir eine Funktion f der gewünschten Art.

auf R bis auf isolierte Stellen positiv ist. Wir bezeichnen mit W_{pq} ($p, q \in R$) die Klasse der stückweise stetig differenzierbaren Wege w, welche p mit q auf R verbinden, das sind die stückweise stetig differenzierbaren Abbildungen $p(t)$ der Parameterstrecke $0 \leq t \leq 1$ in R mit $p(0) = p$ und $p(1) = q$. Wegen des genannten Transformationsgesetzes ist $\lambda_z(p) \left| \dfrac{dz}{dt} \right|$ längs w eine Funktion von t. Wir setzen

$$\Lambda(w) = \int\limits_0^1 \lambda_z(p(t)) \left| \frac{dz}{dt} \right| dt$$

und

$$\varrho(p, q) = \inf_{w \in W_{pq}} \Lambda(w).$$

$\varrho(p, q)$ erfüllt die drei Distanzaxiome:

1. Für $p = q$ wählen wir die konstante Abbildung der Parameterstrecke auf p. Dann ist $\dfrac{dz}{dt} = 0$, $\Lambda(w) = 0$ und $\varrho = 0$. Im Falle $p \neq q$ wählen wir eine Parameterzelle (V, z) mit dem Zentrum p, welche q nicht enthält. Jeder Weg $w \in W_{pq}$ enthält deshalb ein Stück, dessen Bild im Parameterkreis den Nullpunkt mit einem Punkt der Peripherie $|z| = 1$ verbindet. Ist nämlich $p(t)$, $0 \leq t \leq 1$ eine Parameterdarstellung des Weges w, so wird wegen der Stetigkeit ein genügend kleines Intervall $0 \leq t \leq \varepsilon$, $\varepsilon > 0$ in V_p abgebildet. Es sei ε_0 die obere Grenze der ε mit dieser Eigenschaft. Da $\overline{V}_p$ kompakt ist, liegt $p(\varepsilon_0)$ in $\overline{V}_p$, aber nicht in V_p, da q nicht zu V_p gehört. Es liegt also $\alpha(p(\varepsilon_0))$ auf der Peripherie $|z| = 1$. Da $\lambda(z)$ nur in isolierten Stellen verschwindet, gibt es einen Ring $\varrho_1 \leq |z| \leq \varrho_2 (\leq 1)$, wo $\lambda(z) \geq c > 0$ und daher $\Lambda(w) > c(\varrho_2 - \varrho_1)$ ist, für jedes $w \in W_{pq}$; also ist $\varrho(p, q) > 0$.

2. Es ist $\varrho(p, q) = \varrho(q, p)$, da $\Lambda(w)$ von der Durchlaufsrichtung des Weges unabhängig ist.

3. Ein Weg w_{pq} von p nach q und ein Weg w_{qr} von q nach r liefern zusammen einen Weg aus W_{pr}. Also ist $\Lambda(w_{pq}) + \Lambda(w_{qr}) \geq \varrho(p, r)$ und daher auch die Dreiecksungleichung erfüllt.

Wir haben nun zu zeigen, daß die konstruierte Metrik mit der auf R gegebenen Topologie verträglich ist, also eine Punktfolge $\{p_n\}$ dann und nur dann gegen p konvergiert, wenn $\lim\limits_{n \to \infty} \varrho(p_n, p) = 0$ ist. Ist p_n außerhalb einer festen Parameterzelle V_p, so ist, wie oben gezeigt wurde, $\varrho(p_n, p)$ größer als eine feste positive Zahl; aus $\lim\limits_{n \to \infty} \varrho(p_n, p) = 0$ folgt also die Konvergenz von p_n gegen p. Es konvergiere nun umgekehrt p_n gegen p. Da λ in V_p beschränkt, $\lambda < M$ ist, so gilt $\varrho(p_n, p) < M\varepsilon$ für $|\alpha(p_n)| < \varepsilon$. Damit ist die Verträglichkeit der Metrik ϱ mit der Topologie von R bewiesen.

7.2. Um die Tatsache, daß die RIEMANN*sche Fläche lokal-kompakt und metrisierbar* ist, weiter ausnützen zu können, treffen wir einige topologische Vorbereitungen.

1. Zunächst beweisen wir einen Satz von ALEXANDROFF[1].

Satz I. 4. *Ein zusammenhängender, lokal kompakter und metrisierbarer topologischer Raum* T *besitzt eine Überdeckung durch abzählbar viele kompakte Teilmengen.*

Beweis: a) Konstruktion ausgezeichneter Umgebungen. Es sei $\varrho(p, q)$ eine Metrik, welche mit der gegebenen Topologie auf T verträglich ist. Dann ist die Menge $\{p' \mid \varrho(p, p') < \varepsilon, \varepsilon > 0\} = U_\varepsilon(p)$ offen; wir nennen sie die ε-Umgebung von p. Aus dem gleichen Grunde enthält jede Umgebung U des topologischen Raumes T eine Umgebung U_ε. Daher ist U_ε für genügend kleine ε kompakt in T; denn es gibt zu jedem $p \in T$ eine Umgebung U mit kompakter abgeschlossener Hülle $\overline{U}$. Nun betrachten wir für ein festes p die obere Grenze $r(p)$ jener ε, für die $U_\varepsilon(p)$ in T kompakt ist. Im Falle $r(p) = \infty$ ist nichts mehr zu beweisen; denn die offenen in T kompakten Mengen $U_n(p)$, $n = 1, 2, \ldots$ überdecken T. Ist aber $r(p) < \infty$ für einen Punkt p, so gilt dasselbe auch für jeden anderen Punkt des Raumes T. Es gilt nämlich für alle p und p' aus T

$$r(p') \leqq r(p) + \varrho(p, p'), \quad p, p' \in T \ . \tag{7.1}$$

Andernfalls gäbe es ein p, p' und $\varepsilon > 0$ mit $r(p') = r(p) + \varrho(p, p') + \varepsilon$. Dann würden aber alle q mit $\varrho(p, q) < r(p) = r(p') - \varrho(p, p') - \varepsilon$ in die Umgebung $U_{r(p') - \varepsilon}(p')$ fallen, weil für diese q

$$\varrho(p', q) \leqq \varrho(p', p) + \varrho(p, q) < r(p') - \varepsilon$$

ist. Es hätte also $r(p)$ nicht die verlangte Extremaleigenschaft. Wegen (7.1) ist $r(p)$ eine stetige Funktion. Die Mengen

$$U^*_\lambda(p) = \{p' \mid \varrho(p', p) \leqq \lambda\, r(p), 0 < \lambda < 1\}$$

sind in sich kompakt; die $U^*_{1/2}(p)$, $p \in T$, sind die ausgezeichneten Umgebungen auf T.

---

[1] P. ALEXANDROFF [1]. Der hier interessierende Teil des Satzes lautet: „Ein zush. lokal kompakter und metrisierbarer topologischer Raum genügt dem zweiten Abzählbarkeitsaxiom." Daß ein topologischer Raum dem zweiten Abzählbarkeitsaxiom genügt, bedeutet, er besitze eine abzählbare Umgebungsbasis; dabei versteht man unter einer Umgebungsbasis ein System $\{U\}$ von nicht-leeren offenen Mengen von der Art, daß jede nicht-leere offene Menge in R die Vereinigung von Mengen aus $\{U\}$ ist. Die Bemerkungen in der nachfolgenden Nr. 2 zeigen, daß der zitierte Satz mit dem Satz I.4 äquivalent ist. Da ALEXANDROFF ihn mit Hilfe des ZERMELOschen Wohlordnungssatzes beweist, wird unten ein Beweis gegeben, der von diesem Wohlordnungssatze frei ist.

b) **Konstruktion einer Ausschöpfung durch Kompakta.** Wir wählen einen festen Punkt $O \in T$ und setzen

$$A_0 = U^*_{1/2}(0), \quad A_{n+1} = \bigcup_{p \in A_n} U^*_{1/2}(p), \quad n = 0, 1, 2, \dots.$$

Die A_n bilden eine abzählbare Überdeckung von T, $\bigcup_{n=0}^{\infty} A_n = T$. Dies erhellt aus der Tatsache, daß O mit jedem beliebigen Punkt aus T durch einen Weg verbunden und dieser Weg mit endlich vielen ausgezeichneten Umgebungen überdeckt werden kann. Es bleibt also noch zu zeigen, daß die A_n kompakt sind. Offenbar ist dies A_0. Wir nehmen nun an, A_n sei kompakt und zeigen, daß auch A_{n+1} kompakt ist. Für jede Punktfolge $\{p_\nu\}$ in A_{n+1} gibt es gemäß Konstruktion zu jedem p_ν ein p'_ν in A_n mit $p_\nu \in U^*_{1/2}(p'_\nu)$. Nach Induktionsvoraussetzung besitzt $\{p'_\nu\}$ eine konvergente Teilfolge $\{p'_{\nu_i}\}$. Ihr Grenzpunkt p' liegt in A_n. Nun ist

$$\varrho(p_\nu, p') \leqq \varrho(p_\nu, p'_\nu) + \varrho(p'_\nu, p') \leqq \tfrac{1}{2} r(p'_\nu) + \varrho(p'_\nu, p')$$
$$\leqq \tfrac{1}{2} r(p') + \tfrac{3}{2} \varrho(p'_\nu, p').$$

Daher sind die p_{ν_i} für genügend große ν_i in der kompakten Menge $U^*_{2/3}(p')$ enthalten. Sie haben also darin einen Häufungspunkt p und p liegt in A_{n+1}. Jede unendliche Punktfolge in A_{n+1} hat also stets einen Häufungspunkt in A_{n+1}, und als metrischer Raum ist deshalb A_{n+1} kompakt, womit der Satz bewiesen ist.

2. Ein topologischer Raum T heißt *separabel*, wenn er eine abzählbare und in T dichte Teilmenge enthält. *Ein metrischer Raum M ist dann und nur dann separabel, wenn er eine abzählbare Umgebungsbasis besitzt, mit anderen Worten, dem zweiten Abzählbarkeitsaxiom genügt*[1].

Da ein kompakter metrischer Raum separabel ist[2], ist es auch jeder metrische Raum mit einer abzählbaren Überdeckung durch kompakte Teilmengen. Gemäß Satz I.4 ist also *ein lokal kompakter und metrisierbarer Raum separabel und genügt somit dem zweiten Abzählbarkeitsaxiom.*

3. Wenn ein lokal kompakter topologischer Raum T eine abzählbare Überdeckung durch kompakte Teilmengen besitzt, so enthält jede Umgebungsbasis $\{U\}$ ein abzählbares System $\{U_\nu\}$, welches T *lokalfinit* überdeckt, d. h. jeder Punkt aus T gehört nur endlich vielen U_ν an. Denn die kompakten A_ν besitzen eine endliche Überdeckung durch Umgebungen mit kompakter abgeschlossener Hülle. Die Vereinigung der Umgebungen dieser Überdeckung ist eine offene Menge O'_ν, die in T kompakt ist, $\nu = 1, 2, \dots$. Die $O_n = \bigcup_{\nu=1}^{n} O'_\nu$ bilden eine wachsende Folge, welche T ausschöpft. Sie enthalten für genügend großes n irgendeine

---

[1] Alexandroff-Hopf [1*], S. 79—80.
[2] Alexandroff-Hopf [1*], S. 87.

vorgegebene kompakte Teilmenge. Deshalb gibt es eine Teilfolge der O_n, die wir wieder mit O_n bezeichnen, so daß jedes O_n die abgeschlossene Hülle $\overline{O}_{n-1}$ enthält. $\overline{O}_{n+1} - O_n$ ist kompakt und in der offenen Menge $O_{n+2} - \overline{O}_{n-1}$ enthalten. Da $\{U\}$ eine Umgebungsbasis ist, gibt es darin endlich viele Umgebungen, die in $O_{n+2} - \overline{O}_{n-1}$ gelegen sind und $\overline{O}_{n+1} - O_n$ überdecken. Indem wir für jedes $n = 2, 3, \ldots$ diese endlich vielen Umgebungen aus $\{U\}$ herausgreifen, gelangen wir zu einer abzählbaren Überdeckung aus $\{U\}$. Diese ist lokal-finit, da $\{O_{n+2} - \overline{O}_{n-1}\}$ eine lokal-finite Überdeckung ist.

7.3. 1. Da die RIEMANNsche Fläche ein lokal kompakter metrischer Raum ist, und die Zellen eine Umgebungsbasis bilden, folgt aus § 7.2:

Satz I. 5. a) *Die RIEMANNsche Fläche ist separabel und genügt somit dem zweiten Abzählbarkeitsaxiom.*

b) *Jede RIEMANNsche Fläche besitzt eine abzählbare und lokal-finite Zellenüberdeckung.*

Auf der RIEMANNschen Fläche R ist also jede diskrete Punktmenge abzählbar. So sind z. B. die Stellen, wo eine auf R nicht konstante meromorphe Funktion einen bestimmten Wert annimmt, abzählbar. Ebenso bilden ihre mehrfachen Stellen eine abzählbare Menge. Aus dem gleichen Grunde besitzt ein analytisches Gebilde nur abzählbar viele irreguläre Elemente; und es gehören von den Potenzreihen $\sum\limits_0^\infty c_n (z - a)^n$ mit festem Zentrum a nur abzählbar viele zu ein und derselben analytischen Funktion[1]. Denn diese sind im zugehörigen analytischen Gebilde isoliert.

2. Ist nun A irgendeine in sich kompakte Menge einer nicht-kompakten RIEMANNschen Fläche R, so läßt sie sich durch endlich viele Zellen überdecken, deren Vereinigung ein Zellenbereich ist. Durch Hinzufügen endlich vieler Zellen entsteht ein zusammenhängender Zellenbereich B (§ 5.2). Auf seinem Rand gibt es nur endlich viele Punkte, die dem Rand von mehreren Zellen angehören. Andernfalls gäbe es zwei verschiedene Zellen, deren Ränder unendlich viele Punkte gemeinsam hätten und wegen ihres analytischen Charakters zusammenfallen müßten. Dann wäre aber die Fläche eine Kugel. Die anderen Randpunkte sind die inneren Punkte von endlich vielen analytischen Bogen. Gibt es Randpunkte, von denen mehr als zwei solche Randbogen ausgehen, so fügen wir zu B so kleine, zu diesen Punkten gehörige Zellen hinzu, daß sie nur ein Teilstück dieser Bogen überdecken. Dieser so erweiterte Zellenbereich B wird dann durch endlich viele fremde und stückweise analytische Jordankurven bzw. isolierte Punkte berandet. Die offene Menge $R - B$ besteht aus endlich vielen zusammenhängenden Kompo-

---

[1] H. POINCARÉ: Rendiconti del Circ. mat. di Palermo, Bd. 2 (1888), S. 197 bis 200; Volterra, Atti della Reale Acad. dei Lincei, Ser. 4, IV_2, S. 355.

nenten, da jedes der endlich vielen Randkontinuen von B nur an eine dieser Komponenten grenzt. Gibt es unter diesen Komponenten solche, die in R kompakt sind, so vereinigen wir ihre abgeschlossenen Hüllen mit B, ebenso allfällige isolierte Randpunkte. Damit haben wir zu einer beliebigen kompakten Menge A ein Gebiet F konstruiert, das A enthält und folgende Eigenschaften besitzt:

a) *F ist in R kompakt,*

b) *R − F zerfällt in lauter nicht-kompakte zusammenhängende Komponenten,*

c) *F wird von endlich vielen fremden und stückweise analytischen Jordankurven berandet.*

Ein Gebiet mit diesen Eigenschaften nennen wir ein *normales Teilgebiet* von R. Nach § 7.2.1 gilt

Satz I. 6. *Eine nicht-kompakte* RIEMANN*sche Fläche kann durch eine Folge von normalen Teilgebieten* F *mit* $\overline{F}_n \subset F_{n+1}$, $n = 1, 2, \ldots$ *ausgeschöpft werden.*

Eine solche Ausschöpfung der Fläche R nennen wir *normal.*

3. Es sei nun $\{F_n\}$ eine normale Ausschöpfung der Fläche R. Der Rand Γ_n von F_n besteht aus endlich vielen fremden und stückweise analytischen Jordankurven. In dem „*Ringgebiet*" $F_{n+1} - \overline{F}_n$ mit den Rändern Γ_n und Γ_{n+1} gibt es nach Satz IV.2[1] eine harmonische Funktion h, die auf Γ_n verschwindet und auf Γ_{n+1} den Wert 1 annimmt. Da die kritischen Stellen von h, also die Stellen, wo *grad h* verschwindet, isoliert sind, gibt es eine Niveaulinie $h = \lambda$ $(0 < \lambda < 1)$, die durch keine kritische Stelle hindurchgeht und deshalb aus endlich vielen analytischen Jordankurven besteht. Die Menge $H_\lambda = \{p \mid 0 < h(p) < \lambda\}$ ist offen und zerfällt in endlich viele Komponenten, von denen jede an Γ_n grenzt. Es ist also $\overline{F}_n \cup H_\lambda = F_n^*$ ein Gebiet, das von endlich vielen fremden analytischen Jordankurven berandet wird. Wir haben also folgende Ergänzung zu Satz I.6: *Eine nicht-kompakte* RIEMANN*sche Fläche besitzt eine normale Ausschöpfung durch solche Teilgebiete, die von endlich vielen fremden analytischen Jordankurven berandet sind.*

4. Bei einer normalen Ausschöpfung der Fläche R zerfällt $R - \overline{F}_n$ in nicht-kompakte zusammenhängende Komponenten $K_{n1}, K_{n2}, \ldots$, deren Anzahl mit wachsendem n nicht abnimmt. Eine Folge ineinander geschachtelter Gebiete $K_{n\,k_n}$,

$$K_{1\,k_1} \supset K_{2\,k_2} \supset \cdots \supset K_{n\,k_n} \supset \cdots$$

definiert ein „*Ende*"[2]. Rührt eine Schachtelung $\{K'_{m\,k'_m}\}$ von einer

---

[1] Der Leser kann schon jetzt den Beweis dieses Satzes in § 25.1 nachlesen und sich überzeugen, daß durch die Vorwegnahme dieses Satzes kein Circulus vitiosus entsteht.

[2] Für den Begriff des „Endes" vgl. H. FREUDENTHAL [1] und H. HOPF [1], sowie B. v. KERÉKJARTÔ [1*].

anderen Ausschöpfung her, so definiert sie dasselbe „Ende" dann und nur dann, wenn jedes $K'_{m\,k'_m}$ in einem $K_{n\,k_n}$ enthalten ist und umgekehrt, für genügend große m, n. FREUDENTHAL hat gezeigt: Indem man zu der Menge aller Punkte von R die Enden von R als neue „ideale" Punkte hinzufügt und in dieser Vereinigungsmenge einen geeigneten Umgebungsbegriff einführt, der die in R gegebene Topologie nicht ändert, wird R zu einem kompakten (im Sinne von ALEXANDROFF-HOPF) Raum $\overline{R}$ erweitert, in welchem die Endenmenge $\mathfrak{E} = \overline{R} - R$ abgeschlossen und nirgends dicht ist. Die Endenmenge hat noch folgende Eigenschaft (durch welche diese Abschließung von R vor allen anderen ausgezeichnet ist): Jeder Punkt $E \in \mathfrak{E}$ besitzt in jeder Umgebung eine solche Umgebung U, daß nicht nur U, sondern auch $U \cap R$ zusammenhängend ist, und daß die Begrenzung von U in R liegt und kompakt ist.

§ 8. Orientierbare topologische und differenzierbare Flächen und konforme Struktur

8.1. Eine Umgebung V eines HAUSDORFFschen Raumes nennen wir eine *topologische 2-Zelle, wenn ihre abgeschlossene Hülle $\overline{V}$ der abgeschlossenen Kreisscheibe $|z| \leq 1$ homöomorph ist*[1]. Unter einer topologischen Fläche T verstehen wir einen zusammenhängenden HAUSDORFFschen Raum mit einer abzählbaren Überdeckung durch zweidimensionale Zellen V[2]. Gehört p den Zellen V und V' an und sind α und α' die topologischen Abbildungen von $\overline{V}$ auf die Kreisscheibe $|z| \leq 1$ und von $\overline{V}'$ auf die Kreisscheibe $|z'| \leq 1$, so wird durch $\alpha'\alpha^{-1}$ eine Umgebung von $z_0 = \alpha(p_0)$ topologisch auf eine Umgebung von $z'_0 = \alpha'(p_0)$ abgebildet. Bei dieser Abbildung kann sich der Orientierungssinn ändern[3]. Wenn es möglich ist, die Homöomorphismen α so zu wählen, daß bei der genannten Abbildung $\alpha'\alpha^{-1}$ der Orientierungssinn stets erhalten bleibt, so heißt die Fläche T orientierbar.

Eine Fläche T nennen wir *differenzierbar*, wenn eine Zellenüberdeckung $\{V\}$ und zugehörige Homöomorphismen α, die $\overline{V}$ auf die abgeschlossene Kreisscheibe $|z| \leq 1$ abbilden, von folgender Art gegeben sind: Ist der Durchschnitt der Zellen V und V' aus $\{V\}$ nicht-leer, so

---

[1] Die topologischen 2-Zellen sind von den Zellen auf einer RIEMANNschen Fläche (konforme Zellen, vgl. § 5.1) wohl zu unterscheiden. Auf Grund des RIEMANNschen Abbildungssatzes (§ 34) ist jede topologische 2-Zelle auf einer RIEMANNschen Fläche eine Parameterumgebung (§ 3.2). Unter diesen sind die konformen Zellen dadurch ausgezeichnet, daß ihr Rand eine *analytische* JORDAN-Kurve ist.

[2] Für die Fläche T gilt also das zweite Abzählbarkeitsaxiom. Wenn umgekehrt für einen zusammenhängenden HAUSDORFFschen Raum mit einer Überdeckung durch topologische 2-Zellen das zweite Abzählbarkeitsaxiom erfüllt ist, so ist er eine Fläche T.

[3] Für den Begriff der Orientierung auf einer topologischen Fläche vgl. z. B. H. WEYL [1*].

hängen die zugehörigen reellen Parameter x, y und $x'\, y'$ durch 2mal stetig differenzierbare Koordinatentransformationen mit nicht verschwindender Funktionaldeterminante zusammen.

Wir verlangen hier zweimal stetig differenzierbare Koordinatentransformationen, um sämtliche Differentialoperationen in § 8.4 bilden zu können. Wenn zu einer Umgebung U ein Homöomorphismus α existiert, der U auf den Kreis $|z| < 1$ abbildet und mit den gegebenen Homöomorphismen α' durch zweimal stetig differenzierbare Koordinatentransformationen mit nicht verschwindender Funktionaldeterminante zusammenhängt, so nennen wir den Inbegriff von U und α eine differenzierbare Parameterumgebung. Die Gesamtheit dieser Parameterumgebungen definiert auf der Fläche eine ,,differenzierbare Struktur".

Kann die Parametrisierung (Zellenüberdeckung und Homöomorphismen α) so gewählt werden, daß die Funktionaldeterminante der zugehörigen Koordinatentransformationen stets positiv ist, so nennen wir sie orientierbar.

8.2. Auf Grund von Satz I.5 ist jede RIEMANNsche Fläche eine differenzierbare und orientierbare Fläche. Bei der Art, wie wir die RIEMANNsche Fläche definiert haben, liegt dieser Satz durchaus nicht an der Oberfläche, haben wir doch die §§ 6 und 7 benötigt, um zeigen zu können, daß für die RIEMANNsche Fläche das zweite Abzählbarkeitsaxiom gültig ist. Daß hierfür der ganze analytische Apparat des § 6 nötig ist, zeigt das von PRÜFER[1] gegebene Beispiel eines zusammenhängenden HAUSDORFFschen Raumes mit einer lokal zweidimensionalen Struktur, sogar mit einer differenzierbaren Struktur, für welchen das zweite Abzählbarkeitsaxiom nicht gültig ist. Für topologische und differenzierbare Flächen ist also die Forderung einer abzählbaren Zellenüberdeckung wesentlich, nicht aber für RIEMANNsche Flächen; hier folgt sie aus der konformen Struktur. Dabei haben wir in § 7.1 die konforme Struktur scheinbar nur schwach ausgenützt. Denn es folgt aus den dortigen Betrachtungen, daß ein HAUSDORFFscher Raum mit einer lokal zweidimensionalen differenzierbaren Struktur dann dem zweiten Abzählbarkeitsaxiom genügt, wenn es darauf eine nicht-konstante und stetig differenzierbare Funktion gibt, deren Gradient nur an isolierten Stellen verschwindet. Es ist wohl schwer zu sehen, wie man dies ohne Konstruktion von harmonischen Funktionen bewerkstelligen könnte.

8.3. Wir zeigen nun, daß umgekehrt jeder orientierbaren topologischen Fläche eine konforme Struktur aufgeprägt, diese Fläche also

---

[1] Vgl. T. RADÓ [2] sowie R. NEVANLINNA [1*], S. 51. Daß die konforme Struktur das zweite Abzählbarkeitsaxiom nach sich zieht, ist erstmals von T. RADÓ [2] mit Hilfe der Uniformisierungstheorie bewiesen worden. Der im Text gegebene Beweis ist eine Modifikation der Methode von R. NEVANLINNA [1*].

zu einer RIEMANNschen Fläche gemacht werden kann. Natürlich gilt dies dann auch für jede orientierte differenzierbare Fläche.

1. Wir zeigen zunächst, wie man dies für die letzteren tun kann. Da eine solche eine abzählbare Zellenüberdeckung hat, ist sie lokal kompakt und besitzt eine Überdeckung durch abzählbar viele kompakte Teilmengen, nämlich die $\overline{V}$. Also gibt es nach § 7.2.3. eine lokalfinite Zellenüberdeckung $\{V_\varkappa\}$. Ist K der Parameterkreis zu einer Zelle V, so setzen wir $ds = \lambda(z)\,|dz|$, wobei $\lambda(z)$ zweimal stetig differenzierbar ist für alle z, $\lambda(z) > 0$ in $|z| < 1$ und $\lambda(z) = 0$ auf $|z| = 1$. Indem wir für jedes $V_\varkappa$ ein solches ds konstruieren, definiert die endliche Summe $\sum\limits_\varkappa ds_\varkappa$ auf der Fläche eine positive definite quadratische Form. Werden auf dieser RIEMANNschen Mannigfaltigkeit, die den Voraussetzungen von § 4.3.2 genügt, die isothermen Parameter ausgezeichnet, so wird die Fläche zu einer RIEMANNschen Fläche.

2. Wir beweisen nun

Satz I.7. *Jede orientierbare topologische Fläche kann mit einer konformen Struktur versehen, also zu einer* RIEMANN*schen Fläche gemacht werden.*

Beweis. Nach T. RADÓ[1] weiß man, daß jede Fläche triangulierbar ist. Darunter verstehen wir folgendes: Eine topologische Abbildung des Basisdreiecks $\varDelta$ (Abb. 1) in T definiert in T ein topologisches Dreieck oder 2-Simplex mit den Ecken und Kanten als den Bildern der Ecken und Kanten von $\varDelta$. Ein Punkt $p \in R$ heißt mit dem Dreieck inzident, falls er zur Bildmenge von $\varDelta$ gehört. Wir haben eine Triangulierung der Fläche T, wenn auf T ein System von endlich oder abzählbar vielen topologischen Dreiecken mit folgenden Eigenschaften gegeben ist:

a) Jeder Punkt von T inzidiert mit mindestens einem Dreieck;

b) verschiedene Dreiecke haben keine inneren Punkte gemeinsam;

c) eine Ecke inzidiert nur mit Ecken und nur mit endlich vielen.

Auf Grund der Orientierbarkeit ist es möglich, die Dreiecke auf T so zu orientieren, daß sie auf gemeinsamen Kanten entgegengesetzte Orientierungen induzieren. Durch die baryzentrische Unterteilung des Basisdreiecks $\varDelta$ entsteht eine ,,*baryzentrische Unterteilung*'' der Triangulation auf T. Jedes Dreieck dieser Unterteilung wird dann entsprechend dem Basisdreieck schwarz bzw. weiß gefärbt (Abb. 1). Wegen der Orientierbarkeit grenzt jede Kante an ein weißes und an ein schwarzes Dreieck.

Nun repräsentieren wir jedes weiße Dreieck durch ein Exemplar der oberen Halbebene mit den Ecken in 0, 1 und ∞ und entsprechend

---

[1] T. RADÓ [2]. Für den nachfolgenden Beweis vgl. auch M. HEINS [3].

jedes schwarze Dreieck durch ein Exemplar der unteren Halbebene. Den Seiten eines weißen Ausgangsdreiecks $\varDelta_0$ ordnen wir in zyklischer Reihenfolge die Seiten des entsprechenden Exemplares der oberen Halbebene zu, das sind die Stücke der reellen Achse von $-\infty$ bis 0, dann von 0 bis 1 und von 1 bis ∞. Sind zwei Dreiecke auf T benachbart, so soll ihrer gemeinsamen Seite bei den zugehörigen Halbebenen je dasselbe Stück der reellen Achse entsprechen und darauf die Punkte mit gleicher Abszisse einander zugeordnet werden. Dadurch entsteht zwischen den Seiten des Systems der Halbebenen eine Paarung und damit im System der Halbebenen eine kombinatorische Struktur, die der

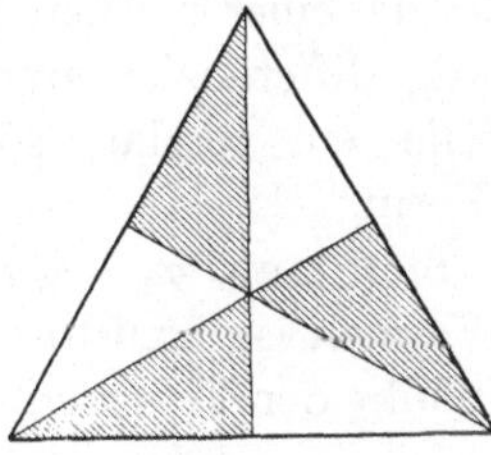

Abb. 1

Triangulierung auf T vollkommen entspricht. Durch Verheftung gepaarter Seiten entsteht dann eine Fläche (§ 4.2), die zu T homöomorph ist.

Wie in § 4.2 definieren wir nun auf T durch Angabe von lokalen Parametern eine konforme Struktur. Fällt $p \in T$ mit keiner Ecke zusammen, so entspricht ihm ein Punkt in der oberen oder unteren Halbebene oder auf der reellen Achse ($\neq 0, 1, \infty$). Hier wählen wir den Parameter z. Ist p Ecke der Triangulierung, so stößt in ihr eine gerade Anzahl von Dreiecken zusammen. Diesen $2\,k$ Dreiecken entsprechen $2\,k$ Halbebenen, die sich um den Punkt 0, 1 oder ∞ herumwinden. Als zugehörigen Parameter definieren wir $t = z^{1/k}$, $t = (z-1)^{1/k}$ bzw. $t = z^{-1/k}$. Es ist klar, daß diese Parameter die Bedingung der konformen Nachbarrelation erfüllen. Damit wurde T zu einer RIEMANNschen Fläche.

8.4. Auf einer differenzierbaren Fläche hat es einen Sinn, bei reell- oder komplexwertigen Funktionen f von 1- oder 2mal stetiger Differenzierbarkeit nach den reellen lokalen Parametern zu sprechen. Denn dies ist nicht von der Wahl der zulässigen Parameter abhängig. Die Ableitungen hingegen hängen von den Parametern ab. Setzen wir nämlich $f_x = a$ und $f_y = b$ bzw. $f_{x'} = a'$ und $f_{y'} = b'$, so geschieht der Übergang von (a, b) zu (a', b') nach folgendem Gesetz

$$a' = a\,\frac{\partial x}{\partial x'} + b\,\frac{\partial y}{\partial x'}$$

$$b' = a\,\frac{\partial x}{\partial y'} + b\,\frac{\partial y}{\partial y'}\,. \tag{8.1}$$

Es transformieren sich demnach die Größen a und b kontragredient zu den Differentialen dx und dy, sind also die Koordinaten eines *kovarianten Vektors* (a, b).

Ist nun allgemein jedem Punkt der RIEMANNschen Fläche ein kovarianter Vektor (a, b) zugeordnet, d. h. an jeder Stelle von den lokalen

Parametern abhängige Größen a und b, die sich gemäß dem Gesetz (8.1) transformieren, so ist dadurch auf R ein Vektorfeld (a, b) gegeben oder eine *lineare Differentialform* $\varphi = a\, dx + b\, dy$ oder kurz eine *1-Form*. Sie heißt stetig, wenn die a, b in jedem Koordinatensystem stetig sind. Beispiel einer solchen Form ist das Differential $df = f_x dx + f_y dy$ einer stetig differenzierbaren Funktion. Ist f eine Funktion, also in jeder Stelle ein Skalar, so ist offenbar $f\varphi = f a\, dx + f b\, dy$ wieder eine 1-Form.

Sind nun $\varphi_1 = a_1 dx + b_1 dy$ und $\varphi_2 = a_2 dx + b_2 dy$ zwei beliebige 1-Formen, so transformiert sich die Größe $a_1 b_2 - a_2 b_1$, d. h. das Vektorprodukt der Vektoren (a_1, b_1) und (a_2, b_2) nach dem Gesetz

$$a_1' b_2' - a_2' b_1' = (a_1 b_2 - a_2 b_1)\, \frac{\partial(x, y)}{\partial(x', y')}\, . \tag{8.2}$$

Es hat also das *Vektorprodukt* den *Charakter einer Dichte*, was besagen will, daß an jeder Stelle den lokalen Parametern Zahlen ϱ zugeordnet sind, die gemäß der Gleichung $\varrho' = \varrho\, \frac{\partial(x, y)}{\partial(x', y')}$ zusammenhängen. Ist $\varphi = a\, dx + b\, dy$ differenzierbar, d. h. sind a und b in jedem Koordinatensystem (x, y) differenzierbar, so liefert auch die *Rotation des Vektors* (a, b), das ist $b_x - a_y$, ein Beispiel für eine Dichte. Fassen wir nun $dx\, dy$ als Flächenelement im Parameterkreis auf, als eine Größe also, die sich gemäß der Gleichung $dx\, dy = \frac{\partial(x, y)}{\partial(x', y')}\, dx'\, dy'$ transformiert! Dann stellen die Ausdrücke

$$\varphi_1 \wedge \varphi_2 = (a_1 b_2 - a_2 b_1)\, dx\, dy \tag{8.3}$$

und

$$d\varphi = (b_x - a_y)\, dx\, dy \tag{8.3'}$$

vom lokalen Koordinatensystem unabhängige Differentialformen dar; es sind *schiefe Zweiformen*, die erste das *äußere Produkt von φ_1 und φ_2*, die zweite das *äußere Differential von φ*. Es ist $d\, df = 0$. Dabei verstehen wir unter einer schiefen 2-Form eine Differentialform $P = \varrho\, dx\, dy$, wo sich ϱ wie eine Dichte transformiert. Offenbar ist $f\, d\varphi$ wieder eine Zweiform und es ist leicht, die nachfolgende Identität zu verifizieren

$$d(f\varphi) = df \wedge \varphi + f\, d\varphi. \tag{8.4}$$

Ist die Form φ stetig differenzierbar und $d\varphi = 0$, so heißt φ *exakt oder geschlossen*. Es gibt dann in jeder Zelle V eine stetig differenzierbare Funktion f mit $df = \varphi$ in V. Denn auf Grund der GREENschen Formel ist

$$\int_0^x a(\xi, 0)\, d\xi + \int_0^y b(x, \eta)\, d\eta = \int_0^y b(0, \eta)\, d\eta + \int_0^x a(\xi, y)\, d\xi \tag{8.5}$$

und dieser Ausdruck definiert $f(x, y)$. f existiert aber nur lokal, in einer Zelle, und kann im allgemeinen nicht zu einer auf R eindeutigen Funktion ausgedehnt werden. Statt *exakter* 1-*Form* sagen wir auch *Differential*. Exakte Formen bezeichnen wir meistens mit ω.

Gibt es zu einer exakten 1-Form ω eine auf R eindeutige und stetig differenzierbare Funktion f mit $df = \omega$, so heißt ω *total*.

8.5. Auf einer RIEMANNschen Fläche ist jeder 1-Form eine *adjungierte Form* $*\varphi = -\,b\,dx + a\,dy$ zugeordnet. Die Abbildung $*$ bedeutet den Übergang von einem Vektorfeld (a, b) zu dem um $90°$ gedrehten $(-\,b, a)$. Es ist:

$$**\varphi = -\,\varphi; \quad \varphi_1 \wedge \varphi_2 = *\varphi_1 \wedge *\varphi_2;$$

$$\varphi_1 \wedge *\varphi_2 = -\,(*\varphi_1 \wedge \varphi_2) = (a_1 a_2 + b_1 b_2)\,dx\,dy.$$

Eine 1-Form ω heißt *harmonisch (harmonisches Differential)*, wenn ω und $*\omega$ exakt sind. Damit ist auf Grund der Gleichungen $d\omega = 0$ und $d*\omega = 0$ äquivalent, daß in jeder Zelle V eine harmonische Funktion h existiert mit $dh = \omega$ in V. Natürlich ist mit ω auch $*\omega$ harmonisch. Eine zu $*\omega$ in V gehörige harmonische Funktion h^* ist zu h *konjugiert harmonisch*.

Eine *komplexe* 1-*Form* φ heißt *analytisch*, wenn sie harmonisch und $*\varphi = -\,i\,\varphi$ ist. Damit ist äquivalent, daß in jeder Zelle V eine analytische Funktion f existiert mit $df = \varphi$ in V. *Ist ω harmonisch, so ist $\omega + i*\omega$ analytisch.* Wegen der komplexen Differenzierbarkeit einer analytischen Funktion ist $df = \dfrac{df}{dz} \cdot dz$, also ein analytisches Differential φ lokal von der Form $\varphi = A(z)\,dz$, wo $A(z)$ analytisch ist. $A(z)$ hat an jeder Stelle bezüglich der lokalen Parameter Vektorcharakter. Verschwindet $A(z)$ an der Stelle $z = \alpha(p)$ von der Ordnung k, so sagt man, es habe φ in p eine *k-fache Nullstelle* oder φ sei dort *von der Ordnung k*. Wo φ keine Nullstelle hat, ist es von der Ordnung null. Wenn in einer Parameterzelle (V, z) mit dem Zentrum p der Vektor $A(z)$ von der Form

$$A(z) = \frac{a_{-k}}{z^k} + \cdots + \frac{a_{-1}}{z} + a_0 + a_1 z + \cdots$$

ist, so sagen wir, es habe φ an der Stelle p einen *k-fachen Pol* oder es sei φ in p von der Ordnung $-k$. Auch dieses k ist von der Wahl des lokalen Parameters $z(z(p) = 0)$ unabhängig, ebenso der Koeffizient a_{-1}. Die Größe $2\pi i\,a_{-1}$ nennen wir das Residuum von φ an der Stelle p (vgl. § 22.2). Ein φ, das überall auf R bis auf Pole analytisch ist, heißt *meromorphes Differential*.

§ 9. Die RIEMANNsche Fläche ist triangulierbar

9.1. Wir beweisen noch die Triangulierbarkeit einer RIEMANNschen Fläche auf Grund der konformen Struktur. Dabei stellen wir der Natur der Sache entsprechend an ein Dreieck oder allgemeiner an ein Polygon weitergehende Forderungen als in § 8.3.2. Unter einem Polygon π auf einer RIEMANNschen Fläche R verstehen wir den Inbegriff (Π, α) eines kompakten geradlinigen Polygons Π in der euklidischen Ebene und einer topologischen Abbildung α von Π in R, welche im Innern von Π konform ist und die Seiten in analytische Bogen überführt. Ein Punkt $p \in R$ heißt mit π inzident, falls er zur Bildmenge $\alpha(\Pi)$ gehört. Wir sprechen von den Ecken, den Kanten und der Fläche des Polygons als den Bildern der Ecken und Kanten und der Fläche von Π auf R. Wir haben eine Polygonzerlegung der Fläche R, wenn ein System von endlich- oder abzählbar vielen Polygonen $\pi_\varkappa = (\Pi_\varkappa, \alpha_\varkappa)$ den Eigenschaften a), b) und c) in § 8.3.2 genügt, wenn man Dreieck durch Polygon ersetzt. Sind die $\pi_\varkappa$ Dreiecke, so haben wir eine Triangulierung. Natürlich gelangt man von einer Polygonzerlegung zu einer Triangulierung.

9.2. Wir beweisen die Triangulierbarkeit der RIEMANNschen Fläche, indem wir auf R eine Polygonzerlegung konstruieren. Ist R nicht kompakt, so gibt es eine normale Ausschöpfung durch Teilgebiete F_n, deren Rand aus endlich vielen fremden analytischen Jordankurven besteht; wir wollen annehmen, daß F_1 eine Zelle sei. $F_{n+1} - \overline{F}_n$ ist im allgemeinen nicht zusammenhängend, zerfällt also in eine Anzahl von Gebieten. Wir betrachten ein solches Gebiet P_{nk}, bezeichnen seinen an F_n grenzenden Rand mit Γ_n und den anderen mit Γ_{n+1}. Dieses Gebiet P_{nk} mit so klassierten Randkomponenten nennen wir kurz einen *Ring*. Es genügt zu zeigen, daß jeder Ring trianguliert werden kann. Denn die Triangulierungen von F_1 und der Ringe P_{nk} liefern jedenfalls eine Polygonzerlegung von R, wenn man auf der gemeinsamen Randkurve zweier Ringe die endlich vielen Punkte, welche Ecken der Triangulierung des einen Ringes sind, auch als Ecken im anderen Ring interpretiert. Ist R kompakt, so wählen wir zwei getrennte Zellen V_0 und V_1 und dann ist $R - \overline{V_1 \cup V_0}$ ein Ring P.

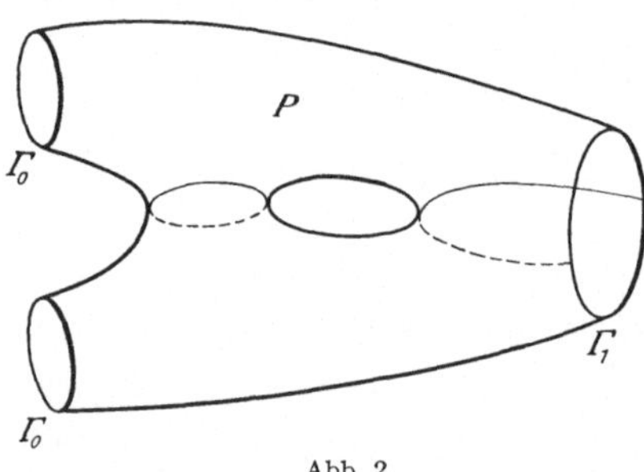

Abb. 2

9.3. Wir beweisen jetzt die Triangulierbarkeit eines Ringes P mit den Rändern Γ_0 und Γ_1 (Abb. 2). Nach Satz IV.2 gibt es auf P eine harmonische Funktion u, welche auf Γ_0 verschwindet und auf Γ_1 den Wert 1 annimmt. Abgesehen von endlich vielen kritischen Stellen (das sind die Stellen, wo grad u verschwindet), geht durch jeden Punkt von P ein eindeutig bestimmter analytischer Jordanbogen, auf welchem das zu du adjungierte Differential $*du$ verschwindet und in dessen inneren Punkten du positiv ist in der Durchlaufsrichtung. Entweder endet ein solcher Bogen in einer kritischen Stelle bzw. Γ_1, oder es gibt einen zweiten Bogen dieser Art, auf dem der Randpunkt des ersten Bogens im Innern liegt. Endet auch der zweite Bogen nicht in einer kritischen Stelle bzw. Γ_1, so gibt es einen dritten Bogen usw.: Wir sagen, daß der erste Bogen längs einer *Flußlinie* $*du = 0$ im Sinne des wachsenden u fortgesetzt werde. Bei dieser Fortsetzung kann zweierlei passieren: Wir stoßen nach endlich vielen Schritten auf eine kritische Stelle oder auf den Rand Γ_1.

Ist p eine kritische Stelle, so ist u in einer Zelle V_p der Realteil einer analytischen Funktion, die in einem lokalen Parameter in p von der Form

$$f(t) = c_0 + c_k t^k + \cdots, \quad c_k \neq 0, \quad k > 1$$

ist. $k - 1$ ist dann die Ordnung der kritischen Stelle p und es gibt durch p k analytische Bogen, auf denen u konstant ist und die eine Zelle V_p in $2k$ Gebiete zerlegen, in denen $u - u(p)$ abwechselnd positiv und negativ ist. Es münden k Flußlinien in diese Stelle hinein und k Flußlinien von dieser Stelle weg, im Sinne des wachsenden u: Kommt man bei Fortsetzung einer Flußlinie $*du = 0$ an eine kritische Stelle von der Ordnung $k - 1$, so hat man k Möglichkeiten, diese Flußlinie fortzusetzen. Welche dieser Möglichkeiten für diese oder noch bevorstehende kritische Stellen man auch wählt, immer wird man in endlich vielen Schritten zum Rande Γ_1 gelangen. Es gibt also durch jeden Punkt mindestens eine, aber nur endlich viele verschiedene Flußlinien, die alle von Γ_0 ausgehen und auf Γ_1 enden. Nun fassen wir die Flußlinien von Γ_0 bis Γ_1, die eine kritische Stelle passieren, zu einer Menge $\mathfrak{L}$ zusammen. Ist diese Menge nicht leer, so wird in jeder Randkomponente von P eine Linie aus $\mathfrak{L}$ beginnen oder enden. Zum Beweise nehmen wir eine Randkomponente γ_0 von Γ_0. Für $0 < \lambda \leq 1$ ist die offene Menge $P_\lambda = \{p \mid 0 < u(p) < \lambda\}$ im allgemeinen kein Gebiet, sondern zerfällt in mehrere Gebiete. Jenes, das an γ_0 grenzt, bezeichnen wir mit G_λ. Für genügend kleine λ grenzt es nicht an $\Gamma_0 - \gamma_0$, diese λ haben eine obere Grenze $\lambda_0 < 1$, da P zusammenhängend ist. G_{λ_0} grenzt nicht an $\Gamma_0 - \gamma_0$ und es haben die offenen Mengen G_{λ_0} und $P_{\lambda_0} - G_{\lambda_0}$ mindestens einen gemeinsamen Randpunkt p_0 auf der Niveaulinie $u = \lambda_0$, der eine kritische Stelle ist. Denn diese Linie muß eine Zelle V_{p_0} in mindestens zwei getrennte Gebiete zerlegen, in denen $u < \lambda_0$ ist. Das eine davon liegt in G_{λ_0} und enthält eine Flußlinie. Setzt man diese im Sinne des abnehmenden u fort, so gelangt man notwendig nach γ_0.

Nehmen wir nun an, daß $\mathfrak{L}$ nicht-leer ist. Andernfalls würden wir für $\mathfrak{L}$ irgendeine Flußlinie nehmen. Durch die Anfangspunkte der

Linien aus $\mathfrak{L}$ wird der Rand Γ_0 in endlich viele Intervalle eingeteilt. Durch jeden Punkt auf P, der auf keiner Linie aus $\mathfrak{L}$ liegt, gibt es genau eine Flußlinie, die im Innern eines Intervalles beginnt. Es sei nun I ein solches Intervall. Mit P_I bezeichnen wir die Menge der Punkte, deren Flußlinie in einem inneren Punkt von I beginnt. Wir orientieren I im Sinne des wachsenden v (konjugiert harmonische Funktion zu u), und setzen v mit einem gewählten Wert v_0 im Anfangspunkt längs I bis zum Endpunkt stetig fort. Dadurch wird ein Intervall $v_0 \leqq v \leqq v_1$ ein-eindeutig und analytisch auf das Intervall I abgebildet, also jedem Punkt $p \in P_I$ durch den Anfangspunkt der zugehörigen Flußlinie ein Wert $v(p)$ des Intervalles $v_0 < v < v_1$ zugeordnet. Durch $z = u(p) + i\,v(p)$ wird dann P_I eineindeutig auf das Rechteck

$$0 \leqq x \leqq 1 \quad v_0 < y < v_1$$

abgebildet. Durch die Endpunkte von I gibt es je eine Flußlinie l_0 und l_1 entlang P_I, welche durch $z = u(p) + i\,v(p)$ in die Strecke $0 \leqq x \leqq \leqq 1$, $y = v_0$ bzw. v_1 übergehen. Wir markieren auf diesen Strecken die Bilder der kritischen Stellen auf l_0 und l_1 und erhalten dadurch ein Polygon, auf welches $\bar{P}_I$ eineindeutig bezogen ist und dessen Ecken die vier Rechteckecken sind und die markierten Bilder der kritischen Stellen. Wir zeigen nun, daß $z = u(p) + i\,v(p)$ auf P_I analytisch ist. Wählen wir einen Punkt $p' \in P_I$. Die zugehörige Flußlinie beginnt in einem Punkt p_0 und es gibt darauf endlich viele Punkte $p_1, p_2, \ldots, p_n = p'$, so daß $p_\varkappa$ und $p_{\varkappa+1}$ in einer Zelle $V_\varkappa$ liegen, $\varkappa = 0, 1, 2, \ldots, n-1$. In jedem $V_\varkappa$ gibt es eine analytische Funktion $f_\varkappa = u + i\,v_\varkappa$ mit $v_\varkappa(p_\varkappa) = v(p')$; auf den Flußlinien durch $V_\varkappa$ ist $v_\varkappa$ konstant. Nun ist $v_0(p) = v(p)$ in V_0, und daher $v_1(p) = v(p)$ in V_1 usw. . . . . $v_n(p) = v(p)$ in V_{n-1}. Die Funktion ist also in der Umgebung von p' analytisch. Sie läßt sich in die Randpunkte, die keine kritischen Stellen sind, analytisch fortsetzen. Somit ist $\bar{P}_I$ ein Polygon auf $\bar{P}$. Sind $I_1, I_2, \ldots, I_m$ die betrachteten Intervalle auf Γ_0, so liefern die Polygone $\bar{P}_{I_1}, \bar{P}_{I_2}, \ldots, \bar{P}_{I_m}$ eine Zerlegung von $\bar{P}$. Damit ist die Triangulierbarkeit der Riemann-schen Fläche bewiesen.

9.4. Die Eulersche Charakteristik χ dieser polygonalen Zerlegung von P steht in bemerkenswertem Zusammenhang mit der Gesamt-ordnung der kritischen Stellen von u. Sind $p_1, \ldots, p_n$ diese kritischen Stellen, $o_1, \ldots, o_n$ ihre Ordnungen, so ist $\sum\limits_1^n o_\nu$ ihre Gesamtordnung.

Wir bezeichnen die Eckenzahl mit E, die Kantenzahl mit K und die Flächenzahl mit F, mit E_i die Zahl der inneren Ecken, das ist n, mit E_r und K_r die Zahlen der Randecken und -kanten von P. Es kann sein, daß eine Randkante in derselben Randecke beginnt und endet. In diesem Falle zerlegen wir das zugehörige Polygon P_I durch eine Fluß-linie, wodurch sich die Eckenzahl um 2, die Kantenzahl um 3 und die Flächenzahl um 1 erhöht. An die innere Ecke p_ν stoßen $2(o_\nu + 1)$ Kanten, an jede Randecke drei Kanten; da hierbei jede Kante doppelt gezählt wird, so ist wegen $\frac{1}{2} E_r = F$

$$K = \frac{1}{2}\left(3 E_r + 2 \sum_1^n (o_\nu + 1)\right) = \sum_1^n o_\nu + E_i + E_r + \frac{1}{2} E_r$$

$$= \sum_1^n o_\nu + E + F \quad \text{oder}$$

$$E - K + F = - \sum_1^n o_\nu.$$

Zwischen der Eulerschen *Charakteristik χ des Ringes* P *und der Gesamtordnung $\sum_1^n o_\nu$ der harmonischen Funktion h, die auf den Rändern Γ_0 und Γ_1 je konstante, aber verschiedene Werte annimmt, besteht die Gleichung*

$$\chi = - \sum_1^n o_\nu. \tag{9.1}$$

9.5. Ist ω ein harmonisches Differential auf R, so gibt es dazu ein analytisches Differential $\varphi = \omega + i * \omega$ (§ 8.5). Ist R_B eine kompakte berandete Riemannsche Fläche, so ergeben die Flußlinien $\omega = 0$ durch die Nullstellen von φ auf R genau wie oben eine Triangulierung von R_B. wenn $*\omega$ auf dem Rand von R_B verschwindet und daraus folgt wie in der vorigen Nummer: *Die Gesamtordnung $\sum_1^n o_\nu$ der Nullstellen eines analytischen Differentials φ auf einer kompakten berandeten* Riemannschen *Fläche, das auf dem Rande reell ist, ist entgegengesetzt gleich der* Euler*schen Charakteristik der Fläche. Ist R geschlossen, so gilt derselbe Satz, aber natürlich ohne die Zusatzbedingung, daß φ auf dem Rande reell sei.* Es handelt sich hier eigentlich um einen rein topologischen Satz über die Indexsumme von Richtungsfeldern (Alexandroff-Hopf [1*], S. 548ff.): Ist auf einer geschlossenen differenzierbaren Mannigfaltigkeit M ein stetiges Richtungsfeld mit endlich vielen Singularitäten gegeben, so ist die Summe der Indexe der Singularitäten gleich der Euler*schen Charakteristik $\chi(M)$. Denn jede reelle exakte Form ω auf einer Riemannschen Fläche, die nur in isolierten Stellen verschwindet oder singulär wird, stellt ein solches Richtungsfeld dar. Ist die Form $\varphi = \omega + i * \omega$ analytisch, so ist die Ordnung einer Nullstelle entgegengesetzt gleich dem Index dieser Singularität für das zu ω gehörige Richtungsfeld. Ebenso entspricht einem k-fachen Pol der Index k. Es gilt also noch allgemeiner als oben: *Die Gesamtordnung Σo_ν der Nullstellen und Pole eines meromorphen Differentials auf einer geschlossenen*

RIEMANNschen *Fläche ist entgegengesetzt gleich ihrer* EULERschen *Charakteristik.* Das Differential dz z. B. ist in der komplexen z-Ebene analytisch und $\neq 0$, im ∞-fernen Punkt mit dem Parameter $\zeta = \dfrac{1}{z}$ wird aber $\varphi = -\dfrac{d\zeta}{\zeta^2}$; es hat also dort einen zweifachen Pol. Die Gesamtordnung der Nullstellen und Pole ist also -2, während die Charakteristik der Kugel gleich $+2$ ist.

Zweites Kapitel

Analytische Fortsetzung und Überlagerungsflächen

Die in diesem Kapitel behandelten Gegenstände sind als funktionentheoretische Spezialisierung bekannter topologischer Sachverhalte zu betrachten. Wir können uns daher in der Darstellung der letzteren auf das Nötigste beschränken, um so mehr, als hierüber eine ausgezeichnete Literatur vorhanden ist (R. NEVANLINNA [1*], SEIFERT und THRELFALL [1*], STEENROD [1*]).

§ 10. Homotopie, Fundamentalgruppe

10.1. Ein Weg w auf R ist das stetige Bild des Parameterintervalles $0 \leq t \leq 1$, und zwar nicht nur als Punktmenge aufgefaßt, sondern zugleich mit der durch die Abbildung φ vermittelten Anordnung ihrer Punkte: Durchläuft t stetig wachsend das Parameterintervall, so „durchläuft" sein Bildpunkt $\varphi(t)$ den Weg vom Anfangspunkt $\varphi(0)$ zum Endpunkt $\varphi(1)$. Dabei braucht er sich teilweise nicht von der Stelle zu rühren. Ein Weg kann aus einem einzigen Punkt, dem sog. Punktweg bestehen. Demnach definieren zwei solche Abbildungen $\varphi_1(t)$ und $\varphi_2(t)$ dann und nur dann denselben Weg, wenn es eine monoton wachsende (nicht notwendig stetige) Funktion $\chi(t)$ mit $\chi(0) = 0$, $\chi(1) = 1$ und $\varphi_1(t) = \varphi_2(\chi(t))$ gibt. Ein Weg ist geschlossen, wenn $\varphi(0) = \varphi(1)$ ist. Er ist das stetige Bild einer orientierten Kreislinie. Fällt der Endpunkt von w_1 mit dem Anfangspunkt von w_2 zusammen, so ergibt ein „Nacheinanderdurchlaufen" der Wege w_1 und w_2 den Produktweg $w_1 \cdot w_2$. Die Abbildung $\varphi(1 - t)$ definiert den reziproken Weg w^{-1}.

10.2. Homotopie. Zwei Wege w_1 und w_2 mit gleichen Anfangs- und Endpunkten A und B heißen *homotop* (Zeichen: $w_1 \simeq w_2$), wenn eine stetige Abbildung $\varphi(t, \lambda)$ des Rechtecks $0 \leq t \leq 1$, $0 \leq \lambda \leq 1$ in R existiert, so daß $\varphi(t, 0)$ und $\varphi(t, 1)$, $0 \leq t \leq 1$ die Wege w_1 und w_2 darstellen, $\varphi(0, \lambda) = A$ und $\varphi(1, \lambda) = B$ ist für $0 \leq \lambda \leq 1$. Insbesondere ist damit erklärt, wann geschlossene Wege durch einen Punkt p (gemeinsamer Anfangs- und Endpunkt) homotop sind. Ein geschlossener

Weg heißt *nullhomotop* (Zeichen: $w \simeq 1$), wenn er mit seinem Anfangspunkt, als Punktweg aufgefaßt, homotop ist. Es ist $w\, w^{-1}$ nullhomotop.

10.3. Fundamentalgruppe. Die Homotopie ($\simeq$) ist eine Äquivalenzrelation. Denn sie ist transitiv (aus $w_1 \simeq w_2$, $w_2 \simeq w_3$ folgt $w_1 \simeq w_3$), symmetrisch (aus $w_1 \simeq w_2$ folgt $w_2 \simeq w_1$) und reflexiv ($w \simeq w$). Sie bewirkt also in der Menge der geschlossenen Wege durch einen festen Punkt O eine Einteilung in *Wegeklassen*: Zwei Wege gehören dann und nur dann zu derselben Klasse, wenn sie zueinander homotop sind. (w) bezeichnet die durch w repräsentierte Wegeklasse. Aus $w_1 \simeq w_1'$, $w_2 \simeq w_2'$ folgt $w_1 w_2 \simeq w_1' w_2'$. Die Multiplikation der Wege überträgt sich also auf die Wegcklassen. Sie erfüllt die Gruppenaxiome. Das Produkt ist offensichtlich assoziativ. Aus $w \simeq 1$ folgt $w\, w_1 \simeq w_1$ für jedes w_1: Die Klasse der nullhomotopen Wege ist das Einselement 1. Wegen $w\, w^{-1} \simeq 1$ ist $(w)\, (w^{-1}) = 1$. Die Wegeklassen in O (d. h. die Klassen der geschlossenen Wege mit dem Anfangspunkt in O) mit dem betrachteten Klassenprodukt bilden die *Wegegruppe W_o*.

Ist O' ein zweiter Punkt in R und v ein Weg von O' nach O, so definiert die Gleichung $w' = v\, w\, v^{-1}$ eine isomorphe Abbildung von W_o auf $W_o{}'$. Die zu den verschiedenen Punkten auf R gehörenden Wegegruppen sind also zueinander isomorph und definieren eine zur Fläche R gehörige abstrakte Gruppe, die *Fundamentalgruppe $\mathfrak{F}$*. Sie ist offenbar eine topologische Invariante und im allgemeinen nicht abelsch. Besteht $\mathfrak{F}$ nur aus dem Einselement, so heißt R *(homotop) einfach zusammenhängend*.

§ 11. Analytische Fortsetzung auf einer RIEMANNschen Fläche

11.1. Wir betrachten auf der RIEMANNschen Fläche R einen Punkt p. Ist die Funktion f in einer Umgebung U_p analytisch, so stellt der Inbegriff (U_p, f) im Punkte p ein *Funktionselement e_p* dar. (U_p^1, f_1) und (U_p^2, f_2) stellen dasselbe Funktionselement e_p dar, wenn $f_1 = f_2$ ist in einer Umgebung von p; dies ist offenbar eine Äquivalenzrelation. Nun wird durch eine Darstellung (U_p, f) von e_p auch in jedem Punkt der Umgebung U_p ein Funktionselement definiert und dadurch jedem $p' \in U_p$ ein Funktionselement $e_{p'}$ zugeordnet. Die Menge dieser Funktionselemente heißt eine *Umgebung von e_p*. Die Gesamtheit E der Funktionselemente auf R wird durch diesen Umgebungsbegriff (vgl. § 1) zu einem HAUSDORFFschen Raum. Jedem e aus E ist definitionsgemäß ein Punkt $p \in R$ zugeordnet; diese Abbildung $\sigma(e_p) = p$ von E auf R ist offenbar stetig, sogar im kleinen homöomorph: Jede Darstellung von e_p definiert eine Umgebung, die einer Umgebung von p homöomorph ist. Wir nennen σ die *Spurabbildung* oder *Projektion* von E auf $R : \sigma(e)$ ordnet dem Element e seinen *Grundpunkt p* zu, über dem es liegt. Es sei nun $\widetilde{w}$ ein Weg in E, also eine stetige Abbildung $\varphi : t \rightarrow e(t)$ des Parameterintervalles $0 \leqq t \leqq 1$ in E. Die Abbildung σ ordnet jedem $\widetilde{w}$ in E eindeutig einen Weg w in R zu, den *Grundweg*, über dem $\widetilde{w}$ liegt. w ist gegeben durch $p = p(t) = \sigma\varphi(t)$. Damit haben wir folgenden Sachverhalt:

1. *Eine stetige Abbildung $p(t)$ des Parameterintervalles $0 \leqq t \leqq 1$ in R, die den Weg w definiert und*

2. *eine stetige Abbildung $e(t)$ desselben Intervalles in E, so daß $e(t)$ über $p(t)$ liegt.*

Diese beiden Gegebenheiten sind genau das, was wir unter der *analytischen Fortsetzung des Elementes $e(0)$ über $p(0)$ längs des Weges w* verstehen: Wegen der Stetigkeit gibt es eine Einteilung $0 = t_1 < t_2 < < \cdots < t_{n+1} = 1$, so daß jedes Teilintervall $t_\varkappa \leqq t \leqq t_{\varkappa+1}$ in eine Umgebung von $e(t_\varkappa)$ abgebildet wird, $\varkappa = 1, 2, \ldots, n$. Es gibt also eine Folge von Darstellungen $(U_\varkappa, f_\varkappa)$ der Elemente $e(t_\varkappa)$, so daß der dem Intervall $[t_\varkappa, t_{\varkappa+1}]$ entsprechende Teilweg von w in $U_\varkappa$ liegt und $f_\varkappa$ und $f_{\varkappa+1}$ im Durchschnitt $U_\varkappa \cap U_{\varkappa+1}$ übereinstimmen, also $f_\varkappa$ und $f_{\varkappa+1}$ unmittelbare analytische Fortsetzungen voneinander sind. Umgekehrt definiert jede Folge $(U_\varkappa, f_\varkappa)$ dieser Art eine Abbildung $e(t)$, die zusammen mit $p(t)$ den obigen Bedingungen 1. und 2. genügt. Daß ein Element e_0 längs w analytisch fortsetzbar sei, bedeutet also: Es gibt in E einen *Überlagerungsweg $\widetilde{w}$ von w* (dessen Grundweg w ist) mit dem Anfangselement e_0.

Da irgend zwei Punkte einer zusammenhängenden Komponente von E durch einen Weg verbunden werden können, besteht sie aus den Funktionselementen, die aus einem einzigen durch analytische Fortsetzung längs Wegen auf R erhalten werden können. Indem wir die lokalen Parameter auf R mittels der Spurabbildung σ auf E übertragen, wird jede zusammenhängende Komponente von E zu einer RIEMANN-schen Fläche $\widetilde{R}$. Dies sind die RIEMANNschen Flächen der auf R mehrdeutigen analytischen Funktionen[1]. Jedes Funktionselement gehört einer Komponente von E an und damit einer RIEMANNschen Fläche $\widetilde{R}$. Durch analytische Fortsetzung dieses Funktionselementes längs Wegen auf R entsteht eine analytische und im allgemeinen mehrdeutige Funktion f im großen. f ist auf $\widetilde{R}$ eindeutig, σ bildet $\widetilde{R}$ eindeutig und lokal konform in R ab. Durch diese Spurabbildung σ wird $\widetilde{R}$ zu einer

---

[1] Der Begriff der (mehrdeutigen) analytischen Funktion auf einer RIEMANN-schen Fläche, d. h. die Gesamtheit der (unverzweigten) Funktionselemente auf R, die mit einem gegebenen analytisch zusammenhängen, ist natürlich von der gegebenen Fläche R abhängig. Ist R echter Teil einer RIEMANNschen Fläche R', so kann eine Funktion auf R unter Umständen in R' hinein analytisch fortgesetzt werden.

(unverzweigten) Überlagerungsfläche[1] von R. Der Bildpunkt von $\tilde{p} \in \tilde{R}$ ist der Grundpunkt $p = \sigma(\tilde{p})$, über dem $\tilde{p}$ liegt.

11.2. Wir beweisen zwei Sätze über analytische Fortsetzung, welche nichts anderes sind als die funktionentheoretischen Spezialisierungen topologischer Sätze über unverzweigte Überlagerungen.

1. *Ist die analytische Fortsetzung eines Elementes e_0 längs eines Weges w überhaupt möglich, so ist sie eindeutig bestimmt.* Sind $p_1(t)$, $e_1(t)$ bzw. $p(t)$, $e(t)$ Abbildungen gemäß den Bedingungen 1. und 2. der vorigen Nummer, so läßt sich durch Umparametrisieren stets erreichen, daß $p(t) = p_1(t)$ ist und daher $e(t)$ und $e_1(t)$ über $p(t)$ liegen. Da $e(0) = e_1(0) = e_0$ und σ lokal homöomorph ist, müssen die Abbildungen $e(t)$ und $e_1(t)$ identisch sein.

2. *Sind zwei Wege $\tilde{w}_1$ und $\tilde{w}_2$ in E mit gemeinsamen Anfangs- und Endpunkten homotop, so sind es auch ihre Grundwege w_1 und w_2.* Ist nämlich $\tilde{p}(t, \lambda)$ (mit $\tilde{p} = e$) eine stetige Deformation von $\tilde{w}_1$ in $\tilde{w}_2$, so liefert $\sigma \tilde{p}(t, \lambda) = p(t, \lambda)$ eine stetige Deformation von w_1 in w_2. Demnach ist $e_0 = \tilde{p}(0, \lambda)$ längs jedes Weges dieser Deformation analytisch fortsetzbar. Nun gilt auch das Umgekehrte: *Sind die beiden Wege w_1 und w_2 mit gemeinsamen Anfangs- und Endpunkten ($p(0)$ und $p(1)$) homotop, und läßt sich ein Funktionselement e_0 von $p(0)$ aus längs jedes Weges einer stetigen Deformation (von w_1 in w_2) analytisch fortsetzen, so haben die Überlagerungswege $\tilde{w}_1$ und $\tilde{w}_2$ auch einen gemeinsamen Endpunkt e_1 und sind stetig ineinander deformierbar. Die analytischen Fortsetzungen längs w_1 und w_2 führen zu demselben Funktionselement in $p(1)$.* Denn durch die analytische Fortsetzung wird jedem Punkt $p(t, \lambda)$ der Deformation eindeutig ein Funktionselement $e(t, \lambda)$ zugeordnet. Ist nun diese Abbildung $\psi : (t, \lambda) \to e(t, \lambda)$ des Deformationsquadrates $0 \leqq \genfrac{}{}{0pt}{}{t}{\lambda} \leqq 1$ in E stetig, so ist mit $p(1, \lambda)$ auch $e(1, \lambda)$ fest. Zum Beweise der Stetigkeit wird das Deformationsquadrat in so kleine Quadrate unterteilt, daß die Abbildung σ in jedem kleinen Quadrat homöomorph ist. Ist $\varepsilon = (t_0, \lambda_0)$ Ecke eines solchen Quadrates Q, so ist die Abbildung $\sigma^{-1} p(t, \lambda)$ durch $\sigma^{-1} p(\varepsilon) = e(t_0, \lambda_0)$ in Q eindeutig bestimmt und stetig. Durch schrittweise Anwendung dieser Tatsache, von $p(0, \lambda)$ ausgehend, gelangt man zu einer stetigen Abbildung $\sigma^{-1} p$ des Quadrates $0 \leqq \genfrac{}{}{0pt}{}{\lambda}{t} \leqq 1$ in E, die mit ψ übereinstimmt.

---

[1] Eine *topologische Fläche* $\tilde{T}$ ist unverzweigte Überlagerung einer topologischen Fläche T, wenn eine eindeutige und *im kleinen homöomorphe* Abbildung σ von $\tilde{T}$ in T gegeben ist. Dagegen sagen wir von einer Riemann*schen Fläche* $\tilde{R}$, sie überlagere unverzweigt eine Riemannsche Fläche R, wenn eine eindeutige Abbildung σ von $\tilde{R}$ in R vorliegt, welche *im kleinen konform* ist.

11.3. Wenn ein Weg w und in seinem Anfangspunkt $p(0)$ ein Element e_0 gegeben sind, so läßt sich die analytische Fortsetzung von e_0 entlang w jedenfalls ein Stück weit betreiben. Ist sie aber nicht in den Endpunkt hinein möglich, so gibt es im Parameterintervall eine Stelle $t_0\,(0 < t_0 \leq 1)$, an die man wohl beliebig nahe herankommt, die man aber nicht erreicht. Dem Intervall $0 \leq t < t_0$ entspricht dann durch die Abbildung $e(t)$ in die zu e_0 gehörige RIEMANNsche Fläche $\widetilde{R}$ ein Weg, der von e_0 ausgehend im idealen Randpunkt endet. Wir sagen dann: Bei der analytischen Fortsetzung von e_0 entlang w stoße man auf eine Singularität der zugehörigen analytischen Funktion im großen oder die RIEMANNsche Fläche $\widetilde{R}$ habe über $p(t_0)$ einen Randpunkt. Für den Begriff des Randpunktes einer Überlagerungsfläche sei auf § 15.5 verwiesen.

§ 12. Überlagerungsflächen und unbegrenzte analytische Fortsetzbarkeit

12.1. Wir nennen eine topologische Fläche $\widetilde{T}$ eine unbegrenzte und unverzweigte Überlagerung einer topologischen Fläche T, wenn eine stetige und im kleinen homöomorphe Abbildung σ von $\widetilde{T}$ auf T gegeben ist mit der folgenden Eigenschaft *(Unbegrenztheitsbedingung)*: *Liegt $\widetilde{p}$ über p, $\sigma(\widetilde{p}) = p$, so ist jede Parameterumgebung[1] von p das Bild einer Parameterumgebung von $\widetilde{p}$.* Wir nennen die Überlagerung *schlicht*, wenn die Projektion σ schlicht, also eineindeutig ist. Es gilt

Satz II.1. Ist T (homotop) einfach zusammenhängend, so ist jede unbegrenzte und unverzweigte Überlagerung von T schlicht. Zum Beweise nehmen wir zwei Punkte $\widetilde{p}_1$ und $\widetilde{p}_2$ einer Überlagerung $\widetilde{T}$ mit $\sigma(\widetilde{p}_1) = \sigma(\widetilde{p}_2) = p$. Ist $\widetilde{w}$ ein Weg von $\widetilde{p}_1$ nach $\widetilde{p}_2$, so ist seine Spur w geschlossen, und homotop null nach Voraussetzung. Gemäß § 11.2.2 ist dann auch $\widetilde{w}$ geschlossen, also $\widetilde{p}_1 = \widetilde{p}_2$.

Demnach hat die Spurabbildung σ einer unbegrenzten und unverzweigten Überlagerung von T die folgende Eigenschaft: Liegt $\widetilde{p}$ über p und ist U_p eine Parameterumgebung von p, also einfach zusammenhängend, so liegt ihr Urbild $\widetilde{U}_{\widetilde{p}}$ schlicht über U_p. Denn die Beschränkung von σ auf $\widetilde{U}_{\widetilde{p}}$ erfüllt die Voraussetzungen des Satzes II.1. Hieraus folgt unmittelbar

Satz II.2. Zu jedem Weg w in T mit einem Anfangspunkt A und zu jedem Punkt $\widetilde{A}$ über A gibt es genau einen von $\widetilde{A}$ ausgehenden Überlagerungsweg zu w.

Daß es nur einen gibt, wurde in § 11.2.1 bewiesen. Daß es einen gibt, ist trivial, wenn w in einer Parameterumgebung liegt. Für be-

---

[1] Auf einer topologischen Fläche verstehen wir unter Parameterumgebung eine der Kreisscheibe $|z| < 1$ homöomorphe Umgebung.

liebige Wege gibt es eine Zerlegung $w = w_1 w_2 \ldots w_n$, wo jeder Teilweg $w_\varkappa$ in einer Parameterumgebung liegt und es ergibt sich die Behauptung des Satzes II.2 für w durch schrittweises Anwenden dieses Satzes auf die Teilwege.

12.2. Die in Satz II.2 genannte Tatsache von der Durchdrückbarkeit der Wege w in T zu Wegen $\widetilde{w}$ in $\widetilde{T}$ mit beliebigen Anfangspunkten über dem Anfangspunkt von w ist übrigens charakteristisch für die unbegrenzte Überlagerung; d. h. ist $\widetilde{T}$ eine unverzweigte Überlagerung von T mit dieser Möglichkeit des Durchdrückens der Wege, so ist $\widetilde{T}$ auch unbegrenzte Überlagerung. Liegt nämlich $\widetilde{p}$ über p und ist U_p eine Parameterumgebung von p, so entspricht jedem w in U_p mit dem Anfangspunkt p ein von $\widetilde{p}$ ausgehendes $\widetilde{w}$ in $\widetilde{T}$. Die von diesen $\widetilde{w}$ erreichten Punkte bilden eine Umgebung $\widetilde{U}_{\widetilde{p}}$. Wegen § 11.2.2 und Satz II.1 (U_p ist einfach zusammenhängend), liegt $\widetilde{U}_{\widetilde{p}}$ schlicht über U_p, ist also selbst eine Parameterumgebung.

Nun spezialisieren wir auf RIEMANNsche Flächen $\widetilde{R}$ und R und sagen, $\widetilde{R}$ überlagert R unverzweigt und unbegrenzt, wenn eine stetige und im kleinen *konforme* Abbildung von $\widetilde{R}$ auf R gegeben ist, welche der Unbegrenztheitsbedingung in § 12.1 genügt. Weil das Durchdrücken der Wege w in R zu Wegen in $\widetilde{R}$ äquivalent ist mit der analytischen Fortsetzung der zu $\widetilde{R}$ gehörigen Funktionselemente aus E (§ 11.1) längs der Wege w, haben wir den

Satz II. 3. *Die zu einem Funktionselement e auf R gehörige* RIEMANN*sche Fläche $\widetilde{R}$ ist genau dann eine unverzweigte und unbegrenzte Überlagerung von R, wenn das Element e in R unbegrenzt* (d. h. längs jedes Weges) *analytisch fortsetzbar ist.* Daraus folgt in Verbindung mit Satz II.1

Satz II. 4 (Monodromiesatz). *Ist die Fläche R (homotop) einfach zusammenhängend und ist ein Funktionselement e_p unbegrenzt analytisch fortsetzbar, so liegt die zugehörige* RIEMANN*sche Fläche $\widetilde{R}$ schlicht über R, mit anderen Worten, es gibt auf R eine eindeutige analytische Funktion f, die in der Umgebung von p mit e_p übereinstimmt.*

Es sei $\widetilde{R}$ eine unbegrenzte und unverzweigte Überlagerung von R; A und B seien zwei Punkte in R. Dann bewirkt ein von A nach B führender Weg zwischen den Punkten über A und den Punkten über B eine eineindeutige Zuordnung. Denn von jedem Punkt $\widetilde{A}$ über A gibt es einen und nur einen Weg $\widetilde{w}$ über w und dieser führt zu einem bestimmten Punkt $\widetilde{B}$ über B. *Über jedem Punkt von R liegen also gleich viel Punkte von $\widetilde{R}$.* Diese Zahl kann endlich oder unendlich sein und heißt *Vielfachheit der Überlagerung $\widetilde{R}$* oder ihre *Blätterzahl.*

§ 13. Universelle Überlagerungsfläche, Decktransformationen

13.1. Es sei $\widetilde{R}$ eine unbegrenzte und unverzweigte Überlagerung von R, $\mathfrak{F}$ sei die Fundamentalgruppe von R, $\widetilde{\mathfrak{F}}$ jene von $\widetilde{R}$. Dann ist $\widetilde{\mathfrak{F}}$ einer Untergruppe $\mathfrak{U}$ in $\mathfrak{F}$ isomorph. Von diesem Satz gilt die folgende Umkehrung[1]:

Satz II. 5. *Zu jeder Untergruppe $\mathfrak{U}$ der Fundamentalgruppe $\mathfrak{F}$ von R gibt es eine unbegrenzte und unverzweigte Überlagerung $\widetilde{R}$, deren Fundamentalgruppe $\widetilde{\mathfrak{F}}$ zu $\mathfrak{U}$ isomorph ist.*

Der Index der Untergruppe $\mathfrak{U}$ bezüglich $\mathfrak{F}$ ist gleich der Blätterzahl der Überlagerung $\widetilde{R}$. Ist $\mathfrak{U}$ ein *Normalteiler* von $\mathfrak{F}$, so sind die Wege auf $\widetilde{R}$ über einem geschlossenen Weg auf R entweder alle geschlossen oder alle nicht geschlossen, und umgekehrt. Eine solche Überlagerung nennt man *regulär*.

Nehmen wir nun für $\mathfrak{U}$ speziell das Einselement in $\mathfrak{F}$, so ist die zugehörige Überlagerungsfläche $\widehat{R}$ einfach zusammenhängend: Sie heißt die *universelle Überlagerungsfläche* von R. Wir sagen *die* universelle Überlagerungsfläche, denn sie ist bis auf konforme Abbildung eindeutig bestimmt. Ist nämlich $\widetilde{R}$ eine Überlagerungsfläche von R mit der Spurabbildung σ und ist $\widehat{\sigma}$ die Spurabbildung von $\widehat{R}$ auf R, so wählen wir zu einem Punkt $\widehat{O}$ in $\widehat{R}$ einen Punkt $\widetilde{O}$ in $\widetilde{R}$ über dem Grundpunkt $O = \widehat{\sigma}\,(\widehat{O})$. Jedem von $\widehat{O}$ ausgehenden Weg $\widehat{w}$ in $\widehat{R}$ entspricht dann ein eindeutig bestimmter von $\widetilde{O}$ ausgehender Weg $\widetilde{w}$ in $\widetilde{R}$, der über dem Grundweg $w = \widehat{\sigma}\,(\widehat{w})$ liegt. Führen zwei von $\widehat{O}$ ausgehende Wege $\widehat{w}_1$ und $\widehat{w}_2$, zu demselben Endpunkt $\widehat{p}$, so sind sie homotop. Ihre Grundwege w_1 und w_2 in R sind dann nach § 11.2.2 ebenfalls homotop und in gleicher Weise ihre Überlagerungswege $\widetilde{w}_1$ und $\widetilde{w}_2$ in $\widetilde{R}$ mit dem Anfangspunkt $\widetilde{O}$, enden also in demselben Punkt $\widetilde{p}$. Dadurch ist eine eindeutige und lokal konforme Abbildung $\widetilde{\sigma}$ von $\widehat{R}$ auf $\widetilde{R}$ definiert. Diese Abbildung erfüllt offenbar auch die Unbegrenztheitsbedingung. Es ist also $\widehat{R}$ eine unbegrenzte Überlagerung von $\widetilde{R}$ und somit die *stärkste Überlagerung* von R. Ist nun $\widetilde{R}$ einfach zusammenhängend, so liegt $\widehat{R}$ nach Satz II.1 schlicht über $\widetilde{R}$ und $\widetilde{\sigma}$ ist eine konforme Abbildung.

Die *universelle Überlagerung* ist von selbst eine *reguläre*. Ihre *Blätterzahl* ist gleich der *Ordnung* der *Fundamentalgruppe* $\mathfrak{F}$. Nun sind die über $p \in R$ gelegenen Punkte aus $\widehat{R}$ isoliert, also abzählbar (vgl. § 7.3.1): Die Fundamentalgruppe von R besteht nur aus abzählbar vielen Elementen.

13. 2. Es seien $\widetilde{R}$ eine unbegrenzte Überlagerung von R und σ die Projektion von $\widetilde{R}$ auf R. *Decktransformation* nennen wir eine topo-

---

[1] Vgl. R. Nevanlinna [1*], S. 77, und Seifert-Threlfall [1*], S. 189 ff.

logische Selbstabbildung τ von $\tilde{R}$, welche $\sigma(\tilde{p})$ bei $\tilde{p} \to \tau\tilde{p}$ fest läßt: $\sigma(\tau\tilde{p}) = \sigma(\tilde{p})$. Die von der Identität verschiedenen Decktransformationen sind fixpunktfrei. Ist nämlich $\tilde{p}$ ein Fixpunkt und $\tilde{w}$ ein Weg von $\tilde{p}$ zu irgendeinem anderen Punkt $\tilde{q}$ auf $\tilde{R}$, so haben $\tau\tilde{w}$ und $\tilde{w}$ gleichen Anfangspunkt und gleichen Grundweg, sind also identisch: $\tau\tilde{q} = \tilde{q}$.

Sämtliche Decktransformationen von $\tilde{R}$ bilden eine Gruppe: Die *Gruppe $\mathfrak{T}$ der Decktransformationen.* Sie ist (eigentlich) diskontinuierlich. Denn eine Parameterumgebung irgendeines Punktes $\tilde{p} \in \tilde{R}$ ist zu seinen äquivalenten Punkten $(+\tilde{p})$ fremd.

Im allgemeinen sind nicht sämtliche Punkte über einem Grundpunkt p einander äquivalent bezüglich $\mathfrak{T}$. Dies ist jedoch der Fall, wenn $\tilde{\mathfrak{F}}$ einem Normalteiler $\mathfrak{U}$ von $\mathfrak{F}$ isomorph, d. h. die Überlagerung regulär ist. Dann ist die Gruppe der Decktransformationen isomorph zur Faktorgruppe der Fundamentalgruppe $\mathfrak{F}$ nach der Untergruppe $\mathfrak{U}$:

$$\mathfrak{T} \cong \mathfrak{F}/\mathfrak{U}.$$

Für die universelle Überlagerungsfläche $\hat{R}$ ist also $\mathfrak{T}$ isomorph zu der Fundamentalgruppe $\mathfrak{F}$ von R.

13.3. Topologisch äquivalente Flächen haben isomorphe Fundamentalgruppen und somit ihre universellen Überlagerungsflächen isomorphe Decktransformationengruppen. Dies ist aber für die topologische Äquivalenz der Flächen nicht hinreichend, wie schon ein Vergleich der Kugelfläche mit der Kreisscheibe zeigt, die beide einfach zusammenhängend sind. Es müssen vielmehr die Decktransformationengruppen in bestimmter Beziehung zu einer topologischen Abbildung der beiden universellen Überlagerungsflächen stehen. Hierüber gibt der folgende Satz genau Auskunft.

Satz II. 6. *Es seien R_1 und R_2 zwei* RIEMANN*sche Flächen, $\hat{R}_1$ und $\hat{R}_2$ ihre universellen Überlagerungsflächen, $\mathfrak{T}_1$ und $\mathfrak{T}_2$ ihre Decktransformationsgruppen. Dann sind*

a) R_1 und R_2 genau dann topologisch äquivalent, wenn es eine Isomorphie von $\mathfrak{T}_1$ auf $\mathfrak{T}_2$: $T_1 \to T_2$, $T_1 \in \mathfrak{T}_1$, $T_2 \in \mathfrak{T}_2$, und eine topologische Abbildung $\hat{\tau}$ von $\hat{R}_1$ auf $\hat{R}_2$ derart gibt, daß

$$T_2 = \hat{\tau}\,T_1\hat{\tau}^{-1}, \qquad T_1 \in \mathfrak{T}_1 \tag{13.1}$$

ist.

b) R_1 und R_2 genau dann konform äquivalent, wenn es eine konforme Abbildung $\hat{\tau}$ von $\hat{R}_1$ auf $\hat{R}_2$ gibt, welche zusammen mit einer Isomorphie zwischen $\mathfrak{T}_1$ und $\mathfrak{T}_2$ die Bedingung (13.1) erfüllt.

Beweis. Wir bezeichnen die Spurabbildungen von $\hat{R}_1$ auf R_1 mit σ_1, und von $\hat{R}_2$ auf R_2 mit σ_2.

Gibt es eine topologische Abbildung τ von R_1 auf R_2, so wählen wir ein $\hat{o}_1$ in $\hat{R}_1$, setzen $\sigma_1(\hat{o}_1) = o_1$, $\tau o_1 = o_2$ und wählen über o_2 einen Punkt $\hat{o}_2$ aus R_2. Sind $\hat{w}_1$ und $\hat{w}_1'$ zwei von $\hat{o}_1$ nach $\hat{p}_1$ führende Wege, so sind sie homotop, also auch ihre Grundwege w_1 und w_1', also auch $w_2 = \tau w_1$ und $w_2' = \tau w_1'$ in R_2. Somit liegen über w_2 und w_2' eindeutig bestimmte, von $\hat{o}_2$ ausgehende und zu demselben Punkt $\hat{p}_2$ führende Wege $\hat{w}_2$ und $\hat{w}_2'$ in $\hat{R}_2$. Durch die Zuordnung $\hat{p}_1 \rightarrow \hat{p}_2$ ist offenbar eine topologische Abbildung $\hat{\tau}$ von $\hat{R}_1$ auf $\hat{R}_2$ definiert. Ist T_1 eine Decktransformation von $\hat{R}_1$, so definiert $T_2 = \hat{\tau}\, T_1\, \hat{\tau}^{-1}$ eine Decktransformation von $\hat{R}_2$. Dies ist auf Grund der Konstruktion von $\hat{\tau}$ klar. Die Abbildung $T_1 \rightarrow T_2$ verhält sich offenbar operationentreu. Da τ topologisch ist, bewirkt sie zwischen $\mathfrak{T}_1$ und $\mathfrak{T}_2$ eine Isomorphie. Ist τ konform, so auch $\hat{\tau}$.

Umgekehrt, nehmen wir an, daß es eine topologische Abbildung $\hat{\tau}$ der im Satz genannten Art gibt. Die über einem Punkt $p_1 \in R_1$ gelegenen Punkte von $\hat{R}_1$ bilden eine Äquivalenzklasse bezüglich $\mathfrak{T}_1$. $\hat{\tau}$ bildet diese Klasse zufolge (13.1) auf eine Äquivalenzklasse in $\hat{R}_2$ bezüglich $\mathfrak{T}_2$ ab, deren Punkte alle über demselben Grundpunkt p_2 in R_2 liegen. Dadurch ist eine eineindeutige und stetige Abbildung τ von R_1 auf R_2 definiert. Ist $\hat{\tau}$ konform, so ist es auch τ. Damit ist der Satz bewiesen.

13.4. Auf der universellen Überlagerung $\hat{R}$ von R ist die Gruppe der Decktransformationen eigentlich diskontinuierlich und fixpunktfrei. Ist umgekehrt auf einer einfach zusammenhängenden Fläche $\hat{R}$ eine fixpunktfreie und eigentlich diskontinuierliche Transformationsgruppe $\mathfrak{G}$ gegeben, so entsteht durch Identifikation bezüglich $\mathfrak{G}$ äquivalenter Punkte eine Fläche R mit der universellen Überlagerungsfläche $\hat{R}$ und der Decktransformationengruppe $\mathfrak{G}$. Wir wollen diesen Gedanken für den Fall des Einheitskreises durchführen und uns auf konforme, d. h. lineare und fixpunktfreie Abbildungen $z' = \dfrac{az+b}{cz+d} = S(z)$ dieses Einheitskreises auf sich beschränken. Das Entsprechende für die euklidische Ebene ergibt sich dann mühelos und für die Zahlenkugel ist die Frage gegenstandslos, da es darauf keine fixpunktfreie direkt konforme Transformation gibt. Im Einheitskreis $K = \{z \mid |z| < 1\}$ gibt es eine vollständige hyperbolische Metrik $\varrho(z_1, z_2)$, welche gegenüber den genannten Substitutionen, den fixpunktfreien hyperbolischen Bewegungen in K invariant ist. Wir setzen voraus, daß $\mathfrak{G}$ eine eigentlich diskontinuierliche Gruppe von solchen Bewegungen sei, d. h. daß für jedes $z \in K$ die Menge $\{S z \mid S \in \mathfrak{G}\}$ in K isoliert sei. $\mathfrak{G}$ besteht dann aus abzählbar vielen Elementen $S_1, S_2, \ldots, S_n, \ldots$. Die zu einem Punkt z in K äquivalenten Punkte $S z$, $S \in \mathfrak{G}$ bilden eine Äquivalenzklasse (z). Wir ordnen ihr einen abstrakten Punkt p zu, was wir als Identifikation äquivalenter Punkte bezeichnen. In der abstrakten Menge R der Punkte p definieren wir als Entfernung zweier Punkte p_1 und p_2, die den Klassen (z_1) und (z_2) zugeordnet sind, die Größe

$$\varrho\,(p_1,\,p_2) = \operatorname*{Min}_{S,\,S'\in\,\mathfrak{G}} \varrho\,(S\,z_1,\ S'\,z_2) = \operatorname*{Min}_{S\,\in\,\mathfrak{G}} \varrho\,(S\,z_1,\,z_2)\,. \tag{13.2}$$

Weil $\mathfrak{G}$ diskret und die Metrik in K vollständig ist, haben die Abstände $\varrho\,(S\,z_1,\ S'z_2)$ tatsächlich ein Minimum. Der Abstand $\varrho\,(p_1,\,p_2)$ erfüllt die drei Axiome eines metrischen Raumes. Dies folgt leicht aus (13.2), da die gegebene Metrik schon diese Eigenschaft hat. Es ist also R ein metrischer Raum.

Die Identifikation äquivalenter Punkte bewirkt eine eindeutige Abbildung φ von K auf R. Sie hat offenbar die Eigenschaft, daß die Abstände nicht vergrößert werden, $\varrho\,(z_1,\,z_2) \geq \varrho\,(\varphi z_1,\,\varphi z_2)$. Sie ist also stetig und deshalb ist mit K auch R ein zusammenhängender Raum. Wir zeigen nun, daß diese Abstände im kleinen sogar invariant bleiben und daher die Abbildung φ im kleinen topologisch ist. Ist nämlich z_0 ein Punkt in K, so hat er von seinen äquivalenten und von ihm verschiedenen Punkten einen positiven Abstand ϱ_0: $\varrho\,(z_0,\,S\,z_0) \geqq \varrho_0$ für $S \in \mathfrak{G}$ und $S \neq I$ (Identität). Wir wählen ein positives $\varepsilon < \tfrac{1}{4}\,\varrho_0$ und bezeichnen mit $U_\varepsilon\,(z_0)$ die ε-Umgebung von z_0. Dann ist $\varrho\,(z_1,\,z_2) = \varrho\,(\varphi z_1,\,\varphi z_2)$ für $z_1,\,z_2 \in U_\varepsilon\,(z_0)$, weil die Umgebungen $U_\varepsilon\,(S\,z_0)$ für $S \in \mathfrak{G}$ und $S \neq I$ von $U_\varepsilon\,(z_0)$ einen Abstand $> 2\,\varepsilon$ haben.

Die Abbildung φ ist also im kleinen isometrisch und definiert daher zwischen den Umgebungen $U_\varepsilon\,(z)$ und $U_\varepsilon\,(p)$ eine Homöomorphie. Sind $z_1,\,z_2,\,\dots$ die über $p \in R$ gelegenen Punkte aus K (d. h. $\{z_i\} = \varphi^{-1}(p)$), so liegen für genügend kleines ε die Umgebungen $U_\varepsilon\,(z_n)$ schlicht über $U_\varepsilon\,(p)$. Werden die den Punkten $z_1,\,z_2,\,\dots$ entsprechenden lokalen Parameter mittels der genannten Homöomorphie auf $U_\varepsilon\,(p)$ übertragen, so wird R eine konforme Struktur aufgeprägt; denn diese Parameter gehen durch die Substitutionen der Gruppe $\mathfrak{G}$, also durch konforme Abbildungen auseinander hervor. Es wird also die Menge der Äquivalenzklassen (z) bezüglich der Gruppe $\mathfrak{G}$ zusammen mit der Abbildung φ zu einer RIEMANNschen Fläche R. Ist p das φ-Bild von z, so ist jede Parameterumgebung von p das Bild einer Parameterumgebung von z. K ist also unverzweigte und unbegrenzte Überlagerung von R. K ist somit wegen seines einfachen Zusammenhanges die universelle Überlagerungsfläche von R und $\mathfrak{G}$ ist die Gruppe der Decktransformationen.

§ 14. Verzweigte Überlagerung

14.1. Eine nichtkonstante eindeutige und stetige Abbildung A einer RIEMANNschen Fläche $\widetilde{R}$ in eine RIEMANNsche Fläche R nennen wir *analytisch*, wenn sie in den lokalen Parametern analytisch ist, d. h.: Wird eine Parameterzelle $(\widetilde{V}, \widetilde{\alpha})$ auf $\widetilde{R}$ in eine Parameterzelle (V, α) auf R abgebildet, so ist $z = \alpha\,A\,\widetilde{\alpha}^{-1}(\widetilde{z})$ eine analytische Funktion von $\widetilde{z}$. Sind also $\widetilde{p}$ und p entsprechende Punkte, $\widetilde{z}$ und z zu $\widetilde{p}$ bzw. p gehörige Parameter, so wird der obige Zusammenhang zwischen $\widetilde{z}$ und z durch eine Potenzreihe

$$z = c_k \widetilde{z}^{\,k} + \cdots, \qquad c_k \neq 0, \tag{14.1}$$

dargestellt. Die ganze Zahl $k = k(\widetilde{p})$ ist unabhängig von der Wahl der Parameter und heißt die *Ordnung der Abbildung A im Punkte $\widetilde{p}$*. $k(\widetilde{p})$ ist überall ≥ 1; die Stellen mit $k(\widetilde{p}) > 1$ sind isoliert. Im Falle $k(\widetilde{p}) = 1$ ist die Abbildung A in der Umgebung von $\widetilde{p}$ konform: Wir sagen dann, es liege $\widetilde{p}$ schlicht über p oder es sei $\widetilde{p}$ eine einfache Stelle über p; denn es liegt eine ganze Umgebung von $\widetilde{p}$ schlicht über p. Im Falle $k(\widetilde{p}) > 1$ gibt es wegen (14.1) Parameterzellen $(\widetilde{V}, \widetilde{\zeta})$ und (V, z), so daß die Beschränkung der Abbildung A auf die Zelle $\widetilde{V}$ sich in den Parametern durch die Gleichung $z = \widetilde{\zeta}^{\,k}$ ausdrücken läßt. Man nennt $\widetilde{\zeta} = \sqrt[k]{z}$ auch die zu $\widetilde{p}$ gehörige *Ortsuniformisierende*, weil sie die ein-mehrdeutige Beziehung $\widetilde{p} \to p$ lokal uniformisiert. Jeder von p verschiedene Punkt in der Bildzelle V hat also k verschiedene Urbilder. Wir sprechen dann von $\widetilde{p}$ als einer *k-fachen Stelle über p* oder einem *k-fachen Windungspunkt oder einem Windungspunkt der Ordnung $k-1$ über p*.

Wenn R die z-Ebene ist, so ist die Abbildung A eine analytische Funktion auf $\widetilde{R}$; ist R die RIEMANNsche Zahlenkugel, so wird A zu einer meromorphen Funktion auf $\widetilde{R}$.

In einem Punkte p der RIEMANNschen Fläche R können wir folgendermaßen ein *verzweigtes Funktionselement* e_p definieren: Zu einem lokalen Parameter z in p setzen wir

$$z = \tau^k$$
$$w = a_0 + a_l \tau^l + \cdots \text{ bzw. } w = a_{-l} \tau^{-l} + \cdots,$$

wobei wir voraussetzen (vgl. § 2.1), daß in einer Umgebung von $\tau = 0$ die Reihen konvergieren und verschiedenen τ-Werten verschiedene Wertepaare (z,w) entsprechen. Gleichheit zweier Elemente und Umgebungen werden analog wie früher definiert (§ 2) und man verifiziert genau wie dort, daß die Gesamtheit dieser Funktionselemente auf R wieder einen HAUSDORFFschen Raum bildet. Eine zusammenhängende Komponente $\widetilde{R}$ dieses Raumes wird durch die Zuordnung $e_p \to p$ analytisch in R abgebildet.

14.2. 1. Betrachten wir nun allgemeiner eine eindeutige und stetige Abbildung S einer orientierbaren topologischen Fläche $\widetilde{T}$ in eine orientierbare topologische Fläche T mit der Eigenschaft, daß

1) S bis auf eine diskrete Menge $\{\tilde{p}_\nu\}$ lokal homöomorph ist und

2) zu jedem Punkt $\tilde{p}_\nu$ eine topologische Zelle $\tilde{V}_\nu$ und zum entsprechenden p_ν in T eine Zelle V_ν existiert, so daß $\tilde{V}_\nu - \tilde{p}_\nu$ durch S eine unbegrenzte und unverzweigte Überlagerung von $V_\nu - p_\nu$ wird, mit endlicher Blätterzahl k_ν. Eine solche Abbildung S ist eine *innere Abbildung* (transformation intérieure) von $\tilde{T}$ in T im Sinne von Stoïlow[1]. Ist z_ν ein Parameter in V_ν, der in p_ν verschwindet, so gibt es in $\tilde{V}_\nu$ einen Parameter $\tilde{z}_\nu$ mit $\tilde{z}_\nu^{k_\nu} = z_\nu$, d. h. $\tilde{p}_\nu$ ist ein k_ν-facher Windungspunkt über p_ν.

Zum Beweise, daß ein solcher Parameter $\tilde{z}_\nu$ existiert, lassen wir einfachheitshalber den Index ν weg und betrachten die zusammengesetzte Abbildung von $\tilde{V} - \tilde{p}$ in $V - p$ und dann in $0 < |z| < 1$, wodurch $\tilde{V} - \tilde{p}$ der punktierten Kreisscheibe k-fach unbegrenzt und unverzweigt überlagert wird. Wählen wir einen über $z = \frac{1}{2}$ gelegenen Punkt aus $\tilde{V} - \tilde{p}$, so entspricht der k mal durchlaufenen Kreislinie $z = \frac{1}{2} e^{i\varphi}$, $0 \leq \varphi \leq 2\pi k$ ein geschlossener Weg in $\tilde{V} - \tilde{p}$ als dem eindeutigen und stetigen Bild des Parameterintervalles $0 \leq \varphi \leq 2\pi k$. Dadurch wird jedem φ eine Parameterumgebung $\tilde{U}_\varphi$ zugeordnet, die schlicht über dem Kreis $|z - \frac{1}{2} e^{i\varphi}| < \frac{1}{2}$ liegt. Indem wir anderseits einen Zweig von $\sqrt[k]{z}$ im Punkte $z = \frac{1}{2}$ in eine Potenzreihe entwickeln und diese längs der Kreislinie $z = \frac{1}{2} e^{i\varphi}$ fortsetzen, je mit dem Konvergenzradius $\frac{1}{2}$, so wird $\sqrt[k]{z}$, $0 < |z| < 1$ auf $\tilde{V} - \tilde{p}$ eine eindeutige und schlichte Funktion, die in $\tilde{V}$ noch stetig ist und in $\tilde{p}$ verschwindet. Dadurch ist ein Homöomorphismus $\tilde{z}(\tilde{p}) = \sqrt[k]{z}$ von $\tilde{V}$ auf $|\tilde{z}| < 1$ definiert und somit $\tilde{z}(\tilde{p})$ ein Parameter in $\tilde{V}$ mit $\tilde{z}^k = z$.

2. Über den Zusammenhang dieser Abbildungen S und den analytischen Abbildungen gilt der folgende

Satz II. 7. *Ist S eine innere Abbildung der orientierbaren topologischen Fläche $\tilde{T}$ in die orientierbare topologische Fläche T, so gibt es zwei* Riemann*sche Flächen $\tilde{R}$ und R, eine topologische Abbildung $\tilde{\tau}$ von $\tilde{T}$ auf $\tilde{R}$ und eine topologische Abbildung τ von T auf R, so daß $\tau S \tilde{\tau}^{-1}$ eine analytische Abbildung von $\tilde{R}$ in R ist.* Es ist also jede innere Abbildung S einer analytischen Abbildung in diesem Sinne äquivalent.

Wir führen den Beweis so, daß wir auf T und $\tilde{T}$ konforme Strukturen definieren, in denen S analytisch wird. Zunächst machen wir T gemäß Satz I.7 zu einer Riemannschen Fläche R. Da S außerhalb der Windungspunkte $\tilde{p}_\nu$ lokal homöomorph ist, können wir die zulässigen Para-

---

[1] Vgl. S. Stoïlow [1*].

meter z, soweit ihre Zellen keine p_ν enthalten, auf $\widetilde{T}$ übertragen; damit hat $\widetilde{T}$ außerhalb der $\widetilde{p}_\nu$ schon eine konforme Struktur, in der S analytisch ist. Nun lassen sich oben die Zellen $\widetilde{V}_\nu$ so klein wählen, daß die V_ν konforme Zellen auf R sind. Ist dann z_ν ein konformer Parameter in V_ν, so wird durch $\widetilde{z}_\nu(\widetilde{p}) = \sqrt[k_\nu]{z_\nu(S\widetilde{p})}$ ein Parameter in $\widetilde{V}_\nu$ definiert, der mit den schon vorhandenen konformen Parametern auf $\widetilde{T}$ konforme Nachbarrelationen besitzt. Dadurch wird ganz $\widetilde{T}$ zu einer RIEMANNschen Fläche und wegen $\widetilde{z}_\nu^{k_\nu} = z_\nu$ ist S in bezug auf die definierte konforme Struktur analytisch.

3. *Zwei innere Abbildungen* S_0 *und* S_1 *von* $\widetilde{R}$ *auf* R *nennen wir homotop*, wenn sie sich stetig ineinander deformieren lassen, wenn also eine Abbildungsschar S_t, $0 \leq t \leq 1$ existiert mit den Eigenschaften:

1) $S_t(\widetilde{p})$ ist für jedes $\widetilde{p} \in \widetilde{R}$ stetig in t,

2) S_t ist für jedes t eine innere Abbildung von $\widetilde{R}$ in R und es stimmen S_0 und S_1 mit den gegebenen überein.

Diese Homotopie ist eine Äquivalenzrelation und bewirkt eine Einteilung der Abbildungen in Homotopieklassen. Insbesondere heißt eine Abbildung homotop null, wenn sie in die Konstante deformierbar ist. Es gibt nicht in jeder Homotopieklasse eine analytische Abbildung. Nehmen wir z. B. für $\widetilde{R}$ und R die Kreisringe $\widetilde{K}: 1 < |z| < r$ und $K: 1 < |w| < r'$. Es gibt unendlich viele verschiedene Homotopieklassen von inneren Abbildungen des Ringes $\widetilde{K}$ in den Ring K, aber nur endlich viele davon enthalten analytische Abbildungen (H. HUBER [1]). Insbesondere sind unter den inneren Abbildungen des Ringes K in sich, welche jeden nicht nullhomotopen geschlossenen Weg in einen nicht nullhomotopen Weg abbilden, einzig die konformen Selbstabbildungen analytisch. Ausgehend von dieser Bemerkung hat H. HUBER [2] die analytischen Abbildungen RIEMANNscher Flächen in sich eingehend untersucht und unter anderem gezeigt, daß bei einer ausgedehnten Klasse von RIEMANNschen Flächen eine analoge Erscheinung auftritt wie oben im Kreisring: Ist R eine RIEMANNsche Fläche mit nichtabelscher Fundamentalgruppe und mit „diskretem Modulspektrum" (wegen dieses Begriffs vgl. § 35.1.4), so sind unter allen analytischen Abbildungen von R in sich die konformen Selbstabbildungen die einzigen, welche jeden nicht nullhomotopen geschlossenen Weg auf einen ebensolchen Weg abbilden. Dieser Satz zeigt, wie stark die konformen Abbildungen einer RIEMANNschen Fläche auf sich unter den analytischen Abbildungen dieser Fläche in sich ausgezeichnet sind.

§ 15. Unbegrenzte verzweigte Überlagerungen

15.1. Es sei A eine analytische Abbildung von $\widetilde{R}$ in R. Dadurch wird jedem $\widetilde{p} \in \widetilde{R}$ ein Grundpunkt $p = A(\widetilde{p})$ zugeordnet, über dem $\widetilde{p}$ liegt. A heißt eine unbegrenzte Abbildung, wenn die folgende *Unbegrenztheitsbedingung* erfüllt ist: *Es gibt zu jedem Punkt $p \in R$ eine ausgezeichnete Zelle V_p, so daß jeder über p gelegene Punkt $\widetilde{p} \in \widetilde{R}$ in einer Zelle $\widetilde{V}_{\widetilde{p}}$ liegt, welche durch A auf V_p abgebildet wird.* Da diese ausgezeichneten Zellen auf R verkettet sind, ist dann A von selbst eine Abbildung auf R. Ist $v = \{p_\nu\}$ die Menge der Verzweigungspunkte auf $\widetilde{R}$, so ist die Abbildung A von $\widetilde{R} - v$ in R unverzweigt, aber nicht mehr unbegrenzt. Die Bildmenge $A(v)$ ist abzählbar, kann aber auf R überall dicht liegen[1]. Setzen wir voraus, daß sie nur aus isolierten Punkten besteht und ist v' ihr Urbild, so ist die Abbildung von $\widetilde{R} - v'$ in $R - A(v)$ unbegrenzt und unverzweigt. Daher liegen über jedem Punkt von $R - A(v)$ gleich viele Punkte von $\widetilde{R} - v'$. Nun gilt auch ohne die Diskretheit von $A(v)$ für *irgend zwei Punkte p_1 und p_2 aus R*

$$\sum_{A(\widetilde{p}) = p_1} k(\widetilde{p}) = \sum_{A(\widetilde{p}) = p_2} k(\widetilde{p}), \tag{15.1}$$

wobei $k(\widetilde{p})$ die Ordnung der Abbildung A im Punkte $\widetilde{p}$ bezeichnet (vgl. § 14.1).

---

[1] Eine in der z-Ebene E meromorphe Funktion $w = f(z)$ z. B. bildet diese Ebene E analytisch in die w-Kugel K ab, wodurch E zu einer verzweigten Überlagerungsfläche von K wird. Nun kann man leicht eine solche meromorphe Funktion f konstruieren, daß die Bildmenge $A(v)$ der Verzweigungspunkte in E (das sind die Punkte z, wo die Ableitung $f'(z)$ verschwindet oder wo die Funktion f mehrfache Pole hat) in K dicht liegt. Hierfür machen wir mit einer zunächst unbestimmten Konstanten λ den Ansatz $f(z) = e^{\lambda z} \cdot \wp(z)$, wo $\wp(z)$ die WEIERSTRASS-sche $\wp$-Funktion mit den Perioden 1 und i bezeichnet. Dann hat $f'(z) = e^{\lambda z}(\lambda \wp(z) + \wp'(z))$ im Periodenparallelogramm von $\wp$ offenbar eine (von λ abhängige) Nullstelle z_0. Die Punkte $z_0 + m + i\,n$, $m, n = 0, \pm 1, \pm 2, \ldots$, sind also jedenfalls Verzweigungsstellen für die Abbildung f. Wir zeigen, daß bei geeigneter Wahl von λ ihre Bildmenge $\{f(z_0 + m + i\,n) \mid m, n = 0, \pm 1, \pm 2, \ldots\}$ in K dicht ist. Wegen $f(z_0 + m + i\,n) = e^{\lambda z_0 + \lambda(m + i\,n)} \cdot \wp(z_0) = C \cdot e^{\lambda(m + i\,n)}$ genügt es offenbar, daß dies für die Menge $\{e^{\lambda(m + i\,n)}\}$ zutrifft. Da aber die Exponentialfunktion die Periode $2\pi i$ hat, kommt alles darauf an, λ so zu wählen, daß die Zahlen $\lambda(m + i\,n) + 2\pi k\,i$, $k, m, n = 0, \pm 1, \pm 2, \ldots$, jede komplexe Zahl beliebig genau approximieren. Nun setzen wir $\lambda = \sqrt{2} + i$. Dann sind Real- und Imaginärteil von $\lambda(m + i\,n) + 2\pi k\,i$, das sind

$$\sqrt{2} \cdot m - n \quad \text{und} \quad m + \sqrt{2} \cdot n + 2\pi k$$

zwei Linearformen in k, m und n vom Rationalitätsrang 2. Nach dem KRONECKER-schen Approximationssatz kann man dann die Ungleichungen

$$|\sqrt{2} \cdot m - n - x| < \varepsilon, \quad |m + \sqrt{2} \cdot n + 2\pi k - y| < \varepsilon$$

für beliebige x und y und für jedes $\varepsilon > 0$ in ganzen Zahlen k, m und n befriedigen.

Zum Beweise nehmen wir an, es sei für einen Punkt p_1 auf R die linke Seite endlich, $= n$. Dann liegen über p_1 nur endlich viele Überlagerungspunkte $\tilde{p}_\varkappa$. Zu diesen gibt es, wegen der Unbegrenztheit, Zellen $\tilde{V}_{\tilde{p}_\varkappa}$, welche alle ein und dieselbe Zelle V_{p_1} in R überlagern. Es liegen also in V_{p_1} nur endlich viele Punkte aus $A\,(v)$. Daher können wir eine Zelle V' finden, die nur einen Punkt aus $A\,(v)$ enthält; sei dieser p_1 und p_2 irgendein anderer Punkt aus V'. $\tilde{R}$ liegt schlicht über p_2; die Punkte über p_2 haben also alle die Vielfachheit 1 und verteilen sich entsprechend der Vielfachheit der Punkte $\tilde{p}_\varkappa$ auf die Zellen $\tilde{V}_{\tilde{p}_\varkappa}$; es gilt also (15.1) für p_1 und p_2 in V', und zwar gleichgültig, ob $\tilde{R}$ über p_1 oder über p_2 schlicht ist. Es folgt dann (15.1) zunächst für die Zelle V_{p_1} und da die ausgezeichneten Zellen auf R verkettet sind, schließlich für ganz R:

Satz II. 8. *Ist die* Riemann*sche Fläche* $\tilde{R}$ *eine unbegrenzte Überlagerung von* R, *so liegen über jedem Punkt von* R *gleich viele Punkte von* $\tilde{R}$, *wenn diese Überlagerungspunkte ihrer Vielfachheit nach gezählt werden*, mit anderen Worten: *Eine unbegrenzte analytische Abbildung von* $\tilde{R}$ *auf* R *nimmt jeden Punkt auf* R *genau gleich oft an.*

Wir nennen diese Anzahl den *Grad* der Überlagerung bzw. der Abbildung. *Sind* R *und* $\tilde{R}$ *kompakt, so ist jede analytische Abbildung von* $\tilde{R}$ *in* R *unbegrenzt und ihre Ordnung endlich.* Über jedem $p \in R$ liegen nämlich nur endlich viele Punkte von $\tilde{R}$. Denn sonst müßten sie einen Häufungspunkt besitzen, was gemäß § 14.1 nicht möglich ist. Ebenso kann die Abbildung $A : \tilde{R} \to R$ nur in endlich vielen Punkten von $\tilde{R}$ verzweigt sein. Diese Verzweigungspunkte liegen also über endlich vielen Grundpunkten. Ist p von diesen verschieden, so ist in allen Punkten über p die Ordnung der Abbildung A gleich 1. Jeder Punkt $\tilde{p}_k$ über p liegt somit in einer Zelle $\tilde{V}_{\tilde{p}_k}$, welche durch A konform auf eine Zelle $V_p^{(k)}$ in R abgebildet wird; da nur endlich viele Punkte über p vorhanden sind, liegt im Durchschnitt der Zellen $V_p^{(k)}$ eine „ausgezeichnete" Zelle V_p, so daß jeder über p gelegene Punkt $\tilde{p} \in \tilde{R}$ in einer Zelle $\tilde{V}_{\tilde{p}}$ liegt, welche durch A auf V_p abgebildet wird. Ist aber p ein Grundpunkt von Verzweigungspunkten, so liegt nach § 14.1 wiederum jeder Punkt $\tilde{p}_k$ über p in einer Zelle $\tilde{V}_{\tilde{p}_k}$, welche durch A in eine Zelle $V_p^{(k)}$ übergeht. Der Durchschnitt der letzteren enthält wegen (14.1) wiederum eine „ausgezeichnete" Zelle der genannten Art. Es wird also R von $\tilde{R}$ unbegrenzt überlagert und nach Satz II. 8 liegt über jedem Punkt von R die gleiche, und zwar endliche Anzahl von Punkten aus $\tilde{R}$. Ist R speziell die Zahlenkugel, so erhalten wir den bekannten

Satz II. 9. *Eine meromorphe Funktion auf einer kompakten* RIEMANN-*schen Fläche nimmt jeden Wert genau gleich oft an.*

15.2. Es sei $\{p_\nu\} = J$ eine diskrete Menge auf R und $\tilde{R}$ eine unbegrenzte und unverzweigte Überlagerung von $R - J$. Die Spurabbildung $A : \tilde{R} \rightarrow R$ sei analytisch. Wir wählen zu jedem p_ν eine Zelle V_ν, die mit J nur diesen Punkt p_ν gemeinsam hat. Die Urbildmenge von $V_\nu - p_\nu$ zerfällt in einzelne nicht kompakte Komponenten $K_{\nu j}$. Die Beschränkung der Überlagerung auf jede einzelne Komponente $K_{\nu j}$ ist dann über $V_\nu - p_\nu$ unbegrenzt und unverzweigt. Wir setzen voraus, daß ihre Blätterzahl $k_{\nu j}$ durchwegs endlich sei. Ist nun z ein Parameter in V_ν, der in p_ν verschwindet, so ist die Funktion $\tilde{z}(\tilde{p}) = \sqrt[k]{z}, k = k_{\nu j}, 0 < |z| < 1$, in $K_{\nu j}$ eindeutig, analytisch und schlicht und bildet somit $K_{\nu j}$ konform auf die punktierte Kreisscheibe $0 < |\tilde{z}| < 1$ ab. Es wird also $K_{\nu j}$ durch Hinzufügen des idealen Randpunktes $\tilde{p}_{\nu j}$, den wir dem Punkte $\tilde{z} = 0$ entsprechen lassen, zu einer Parameterumgebung mit dem Parameter $\tilde{z}$. Indem wir dieses Verfahren für alle ν und j durchführen, entsteht eine RIEMANNsche Fläche R', die $\tilde{R}$ enthält und welche durch stetige Ausdehnung der Abbildung A zu einer unbegrenzten Überlagerung von R wird. Daß der beschriebene Ausdehnungsprozeß von A möglich ist, liegt daran, daß die $k_{\nu j}$ endlich sind. Die zu $\tilde{R}$ hinzugefügten Punkte $\tilde{p}_{\nu j}$ werden zu Windungspunkten über p_ν von der Vielfachheit $k_{\nu j}$.

Ist $k_{\nu j}$ nicht endlich, so kann man die Komponente $K_{\nu j}$ mit $\log z$ konform in die linke Halbebene abbilden. Indem wir ihren unendlich fernen Punkt dem idealen Randpunkt von $K_{\nu j}$ entsprechen lassen, sagen wir in einem zu oben analogen Sinne, es habe $\tilde{R}$ über p_ν einen logarithmischen Windungspunkt.

15.3. Wohl das hübscheste Beispiel für den eben beschriebenen Ausdehnungsprozeß einer RIEMANNschen Fläche liefern die algebraischen Funktionen.

1. Wir stellen uns die Aufgabe, die Gesamtheit der Funktionselemente (2.2) zu untersuchen, die eine irreduzible algebraische Gleichung in z und w befriedigen. Ein Polynom $F(z, w)$ in z und w über dem Körper der komplexen Zahlen nennen wir irreduzibel, wenn F nicht als Produkt von zwei solchen Polynomen mit positivem Grad darstellbar ist. Ein Funktionselement (2.2) befriedigt die algebraische Gleichung $F(z, w) = 0$, wenn die Identität $F(P(t), Q(t)) \equiv 0$ besteht. Es gilt der folgende Existenzsatz[1]: Sind a und b zwei komplexe Zahlen mit $F(a, b) = 0$ und $F_w(a, b) \neq 0 \left(F_w = \dfrac{\partial F}{\partial w}\right)$, so gibt es genau ein Element (P, Q) mit $P(0) = a$ und $Q(0) = b$, welches die Gleichung $F \equiv w^m Q_0(z) + \cdots + Q_m(z) = 0$

---

[1] Vgl. etwa R. NEVANLINNA [1*], S. 11.

befriedigt und dieses Funktionselement ist regulär. Die Stellen a, wo die Gleichung $F(a, w) = 0$ in w nicht m verschiedene Wurzeln hat, oder wo für eine solche Wurzel b $F_w(a, b) = 0$ ist, nennen wir kritische Stellen. Der erste Fall tritt genau bei den Nullstellen von $Q_0(z)$ ein, der zweite, wo die Diskriminante von F und F_w verschwindet. Da F irreduzibel ist, kann sie dies nicht identisch tun. Es gibt also nur endlich viele kritische Stellen, die wir mit $p_1, \ldots, p_q$ bezeichnen. Indem wir die $p_\varkappa$ aus der Ebene herausstechen, erhalten wir ein Gebiet G. Zu jedem $a \in G$ gibt es dann m verschiedene komplexe Zahlen $b_1, \ldots, b_m$ mit $F(a, b_i) = 0$ und $F_w(a, b_i) \neq 0$, also genau m verschiedene reguläre Funktionselemente. Jedes dieser Elemente kann längs jedes Weges in G analytisch fortgesetzt werden und führt zu einem der m Funktionselemente, die über dem Endpunkt des Weges liegen. Die Elemente über G, welche der Gleichung $F = 0$ genügen, gehören also einer oder mehreren, aber nur endlich vielen RIEMANNschen Flächen an, die je dem Gebiet G unbegrenzt und unverzweigt überlagert sind. Ist $\tilde{R}$ eine solche Fläche, so erfüllt sie als Überlagerung von G, wo jetzt G als Gebiet der z-Kugel betrachtet wird, die Voraussetzung der vorigen Nr. 2; sie kann also zu einer endlich-blättrigen, aber verzweigten Überlagerung der Zahlenkugel, ausgedehnt und damit zu einer kompakten RIEMANNschen Fläche R' gemacht werden.

2. z und w sind eindeutige analytische Funktionen auf $\tilde{R}$; sie sind überdies auf R' meromorph[1]. Ist umgekehrt eine geschlossene Fläche R' gegeben und darauf zwei bis auf Pole regulär analytische Funktionen z und w, so wird R' vermittels z zu einer unbegrenzten Überlagerung der z-Kugel. Wir markieren mit $a_1, \ldots, a_q$ die Grundpunkte ihrer Windungspunkte und der Pole von w und den Punkt ∞. Außerhalb dieser $a_\varkappa$ liegen über jedem z eine feste Anzahl von Punkten $p_1, \ldots, p_l$. Also sind elementarsymmetrische Ausdrücke

$$r_1(z) = w(p_1) + \cdots + w(p_l),$$
$$r_2(z) = \sum_{i<k} w(p_i)\, w(p_k),$$
$$\cdots \cdots \cdots \cdots \cdots \cdots \cdots$$
$$r_l(z) = w(p_1) \cdot w(p_2) \ldots w(p_l),$$

außerhalb der a_k eindeutige analytische Funktionen, die in den a_k von rationalem Charakter und somit rationale Funktionen in z sind. Ist $Q_0(z)$ ihr gemeinsamer Nenner, so stellt $Q_0(z)\,(w - r_1(z)) \ldots (w - r_l(z))$ ein Polynom F_1 in z und w dar. Nun seien z und w die durch $F = 0$ auf R' definierten meromorphen Funktionen. Wir fassen das ihnen entsprechende $F_1(z, w)$ und das gegebene $F(z, w)$ als Polynome in w

---

[1] Vgl. R. NEVANLINNA [1*], S. 22 ff.

auf und setzen für sie den euklidischen Algorithmus an. Dieser kann nicht auf einen von w unabhängigen Rest führen. Denn die meromorphen Funktionen $z(p)$ und $w(p)$ genügen den Gleichungen $F = 0$ und $F_1 = 0$. Es müssen also F und F_1 einen gemeinsamen Teiler haben, der ein Polynom in w ist mit rationalen Funktionen in z als Koeffizienten. Der Grad dieses Teilers kann aber nicht kleiner sein als m, da wir sonst mit der Irreduzibilität von F im Widerspruche wären. Somit können sich F und F_1 nur um einen konstanten Faktor voneinander unterscheiden.

Es fügen sich also sämtliche Funktionselemente, welche der Gleichung $F = 0$ genügen, zu einem einzigen kompakten analytischen Gebilde zusammen, das wir seiner Herkunft wegen, ein *algebraisches Gebilde* nennen.

15. 4. 1. Wir nehmen nun zwei geschlossene RIEMANNsche Flächen R und $\widetilde{R}$ und setzen voraus, daß $\widetilde{R}$ eine unbegrenzte aber verzweigte Überlagerung von R sei mit der Blätterzahl n. Auf R wählen wir eine Triangulierung T, so daß jeder Windungspunkt auf $\widetilde{R}$ über einem Eckpunkt und jedes 2-Simplex in einer Parameterumgebung liegt. Dann induziert die analytische Abbildung von $\widetilde{R}$ auf R eine Triangulierung $\widetilde{T}$ auf $\widetilde{R}$. Sind $\widetilde{p}_1, \ldots, \widetilde{p}_m$ die Windungspunkte mit den Vielfachheiten k_ν, so nennt man $\sum_1^m (k_\nu - 1) = V$ die gesamte Verzweigungsordnung von $\widetilde{R}$ über R. Wir bezeichnen die Ecken-, Kanten- und Flächenzahlen der Triangulierung T mit E, K, F und von $\widetilde{T}$ mit $\widetilde{E}, \widetilde{K}, \widetilde{F}$. Dann ist offenbar $nF = \widetilde{F}$, $nK = \widetilde{K}$, $nE = \widetilde{E} + \sum_1^m (k_\nu - 1) = \widetilde{E} + V$. Indem wir mit $\chi = E - K + F$ und entsprechend $\widetilde{\chi} = \widetilde{E} - \widetilde{K} + \widetilde{F}$ die EULERsche Charakteristik von R bzw. $\widetilde{R}$ bezeichnen, folgt die RIEMANN-HURWITZsche Relation

$$\widetilde{\chi} = n\chi - V. \tag{15.2}$$

Sie gestattet aus der Charakteristik der Grundfläche, aus der Blätterzahl und der gesamten Verzweigungsordnung der Überlagerung $\widetilde{R}$ ihre Charakteristik $\widetilde{\chi}$ zu berechnen. Speziell für die Kugel ist $\chi = 2$ und daher $\widetilde{\chi} = 2n - V$.

2. Es sei jetzt R eine beliebige RIEMANNsche Fläche und $w = f(p)$ eine auf R meromorphe Funktion, durch welche R zu einer solchen unbegrenzten Überlagerung der w-Kugel wird, die nur über endlich vielen Grundpunkten $w_1, \ldots, w_n$ verzweigt ist. Wir verbinden $w_1, \ldots, w_n$ durch einen geschlossenen Streckenzug, wodurch die Zahlenkugel in zwei Polygone π^i und π^a mit den Ecken $w_1, \ldots, w_n$ zerlegt wird. Das Innere von

π^i und π^a ist je eine Parameterumgebung. Wegen der Unbegrenztheitsbedingung gehört zu jedem Urbild eines Punktes in π^i oder π^a eine Parameterumgebung, die konform in π^i bzw. π^a abgebildet wird. Es bewirkt also f mit Hilfe des Streckenzuges durch die $w_\varkappa$ eine polygonale Zerlegung von R (§ 9).

3. Es ist für viele Fragen (geometrische Wertverteilungslehre, Typenproblem) zweckmäßig, auch nicht kompakte Triangulierungen zu betrachten. Unter einem nicht-kompakten Polygon auf R verstehen wir den Inbegriff eines geradlinigen Polygons π der Ebene und einer Abbildung φ, welche π, abgesehen von gewissen Ecken, topologisch in R abbildet und im Innern von π sowie in den inneren Punkten seiner Seiten konform ist. Da φ nicht mehr ganz π topologisch in R abbildet, kommen gewisse Eckpunkte auf den idealen Rand zu liegen. Analog zu früher (§ 8.3.2) definieren wir eine nicht-kompakte Polygonzerlegung als ein System von endlich oder abzählbar vielen Polygonen, das den dortigen drei Bedingungen genügt, wobei „Dreieck" durch „Polygon" zu ersetzen ist.

Es sei nun R eine RIEMANNsche Fläche und $w = f(p)$ darauf eine meromorphe Funktion mit folgenden Eigenschaften:

1. Es gibt in der w-Ebene endlich viele Punkte $w_1, \ldots, w_n$, so daß jede mehrfache Stelle von f auf einen dieser Punkte abgebildet wird;

2. Jede Parameterumgebung eines Bildpunktes $w = f(p)$, $p \in R$, die keine der Stellen $w_1, \ldots, w_n$ enthält, ist das Bild einer Parameterumgebung von p.

Ganz entsprechend zu oben konstruiert man dann zu f eine nicht-kompakte Polygonzerlegung von R. Ein einfaches Beispiel liefert die ganze Funktion $w = e^z$. Der oberen und der unteren Halbebene in der w-Ebene entsprechen in der z-Ebene die Parallelstreifen $n\pi \leq \mathrm{Im}\, z \leq (n + 1)\pi$. Die in der z-Ebene meromorphen Funktionen $w = f(z)$, welche den obigen zwei Bedingungen genügen, bilden eine weitgehend erforschte Funktionenklasse. Sie liefern eine im allgemeinen nicht-kompakte Polygonzerlegung der z-Ebene. Markiert man in jedem Polygon einen Punkt und verbindet man auf benachbarten Polygonen diese Punkte über gemeinsame Seiten, so entsteht ein Streckenkomplex. Die kombinatorische Struktur dieses Streckenzuges und der die Punkte $w_1, \ldots, w_n$ verbindende geschlossene Streckenzug bestimmen eindeutig die Überlagerungsfläche, welche durch die Abbildung f über der w-Ebene entsteht.

Dasselbe gilt für die im Einheitskreis oder in der oberen Halbebene meromorphen Funktionen. Ein eindrückliches Beispiel hierfür ist die elliptische Modulfunktion.

Es ist eine wichtige Aufgabe der geometrischen Wertverteilungslehre, aus der kombinatorischen Struktur des oben beschriebenen Streckenkomplexes auf die analytischen Eigenschaften der erzeugenden

Funktion zu schließen, insbesondere ob sie als analytische Funktion in der euklidischen Ebene oder ob sie im Einheitskreis definiert ist (Typenproblem). Für die hier angeschnittenen Fragen sei vor allem auf A. SPEISER [1], R. NEVANLINNA [1], E. ULLRICH [1] und H. WITTICH [1] hingewiesen sowie die bei LE-VAN-THIEM [1] und H. KÜNZI [1] angegebene Literatur.

15.5. Die Randstellen einer Überlagerung

Es seien R und $\tilde{R}$ zwei RIEMANNsche Flächen und A eine analytische Abbildung von $\tilde{R}$ in R. Dadurch wird $\tilde{R}$ zu einer im allgemeinen verzweigten Überlagerung von R. Wir wollen nun $\tilde{R}$ so zu einem HAUSDORFFschen Raum R^* erweitern, daß

1) die abgeschlossene Hülle von $\tilde{R}$ in R^* mit R^* identisch ist und

2) die Abbildung A zu einer stetigen Abbildung A^* von R^* in R ausgedehnt werden kann.

Diese Erweiterung der Fläche $\tilde{R}$ geschieht auf Grund ihrer Überlagerung, ist also von der Grundfläche R und der Abbildung A abhängig. Ein Punkt aus $R^*-\tilde{R}$ geht durch die Abbildung A^* in einen Punkt $a \in R$ über. Wir nennen ihn eine über a gelegene Randstelle von $\tilde{R}$. Der Begriff und die Klassifikation der Randstellen einer Überlagerungsfläche spielen in der geometrischen Funktionentheorie eine wichtige Rolle, so vor allem bei der Untersuchung der inversen Funktionen einer in der z-Ebene meromorphen Funktion (F. IVERSEN [1]) beim DENJOY-AHLFORSschen Randstellensatz und in der Wertverteilungslehre (R. NEVANLINNA [2*], Abschnitt XI). Es soll deshalb auf diesen Gegenstand hier etwas näher eingegangen werden.

1. Es sind also dem Raum $\tilde{R}$ gewisse „ideale" Punkte als sog. Randstellen hinzuzufügen und in der Vereinigungsmenge R^* ist eine geeignete Topologie einzuführen, welche in $\tilde{R}$ die gegebene induziert. Die Menge dieser „idealen" Punkte oder Randstellen sowie deren Verbindung mit $\tilde{R}$ wird durch gewisse Punktfolgen in $\tilde{R}$ bestimmt.

Wir nennen eine Punktfolge $\{\tilde{p}_n\}$ in $\tilde{R}$ „divergent", wenn sie keinen Häufungspunkt hat, oder mit anderen Worten, wenn sie mit jeder kompakten Teilmenge in $\tilde{R}$ höchstens endlich viele Punkte gemeinsam hat. Entsprechend nennen wir eine Folge von Mengen M_n in $\tilde{R}$ „divergent", wenn jede kompakte Teilmenge von $\tilde{R}$ nur mit endlich vielen M_n einen nicht leeren Durchschnitt hat. Es kann divergente Punktfolgen $\{\tilde{p}_n\}$ in $\tilde{R}$ geben, deren Bildfolge $\{A(\tilde{p}_n)\}$ in R konvergiert. Es ist aber nicht zweckmäßig, jeder solchen Folge eine Randstelle zuordnen zu wollen. Vielmehr soll die Folge hinsichtlich der Abbildung A noch eine gewisse

Zusammenhangsbedingung erfüllen. Wir stellen folgende zwei Zuordnungsvorschriften:

a) Einer „divergenten" Punktfolge $\{\tilde{p}_n\}$ in $\tilde{R}$ wird dann und nur dann eine Randstelle zugeordnet, wenn für jedes n die Punkte $\tilde{p}_n$ und $\tilde{p}_{n+1}$ durch einen solchen Weg $\tilde{W}_n$ in $\tilde{R}$ verbunden werden können, daß die Folge der $\tilde{W}_n$ auf $\tilde{R}$ divergiert und die Bildfolge $\{A(\tilde{W}_n)\}$ in R gegen einen Punkt p konvergiert.

Wir sagen dann, p sei der Grundpunkt dieser Randstelle oder die Randstelle liege über p. Jede Randstelle hat offenbar nur einen Grundpunkt.

b) Wenn zwei divergente Punktfolgen $\{\tilde{p}_n\}$ und $\{\tilde{q}_n\}$ in $\tilde{R}$ die in der Vorschrift a) ausgesprochene Bedingung erfüllen, so wird ihnen genau dann derselbe Randpunkt zugeordnet, wenn für jedes n die Punkte $\tilde{p}_n$ und $\tilde{q}_n$ durch einen solchen Weg $\tilde{W}_n$ in $\tilde{R}$ verbunden werden können, daß die Folge $\{\tilde{W}_n\}$ in $\tilde{R}$ divergiert und ihre Bildfolge $\{A(\tilde{W}_n)\}$ in R gegen einen Punkt konvergiert.

Durch die eben ausgesprochene Bedingung wird unter den Folgen, denen gemäß a) Randstellen zugeordnet sind, eine Äquivalenzrelation definiert. Denn sie ist offenbar reflexiv, symmetrisch und transitiv.

Bei gegebenem R und A ist die Menge der Randstellen von $\tilde{R}$ durch die Vorschriften a) und b) eindeutig bestimmt. Wir bezeichnen diese Menge mit P. Ihre Elemente ϱ fügen wir als neue „ideale" Punkte den Punkten von $\tilde{R}$ hinzu und bezeichnen diese Vereinigungsmenge mit R^*.

2. Wir definieren nun in R^* eine solche Topologie, daß ihre in $\tilde{R}$ induzierte Topologie mit der gegebenen übereinstimmt und genau jene Folgen aus $\tilde{R}$ im Sinne dieser Topologie gegen einen Punkt $\varrho \in \mathsf{P}$ konvergieren, denen gemäß den Vorschriften a) und b) diese Randstelle zugeordnet ist. Wir führen diese Topologie ein durch Definition der „offenen" Mengen in R^*, also eines Systems $\mathfrak{O}$ von Teilmengen in R^*, das den folgenden zwei Axiomen genügt:

(i) Jede Vereinigung von Mengen in $\mathfrak{O}$ ist wieder eine Menge in $\mathfrak{O}$.

(ii) Der Durchschnitt zweier Mengen in $\mathfrak{O}$ ist wieder in $\mathfrak{O}$.

Unser Mengensystem $\mathfrak{O}$ besteht nun aus sämtlichen offenen Mengen in $\tilde{R}$ sowie den Mengen O^*, für welche

1) $O^* \cap \tilde{R}$ eine offene Menge in $\tilde{R}$ ist und

2) eine Randstelle ϱ dann und nur dann zu O^* gehört, wenn jede Folge aus $\tilde{R}$, der gemäß a) und b) die Randstelle ϱ zugeordnet ist, bis auf endlich viele Punkte in O^* enthalten ist.

Diese zwei Bedingungen sind offenbar notwendig, und auch hinreichend, damit die zwei zu Beginn dieser Nummer an die Topologie gestellten Forderungen erfüllt sind. Daß das eben definierte Mengensystem $\mathfrak{O}$ den Axiomen (i) und (ii) genügt, ist ebenfalls leicht zu verifizieren. $\mathfrak{O}$ definiert also auf R^* eine Topologie, wodurch R^* zu einem topologischen Raum wird.

Die abgeschlossene Hülle von $\tilde{R}$ in R^* ist mit R^* identisch. Denn es gibt zufolge der obigen Bedingung 2) keine Menge in $\mathfrak{O}$, die zu $\tilde{R}$ fremd ist, außer die leere Menge. R^* ist also die kleinste abgeschlossene Menge, die $\tilde{R}$ enthält.

Die Abbildung A kann stetig auf R^* ausgedehnt werden. Wenn wir nämlich jedem Punkt in R^* seinen Grundpunkt in R zuordnen, so entsteht eine Abbildung A^* von R^* in R, deren Beschränkung auf $\tilde{R}$ mit A übereinstimmt. A^* ist stetig, was man in geläufiger Weise leicht nachprüfen kann.

Wir beweisen nun, daß R^* *ein* HAUSDORFF*scher Raum* ist. Hierfür haben wir zu zeigen, daß zwei verschiedene Punkte in R^* disjunkte Umgebungen haben. Dies ist trivial, wenn die beiden Punkte in $\tilde{R}$ liegen. Ist p ein Punkt auf $\tilde{R}$ und ϱ ein Punkt auf P, so wählen wir eine Parameterzelle V mit dem Zentrum p. Ist nun U irgendeine Umgebung von ϱ, so ist auch $U - V$ eine Umgebung von ϱ, und zwar eine, die zu V fremd ist. Es bleibt somit, den Fall zu betrachten, daß beide Punkte Randstellen sind. Es seien also ϱ und ϱ' zwei Punkte aus P. Wir wählen eine normale Ausschöpfung $\{\tilde{F}_n\}$ der Fläche $\tilde{R}$ und in R eine Folge von Parameterumgebungen U_n des Grundpunktes a von ϱ, welche gegen a konvergiert. Das Urbild $A^{*-1}(U_n)$ auf R^* ist eine offene Menge, die ϱ enthält. Ihr Durchschnitt mit $R^* - \tilde{F}_n$ ist wieder offen. Die den Punkt ϱ enthaltende zusammenhängende Komponente von $A^{*-1}(U_n) \cap (R^* - \tilde{F}_n)$ bezeichnen wir mit G_n. In gleicher Weise konstruieren wir zum Randpunkt ϱ' eine Folge von Gebieten G'_n. Wenn G_n und G'_n für alle n einen nicht leeren Durchschnitt haben, so bilden die Vereinigungen $G_n \cup G'_n$ eine Folge von Gebieten, deren Durchschnitte mit $\tilde{R}$ in $\tilde{R}$ divergieren und deren Bilder $A^*(G_n \cap G'_n)$ in R gegen einen Punkt konvergieren. Dann müssen aber zwei Folgen $\{\tilde{p}_n\}$ und $\{\tilde{q}_n\}$ aus $\tilde{R}$, von denen die eine gegen ϱ und die andere gegen ϱ' konvergiert, wegen der Zuordnungsvorschrift b) in Nr. 1 gegen denselben Punkt konvergieren und somit ϱ und ϱ' identisch sein. Zwei verschiedene Randstellen ϱ und ϱ' haben also von einem gewissen n an disjunkte G_n und G'_n als Umgebungen. In gleicher Weise zeigt man: *Die Randstellen mit gleichem Grundpunkt bilden in R^* ein Diskontinuum.* Ist nämlich M eine zusammenhängende Menge von Randstellen mit gleichem Grundpunkt a, so zerfällt für jede Parameterumgebung U_n von a die offene Menge $A^{*-1}(U_n) \cap (R^* - \tilde{F}_n)$

in zusammenhängende Komponenten, und M muß als zusammenhängende Menge in einer solchen Komponenten enthalten sein. Es kann also M nur aus einem einzigen Punkt bestehen.

3. Welcher Zusammenhang besteht nun zwischen den Enden der RIEMANNschen Fläche $\widetilde{R}$ (vgl. § 7.3.4.) und deren Randstellen auf Grund der Abbildung A von $\widetilde{R}$ in R? H. HOPF [1] hat den Begriff des „Endes" folgendermaßen durch Punktfolgen charakterisiert:

a') Eine auf $\widetilde{R}$ „divergente" Punktfolge $\{\tilde{p}_n\}$ konvergiert gegen ein „Ende" dann und nur dann, wenn für jedes n ein solcher $\tilde{p}_n$ mit $\tilde{p}_{n+1}$ verbindender Weg $\widetilde{W}_n$ in $\widetilde{R}$ existiert, daß die Folge der $\widetilde{W}_n$ in $\widetilde{R}$ „divergiert".

b') Zwei Punktfolgen $\{\tilde{p}_n\}$ und $\{\tilde{q}_n\}$, welche die soeben ausgesprochene Bedingung erfüllen, konvergieren genau dann gegen dasselbe „Ende", wenn für jedes n ein solcher, $\tilde{p}_n$ mit $\tilde{q}_n$ verbindender Weg $\widetilde{W}_n$ in $\widetilde{R}$ existiert, daß die Folge der $\widetilde{W}_n$ in $\widetilde{R}$ „divergiert".

Es ist klar, daß die Zuordnungsvorschrift a) bzw. b) in Nr. 1 stärker ist als die eben ausgesprochene Bedingung a') bzw. b'), d. h.

(i) Jede gegen eine Randstelle konvergente Folge aus $\widetilde{R}$ konvergiert gegen ein „Ende".

(ii) Zwei Folgen aus $\widetilde{R}$, welche gegen dieselbe Randstelle konvergieren, konvergieren gegen dasselbe „Ende". Wenn wir also übereinkommen, daß eine Randstelle und ein „Ende" inzidieren, wenn es eine Punktfolge aus $\widetilde{R}$ gibt, welche gegen dieses „Ende" und gegen die Randstelle konvergiert, so lauten die Aussagen (i) und (ii): *Jede Randstelle inzidiert mit einem und nur mit einem „Ende".* Es muß aber nicht jedes „Ende" mit einer Randstelle inzidieren und es können mehrere Randstellen mit demselben Ende inzidieren. Nehmen wir z. B. für $\widetilde{R}$ die z-Ebene, für R die w-Kugel und für A die Funktion $w = e^z$ ($\widetilde{R}$ ist dann der RIEMANNschen Fläche von $\log w$ konform äquivalent). Die Folge 1, 2, 3, ... konvergiert gegen eine über ∞ gelegene Randstelle und die Folge $-1, -2, -3, \ldots$ gegen eine Randstelle über $w = 0$. Beide Folgen konvergieren aber gegen dasselbe Ende, nämlich den ∞-fernen Punkt der z-Ebene. Beispiele von „Enden", mit denen keine Randstellen inzidieren, liefern die universellen Überlagerungsflächen der geschlossenen Flächen. Denn hier gibt es keine Randstelle, aber ein „Ende".

4. Eine stetige Abbildung φ des Parameterintervalles $0 \leq t < 1$ in einem HAUSDORFFschen Raum X nennen wir einen „halboffenen" Weg auf X. Ein solcher halboffener Weg heißt in X divergent, wenn die φ-Bilder der Intervalle $1 - \varepsilon \leq t < 1$ für $\varepsilon \to 0$ in X divergieren; er heißt dagegen konvergent in X, und zwar konvergent gegen den Punkt x,

wenn diese φ-Bilder in X gegen den Punkt x konvergieren. Wir nennen einen halboffenen Weg auf $\widetilde{R}$ *Zielweg* (in bezug auf die Abbildung A), wenn er auf $\widetilde{R}$ divergiert und sein Grundweg $A\varphi$ in R konvergiert. Aus dem Begriff der Randstellen folgt unmittelbar: Jeder Zielweg auf $\widetilde{R}$ konvergiert in R^* gegen eine Randstelle, und umgekehrt, zu jeder Randstelle gibt es einen Zielweg auf $\widetilde{R}$, der in R^* gegen diese Randstelle konvergiert (sogar noch mehr: Es können sämtliche Punkte einer gegen eine Randstelle konvergenten Punktfolge durch einen Zielweg verbunden werden). *Es sind also die Randstellen und die Zielwege auf $\widetilde{R}$ einander zugeordnet.*

Nun ist die folgende Tatsache von besonderem funktionentheoretischem Interesse: *Wenn ein halboffener Weg auf $\widetilde{R}$ einen in R konvergenten Grundweg hat, so ist er in $\widetilde{R}$ konvergent oder ein Zielweg;* mit anderen Worten: *Ist φ eine stetige Abbildung des Intervalles $0 \leqq t < 1$ in $\widetilde{R}$ und $A\varphi(t)$ für $t \to 1$ in R konvergent, so ist $\varphi(t)$ für $t \to 1$ in R^* konvergent.* Wir beginnen den Beweis mit einer Vorbemerkung. Von der Abbildung A haben wir bis jetzt nur die Stetigkeit benutzt. Es behalten also die bisherigen Ausführungen ihre volle Gültigkeit, wenn wir für R und $\widetilde{R}$ zwei zusammenhängende HAUSDORFFsche Räume nehmen und A durch eine beliebige stetige Abbildung von $\widetilde{R}$ in R ersetzen. In dieser allgemeinen Situation ist aber der eben ausgesprochene Satz nicht mehr gültig. Um ihn zu beweisen, haben wir wesentlich zu benützen, daß A analytisch bzw. eine „innere Abbildung" im Sinne von STOÏLOW ist. Nun betrachten wir den halboffenen Weg $\widetilde{w}$ in $\widetilde{R}$, dessen Grundweg w in R konvergiert. Ist $\widetilde{w}$, als Punktmenge aufgefaßt, in $\widetilde{R}$ kompakt, so sieht man leicht, daß $\widetilde{w}$ in $\widetilde{R}$ konvergiert. Ist $\widetilde{w}$ in $\widetilde{R}$ nicht kompakt, so enthält $\widetilde{w}$ eine Punktfolge, die gegen eine Randstelle ϱ konvergiert. Wir zeigen, daß $\widetilde{w}$ in R^* gegen ϱ konvergiert und somit ein Zielweg ist. Es sei a der Grundpunkt von ϱ und $\widetilde{K}$ eine beliebige kompakte Menge in $\widetilde{R}$. A ist analytisch und deshalb gibt es in $\widetilde{K}$ nur endlich viele Punkte, die auf a abgebildet werden. $\widetilde{V}_1, \widetilde{V}_2, \ldots, \widetilde{V}_n$ seien zu diesen Punkten gehörige Parameterzellen. Die Menge $\widetilde{K}' = \widetilde{K} - \bigcup\limits_{k=1}^{n} \widetilde{V}_k$ ist wieder kompakt. Weil A analytisch ist, ist auch ihr Bild $A(\widetilde{K}')$ kompakt. Da es den Punkt a nicht enthält, besitzt a eine zu $A(\widetilde{K}')$ fremde Parameterumgebung U. Ihr Urbild $A^{*-1}(U)$ in R^* ist offen und besitzt eine zusammenhängende Komponente $\widetilde{U}$, die ϱ enthält. $\widetilde{U} - \bigcup\limits_{k=1}^{n} \widetilde{V}_k$ besitzt wieder eine zusammenhängende Komponente $\widetilde{U}_1$, die ϱ enthält und zu $\widetilde{K}$

fremd ist. $A^*(\widetilde{U}_1)$ ist eine Umgebung von a. Diese enthält eine Parameterzelle V mit dem Zentrum a. In ihrem Urbild $A^{*-1}(V)$ gibt es eine zusammenhängende Komponente U^*, die ϱ enthält. Nun gibt es im Parameterintervall $0 \leqq t < 1$ einen Punkt t_0, so daß $\varphi(t_0)$ in U^* liegt und das Intervall $t_0 \leqq t < 1$ durch $A\varphi$ in V abgebildet wird. Dieses Intervall wird somit durch φ in U^* abgebildet, womit gezeigt ist, daß der Weg $\widetilde{w}$ in $\widetilde{R}$ divergiert, was zu beweisen war.

5. Beispiele

a) Wir nehmen für $\widetilde{R}$ ein Gebiet G der z-Ebene und für R die z-Ebene selbst. A sei die identische Abbildung von G auf sich selbst. Der hierdurch definierte Randstellenbegriff ist mit dem Begriff des *erreichbaren Randpunktes* identisch.

b) $\widetilde{R}$ sei ein einfach zusammenhängendes Gebiet G in der z-Ebene mit einem Randkontinuum, R der Einheitskreis $|w| < 1$ und A eine konforme Abbildung von $\widetilde{R}$ auf R. R und A definieren in $\widetilde{R}$ einen Randstellenbegriff, der mit dem Begriff des *Primendes* von G (Caratheodory) identisch ist.

c) Es seien G ein Gebiet der z-Ebene, $\widetilde{R}$ die universelle Überlagerungsfläche von G, R die z-Ebene und A die Spurabbildung σ von $\widetilde{R}$ auf G. Diese Spurabbildung kann zu einer stetigen Abbildung σ^* von R^* in R erweitert werden. Auch σ^* ist bezüglich der Decktransformationengruppe automorph. Die Grundpunkte der Randstellen von $\widetilde{R}$ sind die erreichbaren Randpunkte von G. Denn jeder Weg, der einen Punkt von $\widetilde{R}$ in $\widetilde{R}$ mit einer Randstelle ϱ verbindet, liegt über einem Weg in der z-Ebene, der bis auf seinen Endpunkt in G liegt und somit einen erreichbaren Randpunkt von G definiert, über dem ϱ liegt. Daß der genannte Endpunkt nicht in G liegen kann, hängt damit zusammen, daß $\widetilde{R}$ das Gebiet unverzweigt und unbegrenzt überlagert. Wird umgekehrt ein Punkt $z_0 \in G$ in G mit einem erreichbaren Randpunkt r verbunden, so beginnt in jedem Punkt über z_0 ein Überlagerungsweg, der in einer Randstelle über r endet. Sind w und w' zwei Wege, welche z_0 in G mit einem erreichbaren Randpunkt verbinden, so führen die beiden, vom gleichen Punkt $\tilde{p}_0$ über z_0 ausgehenden Überlagerungswege genau dann zur gleichen Randstelle, wenn die beiden Grundwege w und w' in G homotop sind. Wenn das Gebiet G unendlich vielfach zusammenhängend ist, so können demnach über demselben erreichbaren Randpunkt überabzählbar viele Randstellen liegen.

d) Es sei R eine RIEMANNsche Fläche, auf der ein Funktionselement auf allen Wegen, längs denen dies möglich ist, analytisch fortgesetzt wird. Dadurch entsteht eine analytische Funktion im großen, die auf der zugehörigen RIEMANNschen Fläche $\widetilde{R}$ eindeutig ist (vgl. §§ 11.1 und

11.3) und eine unverzweigte analytische Abbildung A von $\widetilde{R}$ in R definiert. Die diesbezüglichen Randstellen von $\widetilde{R}$ stehen mit der genannten analytischen Fortsetzung in folgendem Zusammenhang: Wenn in R ein Weg gegeben ist und in seinem Anfangspunkt ein Funktionselement von A, und wenn man dieses Funktionselement längs des Weges in jeden seiner Punkte analytisch fortsetzen kann, der vom Endpunkt verschieden ist, aber nicht in den Endpunkt hinein, so wird durch diese Kette von Funktionselementen auf $\widetilde{R}$ eine Randstelle definiert und umgekehrt entsprechen jeder Randstelle auf $\widetilde{R}$ Ketten von Funktionselementen der eben beschriebenen Art. In dem Falle, wo R die z-Ebene ist, entspricht dies dem Begriff der singulären Stelle einer WEIERSTRASS-schen analytischen Funktion im großen.

e) Es sei R die w-Kugel, G ein Gebiet der z-Ebene, $w(z)$ eine in G meromorphe Funktion und $\widetilde{R}$ das Gebiet G oder die zur Umkehrfunktion $z(w)$ gehörige RIEMANNsche Fläche. Für A nehmen wir die durch $w(z)$ (oder $z(w)$) vermittelte Abbildung von $\widetilde{R}$ in R. Der hierdurch definierte Randstellenbegriff ist identisch mit dem Begriff der transzendenten kritischen Stellen der Umkehrfunktion $z(w)$ (F. IVERSEN [1], R. NEVANLINNA [2*]). Ist ein Funktionselement von $z(w)$ längs eines Weges in R verzweigt analytisch fortsetzbar (d. h. es sind verzweigte Funktionselemente zugelassen), bis an den Endpunkt heran, aber nicht in den Endpunkt hinein, so definiert diese Kette von Funktionselementen eine Randstelle auf $\widetilde{R}$. Dieser entspricht in G ein Zielweg.

f) Die Randstellen einer RIEMANNschen Fläche $\widetilde{R}$, in bezug auf R und A, werden in algebraische und transzendente unterschieden. Algebraisch nennen wir eine Randstelle ϱ dann, wenn sie in der Menge P isoliert ist, wenn sie eine „ausgezeichnete" Umgebung U^* besitzt und ihr Grundpunkt a eine Parameterumgebung U, so daß $U - a$ durch $U^* - \varrho$ unbegrenzt und unverzweigt und mit endlicher Blätterzahl überlagert wird. Es kann dann $\widetilde{R}$ durch Hinzufügen der Stelle ϱ zu einer RIEMANNschen Fläche $\widetilde{R}_1$ erweitert und die Abbildung A in die Stelle ϱ hinein analytisch fortgesetzt werden. Man kann immer voraussetzen, daß die RIEMANNsche Fläche $\widetilde{R}$ durch Hinzufügen eventueller algebraischer Randstellen schon so erweitert und die Abbildung A in diese Stelle hinein fortgesetzt worden sei, daß P nur noch aus transzendenten Randstellen besteht.

Es sei hier noch auf die Untersuchungen von M. OHTSUKA [2, 3] über Randstellen und Enden RIEMANNscher Flächen hingewiesen sowie auf einen etwas anderen Randstellenbegriff bei R. NEVANLINNA [2] und [10].

Drittes Kapitel

Homologie und Cohomologie

In diesem Kapitel beweisen wir zunächst den Integralsatz von STOKES. Dabei verwenden wir einen Kunstgriff von DIEUDONNÉ, welcher nur mit einer Überdeckung durch Umgebungen arbeitet und das Zerschneiden der Flächen in nicht überlappende Stücke vermeiden läßt. Sodann wird eine Cohomologie der auf R exakten 1-Formen entwickelt. Die Zyklen führen wir ungefähr im Sinne singulärer Zyklen ein und erklären dann die Homologie mit Hilfe des Linienintegrals als dualen Begriff zur Cohomologie. Der geometrische Inhalt dieses Homologiebegriffes wird allerdings erst in § 23 zum Vorschein kommen, wo wir zeigen werden, daß die nullhomologen Zyklen „beranden" im Sinne einer Approximation an die Kantenzyklen einer Triangulierung.

§ 16. Integration

16.1. Das Integral über eine schiefe 2-Form

Um dieses Integral zu definieren, benützen wir die DIEUDONNÉ*sche Zerlegung der Einheit.* Darunter verstehen wir den Inbegriff der folgenden zwei Gegebenheiten:

1) Auf R eine lokal-endliche Zellenüberdeckung $\{V_i\}$.

2) In jeder Zelle V_i eine stetige bzw. stetig differenzierbare Funktion μ_i, $0 \leqq \mu_i \leqq 1$ mit dem Träger in V_i, so daß auf R an jeder Stelle $\sum_{(i)} \mu_i = 1$ ist.

Es gibt auf jeder RIEMANNschen Fläche eine solche Zerlegung der Einheit. Denn man kann zu jeder Zelle V_i einer lokal-endlichen Zellenüberdeckung $\{V_i\}$ eine stetige bzw. stetige und stetig differenzierbare Funktion χ_i konstruieren, die überall in V_i positiv ist und außerhalb V_i verschwindet. Die Summe $\sum_{(i)} \chi_i = \chi$ existiert, da in jedem Punkt auf R nur endlich viele χ_i von null verschieden sind, und ist überall positiv. Die $\mu_i = \chi_i / \chi$ erfüllen dann die geforderten Bedingungen.

Jeder stetigen reell- oder komplexwertigen schiefen 2-Form P mit kompaktem Träger läßt sich nun eindeutig ein Integral $\int$ P zuordnen, das den folgenden zwei Axiomen genügt:

(i) $$\int (\mathsf{P}_1 + \mathsf{P}_2) = \int \mathsf{P}_1 + \int \mathsf{P}_2$$

(ii) *Wenn P außerhalb einer Zelle V verschwindet und in (V, z) die Darstellung $\mathsf{P} = \varrho(z)\, dx\, dy$ besitzt, so ist*

$$\int \mathsf{P} = \int_{|z| < 1} \varrho(z)\, dx\, dy.$$

Beweis. In bezug auf eine gegebene Zerlegung der Einheit $\{\mu_\varkappa\}$ und die Parameterzellen $(V_\varkappa, z_\varkappa)$ setzen wir $\mathsf{P}_\varkappa = \mu_\varkappa \mathsf{P} = \varrho_\varkappa(z_\varkappa)\, dx_\varkappa\, dy_\varkappa$.

Dann erfüllt die (endliche) Summe

$$\int P = \sum_\varkappa \int_{|z_\varkappa| < 1} \varrho_\varkappa \, dx_\varkappa \, dy_\varkappa$$

offenbar das Axiom (i). Liegt der Träger von P in der Zelle V, so ist

$$\int P = \sum_\varkappa \int_{|z_\varkappa| < 1} \varrho_\varkappa \, dx_\varkappa \, dy_\varkappa = \sum_\varkappa \int_{|z| < 1} \mu_\varkappa \, \varrho \, dx \, dy = \int_{|z| < 1} \varrho \, dx \, dy,$$

also auch die Bedingung (ii) erfüllt. Diese Konstruktion von $\int P$ ist unabhängig von der gewählten Zerlegung der Einheit; denn die Axiome (i) und (ii) bestimmen das Integral eindeutig.

Wir befreien uns nun von der Voraussetzung, daß die 2-Form einen kompakten Träger hat und betrachten hierfür neben P auch deren absoluten Betrag $|P| = |\varrho| \, dx \, dy$. Ist die Reihe $\sum_\varkappa \int \mu_\varkappa |P|$ für eine DIEU-DONNÉ-Zerlegung $\{\mu_\varkappa\}$ konvergent, so konvergiert sie auch für jede andere Zerlegung dieser Art und die Reihe $\sum_\varkappa \int \mu_\varkappa P$ ist dann für jede Zerlegung der Einheit absolut und zu demselben Wert konvergent, den wir jetzt als das Integral $\int P$ definieren. Ist $P \geqq 0^1$ und $\sum_\varkappa \int \mu_\varkappa P$ divergent, so setzen wir $\int P = \infty$. In derselben Weise verfährt man, wenn P nicht notwendig stetig, aber lokal im RIEMANNschen oder LEBESGUEschen Sinne integrierbar ist, d. h. für jede Zelle das Integral $\int_{|z| < 1} \varrho(z) \, dx \, dy$ im betreffenden Sinne existiert.

Da jedes Teilgebiet G von R selbst eine RIEMANNsche Fläche ist, ist auch das über G erstreckte Integral $\int_G P$ erklärt. Liegt der Träger von P in einer Zelle V mit dem Parameter $z = \alpha(p)$, so ist offenbar

$$\text{(iii)} \qquad \int_G P = \int_{\alpha(V \cap G)} \varrho(z) \, dx \, dy.$$

16.2 Das Skalarprodukt

Unter Benutzung der differenzierbaren Struktur ist zwei stetigen 1-Formen φ_1 und φ_2 die schiefe 2-Form $\varphi_1 \wedge \varphi_2$ (vgl. § 8) zugeordnet und damit das Integral

$$[\varphi_1, \varphi_2] = \int \varphi_1 \wedge \varphi_2, \qquad (16.1)$$

falls es existiert. Es ist in φ_1 und φ_2 eine schiefe Bilinearform. Wir nennen sie das *schiefe Skalar-Produkt der beiden 1-Formen*.

Auf Grund der konformen Struktur steht nun die lineare Abbildung $*$ zur Verfügung, welche jedes φ in sein adjungiertes $*\varphi$ transformiert (vgl. § 8.5). Es ist $\varphi \wedge *\overline{\varphi} = (|a|^2 + |b|^2) \, dx \, dy \geqq 0$. Wir definieren die positive Quadratwurzel aus $[\varphi, *\varphi]$ als die Norm von φ und bezeichnen sie mit $\|\varphi\|$. Nun gilt $(\varphi_1 + \varphi_2) \wedge *\overline{(\varphi_1 + \varphi_2)} \leqq 2(\varphi_1 \wedge *\overline{\varphi_1} + \varphi_2 \wedge *\overline{\varphi_2})$.

---

[1] Dies bedeutet, daß in jeder Darstellung $P = \varrho(z) \, dx \, dy$ die Dichte $\varrho \geqq 0$ ist.

Es bilden also die Formen φ mit endlicher Norm einen Vektorraum Φ über dem Körper der komplexen Zahlen. Wegen $|\varphi_1 \wedge *\overline{\varphi}_2| \leq \frac{1}{2}(\varphi_1 \wedge *\overline{\varphi}_1 + \varphi_2 \wedge *\overline{\varphi}_2)$ existiert das Produkt

$$[\varphi_1, *\overline{\varphi}_2] = (\varphi_1, \varphi_2) \tag{16.2}$$

für alle φ_1 und φ_2 aus Φ. (φ_1, φ_2) ist eine positiv definite Hermitesche Bilinearform in Φ. Denn es ist

1.) $(\varphi_1, \varphi_2) = \overline{(\varphi_2, \varphi_1)}$,

2.) $(c_1 \varphi_1 + c_2 \varphi_2, \varphi) = c_1(\varphi_1, \varphi) + c_2(\varphi_2, \varphi)$, und

3.) $(\varphi, \varphi) = \|\varphi\|^2 > 0$ für $\varphi \neq 0$. Wir nennen (φ_1, φ_2) das *symmetrische Skalarprodukt* oder das *innere Produkt von φ_1 und φ_2*. Die Betrachtung der HERMITEschen Form $\|c_1 \varphi_1 + c_2 \varphi_2\|^2$ in c_1 und c_2 liefert die SCHWARZsche Ungleichung

$$|(\varphi_1, \varphi_2)| \leq \|\varphi_1\| \cdot \|\varphi_2\| . \tag{16.3}$$

Das Gleichheitszeichen gilt genau dann, wenn φ_1 und φ_2 linear abhängig sind. Hieraus folgt

$$\|\varphi_1 + \varphi_2\| \leq \|\varphi_1\| + \|\varphi_2\| \tag{16.4}$$

und das Gleichheitszeichen gilt genau dann, wenn φ_1 und φ_2 linear abhängig sind und $(\varphi_1, \varphi_2) \geq 0$ ist.

Der Übergang von φ zu $*\varphi$ definiert in Φ eine unitäre Transformation mit $**\varphi = -\varphi$. Denn es gilt

$$(\varphi_1, \varphi_2) = (*\varphi_1, *\varphi_2) . \tag{16.5}$$

Aus

$$(\varphi_1, *\varphi_2) = (-*\varphi_1, \varphi_2) \tag{16.6}$$

folgt, daß $-*$ die adjungierte Transformation zu $*$ ist. Sind f und g reelle stetig differenzierbare Funktionen auf R, so ist (df, dg) die DIRICHLETsche *Bilinearform* $D(f, g)$[1]. Wenn die Integration bei den Produkten $[\varphi_1, \varphi_2]$ und (φ_1, φ_2) nur über ein Teilgebiet G von R zu erstrecken ist, so wird dies durch einen Index G gekennzeichnet. Wir schreiben dann

$$[\varphi_1, \varphi_2]_G, \ (\varphi_1, \varphi_2)_G, \ \|\varphi\|_G, \ D_G(f, g) .$$

16.3. Der Integralsatz von STOKES

1. Wir beweisen diesen Satz zunächst in folgender Form.

Satz III.1. Hat die stetig differenzierbare 1-Form φ einen kompakten Träger, so ist $\int d\varphi = 0$.

---

[1] Für zwei analytische Differentiale $\varphi_1 = A_1(z) \, dz$ und $\varphi_2 = A_2(z) \, dz$ ist $\varphi_1 \wedge *\overline{\varphi}_2 = 2 A_1(z) \overline{A_2(z)} \, dx \, dy$. Deshalb gilt für deren Skalarprodukt: $(\varphi_1, \varphi_2) = 2 \int A_1(z) \overline{A_2(z)} \, dx \, dy$, und entsprechend bei zwei analytischen Funktionen f_1 und f_2 für deren DIRICHLETsche Bilinearform: $D(f_1, f_2) = 2 \int \frac{df_1}{dz} \cdot \overline{\frac{df_2}{dz}} \cdot dx \, dy$ entgegen der sonst üblichen Schreibweise, wo der Faktor 2 fehlt.

Beweis. Sind die DIEUDONNÉ-Faktoren stetig differenzierbar und ist in der Parameterzelle $(V_\varkappa, z)$ $\mu_\varkappa \varphi = a\,dx + b\,dy$, so folgt aus der als bekannt vorausgesetzten GREENschen Formel für den Kreis

$$\int d(\mu_\varkappa \varphi) = \int\limits_{|z| < 1} (b_x - a_y)\,dx\,dy = \int\limits_{|z| = 1} (a\,dx + b\,dy) = 0$$

und durch Summation über $\varkappa$ die Behauptung. Dieser Satz ergibt in Verbindung mit der Formel (8.4) das wichtige

Corollar: *Hat das exakte Differential ω oder die stetig differenzierbare Funktion f einen kompakten Träger, so ist*

$$[df, \omega] = 0. \tag{16.7}$$

2. Wir nennen einen Weg C auf R stückweise glatt, wenn es eine Parameterdarstellung $p(t)$, $0 \leq t \leq 1$ gibt und eine Einteilung $0 = t_1 < < t_2 < \cdots < t_{n+1} = 1$ des Parameterintervalles, so daß die lokalen Parameter $z = \alpha(p(t))$ in jedem Teilintervall $t_\varkappa \leq t \leq t_{\varkappa+1}$ stetig differenzierbar von t abhängen. Für jede stetige 1-Form $\varphi = a\,dx + b\,dy$ wird dann der Ausdruck $a(p(t))\dfrac{dx}{dt} + b(p(t))\dfrac{dy}{dt} = f(t)$ eine stückweise stetige (und von den lokalen Parametern unabhängige) Funktion von t. Das Integral

$$\int\limits_C \varphi = \int\limits_0^1 f(t)\,dt$$

ist von der gewählten Parameterdarstellung $p(t)$ unabhängig. Die starke Form des STOKESschen Integralsatzes lautet dann

Satz III. 2. *Das Teilgebiet G sei in R kompakt und werde von endlich vielen getrennten und stückweise glatten Jordankurven $\gamma_1, \ldots, \gamma_n$ berandet, welche bezüglich G im positiven Sinne orientiert, den Randzyklus Γ bilden. Die 1-Form φ sei in $\overline{G}$ stetig differenzierbar. Dann gilt*

$$\int\limits_G d\varphi = \int\limits_\Gamma \varphi = \sum_1^n \int\limits_{\gamma_\varkappa} \varphi.$$

Beweis. Es gibt eine endliche Überdeckung $\{V_i\}$ von G, so daß jedes V_i mit Γ entweder einen orientierten Bogen β_i gemeinsam hat oder die leere Menge. $\{\mu_i\}$ sei eine zugehörige Zerlegung der Einheit mit stetig differenzierbaren μ_i. Dann ist für jedes i

$$\int\limits_G d(\mu_i \varphi) = \int\limits_\Gamma \mu_i \varphi. \tag{16.8}$$

Liegt nämlich V_i ganz in G, so ist die rechte Seite von (16.8) null; daß es auch die linke ist, folgt genau so wie oben. Hat die Parameterzelle (V_i, α) mit Γ den Bogen β_i gemeinsam, so wird $\alpha(V_i \cap G)$, das ist das α-Bild von $V_i \cap G$ im Parameterkreis $\{z \mid |z| < 1\}$, von $\alpha(\beta_i)$ und einem Kreisbogen $\varkappa$ berandet. Gemäß der GREENschen Formel für ein ebenes Gebiet ist dann mit $\mu_i \varphi = a\,dx + b\,dy$

$$\int_G d(\mu_i \varphi) = \int_{\alpha(G \cap V_i)} (b_x - a_y)\,dx\,dy = \int_{\alpha(\beta_i)} (a\,dx + b\,dy) = \int_\Gamma \mu_i \varphi.$$

Durch Summation von (16.8) über alle i ergibt sich die Behauptung.

16.4 Integralformeln

Aus dem vorangehenden Satz ziehen wir eine Reihe von Folgerungen. Das Gebiet G und sein Randzyklus Γ sollen in dieser Nummer durchwegs die Voraussetzungen jenes Satzes erfüllen. Dann gilt (für: exakt, total, harmonisch und analytisch, vgl. § 8.5)

1. Ist ω auf R exakt, so gilt $\int_\Gamma \omega = 0$.

2. Ist f auf R eine analytische Funktion und φ ein analytisches Differential, so gilt $\int_\Gamma f\varphi = 0$. Denn es ist $f\varphi$ exakt. Dies ist eine Form des *Integralsatzes von* CAUCHY.

3. Wenn die Funktion f auf R stetig differenzierbar und ω exakt ist, so gilt wegen (16.1) und (8.4)

$$[df, \omega]_G = \int_\Gamma f\omega. \tag{16.9}$$

4. Ist f stetig differenzierbar und das Differential ω harmonisch, so gilt wegen (16.2)

$$(df, \omega)_G = \int_\Gamma f \cdot * \overline{\omega}. \tag{16.10}$$

Insbesondere ist $(df, \omega) = 0$, wenn f kompakten Träger hat. Sind h_1 und h_2 reelle harmonische Funktionen, so folgt aus (16.10)

$$D_G(h_1, h_2) = \int_\Gamma h_1 \cdot * d h_2 = \int_\Gamma h_2 \cdot * d h_1. \tag{16.10'}$$

5. Wenn φ und φ' analytische Differentiale sind und der Realteil von φ' total ist: $Re\ \varphi' = d\,U$, so gilt wegen $* \overline{\varphi} = i \overline{\varphi}$ für ein analytisches φ

$$(\varphi', \varphi)_G = 2(d U, \varphi)_G = 2i \int_\Gamma U \overline{\varphi}. \tag{16.11}$$

Ist φ' total: $\varphi' = df$, so ist

$$(df, \varphi)_G = i \int_\Gamma f \overline{\varphi}. \tag{16.12}$$

16.5. Harmonische Differentiale von endlicher Norm

1. Wir haben in § 16.2 den Raum Φ der stetigen 1-Formen φ mit endlicher Norm $\|\varphi\|$ betrachtet. Indem wir $\|\varphi_1 - \varphi_2\|$ als den Abstand von φ_1 und φ_2 definieren, wird Φ zu einem metrischen Raum. Dieser ist unvollständig. Denn nicht jede CAUCHY-Folge $\{\varphi_n\}$ in dem Sinne, daß $\lim_{m,n \to \infty} \|\varphi_m - \varphi_n\| = 0$ ist, konvergiert gegen ein $\varphi \in \Phi$. *Dagegen bilden die harmonischen und die analytischen Differentiale in* Φ *je einen vollständigen linearen Teilraum* Φ_H *bzw.* Φ_A.

Es genügt, dies für analytische Differentiale zu zeigen. Da nämlich $(\omega, *\omega) = 0$ für ein reelles ω ist, folgt für jedes harmonische ω und das zugehörige analytische $\varphi = \omega + i*\omega$ die Beziehung $\|\varphi\|^2 = 2\,\|\omega\|^2$. Daraus folgt der Satz für reelle harmonische Formen und damit auch für komplexe.

2. Zum Beweise betrachten wir zunächst eine im Kreise $|z| < 1$ analytische Funktion $A(z)$. Indem man sie durch eine Potenzreihe darstellt, findet man leicht die Ungleichung

$$\pi|A(0)|^2 \leqq \int\limits_{|z|<1} |A(z)|^2 dx\,dy\,. \tag{16.13}$$

Ist nun φ ein analytisches Differential aus Φ, so hat es in jeder Parameterzelle (V, z) die eindeutig bestimmte Form $\varphi = A(z)\,dz$. Wir nennen $A(0)$ den Wert des Vektors A (vgl. § 8.5) im Zentrum der Parameterzelle (V, z) und schreiben dafür $A_z(0)$. Bei festem (V, z) ist $A_z(0)$ ein lineares Funktional in Φ_A, das ist der Raum der analytischen Differentiale endlicher Norm. Da $\|\varphi\|^2 > \|\varphi\|_V^2 = 2 \int\limits_{|z|<1} |A(z)|^2 dx\,dy$ ist, folgt aus (16.13)

$$\sqrt{2\pi}\,|A_z(0)| < \|\varphi\|\,. \tag{16.14}$$

Der Vektor A ist also im Zentrum der Zelle (V, z) ein beschränktes lineares Funktional.

Ist $A(z)$ eine Darstellung des Vektors A in der Parameterzelle (V, z), also $\varphi = A(z)\,dz$, so ist für ein $|a| < 1$ und $z' = \dfrac{z-a}{1-\bar{a}z}$ (V, z') eine Zelle mit dem Zentrum über a. Nun ist

$$A_z(a) = A_{z'}(0)\,\left|\frac{dz'}{dz}\right|_a = A_{z'}(0) \,/\, 1 - |a|^2\,.$$

Daraus folgt in Verbindung mit (16.14)

$$|A_z(a)| \leqq \frac{1}{\sqrt{2\pi}} \cdot \frac{\|\varphi\|}{1-|a|^2}\,, \qquad |a| < 1\,. \tag{16.15}$$

Nun sei $\{\varphi_n\}$ eine CAUCHY-Folge. Für die zugehörigen Vektoren $A^{(n)}$ folgt aus (16.15)

$$|A_z^{(m)}(a) - A_z^{(n)}(a)| \leqq \frac{1}{\sqrt{2\pi}} \cdot \frac{|\varphi_m - \varphi_n|}{1-|a|^2}\,. \tag{16.16}$$

Diese konvergieren also in jeder Parameterzelle lokal gleichmäßig gegen einen analytischen Vektor A, dem ein analytisches Differential φ entspricht.

Zufolge der lokal gleichmäßigen Konvergenz $A^{(n)} \to A$ ist dann $\lim \|\varphi_n - \varphi\|_B = 0$ für jeden Zellenbereich B. Die Folge $\{\|\varphi_n\|\}$ ist beschränkt und $\|\varphi\|_B \leqq \|\varphi_n - \varphi\|_B + \|\varphi_n\|_B$. φ hat also eine endliche Norm und gehört somit zu Φ_A. Zu einem $\varepsilon > 0$ wählen wir $n(\varepsilon)$ so groß, daß $\|\varphi_m - \varphi_n\| < \varepsilon$ wird für $m, n > n(\varepsilon)$. Für ein $n > n(\varepsilon)$ bestimmen wir den Zellenbereich B so, daß $\|\varphi - \varphi_n\|_{R-B} < \varepsilon$ wird und wählen ein $m > n(\varepsilon)$ so, daß $\|\varphi_m - \varphi\|_B < \varepsilon$ ist. Aus den Ungleichungen

$\|\varphi_n - \varphi\| \leq \|\varphi_n - \varphi_m\| + \|\varphi_m - \varphi\|$, $\|\varphi_m - \varphi\|^2 \leq \|\varphi_m - \varphi\|_B^2 + \|\varphi_m - \varphi\|_{R-B}^2$ und $\|\varphi_m - \varphi\|_{R-B} \leq \|\varphi_m - \varphi_n\|_{R-B} + \|\varphi_n - \varphi\|_{R-B}$ folgt dann $\|\varphi_n - \varphi\| \leq$ $\leq (1 + \sqrt{5})\,\varepsilon$, für $n > n(\varepsilon)$, womit gezeigt ist, daß φ_n im Sinne der Norm gegen φ konvergiert.

3. *Die auf R analytischen Differentiale φ mit endlicher Norm bilden also einen komplexen Vektorraum Φ_A mit einem Skalarprodukt (φ_1, φ_2), der in bezug auf die Metrik $\|\varphi_1 - \varphi_2\|$ vollständig ist, d. h. Φ_A ist ein* Hilbert-*Raum*[1]. Wir zeigen noch, daß er *separabel* ist, d. h. in Φ_A eine dichte und abzählbare Teilmenge existiert. Dies folgt durch Beschränkung der $\varphi \in \Phi_A$ auf eine Zelle (V, z). Denn diese bilden im Hilbert-Raum der in V analytischen Differentiale mit endlicher Norm $\|\varphi\|_V$ einen linearen Teilraum. Der zu V gehörige Hilbert-Raum ist aber separabel, denn die lineare Hülle der Differentiale $d(z^n) = nz^{n-1}dz$, $n = 1, 2, \ldots$ ist darin dicht[2].

Wie eingangs erwähnt, folgt nun auch: *Der Raum der auf R harmonischen Differentiale ω bildet in bezug auf das Skalarprodukt (ω_1, ω_2) einen separablen* Hilbert-*Raum, einen reellen bzw. komplexen, je nachdem die ω reell bzw. komplex sind.* Ebenso sieht man ohne Schwierigkeit, daß die *analytischen (bzw. harmonischen) Funktionen f auf R mit endlichem* Dirichlet-*Integral $D(f)$ in bezug auf das Skalarprodukt $D(f_1, f_2)$ einen separablen* Hilbert-*Raum* bilden, sofern man zwei Funktionen, die sich nur um eine additive Konstante unterscheiden, als „gleich" betrachtet.

In mancher Hinsicht ist der folgende Satz von Nutzen: *Wenn eine Folge von Funktionen f_n gegeben ist, die auf einer* Riemann*schen Fläche R analytisch (bzw. harmonisch) sind und endliches* Dirichlet-*Integral haben, so daß* $\lim\limits_{m,\,n \to \infty} D(f_m - f_n) = 0$ *ist und die Folge in einer festen Stelle $p_0 \in R$ konvergiert, so konvergieren die f_n auf der ganzen Fläche lokal gleichmäßig gegen eine analytische (bzw. harmonische) Funktion f, so daß* $\lim\limits_{n \to \infty} D(f - f_n) = 0$ *ist.* Zum Beweise nehmen wir irgend eine Parameterzelle V' mit dem Zentrum p'. Dazu gibt es eine solche Parameterzelle (V, z) mit dem Zentrum p', daß die Zelle V' durch den Homöomorphismus

---

[1] Für den Begriff des Hilbert-Raumes vgl. etwa F. Riesz und B. Sz.-Nagy [1*], S. 195.

[2] Die in V analytischen Differentiale φ von endlicher Norm sind nämlich von der Form

$$\varphi = A(z)\,dz, \quad A(z) = c_0 + c_1 z + \cdots + c_n z^n + \cdots, \quad |z| < 1,$$

mit $\|\varphi\|_V^2 = 2\pi \sum\limits_0^\infty \dfrac{|c_n|^2}{n+1} < \infty$. Die Differentiale $\varphi_n = (c_0 + c_1 z + \cdots + c_n z^n)\,dz$ konvergieren somit stark gegen φ: $\lim\limits_{n \to \infty} \|\varphi - \varphi_n\|_V = 0$.

$\alpha : p \to z$ in den Kreis $|z| < \varrho < 1$ übergeht. Wir setzen, im Falle analytischer Funktionen, $f_n = f_n(z)$ und $df_n = A_n(z)\, dz$ in der Parameterzelle (V, z). Dann ist $f_n(z) - f_n(0) = \int\limits_0^z A_n(z)\, dz$ und nach (16.16)

$$|f_m(z) - f_n(z)| \leq |f_m(0) - f_n(0)| + \frac{\|df_m - df_n\|}{\sqrt{2\pi}\,(1 - \varrho^2)}$$

für $|z| < \varrho$. Wenn also die Folge $\{f_n\}$ in p' konvergiert, konvergiert sie in der ganzen Zelle V' gleichmäßig. Da die Zellen auf R verkettet sind, folgt die lokal gleichmäßige Konvergenz von $\{f_n\}$ auf ganz R, sobald sie in einem einzigen Punkte p_0 konvergiert.

Sind sie f_n harmonisch und reell, so können sie in jeder Zelle als Realteile analytischer Funktionen betrachtet werden, auf welche man die obige Überlegung anwenden kann.

§ 17. Cohomologie

17.1. Wir betrachten auf einer RIEMANNschen Fläche R den linearen Raum Ω der exakten Differentiale ω. Je nachdem die ω reell oder komplex sind, ist Ω als Vektorraum über dem Körper der reellen oder komplexen Zahlen zu verstehen. Die Differentiale der auf R eindeutigen und stetig differenzierbaren Funktionen (reell- bzw. komplexwertigen) bilden einen linearen Teilraum T. Wir nennen ein $\omega \in \Omega$ *total* oder *cohomolog null*, wenn es in T liegt und schreiben $\omega \sim 0$. *Zwei Differentiale aus Ω heißen dann cohomolog, wenn ihre Differenz cohomolog null ist:*

$$\omega \sim \omega' \Leftrightarrow \omega - \omega' \sim 0.$$

Die Cohomologie bewirkt in Ω eine Einteilung in *Cohomologieklassen*. Diese sind eineindeutig und linear den Elementen des *Faktorraumes* Ω/T zugeordnet. Seine Dimension Dim Ω/T, das ist die *Maximalzahl linear unabhängiger Vektoren in Ω/T, heißt der starke Zusammenhangsgrad von R*. Dieser Zusammenhangsgrad h kann endlich oder unendlich sein. Der linearen Unabhängigkeit in Ω/T entspricht in Ω der Begriff „*cohomolog unabhängig*". Wir nennen die Differentiale $\omega_1, \ldots, \omega_n$ cohomolog unabhängig, wenn mit $x_1 \omega_1 + \cdots + x_n \omega_n \sim 0$ notwendig alle x verschwinden. h ist also die Maximalzahl cohomolog unabhängiger Differentiale in Ω. Es ist gleichgültig, ob wir hier für Ω den Raum der exakten *komplexen* 1-Formen nehmen oder der *reellen*. Beidemal hat h denselben Wert. Wenn nämlich die rellen Formen $\omega_1, \ldots, \omega_n$ cohomolog unabhängig sind über dem reellen Zahlkörper, so sind sie es auch über dem komplexen. Sind umgekehrt die Differentiale $\omega_1, \ldots, \omega_n$ komplex und cohomolog unabhängig, so gibt es unter ihren Real- und Imaginärteilen n solche, die im reellen cohomolog unabhängig sind.

17.2. Ist $h = 0$, so heißt die Fläche R *(homolog) einfach zusammenhängend.* Die Kreisscheibe, die euklidische Ebene, die RIEMANNsche

Zahlenkugel sind solche Flächen. Ist etwa $\omega = a\,dx + b\,dy$ ein exaktes Differential in der z-Ebene, so stellt der Ausdruck (8.5) eine eindeutige Funktion $f(x, y)$ mit $df = \omega$ dar. Somit ist jedes ω total und $h = 0$.

Wenn ω ein Differential auf der Zahlenkugel ist, so gibt es nach dem soeben erhaltenen Resultat auf der im Nordpol punktierten Kugel eine Funktion f_1, mit $df_1 = \omega$ und analog auf der im Südpol punktierten Kugel eine Funktion f_2 mit $df_2 = \omega$. Beide Funktionen unterscheiden sich auf der zweifach punktierten Kugel nur um eine Konstante, also ist ω total und $h = 0$.

17.3. Die Differentiale aus Ω mit kompaktem Träger bilden einen linearen Raum Ω_0, die totalen Differentiale aus Ω_0 einen linearen Teilraum T_0. Die Beschränkung der obigen Cohomologie auf Ω_0 ergibt in Ω_0 eine Klasseneinteilung modulo T_0. Die *Dimension des Faktorraumes Ω_0/T_0* oder *die Maximalzahl h_0 cohomolog unabhängiger Differentiale in Ω_0 heißt der schwache Zusammenhangsgrad von R.* Es ist stets $h_0 \leq h$. Verschwindet der schwache Zusammenhangsgrad h_0, so heißt die Fläche *schlichtartig*. Es gilt

Satz III. 3. *Jedes Teilgebiet einer schlichtartigen Fläche ist wieder schlichtartig.* Denn jedes exakte Differential, das in bezug auf das Teilgebiet kompakten Träger hat, kann zu einem Differential mit kompaktem Träger auf der Fläche erweitert werden. Es ist also jedes Teilgebiet der euklidischen Ebene oder der RIEMANNschen Zahlenkugel schlichtartig.

17.4. Neben der Cohomologie führen wir in Ω_0 noch eine *starke Cohomologie* ein. Zu ihrer Erklärung bezeichnen wir mit C_0^1 die Klasse der auf R stetig differenzierbaren Funktionen f mit kompaktem Träger. Ihre Differentiale df bilden einen linearen Raum T_{00}. T_0 enthält T_{00}. Ein $\omega \in \Omega_0$ nennen wir *stark total* oder *stark cohomolog null*, wenn es in T_{00} liegt und schreiben $\omega \approx 0$. ω und ω' aus Ω_0 heißen *stark cohomolog*, wenn ihre Differenz in T_{00} liegt:

$$\omega \approx \omega' \Leftrightarrow \omega - \omega' \in T_{00}, \quad \omega, \omega' \in \Omega_0.$$

Den *starken Cohomologieklassen* in Ω_0 entsprechen eineindeutig und linear die Vektoren des Faktorraumes Ω_0/T_{00}. „Linear unabhängig" bedeutet in Ω_0 „*stark cohomolog unabhängig*". Die Dimension des Faktorraumes T_0/T_{00}, das ist die Maximalzahl der stark cohomolog unabhängigen Differentiale in T_0, bezeichnen wir mit $k - 1$. Bei kompakten Flächen ist $k - 1 = 0$, bei offenen Flächen hat k die folgende einfache geometrische Bedeutung. Ist F ein normales Teilgebiet (§ 7.3.2) von R, so zerfällt $R - F$ in eine Anzahl zusammenhängender (nicht kompakter) Komponenten. Die obere Grenze dieser Zahlen bei variablem F ist die Zahl der „Enden" von R (§ 7.3.4) oder wie wir auch sagen wollen, die Zahl der „*idealen Randkomponenten*". Diese ist gleich k. Ist nämlich die Zahl der

Komponenten von $R - F$ gleich n, so gibt es n stetig differenzierbare Funktionen f_i, die auf einer beliebigen Komponenten den Wert 1 haben und auf den anderen den Wert null annehmen. Von den df_i sind $n - 1$ modulo T_{00} unabhängig. Es ist also $k \geqq n$. Wird n mit wachsendem F beliebig groß, so sind k und die Zahl der idealen Randkomponenten ∞. Ist aber n beschränkt, so ist für ein genügend großes F die Anzahl der Komponenten von $R - F$ gleich der Zahl der idealen Randkomponenten. Liegt der Träger von $df \in T_0$ in F, so hat f auf den Komponenten von $R - F$ konstante Werte, ist also, unter Berücksichtigung der Konstanten, modulo C_0^1 eine lineare Kombination der obigen f_i und wir haben $k = n$.

§ 18. Homologie

Gemäß § 16.4.1 verschwindet $\int\limits_{\Gamma} \omega$ für jedes exakte ω und für jeden stückweise glatten Rand Γ. Dadurch werden zwei verschiedene Aspekte, nämlich ein geometrischer, daß Γ ein Gebiet berandet, und ein analytischer, daß das Integral verschwindet, miteinander in Beziehung gebracht. Dies soll im folgenden weiter verfolgt werden. Doch wollen wir uns vorher von der Bedingung, daß die Wege stückweise glatt seien, befreien. Um aber die linearen Funktionale $\int\limits_{\Gamma} \omega$ auf beliebige Wege erweitern zu können, müssen wir uns auf exakte Differentiale beschränken, wodurch unser Vorhaben in keiner Weise gestört wird.

18.1. Begriff der Wegkette

Ein Weg C auf R ist eine stetige Abbildung φ des Parameterintervalles $0 \leqq t \leqq 1$ in R, wobei gemäß § 10.1 zwei solche Abbildungen φ und φ' genau dann denselben Weg definieren, wenn sie durch eine monoton wachsende Parametertransformation auseinander hervorgehen. Unter einer Wegkette $\mathfrak{k}$ verstehen wir eine endliche Linearform

$$\mathfrak{k} = \sum_{1}^{m} n_{\varkappa} C_{\varkappa} \tag{18.1}$$

mit Wegen $C_{\varkappa}$ als Unbestimmten und mit ganzen Koeffizienten $n_{\varkappa}$. Ist C ein Weg, so entspricht bei Unterteilung des Parameterintervalles: $0 = t_0 < t_1 < \cdots < t_n = 1$ jedem Teilintervall $t_{j-1} \leqq t \leqq t_j$ durch die Abbildung $\varphi_j(t) = \varphi(t_{j-1} + t(t_j - t_{j-1}))$ ein Weg C_j, $j = 1, 2, \ldots, n$. Die Kette $C_1 + C_2 + \cdots + C_n$ heißt dann eine Unterteilung des Weges C. Eine Kette $\mathfrak{k}' = \sum_{1}^{m'} n_j' C_j'$ nennen wir eine *Unterteilung* der Kette (18.1), wenn sie aus $\mathfrak{k}$ durch Unterteilen der Wege $C_{\varkappa}$ entsteht, d. h. wenn

$$C_{\varkappa} = \sum_{j} a_{\varkappa j} C_j' \tag{18.2}$$

ist mit $a_{\varkappa j} = 1$ oder 0, je nachdem, ob C'_j zur Unterteilung von $C_\varkappa$ gehört oder nicht, und

$$n'_j = \sum_\varkappa n_\varkappa a_{\varkappa j} \tag{18.3}$$

ist für alle j. Zwei Ketten heißen *gleich*, wenn sie eine gemeinsame Unterteilung besitzen. Wir rechnen mit Wegketten nach den für Linearformen üblichen Regeln:

$$n\,\mathfrak{k} + m\,\mathfrak{k} = (n+m)\,\mathfrak{k}, \quad n(\mathfrak{k} + \mathfrak{k}') = n\,\mathfrak{k} + n\,\mathfrak{k}'.$$

$0 \cdot \mathfrak{k} = \mathfrak{k} - \mathfrak{k}$ ist der Nullweg. *Die Wegketten bilden eine* ABELsche *Gruppe*.

Kann eine Wegkette $\mathfrak{k}$ in der Form $\mathfrak{k} = \sum_1^n C_i$ dargestellt werden, wo der Endpunkt von C_i mit dem Anfangspunkt von C_{i+1} zusammenfällt sowie der Endpunkt von C_n mit dem Anfangspunkt von C_1, so nennen wir $\mathfrak{k}$ einen geschlossenen Weg oder einen *Elementarzyklus*. Jedes lineare Aggregat $\mathfrak{k} = \sum_1^m n_\varkappa \mathfrak{k}_\varkappa$ von Elementarzyklen $\mathfrak{k}_\varkappa$ nennen wir eine *geschlossene Kette* oder *einen Zyklus* (genauer: einen *ganzzahligen Zyklus*). Wir bezeichnen die Zyklen mit $\mathfrak{z}$; sie bilden eine ABELsche Gruppe $\mathfrak{Z}_0$.

Außer diesen *kompakten* Wegketten betrachten wir auch *nichtkompakte*. Unter einer solchen verstehen wir ein *unendliches* Aggregat (18.1) aus kompakten Wegen $C_\varkappa$, welche bis auf endlich viele zu jedem normalen Teilgebiet auf R fremd sind. Kann ein solches $\mathfrak{k}$ in der Form

$$\mathfrak{k} = \sum_{-\infty}^{+\infty} C_\varkappa$$

dargestellt werden, wo $C_\varkappa$ den Endpunkt von $C_{\varkappa-1}$ mit dem Anfangspunkt von $C_{\varkappa+1}$ verbindet, so heißt $\mathfrak{k}$ ein *(nicht kompakter) Elementarzyklus*, oder ein unendlicher geschlossener Weg, und jede endliche Form $\sum n_\varkappa \mathfrak{k}_\varkappa$ von solchen Elementarzyklen $\mathfrak{k}$ nennen wir einen *(nicht kompakten) Zyklus*. *Alle Zyklen zusammen, die kompakten und die nicht kompakten, bilden eine* ABELsche *Gruppe* $\mathfrak{Z}$.

18.2. Das Funktional $\mathfrak{k}\,\omega$. Da ein Weg C so fein in Teilwege unterteilt werden kann, daß jeder in einer Zelle liegt, kann man voraussetzen, daß in (18.1) jedes $C_\varkappa$ in einer Zelle $V_\varkappa$ liege. Sind Anfangs- und Endpunkt von $C_\varkappa$ mit $a_\varkappa$ und $b_\varkappa$ bezeichnet, so kann man $a_\varkappa$ mit $b_\varkappa$ durch eine glatte Kurve $C'_\varkappa$ in $V_\varkappa$ verbinden. Dadurch entsteht eine stückweise glatte Kette $\mathfrak{k}' = \sum n_\varkappa C'_\varkappa$. Als Integral über $\mathfrak{k}'$ definiert man natürlicherweise die Summe $\sum n_\varkappa \int\limits_{C'_\varkappa}$. Dies legt nahe, das Funktional

$$\mathfrak{k}'\omega = \int\limits_{\mathfrak{k}'} \omega$$

für exakte ω folgendermaßen auf beliebige Ketten auszudehnen. In jeder Zelle $V_\varkappa$ gibt es eine, bis auf eine additive Konstante eindeutig bestimmte Funktion $f_\varkappa$ mit $df_\varkappa = \omega$ in $V_\varkappa$. Wir setzen

$$\mathfrak{k}\,\omega = \sum_\varkappa n_\varkappa (f_\varkappa(b_\varkappa) - f_\varkappa(a_\varkappa)). \tag{18.4}$$

Für kompaktes $\mathfrak{k}$ und $\omega \in \Omega$ oder für nicht-kompaktes $\mathfrak{k}$ und $\omega \in \Omega_0$ ist diese Summe endlich und offensichtlich von der noch freien additiven Konstanten der $f_\varkappa$ unabhängig. Sie ist auch unabhängig von der gewählten Unterteilung der Wege. Ist nämlich $\sum_i n_i' C_i'$ eine zweite Darstellung derselben Kette, so haben $\sum n_\varkappa\, C_\varkappa$ und $\sum n_i'\, C_i'$ eine gemeinsame Unterteilung $\sum n_j''\, C_j''$, und es folgt aus der Definition der Gleichheit (vgl. Nr. 1), indem wir $\varDelta_\varkappa = f_\varkappa(b_\varkappa) - f_\varkappa(a_\varkappa)$ setzen und $\varDelta_i'$ und $\varDelta_j''$ für die C_i' und C_j'' entsprechenden Ausdrücke, wegen $\varDelta_\varkappa = \sum_j a_{\varkappa j}\, \varDelta_j''$ und $\varDelta_i' = \sum_j a_{ij}'\, \varDelta_j''$ in Verbindung mit (18.3) die Gleichung

$$\sum_\varkappa n_\varkappa\, \varDelta_\varkappa = \sum_i n_i'\, \varDelta_i'.$$

Das so definierte lineare Funktional auf Ω (bzw. Ω_0) erfüllt die beiden Axiome

(i) $$(\mathfrak{k}_1 + \mathfrak{k}_2)\,\omega = \mathfrak{k}_1\,\omega + \mathfrak{k}_2\,\omega.$$

(ii) Ist $\mathfrak{k}$ ein Weg, der p mit q verbindet, und $\omega = df$, so gilt

$$\mathfrak{k}\,\omega = f(q) - f(p).$$

Es ist also $\mathfrak{k}\,\omega$ in bezug auf ω linear und bezüglich $\mathfrak{k}$ additiv. Da es für den Nullweg verschwindet, ist ferner

(iii) $$(-\,\mathfrak{k})\,\omega = -\,(\mathfrak{k}\,\omega).$$

Das Funktional $\mathfrak{k}\,\omega$ ist in Ω definiert für kompaktes $\mathfrak{k}$ und in Ω_0 für nicht-kompaktes $\mathfrak{k}$; also bei Zyklen: $\mathfrak{z}\omega$ für $\mathfrak{z} \in \mathfrak{Z}_0$ und $\omega \in \Omega$ oder für $\mathfrak{z} \in \mathfrak{Z}$ und $\omega \in \Omega_0$.

18.3. Die Cohomologie kann mit Hilfe des Funktionals $\mathfrak{z}\omega$ folgendermaßen charakterisiert werden:

Satz III. 4. Für ein $\omega \in \Omega$ verschwindet $\mathfrak{z}\omega$ auf $\mathfrak{Z}_0$ dann und nur dann, wenn ω total ist.

Beweis. Daß es dann verschwindet, folgt aus Axiom (ii). Daß es nur dann verschwindet, sieht man so: Sind O und p zwei Punkte auf R und C ein Weg, der O mit p verbindet, so ist $C\omega$ nur von ω und den beiden Punkten O und p abhängig. Für einen weiteren solchen Weg C' ist nämlich $C - C'$ ein Zyklus aus $\mathfrak{Z}_0$ und daher $C\omega - C'\omega = (C - C')\,\omega = 0$. Halten wir O fest, so definiert $C\omega = f(p)$ auf R eine eindeutige Funktion. Ist nun V irgend eine Zelle, so gibt es darin wegen der Exaktheit von ω eine Funktion g mit $dg = \omega$. Sind p und p' zwei Punkte in V, so gilt wegen Axiom (ii) $f(p) - f(p') = g(p) - g(p')$. Somit unterscheiden sich

f und g in V nur um eine Konstante. Es ist also $df = \omega$ in allen Zellen und daher auf R.

Für die starke Cohomologie in Ω_0 gilt ein entsprechender

Satz III. 5. *Für ein $\omega \in \Omega_0$ verschwindet $\mathfrak{z}\omega$ auf $\mathfrak{B}$ dann und nur dann, wenn ω stark total ist.*

Beweis. Offenbar ist df mit $f \in C_0^1$ stark cohomolog null. Nehmen wir also umgekehrt an, daß $\mathfrak{z}\omega = 0$ ist auf $\mathfrak{B}$. Jedenfalls ist ω total, also das Differential einer Funktion f aus C^1. Da ω einen kompakten Träger hat, verschwindet es außerhalb eines normalen Teilgebietes F. f ist also auf jeder zusammenhängenden Komponenten von $R - F$ konstant. Sind K und K' zwei solche Komponenten mit den zugehörigen Werten c und c' für f und ist C ein unendlicher geschlossener Weg, von dessen beiden Enden das eine in K und das andere in K' liegt, so folgt $c - c' = C\omega = 0$. Es ist also f außerhalb F eine Konstante c und $f - c$ hat einen kompakten Träger.

18.4. Homologie. 1. Währenddem wir soeben den Ausdruck $\mathfrak{z}\omega$ (bei festem ω) als Funktional auf $\mathfrak{B}_0$ bzw. $\mathfrak{B}$ aufgefaßt haben, betrachten wir ihn jetzt dual dazu (bei festem $\mathfrak{z}$) als lineares Funktional auf Ω bzw. Ω_0.

Wir nennen $\mathfrak{z} \in \mathfrak{B}_0$ *nullhomolog im starken Sinne*, wenn $\mathfrak{z}\omega$ auf Ω verschwindet:

$$\mathfrak{z} \in \mathfrak{B}_0, \quad \mathfrak{z} \approx 0 \Leftrightarrow \mathfrak{z}\,\omega = 0 \text{ für } \omega \in \Omega.$$

Zwei Zyklen $\mathfrak{z}$ und $\mathfrak{z}'$ aus $\mathfrak{B}_0$ heißen *stark homolog*, wenn $\mathfrak{z} - \mathfrak{z}' \approx 0$ ist. Es definieren also $\mathfrak{z}\omega$ und $\mathfrak{z}'\omega$ auf Ω genau dann dasselbe Funktional, wenn $\mathfrak{z} \approx \mathfrak{z}'$. Aus $n\mathfrak{z} \approx 0$ folgt $\mathfrak{z} \approx 0$. Denn es ist offenbar $(n\mathfrak{z})\omega = n \cdot \mathfrak{z}\omega$[1].

Wir nennen $\mathfrak{z} \in \mathfrak{B}$ *nullhomolog (im schwachen Sinne)*, wenn $\mathfrak{z}\,\omega$ auf Ω_0 verschwindet:

$$\mathfrak{z} \in \mathfrak{B}, \quad \mathfrak{z} \sim 0 \Leftrightarrow \mathfrak{z}\,\omega = 0 \text{ für } \omega \in \Omega_0.$$

Zwei Zyklen $\mathfrak{z}$ und $\mathfrak{z}'$ aus $\mathfrak{B}$ heißen *homolog (im schwachen Sinne)*, wenn $\mathfrak{z} - \mathfrak{z}' \sim 0$. Aus $n\mathfrak{z} \sim 0$ folgt $\mathfrak{z} \sim 0$[2].

---

[1] Das heißt, es gibt zu Folge der Orientierbarkeit der Fläche keine Torsion der Dimension 1.

[2] Das heißt, auch bei der schwachen Homologie treten keine Torsionskoeffizienten auf.

Ist der stückweise glatte Zyklus $\mathfrak{z}$ der Randzyklus eines in R kompakten Gebietes, so ist $\mathfrak{z} \approx 0$ (vgl. § 16.4.1). Wenn dagegen der kompakte Zyklus $\mathfrak{z}$ ein in R nicht-kompaktes Gebiet G berandet, so ist $\mathfrak{z} \sim 0$. Denn ein $\omega \in \Omega_0$ hat kompakten Träger; es verschwindet also außerhalb eines genügend großen Normalgebietes F und das Gebiet $G \cap F$ ist in R kompakt. Sein Randzyklus besteht aus $\mathfrak{z}$ und einem Teil $\mathfrak{z}'$ des Randes von F. Aus $\mathfrak{z} + \mathfrak{z}' \approx 0$ und $\mathfrak{z}'\omega = 0$ folgt dann $\mathfrak{z}\,\omega = 0$.

Ist C ein einfach geschlossener Weg, das ist eine eineindeutige und stetige Abbildung der Kreislinie in R, so können zwei Fälle auftreten: Entweder ist $R - C$

2. Die starke und die schwache Homologie bewirken je eine Einteilung der Zyklengruppe $\mathfrak{Z}_0$ und $\mathfrak{Z}$ in *starke* und *schwache Homologieklassen*; das sind genau die Klassen der Zyklen aus $\mathfrak{Z}_0$ bzw. $\mathfrak{Z}$, welche in Ω bzw. Ω_0 dasselbe Funktional $\mathfrak{z}\omega$ definieren. Die nullhomologen Zyklen im starken bzw. schwachen Sinne bilden eine Untergruppe $\mathfrak{N}_{00}$ bzw. $\mathfrak{N}$ der Zyklengruppe $\mathfrak{Z}_0$ bzw. $\mathfrak{Z}$. Die Faktorgruppe $\mathfrak{Z}_0/\mathfrak{N}_{00}$ nennen wir die *starke (erste) Homologiegruppe* $\mathfrak{H}$ von R. Es wird sich später ergeben, daß die Faktorgruppen $\mathfrak{Z}/\mathfrak{N}$ und $\mathfrak{Z}_0/\mathfrak{N}_{00}$ einander isomorph sind. Die im schwachen Sinne nullhomologen Zyklen in $\mathfrak{Z}_0$ bilden eine Untergruppe $\mathfrak{N}_0$ von $\mathfrak{N}$. Wir nennen die Faktorgruppe $\mathfrak{Z}_0/\mathfrak{N}_0$ die *schwache (erste) Homologiegruppe* $\mathfrak{H}_0$ *von* R.

3. Aus Satz III. 4 folgt in Verbindung mit § 17.2 und § 17.3:

1) *Eine Fläche R ist dann und nur dann (homolog) einfach zusammenhängend, wenn jeder kompakte Zyklus auf R nullhomolog ist im starken Sinne.*

2) *Die Fläche R ist schlichtartig genau dann, wenn jeder kompakte Zyklus auf R schwach nullhomolog ist.*

Die erste Aussage liefert folgende Form des CAUCHYSCHEN Integralsatzes: *Ist R einfach zusammenhängend, f eine analytische Funktion und φ ein analytisches Differential auf R, so gilt für jeden kompakten Zyklus $\mathfrak{z}$* $\mathfrak{z}(f\varphi) = 0$.

§ 19. Das Funktional $\mathfrak{z}\omega$ als schiefes Skalarprodukt

Gibt es zu einem 1-Zyklus $\mathfrak{z}$ aus $\mathfrak{Z}_0$ (bzw. $\mathfrak{Z}$) ein Differential ϑ aus Ω_0 (bzw. Ω), so daß für alle $\omega \in \Omega$ (bzw. Ω_0) die Identität

$$\mathfrak{z}\omega = [\vartheta, \omega] \tag{19.1}$$

besteht, so nennen wir ϑ *ein zum Zyklus $\mathfrak{z}$ „duales" Differential.* Wir wollen zeigen, daß zu jedem $\mathfrak{z}$ ein ϑ existiert, welches im Sinne von (19.1) das Funktional $\mathfrak{z}\omega$ erzeugt.

19.1. Wir sagen, daß ein Differential ω in p eine *logarithmische Singularität mit dem Residuum* $2\pi c$ hat, wenn ω in einer Parameterzelle (V,z) mit dem Zentrum p wie $c\,d\arg z$ singulär wird, d. h. $\omega - c\,d\arg z$

---

zusammenhängend und somit ein Gebiet (C ist dann ein nichtzerlegender Rückkehrschnitt) oder $R - C$ zerfällt in zusammenhängende Komponenten (C zerlegt dann die Fläche). Da aber jede Komponente an C grenzt und C ein einfach geschlossener Weg ist, zerfällt $R - C$ in genau zwei Komponenten. Wenn die eine dieser beiden Komponenten in R kompakt ist, gilt $C \approx 0$, sind beide Komponenten in R nicht-kompakt, so haben wir $C \sim 0$ und es kann in diesem Fall nicht $C \approx 0$ sein, wie sich aus späteren Betrachtungen, z. B. § 19 ergibt.

in der Umgebung von p exakt ist[1]. Wenn ω auf R, außer den isolierten Stellen $a_1, a_2, \ldots$, exakt ist und in diesen Stellen logarithmisch singulär wird, nennen wir es ein *Differential dritter Gattung*.

Wir konstruieren nun ein sog. *Elementardifferential* dritter Gattung. Sind V eine Zelle und a, b zwei Punkte in V, so gibt es ein Differential dritter Gattung ϑ_{ab} mit dem Träger V, den singulären Stellen a und b und den zugehörigen Residuen -1 und $+1$. Diesen „Doppelwirbel" nennen wir ein Elementardifferential. Zum Nachweis seiner Existenz nehmen wir einen Parameter z in V. z' und z'' seien die den Punkten a und b entsprechenden Parameterwerte. Den Kreisen $|z| < r_1$, $|z| < r_2$, $|z| < r_3$ mit $\max(|z'|, |z''|) < r_1 < r_2 < r_3 < 1$ entsprechen die Parameterumgebungen V_1, V_2, V_3. Indem wir $\varphi' = \arg(z - z')$ und $\varphi'' = \arg(z - z'')$ in $z = 1$ normieren, wird $\varphi'' - \varphi'$ in $V - V_1$ eine eindeutige Funktion. Es gibt also eine glatte Funktion g, die in $V_2 - V_1$ mit $\dfrac{\varphi'' - \varphi'}{2\pi}$ übereinstimmt und in $R - V_3$ verschwindet. Dann erfüllt das Differential ϑ_{ab}, das in V_1 mit $\dfrac{1}{2\pi} d(\varphi'' - \varphi')$ und in $R - V_1$ mit dg übereinstimmt, alle geforderten Bedingungen.

Nun gilt für jede in V glatte Funktion f

$$[\vartheta_{ab}, df] = f(b) - f(a). \tag{19.2}$$

Das Integral linker Hand ist uneigentlich aber absolut konvergent. Zum Beweis dieser elementaren Tatsache wählen wir um a und b ε-Umgebungen U_ε und V_ε mit den Randzyklen γ' und γ''. Es gibt zwei glatte Funktionen h' und h'' mit $\vartheta_{ab} = \dfrac{d\varphi''}{2\pi} + dh''$ in V_ε und $\vartheta_{ab} = -\dfrac{d\varphi'}{2\pi} + dh'$ in U_ε. Weil ϑ_{ab} auf dem Rand von V verschwindet, ist dann

$$\lim_{\varepsilon \to 0} [\vartheta_{ab}, df]_{V - U_\varepsilon - V_\varepsilon} = \lim_{\varepsilon \to 0} \int_{\gamma' + \gamma''} f\, \vartheta_{ab}$$

$$= \lim_{\varepsilon \to 0} \frac{1}{2\pi} \left(\int_{\gamma''} f\, d\varphi'' - \int_{\gamma'} f\, d\varphi' \right) = f(b) - f(a).$$

---

[1] Dieser Begriff ist unabhängig von der Wahl der Parameterzelle (V, z), mit anderen Worten, bei jedem mit der konformen Struktur verträglichen Parameter z, der in p verschwindet, ist $\omega - c \cdot d\arg z$ in der Umgebung von p exakt. Wenn also zwei Differentiale ω_1 und ω_2 im Punkte p dasselbe Residuum haben, so ist $\omega_1 - \omega_2$ in der Umgebung von p exakt. Dagegen ist der Begriff in der gegebenen Fassung nicht mehr invariant bei beliebigen differenzierbaren Koordinatentransformationen. Hier treten für $\omega - c \cdot d\arg z$ im Punkte p gewisse, wenn auch harmlose, Singularitäten auf. Daß wir die Betrachtungen im laufenden Kapitel für RIEMANNsche und nicht allgemein für beliebige orientierbare Flächen mit einer differenzierbaren Struktur durchführen, bedeutet keine wesentliche Einschränkung. Denn erstens sind die Begriffe in diesem Kapitel, solange keine Singularitäten auftreten, nur von der differenzierbaren Struktur abhängig und zweitens kann

19.2. Jede Wegkette $\mathfrak{k}$ läßt sich in der Form $\mathfrak{k} = \sum n_\varkappa C_\varkappa$ darstellen, wo die $C_\varkappa$ in einer Zelle $V_\varkappa$ liegen. Ist $\mathfrak{k}$ nicht kompakt, so kann man die $V_\varkappa$ aus einer lokalfiniten Zellenüberdeckung wählen. Jede dieser Zellen enthält nur endlich viele $C_\varkappa$. Anfang und Ende der $C_\varkappa$ bezeichnen wir mit $a_\varkappa$ und $b_\varkappa$ und konstruieren dazu bezüglich der Zellen $V_\varkappa$ die Elementardifferentiale $\vartheta_{a_\varkappa b_\varkappa}$. Die Summe $\vartheta_\mathfrak{k} = \sum \vartheta_{a_\varkappa b_\varkappa}$ ist endlich, wenn $\mathfrak{k}$ kompakt ist, für nicht kompakte $\mathfrak{k}$ konvergiert sie, da in jeder Zelle nur endlich viele der Reihenglieder von Null verschieden sind. In beiden Fällen ist $\vartheta_\mathfrak{k}$ ein Differential dritter Gattung. Da ω exakt ist, gibt es in $V_\varkappa$ ein $f_\varkappa$ mit $\omega = df_\varkappa$. Gemäß § 18.2 folgt dann aus (19.2) $[\vartheta_{a_\varkappa b_\varkappa}, \omega] = C_\varkappa\,\omega$ und hieraus durch Summation

$$[\vartheta_\mathfrak{k}, \omega] = \mathfrak{k}\,\omega \tag{19.3}$$

für $\omega \in \Omega$, wenn $\mathfrak{k}$ kompakt ist und für $\omega \in \Omega_0$, wenn $\mathfrak{k}$ nicht kompakt ist.

Die logarithmischen Singularitäten von $\vartheta_\mathfrak{k}$ rühren von den Randpunkten der Kette $\mathfrak{k}$ her. Da sie auf einem Zyklus fehlen, ist $\vartheta_\mathfrak{z}$ überall regulär und gehört zu Ω_0 bzw. Ω für $\mathfrak{z} \in \mathfrak{Z}_0$ bzw. $\mathfrak{Z}$.

Satz III. 6. *Zu jedem $\mathfrak{z} \in \mathfrak{Z}_0$ (bzw. $\mathfrak{Z}$) gibt es ein $\vartheta_\mathfrak{z}$ aus Ω_0 (bzw. Ω), wofür in Ω (bzw. Ω_0) die Gleichung*

$$\mathfrak{z}\omega = [\vartheta_\mathfrak{z}, \omega] \tag{19.4}$$

gilt.

Das Funktional $\mathfrak{z}\omega$ ist also durch ein schiefes Skalarprodukt darstellbar.

19.3. Dieses Resultat ergibt den folgenden

Satz III. 7. 1) *Wenn $[\omega, \omega']$ auf Ω_0 für ein $\omega \in \Omega$ verschwindet, so ist ω total und umgekehrt.*

2) *Wenn $[\omega, \omega']$ auf Ω für ein $\omega \in \Omega_0$ verschwindet, so ist ω stark total und umgekehrt.*

Daß $[\omega, \omega']$ mit $\omega \in T$ bzw. T_{00} auf Ω_0 bzw. Ω verschwindet, folgt aus (16.7). Wenn $[\omega, \omega']$ auf Ω_0 bzw. Ω verschwindet, so ist nach dem vorigen Satz $\mathfrak{z}\omega = [\vartheta_\mathfrak{z}, \omega] = 0$ für jedes $\mathfrak{z} \in \mathfrak{Z}_0$ bzw. $\mathfrak{Z}$. Dies ergibt in Verbindung mit den Sätzen III.4 und 5, daß ω total bzw. stark total ist.

Wir ziehen daraus eine wichtige Folgerung: Je nachdem $\mathfrak{z}$ kompakt ist oder nicht, wird ein zum Zyklus $\mathfrak{z}$ gehöriges Differential ϑ durch das Bestehen der Gleichung (19.1) bis auf starke bzw. schwache Cohomologie eindeutig bestimmt. Denn es verschwindet $[\vartheta - \vartheta', \omega]$ auf Ω bzw. Ω_0. Insbesondere gilt

$$\mathfrak{z} \in \mathfrak{Z}, \ \mathfrak{z} \sim 0 \Leftrightarrow \vartheta_\mathfrak{z} \sim 0$$
$$\mathfrak{z} \in \mathfrak{Z}_0, \ \mathfrak{z} \approx 0 \Leftrightarrow \vartheta_\mathfrak{z} \approx 0. \tag{19.5}$$

---

man auf jeder orientierbaren und differenzierbaren Fläche eine konforme Struktur einführen. Treten aber Singularitäten auf wie oben, so behilft man sich leicht mit gewissen Modifikationen (vgl. z. B. H. WEYL [1*], S. 73).

19.4. Schnittzahlen. Das schiefe Skalarprodukt $[\vartheta_{\mathfrak{z}}, \vartheta_{\mathfrak{z}'}]$ ist immer dann wohl definiert, wenn einer der Zyklen kompakt ist. Da $\vartheta_{\mathfrak{z}}$ bis auf starke bzw. schwache Cohomologie durch den Zyklus $\mathfrak{z}$ eindeutig bestimmt ist, hängt dieses Produkt gemäß (16.7) nur von den Zyklen $\mathfrak{z}$ und $\mathfrak{z}'$ ab. Wir nennen dieses Produkt die *Schnittzahl der Zyklen* $\mathfrak{z}$ *und* $\mathfrak{z}'$:

$$\mathfrak{z} \circ \mathfrak{z}' = [\vartheta_{\mathfrak{z}}, \vartheta_{\mathfrak{z}'}] = \mathfrak{z}\,\vartheta_{\mathfrak{z}'} = -\,\mathfrak{z}'\vartheta_{\mathfrak{z}}. \tag{19.6}$$

Sind $\mathfrak{z}$ und $\mathfrak{z}'$ fremd, so ist $\mathfrak{z} \circ \mathfrak{z}' = 0$. Denn es können dann $\vartheta_{\mathfrak{z}}$ und $\vartheta_{\mathfrak{z}'}$ so gewählt werden, daß ihre Träger fremd sind. Wegen $\vartheta_{\mathfrak{z}} \wedge \vartheta_{\mathfrak{z}} = 0$ wird auch $\mathfrak{z} \circ \mathfrak{z} = 0$.

Aus Satz III.7 und (19.5) folgt

$$\begin{aligned}
\mathfrak{z} \in \mathfrak{Z}, \ \ \mathfrak{z} \sim 0 &\Leftrightarrow \mathfrak{z} \circ \mathfrak{z}' = 0 \ \text{ für } \ \mathfrak{z}' \in \mathfrak{Z}_0 \\
\mathfrak{z} \in \mathfrak{Z}_0, \ \ \mathfrak{z} \approx 0 &\Leftrightarrow \mathfrak{z} \circ \mathfrak{z}' = 0 \ \text{ für } \ \mathfrak{z}' \in \mathfrak{Z}.
\end{aligned} \tag{19.7}$$

Wegen $\mathfrak{z} \circ \mathfrak{z}' = \mathfrak{z} \circ (\mathfrak{z}' - \mathfrak{z}_1') + (\mathfrak{z} - \mathfrak{z}_1) \circ \mathfrak{z}_1' + \mathfrak{z}_1 \circ \mathfrak{z}_1'$ hängt also die Schnittzahl nur von den schwachen Homologieklassen in $\mathfrak{Z}$ und den starken Homologieklassen in $\mathfrak{Z}_0$ ab. Wir beweisen

Satz III. 8. Die Schnittzahl ist eine ganze Zahl.

Zu diesem Zweck wählen wir eine Zelle V, darin zwei Punkte a und b, ferner einen Zyklus $\mathfrak{z}$, welcher durch keinen der Punkte a und b geht, und eine so feine Überdeckung von $\mathfrak{z}$ durch Zellen auf R, daß a und b nicht überdeckt werden und somit das zugehörige $\vartheta_{\mathfrak{z}}$ in Umgebungen von a und b verschwindet. Dann ist $[\vartheta_{\mathfrak{z}}, \vartheta_{ab}] = \mathfrak{z}\,\vartheta_{ab}$. Nach Konstruktion (§ 19.1) ist ϑ_{ab} in $R - V_1$ total $(= dg)$ und in V_2 gleich $d\,\dfrac{\varphi'' - \varphi'}{2\pi}\,;\ \dfrac{\varphi'' - \varphi'}{2\pi}$ ist modulo 1 eindeutig und daher $\mathfrak{z}\vartheta_{ab}$ eine ganze Zahl. Sie gibt in einem anschaulichen Sinne an, wie oft $\mathfrak{z}$ einen Schnitt von a nach b überquert, wobei ein Übergang vom linken zum rechten Ufer als $+1$, ein solcher vom rechten zum linken als -1 gezählt wird. Nun ist $\vartheta_{\mathfrak{z}'}$ eine Summe von Elementardifferentialen $\vartheta_{a_{\varkappa} b_{\varkappa}}$; indem man $\mathfrak{z}$ in $V_{\varkappa}$ noch so abändert, daß es durch keinen der Punkte $a_{\varkappa}$, $b_{\varkappa}$ geht, was den Wert von $[\vartheta_{\mathfrak{z}}, \vartheta_{\mathfrak{z}'}]$ nicht beeinflußt, so erkennt man, daß $[\vartheta_{\mathfrak{z}}, \vartheta_{\mathfrak{z}'}] = [\vartheta_{\mathfrak{z}}, \sum\limits_{\varkappa} \vartheta_{a_{\varkappa} b_{\varkappa}}]$ eine ganze Zahl

ist. Sie ist anschaulich gesprochen die algebraische Summe der Überkreuzungen von $\mathfrak{z}$ über $\mathfrak{z}'$, wenn eine Überkreuzung von links nach rechts mit $+1$ und eine solche von rechts nach links mit -1 gezählt wird. Zum Begriff der Schnittzahl vgl. auch H. Weyl [2].

§ 20. Homologiebasis

20.1. Wir wählen auf R eine abzählbare lokal finite Überdeckung $\{V_{\varkappa}\}$ und in jedem nicht leeren Durchschnitt $V_i \cap V_{\varkappa}$ einen Punkt $p_{i\varkappa}$. Diese bilden eine diskrete und damit abzählbare Punktmenge. Irgend zwei dieser Punkte in einer Zelle werden durch einen „geradlinigen" Weg $\bar{c}_j$

miteinander verbunden. Dadurch entsteht ein zusammenhängender und abzählbarer Streckenkomplex (es werden sich einzelne Strecken überkreuzen; solche Überkreuzungspunkte zählen nicht zu den Eckpunkten des Komplexes). Die Zyklen $\sum n_j \bar{c}_j$ auf diesem Komplex nennen wir die *Standardzyklen*. Sie sind offenbar abzählbar und bilden somit eine Gruppe mit abzählbar vielen Erzeugenden. Ist R kompakt, so ist die Zahl dieser Erzeugenden endlich. Wir behaupten nun, daß jeder Zyklus auf R einem Standardzyklus homolog ist; stark homolog, wenn er kompakt ist. Es kann nämlich jeder Zyklus $\mathfrak{z}$ in der Form $\sum C_j$ geschrieben werden, wo jedes C_j in einer Zelle $V_\varkappa$ liegt und jede Zelle nur endlich viele solcher Teilwege enthält. Es sollen also C_{j-1}, C_j, C_{j+1} bzw. in V_i, $V_\varkappa$, V_l gelegen sein. C_j verbindet den Endpunkt von C_{j-1} mit dem Anfangspunkt von C_{j+1}. Diese Punkte a_j und b_j liegen also in $V_i \cap V_\varkappa$ bzw. $V_\varkappa \cap V_l$. Bezeichnet $\bar{c}_j$ die Standardstrecke, die $p_{i\varkappa}$ mit $p_{\varkappa l}$ verbindet, so ist $\sum \bar{c}_j$ mit $\sum C_j$ offenbar homolog.

20.2. Wir sagen, es bestehe zwischen den Zyklen $\mathfrak{z}_1, \ldots, \mathfrak{z}_n$ aus $\mathfrak{Z}_0$ (bzw. $\mathfrak{Z}$) in reellen Zahlen x die Homologie $x_1 \mathfrak{z}_1 + \cdots + x_n \mathfrak{z}_n \approx 0$ (bzw. ~ 0), wenn $x_1 \cdot \mathfrak{z}_1 \omega + \cdots + x_n \cdot \mathfrak{z}_n \omega = 0$ ist für jedes $\omega \in \Omega$ (bzw. Ω_0). Die Zyklen $\mathfrak{z}_1, \ldots, \mathfrak{z}_n$ heißen stark bzw. schwach homolog unabhängig, wenn mit dem Bestehen der Homologie $x_1 \mathfrak{z}_1 + \cdots + x_n \mathfrak{z}_n \approx 0$ bzw. ~ 0 notwendig alle x verschwinden.

Es entspricht nun der besonderen Natur unserer Objekte $\mathfrak{z}$ als geschlossenen Wegen auf R, daß mit dem Bestehen der obigen Homologie die x notwendig rationale Zahlen sind. Beim Beweis dieser Tatsache und der Konstruktion einer Homologiebasis (genauer einer Integritätsbasis) beschränken wir uns vorläufig auf die Zyklen aus $\mathfrak{Z}$ und die schwache Homologie.

Hilfssatz 1. *Sind die Zyklen $\mathfrak{z}_1, \mathfrak{z}_2, \ldots, \mathfrak{z}_n$ aus $\mathfrak{Z}$ homolog unabhängig und besteht zwischen diesen und einem weiteren Zyklus $\mathfrak{z}$ die Homologie*

$$\mathfrak{z} \sim x_1 \mathfrak{z}_1 + \cdots + x_n \mathfrak{z}_n , \tag{20.1}$$

so sind die x notwendig rationale Zahlen mit einem Nenner N, der nur von den $\mathfrak{z}_1, \ldots, \mathfrak{z}_n$ abhängig ist.

Beweis. 1) Es gibt n Zyklen $\mathfrak{z}_1', \ldots, \mathfrak{z}_n'$ aus $\mathfrak{Z}_0$ mit

$$N = \det (\mathfrak{z}_i \circ \mathfrak{z}_\varkappa')_{i, \varkappa = 1, 2, \ldots, n} \neq 0 . \tag{20.2}$$

Sind nämlich $\bar{\mathfrak{z}}_1, \bar{\mathfrak{z}}_2, \ldots$ die abzählbar vielen Standardzyklen aus $\mathfrak{Z}_0$, so hat die unendliche Matrix

$$(a_{i\varkappa}) \quad \begin{matrix} i = 1, 2, \ldots, n \\ \varkappa = 1, 2, \ldots . \end{matrix}$$

aus den Elementen $a_{i\varkappa} = \mathfrak{z}_i \circ \bar{\mathfrak{z}}_\varkappa$ den Rang n. Denn sonst wären ihre

Zeilenvektoren $a_i = (a_{i1}, a_{i2}, \ldots, a_{in}, \ldots)$ linear abhängig, also $\sum\limits_1^n y_i a_i$

$= 0$ oder $\left(\sum\limits_1^n y_i \mathfrak{z}_i\right) \circ \bar{\mathfrak{z}}_\varkappa = 0$ für alle Standardzyklen und daher $\sum\limits_1^n y_i \mathfrak{z}_i \sim 0$,

ohne daß alle y_i verschwinden, was der Voraussetzung widerspricht. Die Matrix hat also n unabhängige Kolonnenvektoren; die entsprechenden Standardzyklen bezeichnen wir mit $\mathfrak{z}_1', \ldots, \mathfrak{z}_n'$.

2) Mit diesen $\mathfrak{z}_\varkappa'$ folgt dann aus der Homologie (20.1)

$$\mathfrak{z} \circ \mathfrak{z}_\varkappa' = \sum_{i=1}^n x_i (\mathfrak{z}_i \circ \mathfrak{z}_\varkappa'), \qquad\qquad \varkappa = 1, \ldots, n.$$

Da die $\mathfrak{z} \circ \mathfrak{z}_\varkappa'$ und $\mathfrak{z}_i \circ \mathfrak{z}_\varkappa'$ lauter *ganze* Zahlen sind, folgt dann mit (20.2) die Behauptung.

Jedes System von homolog unabhängigen Zyklen $\mathfrak{z}_1, \ldots, \mathfrak{z}_n$ bestimmt einen *Modul* $[\mathfrak{z}_1, \ldots, \mathfrak{z}_n]$, bestehend aus sämtlichen Zyklen $\mathfrak{z}$, die zu einer *ganzzahligen* Linearkombination $k_1 \mathfrak{z}_1 + \cdots + k_n \mathfrak{z}_n$ homolog sind. Dieser Modul heißt *primitiv*, wenn er alle Zyklen umfaßt, die zusammen mit den $\mathfrak{z}_1, \ldots, \mathfrak{z}_n$ homolog abhängig sind. Wenn also $\mathfrak{z}$ von den $\mathfrak{z}_1, \ldots, \mathfrak{z}_n$ homolog abhängig ist, so gibt es eindeutig bestimmte ganze Zahlen $k_1, \ldots, k_n$ mit

$$\mathfrak{z} \sim k_1 \mathfrak{z}_1 + \cdots + k_n \mathfrak{z}_n. \tag{20.3}$$

$\mathfrak{z}_{n+1}$ heißt eine *primitive Adjunktion zu* $[\mathfrak{z}_1, \ldots, \mathfrak{z}_n]$, falls $[\mathfrak{z}_1, \ldots, \mathfrak{z}_n, \mathfrak{z}_{n+1}]$ wieder primitiv ist.

Ein endliches oder abzählbar unendliches System $\{\mathfrak{z}_i\}$ *von Zyklen aus* $\mathfrak{Z}$ *heißt nun Homologiebasis für* $\mathfrak{Z}$, *wenn alle Moduln* $[\mathfrak{z}_1, \ldots, \mathfrak{z}_n]$ *primitiv sind und jeder Zyklus aus* $\mathfrak{Z}$ *einem solchen Modul angehört.* Jeder Zyklus $\mathfrak{z}$ ist dann einer eindeutig bestimmten *ganzzahligen* Linearkombination der $\mathfrak{z}_i$ homolog: (20.3). Die den $\mathfrak{z}_i$ entsprechenden Elemente der Gruppe $\mathfrak{Z}/\mathfrak{N}$ bilden also für $\mathfrak{Z}/\mathfrak{N}$ eine Basis.

Zum Nachweis einer Homologiebasis benötigen wir den

Hilfssatz 2. *Der Zyklus* $\mathfrak{z}$ *liege außerhalb des primitiven Moduls* $[\mathfrak{z}_1, \ldots, \mathfrak{z}_n]$, $n = 0, 1, \ldots$. *Dann gibt es eine primitive Adjunktion* $\mathfrak{z}_{n+1}$, *so daß* $[\mathfrak{z}_1, \ldots, \mathfrak{z}_n, \mathfrak{z}_{n+1}]$ *den Zyklus* $\mathfrak{z}$ *umfaßt*[1].

Beweis. Die Zyklen $\mathfrak{z}, \mathfrak{z}_1, \ldots, \mathfrak{z}_n$ sind homolog unabhängig. Die Menge der Zyklen

$$\mathfrak{z}' \sim x_1 \mathfrak{z}_1 + \cdots + x_n \mathfrak{z}_n + x' \mathfrak{z} \tag{20.4}$$

mit $0 \leq |x_i| \leq 1$, $0 < |x'| \leq 1$ ist nicht leer. Unter diesen gibt es einen mit kleinstem x'; denn diese x sind rationale Zahlen mit einem Nenner N,

---

[1] Für $n = 0$ bedeutet der Satz: Ist $\mathfrak{z}$ ein nicht nullhomologer Zyklus, so gibt es einen primitiven Modul $[\mathfrak{z}_1]$, der $\mathfrak{z}$ enthält. Die nachfolgende Konstruktion einer primitiven Adjunktion entspricht einer Methode, die von H. MINKOWSKI (Diophantische Approximationen. Leipzig 1907, S. 90—95) als „Adaptation eines Zahlengitters in bezug auf ein enthaltenes Gitter" bezeichnet wurde.

der nur von den $\mathfrak{z}_1, \ldots, \mathfrak{z}_n$ und $\mathfrak{z}$ abhängig ist. Wir bezeichnen diesen Zyklus mit $\mathfrak{z}_{n+1}$ und den zugehörigen Wert des x' mit x_{n+1}. Ist nun $\mathfrak{z}'$ irgendein von den $\mathfrak{z}, \mathfrak{z}_1 \ldots, \mathfrak{z}_n$ homolog abhängiger Zyklus, so ist das zugehörige x' in (20.4) ein ganzzahliges Vielfaches von x_{n+1}. Andernfalls gäbe es eine ganze Zahl k mit $0 < |x' - k\,x_{n+1}| < |x_{n+1}|$ und es wäre $\mathfrak{z}' - k\,\mathfrak{z}_{n+1}$, evtl. nach Addition eines Zyklus aus $[\mathfrak{z}_1, \ldots, \mathfrak{z}_n]$, ein konkurrenter Zyklus mit $|x'| < |x_{n+1}|$. Es ist also x'/x_{n+1} eine ganze Zahl k_{n+1} und $\mathfrak{z}' - k_{n+1}\,\mathfrak{z}_{\varkappa+1}$ von den $\mathfrak{z}_1, \ldots, \mathfrak{z}_n$ homolog abhängig. Wegen der Primitivität von $[\mathfrak{z}_1, \ldots, \mathfrak{z}_n]$ ist dann

$$\mathfrak{z}' - k_{n+1}\,\mathfrak{z}_{n+1} \sim k_1\,\mathfrak{z}_1 + \cdots + k_n\,\mathfrak{z}_n$$

mit ganzen k_i und damit der Hilfssatz bewiesen.

20.3. Satz III. 9. *Es gibt in $\mathfrak{Z}$ eine Homologiebasis im schwachen Sinne.*

Beweis. Die Menge der Standardzyklen ist abzählbar und sie seien in bestimmter Weise abgezählt. Wenn alle nullhomolog sind, ist die Homologiebasis leer. Andernfalls gibt es einen ersten nicht nullhomologen Zyklus. Dieser ist (Hilfssatz 2) in einem primitiven Modul $[\mathfrak{z}_1]$ enthalten. Liegt schon ein primitiver Modul $[\mathfrak{z}_1, \ldots, \mathfrak{z}_n]$ vor, so umfaßt er entweder alle Zyklen und der Satz ist bewiesen, oder es gibt einen ersten, der nicht dazu gehört. Dann gibt es aber (Hilfssatz 2) eine primitive Adjunktion $\mathfrak{z}_{n+1}$, so daß der Modul $[\mathfrak{z}_1, \ldots, \mathfrak{z}_n, \mathfrak{z}_{n+1}]$ den genannten Zyklus enthält. Dieser Prozeß führt zu einer endlichen oder abzählbar unendlichen Homologiebasis in $\mathfrak{Z}^1$.

Die Anzahl ihrer Zyklen ist offenbar gleich dem Rang $r\,\mathfrak{Z}/\mathfrak{N}$ der Gruppe $\mathfrak{Z}/\mathfrak{N}$.

Beschränkt man sich im obigen Verfahren auf kompakte Standardzyklen, so erhält man eine *schwache Homologiebasis in $\mathfrak{Z}_0$*. Die Zyklenzahl ist offenbar gleich dem Rang $r\,\mathfrak{H}_0$ der schwachen Homologiegruppe $\mathfrak{H}_0$ (vgl. § 18.4).

In genau analoger Weise verfährt man, um in $\mathfrak{Z}_0$ eine *starke Homologiebasis* $\{\mathfrak{z}_i\}$ nachzuweisen. Jedes $\mathfrak{z} \in \mathfrak{Z}_0$ ist dann einer eindeutig bestimmten ganzzahligen Linearkombination dieser $\{\mathfrak{z}_i\}$ stark homolog: $\mathfrak{z} \approx k_1\,\mathfrak{z}_1 + \cdots k_n\,\mathfrak{z}_n$. Die Anzahl ihrer Zyklen ist gleich dem Rang $r\,\mathfrak{H}$ der starken Homologiegruppe (vgl. § 18.4).

Betrachten wir schließlich die Untergruppe $\mathfrak{N}_0$ der im schwachen Sinne nullhomologen Zyklen aus $\mathfrak{Z}_0$. Es ist trivial, daß jedes $\mathfrak{z} \in \mathfrak{Z}$, das von gewissen Zyklen in $\mathfrak{N}_0$ stark homolog abhängig ist, auch zu $\mathfrak{N}_0$ gehört. Genau wie oben folgt dann, daß $\mathfrak{N}_0$ eine „starke Homologiebasis" besitzt. Die Zahl ihrer Zyklen ist gleich $r\,\mathfrak{N}_0/\mathfrak{N}_{00}$.

---

[1] Für eine ähnliche Konstruktion einer Homologiebasis, die auf einer Triangulierung der Riemannschen Fläche beruht, vgl. L. V. Ahlfors [4].

20.4. Man kann eine Homologiebasis auch im Anschluß an eine gegebene normale Ausschöpfung $\{F_n\}$ (vgl. § 7.3.2) der Fläche R konstruieren. Die Gruppe Z_n der in F_n gelegenen Stücke der Standardzyklen in R hat nämlich endlich viele Erzeugende. Diese können wir zu einem Erzeugendensystem der Gruppe Z_{n+1} ergänzen, diese wiederum zu einem Erzeugendensystem der Gruppe Z_{n+2} usw. In dieser Weise gelangen wir zu einem endlichen oder abzählbaren System von Erzeugenden der Gruppe der Standardzyklen auf R. Indem wir nun im Beweis von Satz III.9 von diesem System ausgehen, erhalten wir eine Homologiebasis $\{\mathfrak{z}_i\}$ mit folgender Eigenschaft:

Jedes in R kompakte Teilgebiet hat nur mit endlich vielen $\mathfrak{z}_i$ Punkte gemeinsam. Ohne besondere Bemerkung werden wir im folgenden nur solche Homologiebasen betrachten.

§ 21. Cohomologiebasis

21.1. Ist der starke Zusammenhangsgrad h einer RIEMANNschen Fläche R endlich, so sind je $h + 1$ Differentiale aus Ω cohomolog abhängig und es gibt h Differentiale $\omega_1, \ldots, \omega_h$, die voneinander cohomolog unabhängig sind. Jedes $\omega \in \Omega$ ist dann einer eindeutig bestimmten linearen Kombination der $\omega_1, \ldots, \omega_h$ cohomolog: $\omega \sim x_1 \omega_1 + \cdots + x_h \omega_h$. Die $\omega_1, \ldots, \omega_h$ bilden in Ω eine sog. Cohomologiebasis.

Für $h_0 < \infty$ gibt es entsprechend h_0 Differentiale $\omega_1, \ldots, \omega_{h_0}$ aus Ω_0, die in Ω_0 eine Cohomologiebasis bilden. Wenn dazu noch die Zahl k der idealen Randkomponenten (vgl. § 17.4) endlich ist, so gibt es in Ω_0 eine starke Cohomologiebasis.

In welchem Sinne man bei unendlichen h, h_0 oder k eine Cohomologiebasis konstruieren kann, ist weniger trivial.

Definition: *Ein endliches oder abzählbares System $\{\omega_\varkappa\}$ von Differentialen aus Ω heißt eine Cohomologiebasis in Ω, wenn*

1) *je endlich viele der $\omega_\varkappa$ cohomolog unabhängig sind,*

2) *in jedem normalen Teilgebiet von R die $\omega_\varkappa$ für alle genügend großen $\varkappa$ verschwinden und*

3) *jedes $\omega \in \Omega$ einer eindeutig bestimmten unendlichen linearen Kombination der $\omega_\varkappa$ cohomolog ist* [1]:

$$\omega \sim \sum_1^\infty x_\varkappa \omega_\varkappa .$$

Daß die Reihe $\sum_1^\infty x_\varkappa \omega_\varkappa$ für jede beliebige Folge $\{x_\varkappa\}$ lokal gleichmäßig konvergiert und ein Differential aus Ω darstellt, ist auf Grund der Bedingung 2) trivial.

---

[1] In dieser Bedingung ist die Bedingung 1) enthalten.

Wir nennen ein endliches oder abzählbares System $\{\omega_\varkappa\}$ eine schwache (bzw. starke) Basis in Ω_0, wenn die Bedingung 1) im schwachen (bzw. starken) Sinne erfüllt ist, und jedes $\omega \in \Omega_0$ einer (eindeutig bestimmten) endlichen linearen Kombination der $\omega_\varkappa$ cohomolog ist im schwachen (bzw. starken) Sinne:

$$\omega \sim \sum_1^n x_\varkappa \, \omega_\varkappa \quad \text{bzw.} \quad \omega \approx \sum_1^n x_\varkappa \, \omega_\varkappa.$$

Die obige Bedingung 2) kann man dann fallen lassen.

21.2. Es ist nicht schwer, die Existenz solcher Basen zu beweisen. Wir wollen aber jetzt solche Basen herstellen, die zu gegebenen Homologiebasen in besonderer Beziehung stehen.

Satz III. 10. 1) *Zu jeder starken Homologiebasis* $\{\mathfrak{z}_\varkappa\}$ *in* $\mathfrak{Z}_0$ *gibt es eine gleichmächtige Cohomologiebasis* $\{\omega_\varkappa\}$ *in* Ω, *so daß*

$$\mathfrak{z}_i \, \omega_\varkappa = \delta_{i\varkappa}, \qquad i, k = 1, 2, \ldots \quad (21.1)$$

ist.

2) *Zu jeder schwachen Homologiebasis* $\{\mathfrak{z}_i\}$ *in* $\mathfrak{Z}$ *(bzw.* $\mathfrak{Z}_0$*) gibt es eine gleichmächtige starke (bzw. schwache) Cohomologiebasis* $\{\omega_\varkappa\}$ *in* Ω_0 *mit der Eigenschaft* (21.1).

Beweis. Wir beweisen den ersten Teil des Satzes; für den zweiten geht es analog.

1. Wir konstruieren zunächst ein zu $\{\mathfrak{z}_i\}$ gleichmächtiges System $\{\omega_\varkappa\}$, welches der Bedingung 1) von § 21.1 und den folgenden genügt

$$\mathfrak{z}_i \, \omega_\varkappa = \delta_{i\varkappa}, \; \varkappa > i, \; i = 1, 2, \ldots . \quad (21.2)$$

Ist die Homologiebasis leer, so ist nichts zu beweisen. Andernfalls gibt es ein $\omega \in \Omega$ mit $\mathfrak{z}_1 \, \omega \neq 0$, also ein ω_1 mit $\mathfrak{z}_1 \omega_1 = 1$. Nehmen wir an, es seien die $\omega_1, \ldots, \omega_n$ schon konstruiert ($n = 1, 2, \ldots$). Ω_n sei der Teilraum jener $\omega \in \Omega$, für die $\mathfrak{z}_\varkappa \, \omega = 0$ ist für $\varkappa = 1, 2, \ldots, n$. Ist der Rang der Homologiebasis $> n$, so existiert $\mathfrak{z}_{n+1}$ und es kann nicht $\mathfrak{z}_{n+1} \, \omega$ für alle $\omega \in \Omega_n$ verschwinden. Ist nämlich ω irgendein Element aus Ω, so ist das Gleichungssystem

$$\sum_{\varkappa=1}^n (\mathfrak{z}_i \, \omega_\varkappa) \, y_\varkappa = \mathfrak{z}_i \, \omega, \quad i = 1, 2, \ldots, n \quad (21.3)$$

lösbar und die $y_\varkappa$ sind von der Form

$$y_\varkappa = \sum_{i=1}^n a_{i\varkappa} \cdot \mathfrak{z}_i \, \omega, \quad \varkappa = 1, 2, \ldots, n, \quad (21.4)$$

wo die $a_{i\varkappa}$ nur von den ω_i und $\mathfrak{z}_i$, $i = 1, 2, \ldots, n$ abhängen. (21.3) bedeutet aber

$$\mathfrak{z}_i \left(\omega - \sum_{\varkappa=1}^n y_\varkappa \, \omega_\varkappa \right) = 0, \quad i = 1, 2, \ldots, n; \quad (21.5)$$

$\omega - \sum\limits_{\varkappa=1}^{n} y_\varkappa \omega_\varkappa$ gehört also zu Ω_n. Wäre nun (21.5) auch noch richtig für $i = n + 1$, so würde aus (21.4) folgen

$$\left(\mathfrak{z}_{n+1} - \sum_{i=1}^{n} \left(\sum_{\varkappa=1}^{n}{}' a_{i\varkappa}(\mathfrak{z}_{n+1}\,\omega_\varkappa) \right) \mathfrak{z}_i \right) \omega = 0$$

für alle $\omega \in \Omega$ und daher $\mathfrak{z}_{n+1}$ von den $\mathfrak{z}_1, \ldots, \mathfrak{z}_n$ stark homolog abhängig sein. Also gibt es in Ω_n ein ω mit $\mathfrak{z}_{n+1}\,\omega \neq 0$ und daher ein ω_{n+1} mit

$$\mathfrak{z}_i\,\omega_{n+1} = \delta_{i,\,n+1}, \quad i = 1, 2, \ldots, n + 1 \,.$$

Auf diese Weise gelangen wir nach endlich oder abzählbar unendlich vielen Schritten zu einer Folge $\{\omega_\varkappa\}$ aus Ω, die den Bedingungen (21.2) genügt.

Daß mit $x_1\omega_1 + \cdots + x_n\omega_n \sim 0$ alle x verschwinden, folgt aus

$$\mathfrak{z}_i\left(\sum_{\varkappa=1}^{n} x_\varkappa\,\omega_\varkappa \right) = a'_{i1}\,x_1 + \cdots + a'_{i,\,i-1}x_{i-1} + x_i = 0, \quad i = 1, 2, \ldots, n \,.$$

2. Ist der Rang r von $\{\mathfrak{z}_i\}$ endlich, so ist für jedes $\omega \in \Omega$ das Gleichungssystem $\sum\limits_{\varkappa=1}^{r} x_\varkappa(\mathfrak{z}_i\,\omega_\varkappa) = \mathfrak{z}_i\,\omega$, $i = 1, 2, \ldots, r$ lösbar und $\sum x_\varkappa\,\omega_\varkappa$ zu ω cohomolog, also $\{\omega_\varkappa\}$ eine Cohomologiebasis in Ω. Ist aber r unendlich, so wird die Bedingung 2) von § 21.1 wesentlich. Wir zeigen jetzt, daß sie erfüllbar ist. $\{F_n\}_{n=1}^{\infty}$ sei eine normale Ausschöpfung von R. Dann gibt es zu jedem n ein N_n, so daß für $i > N_n$ jeder geschlossene Weg in F_n im Modul $[\mathfrak{z}_1, \ldots, \mathfrak{z}_i]$ liegt. Wegen (21.2) ist dann $\mathfrak{z}\,\omega_i = 0$ für jedes $\mathfrak{z}$ auf F_n. Es gibt also ein f mit $df = \omega_i$ in F_n und ein f_i mit dem Träger in F_n, das in F_{n-1} mit f übereinstimmt. Die $\omega'_i = \omega_i - df_i$ erfüllen dann die Bedingungen 1) und 2) in § 21.1 und (21.2).

3. Ist nun ω irgendein Element aus Ω, so ist das unendliche Gleichungssystem $\sum\limits_{\varkappa} x_\varkappa(\mathfrak{z}_i\,\omega'_\varkappa) = \mathfrak{z}_i\,\omega$, $i = 1, 2, \ldots$ rekursiv lösbar und die Summe $\sum\limits_{\varkappa} x_\varkappa\,\omega'_\varkappa$ stellt ein Differential $\omega' \in \Omega$ dar mit $\mathfrak{z}_i\,\omega = \mathfrak{z}_i\,\omega'$. Es ist $\omega \sim \omega'$ und die konstruierten $\omega'_\varkappa$ sind eine Cohomologiebasis in Ω. Ist nämlich $\sum x'_\varkappa\,\omega_\varkappa \sim \sum x_\varkappa\,\omega_\varkappa$, so müssen wegen $\sum x'_\varkappa(\mathfrak{z}_i\,\omega'_\varkappa) = \sum x_\varkappa(\mathfrak{z}_i\,\omega'_\varkappa)$ die $x'_\varkappa$ mit den $x_\varkappa$ übereinstimmen. Soll ferner $\sum x_\varkappa\,\omega_\varkappa$ ein Differential ω mit kompaktem Träger darstellen, so müssen die $\mathfrak{z}_i\,\omega$ wegen § 20.4 von einem gewissen Index an verschwinden und damit auch die $x_\varkappa$.

Die Zahlen $\mathfrak{z}_i\,\omega = \pi_i$ bilden einen Vektor $\pi = (\pi_1, \pi_2, \ldots)$. Wir nennen ihn den Periodenvektor von ω, weil die Perioden der zu ω gehörigen Integralfunktionen in dem von den Zahlen π_i erzeugten Modul liegen. Es ist also gezeigt worden, daß jeder beliebige Vektor π der Periodenvektor eines Differentials aus Ω ist, und daß dieses Differential bis auf schwache Cohomologie eindeutig bestimmt ist. Soll ω kompakten Träger haben, so muß π auf lauter Nullen enden.

Es gibt also zu jedem Vektor $(0, \ldots 0, 1, 0 \ldots)$ mit der 1 an der $\varkappa$ten Stelle ein $\omega_\varkappa \in \Omega$. Diese $\omega_\varkappa$ genügen der Bedingung (21.1) und bilden somit eine Basis im Sinne des Satzes III.10.

21.3. *Ist der schwache Zusammenhangsgrad h_0 einer Fläche R endlich, so ist er gerade. Die ganze Zahl $g = \frac{1}{2} h_0$ heißt das Geschlecht der Fläche.*

Beweis. Es gibt in Ω_0 mit $n = h_0$ eine schwache Homologiebasis $\omega_1, \ldots, \omega_n$. Wir setzen $s_{i\varkappa} = [\omega_i, \omega_\varkappa]$ und behaupten, daß die schiefsymmetrische Determinante $|s_{i\varkappa}|_{i,\varkappa=1,2,\ldots n}$ nicht Null ist, was aber nur für gerades n möglich ist. Hierzu betrachten wir das lineare Gleichungssystem

$$\sum_{i=1}^{n} x_i s_{i\varkappa} = 0, \qquad \varkappa = 1, \ldots, n. \tag{21.6}$$

Es bedeutet $\left[\sum_{i=1}^{n} x_i \omega_i, \omega_\varkappa\right] = 0$ für $\varkappa = 1, \ldots, n$. Da die $\omega_\varkappa$ in Ω_0 eine schwache Basis bilden, ist nach Satz III.7 $\left[\sum_i x_i \omega_i, \omega\right] = 0$ für $\omega \in \Omega_0$ und auf Grund desselben Satzes $\sum x_i \omega_i$ total. Daher müssen alle x_i verschwinden, was bedeutet, daß (21.6) nur die triviale Nullösung besitzt.

21.4. Wegen der Gleichmächtigkeit der Basen $\{\omega_\varkappa\}$ und $\{\mathfrak{z}_i\}$ (Satz III.10) ist

$$\begin{aligned} h &= \dim \Omega/T = r\,\mathfrak{Z}_0/\mathfrak{N}_{00}, \\ h_0 &= \dim \Omega_0/T_0 = r\,\mathfrak{Z}_0/\mathfrak{N}_0, \\ \dim \Omega_0/T_{00} &= r\,\mathfrak{Z}/\mathfrak{N}. \end{aligned} \tag{21.7}$$

Anderseits wird durch $\mathfrak{z} \to \vartheta_\mathfrak{z}$ die Gruppe $\mathfrak{Z}_0/\mathfrak{N}_{00}$ isomorph auf ein Gitter im Faktorraum Ω_0/T_{00} abgebildet. Denn $\vartheta_\mathfrak{z}$ hängt gemäß § 19.3 bis auf starke Cohomologie nur von den starken Homologieklassen ab und es ist $\vartheta_{\mathfrak{z}_1 + \mathfrak{z}_2} \approx \vartheta_{\mathfrak{z}_1} + \vartheta_{\mathfrak{z}_2}$. Um diese Abbildung genauer zu studieren, wollen wir die Gruppen $\mathfrak{Z}_0, \mathfrak{N}_0, \mathfrak{N}_{00}$, die keine Torsionselemente enthalten, und die Funktionale $\mathfrak{z}\,\omega$ linear erweitern, indem wir auch lineare Aggregate $x_1 \mathfrak{z}_1 + \cdots + x_n \mathfrak{z}_n$ mit beliebigen reellen Koeffizienten betrachten, sog. reelle Zyklen $\mathfrak{z}$. Ihre linearen Erweiterungen bezeichnen wir mit $\dot{\mathfrak{Z}}_0, \dot{\mathfrak{N}}_0, \dot{\mathfrak{N}}_{00}$. Ein ϑ mit $\mathfrak{z}\,\omega = [\vartheta, \omega]$ auf Ω nennen wir wieder ein zu $\mathfrak{z}$ gehöriges Differential $\vartheta_\mathfrak{z}$. Es ist offenbar $\vartheta_{x_1 \mathfrak{z}_1 + x_2 \mathfrak{z}_2} = x_1 \vartheta_{\mathfrak{z}_1} + x_2 \vartheta_{\mathfrak{z}_2}$.

Hilfssatz. *Zu jedem $\omega \in \Omega_0$ existiert ein $\mathfrak{z} \in \dot{\mathfrak{Z}}_0$ mit $\vartheta_\mathfrak{z} \approx \omega$.*

Zum Beweise nehmen wir eine starke Basis $\{\mathfrak{z}_i\}$ in $\mathfrak{Z}_0$ und gemäß Satz III.10 eine zugehörige (schwache) Basis in Ω. Die (endliche) Summe $\sum [\omega, \omega_i]\,\mathfrak{z}_i$ definiert ein $\mathfrak{z} \in \dot{\mathfrak{Z}}_0$. Mit $\vartheta_\mathfrak{z} = \sum [\omega, \omega_i]\,\vartheta_{\mathfrak{z}_i}$ folgt aus (19.4) $[\vartheta_\mathfrak{z}, \omega_\varkappa] = [\omega, \omega_\varkappa]$ und somit $[\vartheta_\mathfrak{z}, \omega'] = [\omega, \omega']$, $\omega' \in \Omega$. Nach

Satz III.7 ist daher $\omega \approx \dot\vartheta_{\dot{\mathfrak{z}}}$. Wir haben somit den folgenden Satz bewiesen: *Der Faktorraum $\dot{\mathfrak{Z}}_0/\dot{\mathfrak{N}}_{00}$ wird durch $\vartheta_{\dot{\mathfrak{z}}}$ eineindeutig und linear auf den Faktorraum Ω_0/T_{00} abgebildet; die Beschränkung von $\vartheta_{\dot{\mathfrak{z}}}$ auf $\dot{\mathfrak{N}}_0$ bildet $\dot{\mathfrak{N}}_0/\dot{\mathfrak{N}}_{00}$ auf T_0/T_{00} ab.* Es ist also

$$\dim \Omega_0/T_{00} = r\,\mathfrak{Z}_0/\mathfrak{N}_{00}$$

und

$$k - 1 = \dim T_0/T_{00} = r\,\mathfrak{N}_0/\mathfrak{N}_{00}\,. \tag{21.8}$$

(21.7) und (21.8) zusammen liefern die Gleichung

$$h = \dim \Omega/T = r\,\mathfrak{Z}_0/\mathfrak{N}_{00} = \dim \Omega_0/T_{00} = r\,\mathfrak{Z}/\mathfrak{N}\,. \tag{21.9}$$

Mit $\mathfrak{H} = \mathfrak{Z}_0/\mathfrak{N}_{00}$ und $\mathfrak{H}_{00} = \mathfrak{N}_0/\mathfrak{N}_{00}$ ist die Faktorgruppe $\mathfrak{H}/\mathfrak{H}_{00}$ isomorph mit $\mathfrak{Z}_0/\mathfrak{N}_0 = \mathfrak{H}_0$ und daher $h - (k-1) = h_0$ oder

$$h = h_0 + (k-1), \quad h_0 = 2\,g\,. \tag{21.10}$$

Demnach ist $h = 0$ genau dann, wenn $h_0 = 0$ und $k = 1$ ist: *Eine nichtkompakte Fläche ist genau dann (homolog) einfach zusammenhängend, wenn sie schlichtartig ist und eine einzige ideale Randkomponente besitzt.*

21.5. Nach dem vorangehenden Hilfssatz gibt es zu jedem $\omega \in \Omega_0$ ein $\dot{\mathfrak{z}} \in \dot{\mathfrak{Z}}_0$ mit $\mathfrak{z}\,\omega = [\vartheta_{\mathfrak{z}}, \vartheta_{\dot{\mathfrak{z}}}]$ auf $\mathfrak{Z}$. Wann ist nun $\dot{\mathfrak{z}}$ ein ganzzahliger Zyklus, $\dot{\mathfrak{z}} \in \mathfrak{Z}_0$? Notwendig ist offenbar, daß $\mathfrak{z}\,\omega = \mathfrak{z} \circ \dot{\mathfrak{z}}$ auf $\mathfrak{Z}$ ganzzahlig ist. Dies ist auch hinreichend.

Satz III. 11. *Ist für ein $\omega \in \Omega_0$ $\mathfrak{z}\,\omega$ auf $\mathfrak{Z}$ ganzzahlig, so gibt es in $\mathfrak{Z}_0$ einen Zyklus $\mathfrak{z}'$ mit*

$$\mathfrak{z}\,\omega = \mathfrak{z} \circ \mathfrak{z}', \quad \mathfrak{z} \in \mathfrak{Z}\,.$$

Beweis. Gemäß dem Hilfssatz in der vorigen Nr. 4 gibt es einen reellen Zyklus $\dot{\mathfrak{z}} \in \dot{\mathfrak{Z}}_0$ mit $\vartheta_{\dot{\mathfrak{z}}} \approx \omega$. $\dot{\mathfrak{z}}$ ist eine lineare Verbindung $\dot{\mathfrak{z}} = \sum_1^n x_\varkappa C_\varkappa$ von geschlossenen Wegen $C_\varkappa$ mit reellen Koeffizienten $x_\varkappa$. Nun ist jeder geschlossene Weg stark homolog einer Linearverbindung von einfach geschlossenen Wegen. Ein geschlossener Weg C kann nämlich lokal und damit stark homolog zu einem Weg C' abgeändert werden, der aus endlich vielen verschiedenen, genau einmal durchlaufenen, analytischen Jordanbogen besteht. Da zwei verschiedene dieser Bogen nur endlich viele Punkte gemeinsam haben können, so hat der Weg C' überhaupt nur endlich viele mehrfache Punkte. Ihre Urbilder auf der Parameterlinie zerlegen diese in endlich viele Teilintervalle, woraus man einfach geschlossene Wege konstruiert, deren Summe gleich C' ist. $\dot{\mathfrak{z}}$ ist also einer linearen Verbindung von einfach geschlossenen Wegen $C_\varkappa$ stark homolog,

$$\dot{\mathfrak{z}} \approx \sum_1^n x_\varkappa C_\varkappa\,, \tag{21.11}$$

von denen wir noch voraussetzen können, daß sie stark homolog unabhängig sind. Wir werden zeigen, daß dann die $x_\varkappa$ ganze Zahlen sind und somit $\dot{\mathfrak{z}}$ ein ganzzahliger Zyklus ist.

Hierfür beweisen wir zunächst, daß zu jedem einfach geschlossenen Weg C auf R, der nicht nullhomolog ist im starken Sinne, ein endlicher oder unendlicher geschlossener Weg C' existiert, der mit C die Schnittzahl 1 hat: $C' \circ C = 1$. Denn $R - C$ ist ein Gebiet G oder zerfällt in zwei nichtkompakte Komponenten (vgl. Anm. 2 S. 74). Andernfalls wäre $C \approx 0$. C ist der Rand von G bzw. der beiden Komponenten. Nun wählen wir auf C einen Punkt O und auf R eine Parameterzelle (V, z) mit dem Zentrum O. Wir folgen von O aus dem Weg C im positiven Sinne bis zum Punkt p_1, wo wir das erste Mal den Rand von V treffen, und in gleicher Weise folgen wir dem Weg C im negativen Sinne bis zum Punkt p_0, in dem wir das erste Mal V verlassen. Das Wegstück $\widehat{p_0 p_1}$ zerlegt die Zelle V in zwei Teile. In dem links gelegenen Stück wählen wir einen Punkt p'_0, in dem rechts gelegenen einen Punkt p'_1. Wir verbinden p'_0 innerhalb V mit p'_1 durch einen Jordanbogen und ebenso p'_1 mit p'_0 innerhalb G bzw. p'_0 und p'_1 je mit dem idealen Rand der betreffenden Komponente. Dadurch entsteht ein geschlossener Weg C', der mit C die Schnittzahl 1 hat.

Zu jedem der einfach geschlossenen Wege $C_\varkappa$ in (21.11) sei also ein Weg $C'_\varkappa$ gewählt worden mit $C'_\varkappa \circ C_\varkappa = 1$, $\varkappa = 1, 2, \ldots, n$. Zufolge der Voraussetzungen des Satzes und wegen $\vartheta_{\dot{\mathfrak{z}}} \approx \omega$ ist $\mathfrak{z} \circ \dot{\mathfrak{z}} = \mathfrak{z}\, \vartheta_{\dot{\mathfrak{z}}} = \mathfrak{z}\, \omega$ für jedes $\mathfrak{z} \in \mathfrak{Z}$ eine ganze Zahl. Daraus folgt in Verbindung mit (21.11)

$$\sum_{\varkappa=1}^{n} x_\varkappa \cdot C'_i \circ C_\varkappa = C'_i \circ \dot{\mathfrak{z}}, \quad i = 1, 2, \ldots, n\,.$$

oder

$$x_1 + a_{12}x_2 + \cdots + a_{1n}x_n = b_1$$
$$a_{21}x_1 + \quad x_2 + \cdots + a_{2n}x_n = b_2$$
$$\cdot \quad \cdot \quad \cdot \quad \cdot \quad \cdot \quad \cdot \quad \cdot \quad \cdot \quad \cdot$$
$$a_{n1}x_1 + a_{n2}x_2 + \cdots + \quad x_n = b_n,$$

wo die $a_{i\varkappa}$ und die b_i ganze Zahlen sind. Dieses Gleichungssystem bringt man durch lineare Operationen mit ganzen Koeffizienten auf die Form

$$x_1 \qquad\qquad\qquad = b'_1$$
$$a'_{21}x_1 + \quad x_2 \qquad\qquad = b'_2$$
$$\cdot \quad \cdot \quad \cdot \quad \cdot \quad \cdot \quad \cdot \quad \cdot \quad \cdot$$
$$a'_{n1}x_1 + a'_{n2}x_2 + \cdots + a'_{nn}x_n = b'_n,$$

woraus man sieht, daß die x_i ganze Zahlen sind.

Daß für den ganzzahligen Zyklus $\dot{\mathfrak{z}}$ die Gleichung

$$\mathfrak{z}\, \omega = \mathfrak{z} \circ \dot{\mathfrak{z}}, \quad \mathfrak{z} \in \mathfrak{Z}$$

besteht, folgt aus $\vartheta_{\dot{\mathfrak{z}}} \approx \omega$. Der Zyklus $\mathfrak{z}' = \dot{\mathfrak{z}} \in \mathfrak{Z}_0$ erfüllt also die Behauptung des Satzes.

21.6. Schnittmatrix: kanonische Homologiebasis

1. Zu einer schwachen Homologiebasis $\{\mathfrak{z}_i\}$ in $\mathfrak{Z}_0$ gibt es nach Satz III.10 eine schwache Cohomologiebasis $\{\omega_\varkappa\}$ in Ω_0 mit der Eigenschaft (21.1). Nach Satz III. 11 gibt es in $\mathfrak{Z}_0$ Zyklen $\mathfrak{z}'_\varkappa$ mit $\vartheta_{\mathfrak{z}'_\varkappa} \sim \omega_\varkappa$; diese Zyklen haben die Schnitteigenschaft $\mathfrak{z}_i \circ \mathfrak{z}'_\varkappa = \delta_{i\varkappa}$. Sie bilden wieder eine schwache Homologiebasis in $\mathfrak{Z}_0$. Ist nämlich $\mathfrak{z}$ irgendein Zyklus aus $\mathfrak{Z}_0$, so sind von den Zahlen $\mathfrak{z}_i \circ \mathfrak{z} = n_i$ nur endlich viele von null verschieden (§ 20.4) und $\mathfrak{z}$ mit $\sum n_\varkappa \mathfrak{z}'_\varkappa$ schwach homolog. Wir nennen $\{\mathfrak{z}'_\varkappa\}$ die zu $\{\mathfrak{z}_i\}$ *konjugierte Homologiebasis*.

2. Für eine schwache Homologiebasis $\{\mathfrak{z}_i\}$ in $\mathfrak{Z}_0$ ist mit $\mathfrak{z} = \sum x_i \mathfrak{z}_i$ und $\mathfrak{z}' = \sum y_\varkappa \mathfrak{z}_\varkappa$ aus $\mathfrak{Z}_0$ $\mathfrak{z} \circ \mathfrak{z}' = \sum x_i y_\varkappa s_{i\varkappa}$, $s_{i\varkappa} = \mathfrak{z}_i \circ \mathfrak{z}_\varkappa$ in den x und y eine schiefsymmetrische Form. Ihre endliche oder unendliche Matrix $(s_{i\varkappa})$ heißt die *Schnittmatrix* der Basis $\{\mathfrak{z}_i\}$. Da sich zu jedem Vektor $(n_1, \ldots, n_\nu, 0, 0, \ldots)$ mit ganzen $n_\varkappa$ nach dem Vorangehenden ein Zyklus $\mathfrak{z} \in \mathfrak{Z}_0$ konstruieren läßt mit $\mathfrak{z} \circ \mathfrak{z}_\varkappa = n_\varkappa$, läßt sich das Gleichungssystem $\sum_{(i)} x_i s_{i\varkappa} = n_\varkappa$, $\varkappa = 1, 2, \ldots$ stets in ganzen Zahlen x_i lösen. Man kann daher schrittweise eine Basis

$$A_1, B_1, A_2, B_2, \ldots, A_i, B_i, \ldots \tag{21.11}$$

konstruieren mit der Eigenschaft, daß $A_i \circ B_\varkappa = \delta_{i\varkappa}$ und $A_i \circ A_\varkappa = B_i \circ B_\varkappa = 0$ ist. In bezug auf diese Basis hat dann die Schnittmatrix die kanonische Gestalt

$$\begin{pmatrix} 0 & 1 & & & & & \\ -1 & 0 & & & & & 0 \\ & & 0 & 1 & & & \\ & & -1 & 0 & & & \\ & & & & 0 & 1 & \\ & & & & -1 & 0 & \\ & 0 & & & & & \ddots \end{pmatrix}$$

Die Basis (21.11) heißt eine (schwache) *kanonische Homologiebasis in* $\mathfrak{Z}_0$.

§ 22. Umlaufszahl; Residuensatz

22.1. Umlaufszahl: Es sei R eine nicht-kompakte Fläche $\mathfrak{z} \in \mathfrak{Z}_0$, $\mathfrak{z} \approx 0$ und a irgendein Punkt, der nicht auf $\mathfrak{z}$ liegt. C_a sei ein Weg von a zum idealen Rand von der Form $\sum C_\varkappa$, wo die $C_\varkappa$ in Zellen einer lokalfiniten abzählbaren Zellenüberdeckung liegen und jede Zelle nur endlich viele dieser $C_\varkappa$ enthält. $\vartheta_a = - \sum \vartheta_{C_\varkappa}$ ist dann ein Differential dritter Gattung mit der logarithmischen Singularität in a und dem Residuum $+1$. Genau wie früher (§ 19.4) überlegt man sich, daß $\mathfrak{z}\vartheta_a$ die algebraische Anzahl der Übergänge von $\mathfrak{z}$ über C_a angibt. Ist nun C'_a irgendein zweiter Weg, der a mit dem idealen Rande verbindet, so ist $C_a - C'_a = \mathfrak{z}'$ ein Zyklus aus $\mathfrak{Z}$, $\vartheta_a - \vartheta'_a = \vartheta_{\mathfrak{z}'}$ und daher wegen $\mathfrak{z} \approx 0$

$$\mathfrak{z}\,\vartheta_a - \mathfrak{z}\,\vartheta'_a = [\vartheta_{\mathfrak{z}}, \vartheta_{\mathfrak{z}'}] = 0\,.$$

Es ist also die ganzzahlige Größe $\mathfrak{z}\vartheta_a$ nur abhängig von a und $\mathfrak{z}$. Wir nennen sie die *Umlaufszahl von $\mathfrak{z}$ um a*:

$$U_{\mathfrak{z}}(a) = \mathfrak{z}\vartheta_a \, .$$

Es ist $U_{\mathfrak{z}}(a) = U_{\mathfrak{z}}(a')$, wenn a mit a' durch einen Weg verbunden werden kann, der $\mathfrak{z}$ nicht trifft bzw. dessen algebraische Anzahl der Übergänge über $\mathfrak{z}$ gleich null ist.

Bemerkung. Liegt $\mathfrak{z}$ in einem normalen Teilgebiet F und a außerhalb F, so ist die Umlaufszahl von $\mathfrak{z}$ um a gleich null. Denn a liegt dann auf einer nicht-kompakten zusammenhängenden Komponente von $R - F$, auf der C_a gewählt werden kann.

22.2. Der Residuensatz. Es sei ω außerhalb einer diskreten Punktmenge $a_1 a_2, \ldots$ auf R exakt. $(V_\varkappa, z_\varkappa)$ sei eine Parameterzelle mit dem Zentrum $a_\varkappa$, die keine andere Singularität enthält. Wir setzen $z_\varkappa = r e^{i\varphi}$, $\omega = \omega_\varkappa(z)$ in V und $c_\varkappa = \int_0^{2\pi} \omega_\varkappa(e^{i\varphi})$. Mit $\omega' = \omega - c_\varkappa \vartheta_{a_\varkappa}$ ist dann $\int_0^{2\pi} \omega'(e^{i\varphi}) = 0$.

Es definiert also $\int_0^\varphi \omega'(e^{i\theta}) + \int_1^r \omega'(\varrho\, e^{i\varphi}) = f(r e^{i\varphi})$ eine eindeutige Funktion in $0 < |z| \leq 1$ mit $df = \omega'$. Es ist also für jeden Zyklus $\mathfrak{z}$ in $V_\varkappa$, der um $a_\varkappa$ die Umlaufszahl 1 hat, $\mathfrak{z}\omega = c_\varkappa$; denn es ist offenbar $\mathfrak{z}\omega - c_\varkappa \cdot \mathfrak{z}\vartheta_{a_\varkappa} = \mathfrak{z}(\omega') = 0$. Die Definition von $c_\varkappa$ ist also von der speziellen Wahl der Zellen $V_\varkappa$ und des Parameters z unabhängig. Wir nennen $c_\varkappa$ das Residuum von ω in $a_\varkappa$ (vgl. auch § 19.1).

Satz III.12. *Ist ω ein Differential der beschriebenen Art und $\mathfrak{z}$ ein nullhomologer Zyklus im starken Sinne, der durch keine der Singularitäten $a_\varkappa$ geht, so ist*

$$\mathfrak{z}\omega = \sum c_\varkappa U_{\mathfrak{z}}(a_\varkappa) \, .$$

Wegen der Bemerkung in Nr. 1 ist die Summe endlich. Zum Beweise bilden wir $\omega' = \omega - \sum_1^\infty c_\varkappa \vartheta_{a_\varkappa}$ (die Reihe konvergiert bei geeigneter Wahl der $C_{a_\varkappa}$ und $\vartheta_{a_\varkappa}$ lokal gleichmäßig). Die Residuen von ω' sind alle gleich null. In kleinen, zu $\mathfrak{z}$ fremden Umgebungen der $a_\varkappa$ können wir ω' so modifizieren, daß es exakt wird, ohne daß sich dabei $\mathfrak{z}\omega'$ ändert. Dann gehört aber ω' zu Ω und es ist $\mathfrak{z}\omega - \sum c_\varkappa U_{\mathfrak{z}}(a_\varkappa) = \mathfrak{z}\omega' = 0$.

Eine speziellere Form des Residuensatzes lautet:

Satz III.13. *Ist ω von der oben beschriebenen Art, G ein relativ-kompaktes Teilgebiet, das die Singularitäten $a_1, \ldots, a_n$ enthält, und geht sein stückweise glatter Randzyklus Γ durch keine Singularität, so ist*

$$\int_\Gamma \omega = c_1 + \cdots + c_n \, .$$

Zum Beweise[1] überdecken wir die $a_\varkappa$ mit Zellen $V_\varkappa$, die unter sich und mit dem Rande Γ fremd sind, $\varkappa = 1, \ldots, n$.

$\gamma_\varkappa$ sei der Randzyklus von $V_\varkappa$. Dann ist nach § 16.4.1, angewandt auf das Gebiet $G - \bigcup V_\varkappa$:

$$0 = \int\limits_{\Gamma - \gamma_1 - \cdots - \gamma_n} \omega = \int\limits_\Gamma \omega - c_1 - \cdots - c_n .$$

Insbesondere folgt: *Auf einer kompakten* RIEMANN*schen Fläche ist die Summe der Residuen gleich null.*

22.3. Argumentprinzip. Es sei w eine meromorphe Funktion, $a_\varkappa$ seien die Stellen, wo sie den Wert a annimmt, $b_\varkappa$ ihre Pole, $\alpha_\varkappa$ und $\beta_\varkappa$ seien die entsprechenden Vielfachheiten. Das Differential $\dfrac{dw}{w-a}$ hat in den Stellen $a_\varkappa$ und $b_\varkappa$ je einfache Pole mit den Residuen $2\pi i \, \alpha_\varkappa$ bzw. $-2\pi i \beta_\varkappa$[2]. Geht der stark nullhomologe Zyklus $\mathfrak{z}$ durch keine Singularität, so ist

$$\frac{1}{2\pi i} \, \mathfrak{z}\left(\frac{dw}{w-a}\right) = \sum \alpha_\varkappa U_{\mathfrak{z}}\,(a_\varkappa) - \sum \beta_\varkappa U_{\mathfrak{z}}\,(b_\varkappa). \qquad (22.1)$$

Die Summen rechter Hand sind je endlich. Das Glied linker Hand hat eine einfache geometrische Bedeutung:

$$\frac{1}{2\pi i} \, d \log\,(w-a) = \frac{1}{2\pi i} \cdot \frac{dw}{w-a}$$

ist in der w-Ebene ein ϑ_a, also die *linke Seite von* (22.1) *die Umlaufszahl des Bildzyklus* $w(\mathfrak{z})$ *um den Punkt a herum.*

§ 23. Homotopie und Homologie

Es verbleibt uns noch, den Zusammenhang zwischen Homotopie und Homologie zu betrachten.

23.1. Ist ein geschlossener Weg auf einer RIEMANN schen Fläche R null homotop, so ist er null homolog im starken Sinne, aber nicht umgekehrt. Etwas allgemeiner gilt: *Sind zwei geschlossene Wege homotop im Sinne der freien Homotopie (keine festen Anfangs- und Endpunkte), so sind sie stark homolog.* „Zwei geschlossene Wege w_1 und w_2 sind frei homotop" bedeutet nämlich, daß eine stetige Abbildung φ des Kreisringes $1 \leq |z| \leq 2$ in R existiert, so daß mit $z = r e^{i\theta}$, $0 \leq \theta \leq 2\pi$ die gegebenen Wege durch $\varphi(e^{i\theta})$ und $\varphi(2 e^{i\theta})$ dargestellt werden. Bezeichnen wir nun mit C_r den durch $\varphi(r e^{i\theta})$, $0 \leq \theta \leq 2\pi$ dargestellten Zyklus, $1 \leq r \leq 2$, so sind alle C_r einander stark homolog. Denn es gibt Zellen $V_1, \ldots, V_n$, die ein C_r überdecken und eine Unterteilung

---

[1] Natürlich folgt der Satz aus Satz III.12, wenn man weiß, daß der Randzyklus Γ um jeden Punkt des Gebietes die Umlaufszahl 1 hat. Letzteres ergibt sich aus dem nachfolgenden Beweisverfahren, wenn man ω durch ϑ_a, $a \in G$, ersetzt.

[2] Man muß beachten, daß die oben gegebene Definition des Residuums sich von der üblichen um den Faktor $2\pi i$ unterscheidet.

von C_r in Teilwege $c_\varkappa$, die in $V_\varkappa$ liegen, $\varkappa = 1, \ldots, n$. Ist r' genügend nahe bei r, so gibt es auch für $C_{r'}$ eine Unterteilung in Teilwege $c'_\varkappa$, die in $V_\varkappa$ liegen, $\varkappa = 1, \ldots, n$. Indem man je die Anfangs- und Endpunkte von $c_\varkappa$ und $c'_\varkappa$ in $V_\varkappa$ hin und her verbindet, sieht man sofort, daß $C_r \omega = C_{r'} \omega$ ist für jedes exakte ω, also C_r und $C_{r'}$ stark homolog sind.

Aus dem soeben Bewiesenen folgt auf Grund von § 18.3: *Eine homotop einfach zusammenhängende Fläche ist auch homolog einfach zusammenhängend.* Die Umkehrung davon ergibt sich aus der topologischen Klassifizierung orientierbarer Flächen oder aus dem RIEMANNschen Abbildungssatz (§ 34), wonach jede homolog einfach zusammenhängende Fläche entweder der Zahlenkugel oder der euklidischen Ebene oder der Kreisscheibe konform äquivalent ist.

23.2. 1. Wir wollen nun zeigen, daß ein (kompakter) Zyklus, der im Sinne von § 18 nullhomolog ist, berandet und umgekehrt, ein berandender Zyklus nullhomolog ist. Um dieser Aussage einen präzisen Sinn zu geben, benutzen wir die kombinatorische Struktur, welche durch eine topologische Triangulierung von R gegeben wird. Sie soll so fein sein, daß jedes 2-Simplex σ^2 in einer Zelle liegt. Die Ecken der Triangulierung bezeichnen wir mit σ^0 (0-Simplexe), die Kanten mit σ^1 (1-Simplexe). Die σ^1 sollen beliebig aber fest orientiert sein; auf Grund der Orientierbarkeit von R können die 2-Simplexe σ^2 kohärent orientiert werden. Wir betrachten unendliche Linearformen $X^p = \sum x_\varkappa \sigma_\varkappa^p$ in den Unbestimmten $\sigma_\varkappa^p$ mit ganzen Koeffizienten $x_\varkappa$, die wir p-dimensionale Ketten nennen, $p = 0, 1, 2$. Für zwei p-Formen $X^p = \sum x_\varkappa \sigma_\varkappa^p$, $Y^p = \sum y_\varkappa \sigma_\varkappa^p$ setzen wir $X^p(Y^p) = \sum_1^\infty x_\varkappa y_\varkappa$ immer dann, wenn die Reihe abbricht.

Dadurch wird X^p zu einer p-Funktion der p-Ketten Y^p. Der Rand ∂X einer 1- oder 2-Kette X wird wie üblich definiert. Wir schreiben $\varepsilon_{i\varkappa}^0 = -1, 1, 0$, je nachdem die Ecke $\sigma_\varkappa^0$ mit dem Anfangs- oder dem Endpunkt von σ_i^1 zusammenfällt oder keines von beiden eintritt; entsprechend setzen wir $\varepsilon_{i\varkappa}^1 = +1, -1, 0$, je nachdem $\sigma_\varkappa^1$ eine Kante von σ_i^2 ist und auf σ_i^2 die gegebene Orientierung induziert oder die entgegengesetzte oder aber $\sigma_\varkappa^1$ keine Kante von σ_i^2 ist. Dann definiert $\partial \sigma_i^p = \sum \varepsilon_{i\varkappa}^{p-1} \sigma_\varkappa^{p-1}$ den Rand des p-Simplex σ_i^p. Zufolge der kohärenten Orientierung der σ^2 ist $\partial \sigma_i^2 (\sigma_\varkappa^1) = - \partial \sigma_j^2 (\sigma_\varkappa^1)$, wenn die σ_i^2 und σ_j^2, $i \neq j$, mit $\sigma_\varkappa^1$ inzidieren. Der Rand einer p-Kette ergibt sich durch lineare Fortsetzung: $\partial X^p = \sum x_\varkappa \partial \sigma_\varkappa^p$. Verschwindet ∂X^1, so ist X^1 ein 1-Zyklus; zum Unterschied der in § 18 betrachteten Zyklen $\mathfrak{z}$ nennen wir diese kurz Kantenzyklen. Wegen $\partial \partial X^2 = 0$ ist jeder Rand ∂X^2 ein Kantenzyklus. Gibt es zu einem endlichen Zyklus Z^1 eine 2-Kette X^2 mit $\partial X^2 = Z^1$, so heißt Z^1 *berandend*, und zwar im kompakten Sinne, wenn X^2 endlich ist, im nichtkompakten Sinn, wenn X^2 endlich oder unendlich ist.

2. Eine zyklische Folge endlich vieler Kanten σ^1, wo der Endpunkt jeder Kante mit dem Anfangspunkt der folgenden zusammenfällt, bildet einen Kantenweg. Dieser ist, als Wegkette aufgefaßt, gleich einem Kantenzyklus $Z^1 = \sum x_\varkappa \sigma^1_\varkappa$; umgekehrt ist jedes Z^1 gleich einem Kantenzyklus von der Form $\sigma^1_1 + \cdots + \sigma^1_\nu$, wo $\sigma^1_\varkappa$ den Endpunkt von $\sigma^1_{\varkappa-1}$ mit dem Anfangspunkt von $\sigma^1_{\varkappa+1}$ verbindet, $\varkappa = 1$, $2, \ldots, \nu - 1$, und der Randpunkt von σ^1_ν mit dem Anfangspunkt von σ^1_1 zusammenfällt[1]. Es kann also jeder Kantenzyklus auch als Kantenweg aufgefaßt werden. Zwei Zyklen $\mathfrak{z}$ und $\mathfrak{z}'$ (§ 18) heißen freihomotop, wenn sie von der Form $\mathfrak{z} = \sum n_\varkappa C_\varkappa$ und $\mathfrak{z}' = \sum n_\varkappa C'_\varkappa$ sind, mit gleichen Koeffizienten $n_\varkappa$ und geschlossenen Wegen $C_\varkappa$ und $C'_\varkappa$, und die $C_\varkappa$ und $C'_\varkappa$ freihomotop sind. Die oben zu Beginn von Nr. 1 gemachte Andeutung hat nun folgenden präzisen Sinn

Satz III. 14. *Ein kompakter Zyklus $\mathfrak{z}$ (§ 18) ist dann und nur dann nullhomolog im starken (schwachen) Sinne, wenn er einem Kantenzyklus freihomotop ist, der im kompakten (nicht-kompakten) Sinne berandet.*

Beweis. Ist $\mathfrak{z}$ freihomotop Z^1 und $Z^1 = \partial X^2$, so ist $\mathfrak{z}\,\omega = Z^1\omega$ und wegen $\int_{\partial\sigma^2} \omega = 0$ auch $Z^1\,\omega = 0$ für jedes ω, wenn X^2 endlich ist, und für jedes ω mit kompaktem Träger, wenn X^2 beliebig ist. Damit ist der eine Teil des Satzes (,,dann'') bewiesen.

Zum Beweis des anderen Teiles (,,nur dann'') markieren wir im Innern jedes σ^2_i einen Punkt, das Zentrum i von σ^2_i. Wir wählen ein festes Zentrum 0 und verbinden dieses mit i durch einen Weg C_i. Diesem entspricht nach § 19 ein Differential dritter Gattung ϑ_{C_i} mit den Singularitäten in 0 und i. Nun sei $Z^1 = \sum v_\varkappa \sigma^1_\varkappa$ ein schwach nullhomologer endlicher Kantenzyklus. $Z^1 \vartheta_{C_i} = [\vartheta_{Z^1}, \vartheta_{C_i}]$ ist nach § 19.4 eine ganze Zahl, nämlich die algebraische Summe der Überquerungen von Z^1 über C_i. Da Z^1 schwach nullhomolog ist, verschwindet $Z^1\,\omega$ für jedes $\omega \in \Omega_0$. Also ist die ganze Zahl $n_i = Z^1 \vartheta_{C_i}$ unabhängig von der Wahl des Weges C_i. Die n_i definieren eine 2-Kette $X^2 = \sum n_i \sigma^2_i$. Wenn nun $\sigma^1_\varkappa$ mit σ^2_i und σ^2_j inzidiert und auf σ^2_i die gegebene Orientierung induziert, so ist $n_i - n_j$ der Wert von ∂X^2 auf $\sigma^1_\varkappa$, das ist $\partial X^2(\sigma^1_\varkappa) = n_i - n_j$. Führt anderseits der Weg C_{ij} von i in σ^2_i zu einem inneren Punkt der Kante $\sigma^1_\varkappa$ und von dort in σ^2_j zu j, so ist $Z^1 \vartheta_{C_{ij}} = - v_\varkappa$. Da die Wegkette $C_i + C_{ij} - C_j$ geschlossen ist, folgt $Z^1(\vartheta_{C_i} + \vartheta_{C_{ij}} - \vartheta_{C_j}) = 0$ und daraus $v_\varkappa = n_i - n_j$. Es ist also $Z^1 = \partial X^2$ und somit Z^1 als Kantenzyklus im nicht-kompakten Sinne nullhomolog.

---

[1] Denn Z^1 ist eine ganzzahlige Linearkombination von geschlossenen Kantenwegen. Indem man diese geschlossenen Kantenwege mit einer festen Ecke durch Kantenwege hin und her verbindet, entsteht ein *einziger* geschlossener Kantenweg, der gleich dem Zyklus Z^1 ist.

Ist R nicht kompakt und Z^1 berandend im starken Sinne (die Unterscheidung stark und schwach ist auf geschlossenen Flächen gegenstandslos), so wählen wir ein normales Teilgebiet G, das Z^1 „enthält", und wählen O so, daß σ_0^2 außerhalb G liegt. Dann ist nach dem Residuensatz (§ 22) n_i die Umlaufszahl von Z^1 um das Zentrum i. Diese verschwindet für die Zentren außerhalb G und daher ist X^2 endlich, also Z^1 nullhomolog im kompakten Sinne.

Ist nun $\mathfrak{z}$ irgendein (kompakter) Zyklus, so ist er einem Kantenzyklus Z^1 freihomotop und somit stark homolog. Da nämlich jedes σ^2 in einer Zelle liegt, sind die Kantenzyklen Standardzyklen im Sinne von § 20.1. Damit ist der Satz in allen Teilen bewiesen.

23.3. Wird ein Produktweg $w = w_1 \cdot w_2$ als Kette aufgefaßt, so ist sie gleich der Summe $w_1 + w_2$. Nach 23.1 ist jeder nullhomotope Weg stark nullhomolog. Es ist also jeder Wegeklasse eindeutig eine starke Homologieklasse zugeordnet und dem Produkt zweier Wegeklassen entspricht die Summe der Homologieklassen. Da schließlich jeder Zyklus $\mathfrak{z}$ gleich einem geschlossenen Weg durch einen festen Punkt O ist[1], so liegt ein Homomorphismus der Fundamentalgruppe $\mathfrak{F}$ auf die starke Homologiegruppe $\mathfrak{H}$ vor. Welches ist der Kern dieses Homomorphismus, mit anderen Worten, welche geschlossenen Wege sind stark nullhomolog? Jedenfalls die nullhomotopen Wege, aber auch die Wege von der Form $w_1 w_2 w_1^{-1} w_2^{-1}$ und deren endliche Produkte; denn als Kette aufgefaßt sind sie gleich dem 0-Weg. Daß umgekehrt jeder stark nullhomologe Weg einem Produkt von endlich vielen Kommutatorwegen $w_1 w_2 w_1^{-1} w_2^{-1}$ homotop ist, kann auf Grund von Satz III.14 in der üblichen Weise gezeigt werden[2]. *Die starke Homologiegruppe $\mathfrak{H}$ ist also isomorph zur Faktorgruppe der Fundamentalgruppe nach ihrer Kommutatorgruppe.*

23.4. Zur Kommutatorgruppe als Untergruppe der Fundamentalgruppe $\mathfrak{F}$ von R gehört nach Satz II.5 eine bestimmte Überlagerungsfläche $\widetilde{R}$, deren Fundamentalgruppe $\widetilde{\mathfrak{F}}$ zur Kommutatorgruppe isomorph ist. Sie ist eine reguläre Überlagerung, da die Kommutatorgruppe ein Normalteiler von $\mathfrak{F}$ ist. *Die Decktransformationengruppe von $\widetilde{R}$ ist* nach § 13.2 isomorph zur Faktorgruppe von $\mathfrak{F}$ nach der Kommutatorgruppe und deshalb nach dem oben ausgesprochenen Satz *isomorph zur (ersten) starken Homologiegruppe $\mathfrak{H}$ · $\widetilde{R}$ ist die schwächste aller Überlagerungen von R, auf denen die Integralfunktionen auf R eindeutig sind, und sie heißt deshalb auch *die Überlagerungsfläche der Integralfunktionen* (vgl. H. WEYL [1*]). Dabei wollen wir unter einer Integralfunktion auf R folgendes verstehen: ω sei eine exakte 1-Form und O ein fester Punkt auf R. Dann ist jedem Weg C, der O mit einem be-

---

[1] Vgl. die Anm. auf S. 92.
[2] Vgl. SEIFERT und THRELFALL [1*], S. 171 ff.

liebigen Punkt $p \in R$ verbindet, und jeder Parameterumgebung U_p von p eine wohlbestimmte Funktion f mit $f(p) = C\omega$ zugeordnet, welche in U_p eindeutig ist und dort der Gleichung $df = \omega$ genügt. Zwei solche Wege C und C' bestimmen in p jedenfalls dann dasselbe Funktionselement, wenn $C - C' \approx 0$ ist. Diese Funktionselemente fügen sich zu einer, aber im allgemeinen *mehrdeutigen* Funktion f mit $df = \omega$ zusammen: Sie ist die *zum exakten Differential ω gehörige Integralfunktion*. Nun verpflanzen wir f auf $\widetilde{R}$ vermittels Projektion auf $\widetilde{R}$ der Wege in R. Wir wählen in $\widetilde{R}$ einen festen Punkt $\widetilde{O}$ über O. Dann entspricht jedem Weg $\widetilde{C}$ von $\widetilde{O}$ nach einem Punkt $\widetilde{p} \in \widetilde{R}$ ein wohlbestimmter Grundweg C, der O mit $p = \sigma(\widetilde{p})$ verbindet. $C\omega$ ist der Wert der verpflanzten Funktion f in $\widetilde{p}$. Da die geschlossenen Wege in $\widetilde{R}$ genau auf die stark nullhomologen Wege in R projiziert werden, enden zwei von $\widetilde{O}$ ausgehende Wege $\widetilde{C}$ und $\widetilde{C}'$ genau dann in demselben Punkt $\widetilde{p}$, wenn ihre Grundwege C und C' in seinem Grundpunkt p enden und $C - C' \approx 0$ ist. f ist also auf $\widetilde{R}$ eindeutig und es ist die schwächste Überlagerung von R, für welche dies für jedes ω der Fall ist. Natürlich ist die ganze Betrachtung noch durchführbar, wenn ω ein Differential dritter Gattung ist, dessen sämtliche Residuen verschwinden. Der Begriff der Integralfunktion wurde hier an eine differenzierbare Struktur geknüpft. Für eine topologisch invariante Fassung vgl. H. WEYL [1*].

Viertes Kapitel

Existenzsätze

A. Die PERRONsche Methode

Zwei grundlegenden Verfahren zur Führung von Existenzbeweisen auf einer RIEMANNschen Fläche sind die PERRONsche Methode und das DIRICHLETsche Prinzip. Beide Verfahren sind nicht konstruktiv, haben aber je konstruktive Varianten, sog. alternierende Verfahren.

Wir beginnen mit der Methode, welche O. PERRON [1] zur Lösung des DIRICHLETschen Randwertproblems eingeführt, und welche M. BRELOT [1, 2] dann zu einem feinen und wirksamen Instrument entwickelt und ausgebaut hat. Daß die Methode auf relativ-kompakte Gebiete einer RIEMANNschen Fläche übertragbar sei, ist von M. HEINS [1] bemerkt und seither verschiedentlich benutzt worden (vgl. etwa M. PARREAU [1] und M. OHTSUKA [1]). Auf konstruktive Varianten der PERRONschen Methode, wie das SCHWARZsche alternierende Verfahren, das POINCARÉsche Ausfegungsverfahren (méthode de balayage) und das Ausschöpfungsverfahren von O. D. KELLOGG, wird in § 29 kurz eingegangen werden.

§ 24. Null- und positivberandete Riemannsche Flächen

24.1. Die Perronsche Methode beruht auf der Betrachtung von Klassen subharmonischer Funktionen u, die auf R den Bedingungen des Satzes I.3 genügen, von sog. *Perronschen Klassen* $\mathfrak{P}$. Ist v eine superharmonische Funktion, die alle Funktionen in $\mathfrak{P}$ majorisiert, so ist $u - v$ für ein $u \in \mathfrak{P}$ subharmonisch und nicht positiv. Wenn man sich nicht mit lauter Trivialitäten abgeben will, muß man sich erst versichern, daß auf R negative subharmonische Funktionen existieren, die nicht konstant sind. Auf kompakten Flächen z. B. ist jede subharmonische Funktion konstant. Auch in der z-Ebene ist jede negative subharmonische Funktion $u(z)$ notwendig konstant. Sind nämlich z_0 und $z_1\,(z_0 \neq z_1)$ gegeben, so existiert zu jedem $\varepsilon > 0$ ein $\delta < |z_1 - z_0|$, so daß $u(z) < u(z_0) + \varepsilon$ ist für $|z - z_0| < \delta$. Die harmonische Funktion

$$h = (u(z_0) + \varepsilon)\,\frac{\log R - \log|z - z_0|}{\log R - \log \delta}$$

majorisiert u im Kreisring $\delta \leq |z - z_0| \leq R$, für jedes R. Mit $R \to \infty$ konvergiert aber h gegen die Konstante $u(z_0) + \varepsilon$. Daher ist $u(z_1) < u(z_0) + \varepsilon$ für jedes $\varepsilon > 0$, also $u(z_1) \leq u(z_0)$ und ebenso ergibt sich $u(z_0) \leq u(z_1)$: u ist konstant. Anderseits gibt es Flächen, auf denen negative und nicht konstante subharmonische Funktionen existieren, wie z. B. die Kreisscheibe. Dies führt uns zu folgender

Definition. Eine Riemannsche Fläche, auf der jede negative subharmonische Funktion konstant ist, nennen wir nullberandet, die anderen dagegen positivberandet oder Flächen mit positivem Rand. Es ist nicht schwer, auf jeder nicht kompakten Fläche subharmonische Funktionen zu konstruieren, die nicht konstant sind. Das wesentliche an der obigen Bedingung ist, daß die Funktion nach oben beschränkt, also z. B. negativ sei. Die Bezeichnung null- und positivberandet will zum Ausdruck bringen, daß im ersten Fall der ideale Rand so schwach ist, daß jede auf der Fläche nach oben beschränkte subharmonische Funktion wie auf einer geschlossenen Fläche eine Konstante sein muß. Außer der Kompaktheit gibt es kein topologisches Kriterium dafür, daß die Fläche nullberandet sei. Die Kreisscheibe z. B. ist positivberandet, aber nicht die euklidische Ebene, obwohl sie vom topologischen Standpunkt aus nicht zu unterscheiden sind. Die Klassifikation der Riemannschen Flächen in positiv- und nullberandete Flächen basiert auf der konformen Struktur. Einfache nullberandete Flächen erhält man aus den geschlossenen Flächen durch Herausstechen von endlich vielen Punkten. Ein Gebiet der Zahlenkugel mit einem Rand von der Kapazität null ist ebenfalls nullberandet; hat sein Rand dagegen positive Kapazität, so stellt es eine positivberandete Fläche dar[1].

---

[1] Der Begriff der null- bzw. positivberandeten Fläche wurde eingeführt von R. Nevanlinna [2, 3] mit Hilfe des harmonischen Maßes in Verbindung mit einer

24.2. Über den Rand von Grund- und Überlagerungsflächen gelten folgende zwei Sätze:

1) *Ist $\widetilde{R}$ eine (verzweigte) unbegrenzte Überlagerung von R vermittels einer analytischen Abbildung $A : \widetilde{R} \to R$ und ist $\widetilde{R}$ nullberandet, so ist auch R nullberandet, aber nicht umgekehrt.*

2) *Hat die unbegrenzte Überlagerung $\widetilde{R}$ über R endlich viele Blätter, so sind $\widetilde{R}$ und R gleichzeitig nullberandet.*

Zum Beweise von 1) nehmen wir an, es sei R positivberandet. Es gibt dann darauf negative nicht konstante subharmonische Funktionen u, die wir durch die analytische Abbildung A auf $\widetilde{R}$ verpflanzen: $\widetilde{u}(\widetilde{p}) = u(A\widetilde{p})$. Wir zeigen, daß $\widetilde{u}$ der Mittelwertungleichung (6.5) genügt. Hierzu wählen wir eine Parameterzelle $(\widetilde{V}, \widetilde{z})$ mit dem Zentrum in $\widetilde{p}$ und eine Parameterzelle (V, z) auf R mit dem Zentrum $p = A\widetilde{p}$, so daß $\widetilde{z}^k = z$ ist (§ 14.1). Mit $z = r e^{i\theta}$ und $\widetilde{z} = \widetilde{r} e^{i\widetilde{\theta}}$ wird dann

$$\int\limits_0^{2\pi} \widetilde{u}\left(\widetilde{r} e^{i\widetilde{\theta}}\right) d\widetilde{\theta} = \int\limits_0^{2\pi} u\left(r e^{i\theta}\right) d\theta.$$

Es ist also auch $\widetilde{R}$ positivberandet. Daß R null- und $\widetilde{R}$ positivberandet sein kann, zeigt schon die dreifach punktierte Zahlenkugel, deren universelle Überlagerungsfläche konform auf den Einheitskreis abgebildet werden kann[1]. Zum Beweise von 2) nehmen wir an, es sei $\widetilde{R}$ positiv berandet und seine Blätterzahl über R gleich n. Dann gibt es auf $\widetilde{R}$ eine negative nicht konstante subharmonische Funktion $\widetilde{u}$ und über jedem $p \in R$ n-Punkte $\widetilde{p}_1, \ldots, \widetilde{p}_n$ (Verzweigungspunkte sind ihrer Vielfachheit entsprechend mehrmals hingeschrieben). Wir setzen $u(p) = \sup(\widetilde{u}(\widetilde{p}_1), \widetilde{u}(\widetilde{p}_2), \ldots, \widetilde{u}(\widetilde{p}_n))$. u ist von oben halbstetig und genügt wegen der obigen Gleichung der Mittelwertungleichung (6.5), ist also subharmonisch. Sie ist nicht konstant. Denn sonst müßte $\widetilde{u}$ in einem Punkte gleich dem Supremum $\sup\limits_{\widetilde{p} \in \widetilde{R}} \widetilde{u}(\widetilde{p}) = u$ sein und somit wegen des Maximumprinzips (Satz I.1) selbst eine Konstante sein. Es ist also auch R positivberandet.

24.3. Während die PERRONsche Methode nur auf positivberandeten Flächen einen Sinn hat, sind das DIRICHLETsche Prinzip und seine konstruktiven Varianten in der Hinsicht allgemeiner, daß sie auf beliebige Flächen anwendbar sind. Dagegen treten dann hier Einschränkungen anderer Art auf.

---

normalen Ausschöpfung der Fläche. Daß dieser Begriff durch subharmonische Funktionen wie oben formuliert werden kann, ist von M. OHTSUKA [1] bemerkt worden (vgl. auch L. V. AHLFORS [7]).

[1] Vgl. etwa R. NEVANLINNA [2*], S. 14ff.

Bevor wir zu speziellen Anwendungen der Perronschen Methode übergehen, soll noch folgender allgemeine Satz ausgesprochen sein:

Satz IV. 1. Sind auf einer positivberandeten Fläche R eine subharmonische Funktion u und eine superharmonische Funktion v gegeben mit $u \leq v$, so gibt es auf R eine harmonische Funktion h mit $u \leq h \leq v$. Denn sämtliche subharmonische Funktionen $u' \leq v$ bilden eine Perronsche Klasse.

§ 25. Das Dirichletsche Randwertproblem für „kompakte" Gebiete

25.1. Es sei G ein Gebiet, das in R kompakt ist und von endlich vielen getrennten Jordankurven $\gamma_1, \ldots, \gamma_n$ begrenzt wird. Wir setzen $\Gamma = \bigcup\limits_{i=1}^{n} \gamma_i$, geben auf Γ eine stetige reelle Funktion f und stellen uns die Aufgabe, die Existenz einer in G harmonischen Funktion H nachzuweisen, die auf Γ die vorgeschriebenen Randwerte annimmt, d. h. für alle $q \in \Gamma$ ist $\lim\limits_{p \to q} H(p) = f(q)$. Hierfür benötigen wir folgenden

Hilfssatz IV. 1. Es sei β ein Jordanbogen, der den Mittelpunkt des Einheitskreises $K = \{z \mid |z| < 1\}$ in K mit seiner Peripherie verbindet. Dann gibt es in $K - \beta$ eine harmonische Funktion s mit $0 < s < 1$, welche auf der Peripherie von K gleich 1 ist und in $z = 0$ den Randwert 0 annimmt.

Beweis. Nehmen wir an, es gehöre $z = -1$ zu β aber nicht $z = 1$. Dann ist $w = \log z$ mit $\log 1 = 0$ in dem einfach zusammenhängenden Gebiet $K - \beta$ eindeutig und bildet es konform auf ein Gebiet der linken Halbebene $\Re w < 0$ ab, so daß die Randpunkte auf der Kreisperipherie in Punkte der Strecke $(-\pi i, \pi i)$ übergehen. Mit $\varphi_2 = \arg(\pi i - w(z))$, $\varphi_1 = \arg(-\pi i - w(z))$, $-\pi/2 \leq \varphi_1, \varphi_2 \leq \pi/2$ ist die harmonische Funktion $s = (\varphi_2 - \varphi_1)/\pi$ auf der Strecke $(-\pi i, i\pi)$ der w-Ebene gleich 1 und $s(w(z))$ besitzt die im Hilfssatz verlangten Eigenschaften.

Um nun die Lösbarkeit des oben gestellten Randwertproblems nachzuweisen, bezeichnen wir mit U_f die Klasse der Funktionen u, die subharmonisch sind in G und der Randbedingung

$$\lim\sup_{p \to q \in \Gamma} u(p) \leq f(q) \tag{25.1}$$

genügen. U_f ist nicht leer, denn es enthält z. B. die Konstante $-M$ ($M = \max\limits_{q \in \Gamma} |f(q)|$). Da $v = M$ alle u aus U_f majorisiert, erfüllt die Klasse U_f in bezug auf die Riemannsche Fläche G die Voraussetzungen des Perronschen Theorems (Satz I.3). Somit ist $H(p) = \sup\limits_{u \in U_f} u(p)$ in G harmonisch und es verbleibt zu zeigen, daß H die vorgeschriebenen Randwerte f annimmt.

Wir wählen ein $q_0 \in \Gamma$, ein $\varepsilon < 0$ und eine Parameterzelle (V, z) mit dem Zentrum q_0, in der $|f(q) - f(q_0)| < \varepsilon$ ist. Ohne Einschränkung können wir annehmen, daß $f(q_0) = 0$ sei. Indem wir Γ von q_0 aus in einer bestimmten Richtung durchlaufen, bis wir ein erstes Mal den Rand von V treffen, erhalten wir ein Kontinuum, das, in den Parameterkreis verpflanzt, seinen Mittelpunkt mit der Peripherie verbindet. Gemäß dem vorigen Hilfssatz gibt es in $V \cap G$ eine positive harmonische Funktion s, welche in q_0 den Randwert null hat und auf dem Durchschnitt von G mit dem Rande von V gleich 1 ist. Wir setzen

$$v = \begin{cases} M + \varepsilon & \text{in } G - V \\ M\,s + \varepsilon & \text{in } V \cap G. \end{cases}$$

Da $-v$ zu U_f gehört, ist $H > -v$ und daher

$$\liminf_{p \to q_0} H(p) \geqq f(q_0) - \varepsilon . \tag{25.2}$$

Anderseits ist für jedes $u \in U_f$ und jeden Punkt $q \in \Gamma$ $\lim\sup\limits_{p \to q \in \Gamma}(u - v) \leqq 0$ also $u \leqq v$ und somit $\lim\sup\limits_{p \to q_0} u(p) \leqq f(q_0) + \varepsilon$. Dies ergibt zusammen mit (25.2), daß H die vorgeschriebenen Randwerte annimmt.

Satz IV.2. *Ist das Gebiet G in R kompakt und besteht sein Rand Γ aus endlich vielen getrennten Jordankurven, so gibt es zu jeder auf Γ stetigen Funktion f genau eine in G harmonische Funktion H, welche auf Γ die vorgeschriebenen Randwerte f annimmt.*

Bezeichnet C die Klasse der auf Γ stetigen Funktionen, so wird dadurch jedem $f \in C$ eine in G harmonische Funktion zugeordnet, die wir, um die Abhängigkeit von f zu kennzeichnen, mit $H(p, f)$ oder $H(f)$ bezeichnen. Die Abbildung $f \to H(f)$ ist linear und für $f \geqq 0$ auf Γ wird $H(f) \geqq 0$ in G (Maximumprinzip). Bei festem $p \in G$ ist somit $H(p, f)$ auf C ein positives lineares Funktional. Dieses definiert auf Γ ein von p abhängiges Maß; wir nennen es das *harmonische Maß im Punkte p*.

25.2. Wir wollen nun das Funktional $H(f)$ auf eine größere Funktionenklasse ausdehnen. Es sei f irgendeine reelle Funktion auf Γ, die auch die Werte $+\infty$ und $-\infty$ annehmen kann. Wir bezeichnen mit O_f die zu f gehörige Oberklasse, die aus allen superharmonischen Funktionen v besteht, die nach unten beschränkt sind und in allen Punkten $q \in \Gamma$ die Bedingung

$$\liminf_{p \to q} v(p) \geqq f(q)$$

erfüllen. Die entsprechende Unterklasse U_f besteht aus allen subharmonischen Funktionen u, die nach oben beschränkt sind und in allen $q \in \Gamma$ der Bedingung (25.1) genügen. Es kann U_f oder O_f leer sein. Immer ist $u \leqq v$, $u \in U_f$, $v \in O_f$; denn $u - v$ ist subharmonisch mit

$\limsup\limits_{p \to q \in l'} (u - v) \leq 0.$ $-O_f$ und U_f sind Perronsche Klassen: sie erfüllen in bezug auf die Riemannsche Fläche G die Voraussetzungen des Satzes I.3. Es sind also

$$\overline{H}(p, f) = \inf_{v \in O_f} v(p) \quad \text{und} \quad \underline{H}(p, f) = \sup_{u \in U_f} u(p)$$

in G harmonische Funktionen mit $\overline{H} \geq \underline{H}$. Wir nennen sie die zu f gehörige *Ober-* bzw. *Unterfunktion.* Stimmen nun $\overline{H}(f)$ und $\underline{H}(f)$ in einem einzigen Punkte in G überein, so sind sie überhaupt identisch. Wir bezeichnen sie dann mit $H(f)$, nennen f *lösbar* und schreiben $\mathfrak{L}$ für die *Klasse der lösbaren Funktionen.*

$\mathfrak{L}$ und $H(f)$ haben einige beachtenswerte Eigenschaften:

1. $\mathfrak{L}$ *ist ein linearer Raum und* $H(p, f)$, $p \in G$, *darauf ein positives lineares Funktional.*

Daß mit f auch $c\,f$ (c ist eine reelle Konstante) zu $\mathfrak{L}$ gehört mit $H(c\,f) = c\,H(f)$, ist trivial. Sind f und f' zwei beliebige Funktionen aus $\mathfrak{L}$, so ist ihre Summe $f + f'$ in den Stellen, wo die eine $+\infty$ und die andere $-\infty$ ist, nicht definiert. Wie man auch die Summe $f + f'$ in diesen unbestimmten Stellen festlegt, immer gehört mit $v \in O_f$ und $v' \in O_{f'}$ die Summe $v + v'$ zu $O_{f+f'}$ und entsprechend die Summe $u + u'$ zu $U_{f+f'}$. Dies liegt an der Voraussetzung, daß die u nach oben und die v nach unten beschränkt sind. Daher ist $\overline{H}_{(f+f')} \leq H_f + H_{f'} \leq \underline{H}_{(f+f')}$, also $f + f'$ lösbar und $H(f + f') = H(f) + H(f')$: $\mathfrak{L}$ ist ein Vektorraum und $H(f)$ auf $\mathfrak{L}$ linear. Daß es positiv ist, folgt daraus, daß für $f \geq 0$ die Konstante 0 zu U_f gehört.

2. $H(p, f)$ *verhält sich bei monotonen Grenzübergängen stetig, präziser: Ist $\{f_n\}$ eine wachsende Folge aus $\mathfrak{L}$ und ist $H(f_n)$ an einer Stelle p beschränkt, so ist $f = \lim\limits_{n \to \infty} f_n$ lösbar, und $H(f) = \lim\limits_{n \to \infty} H(f_n)$ im Sinne lokal gleichmäßiger Konvergenz in G.* Entsprechendes gilt, wenn die Folge $\{f_n\}$ fallend ist.

Zum Beweise bemerken wir zunächst, daß $H(f_n)$ nach dem Harnackschen Satze (§ 6.4) gegen eine harmonische Funktion H konvergiert. Nun ist $U_{f_n} \subset U_f$ für alle n, also $\underline{H}(f) \geq H(f_n)$ und daher

$$\underline{H}(f) \geq H. \tag{25.3}$$

Mit $f_0 = 0$[1] haben wir $f_{n+1} = \sum\limits_{\nu=0}^{n} (f_{\nu+1} - f_\nu)$. In $O_{(f_{\nu+1} - f_\nu)}$ gibt es ein v_ν, so daß für ein bestimmtes p

$$v_\nu(p) \leq H(p, f_{\nu+1} - f_\nu) + \varepsilon/2^\nu \tag{25.4}$$

ist, $\nu = 1, 2, \ldots$. Wegen $f_{\nu+1} - f_\nu \geq 0$, $\nu = 1, 2, \ldots$ ist $v_\nu \geq 0$ und daher

---

[1] Es kann $f_0 \geq f_1$ sein, dagegen ist $f_1 \leq f_2 \leq f_3 \leq \cdots$.

(§ 6.2) die in p konvergente Reihe $\sum\limits_{0}^{\infty} v_\nu$ überall in G zu einer super-harmonischen Funktion v konvergent. Nun ist für alle $q \in \Gamma$

$$\liminf_{p' \to q} v_\nu(p') \geqq f_{\nu+1}(q) - f_\nu(q) , \quad \text{also}$$

$$\liminf_{p' \to q} v(p') \geqq \liminf_{p' \to q} \sum_{\nu=0}^{n} v_\nu(p') \geqq f_{n+1}(q)$$

für alle n und daher $\geqq f(q)$. v gehört somit zu O_f; nach (25.4) ist $v(p) < H(p) + \varepsilon$, also $\overline{H}(p, f) \leqq H(p)$, woraus mit (25.3) die Lösbarkeit von f und $H(f) = H$ folgt.

3. *Ist v superharmonisch, so ist ihre „Randfunktion"*

$$f_v(q) = \liminf_{p \to q \in \Gamma} v(p) \tag{25.5}$$

lösbar. Denn es ist f_v von unten halbstetig und daher die Grenzfunktion einer wachsenden Folge von stetigen, also lösbaren Funktionen φ_n. Da v zu allen O_{φ_n} gehört, ist nach 2. schon alles bewiesen.

4. *f ist dann und nur dann lösbar, wenn es eine Folge stetiger Funktionen φ_n gibt mit*

$$\lim_{n \to \infty} \overline{H}(|f - \varphi_n|) = 0 \tag{25.6}$$

im Sinne lokal gleichmäßiger Konvergenz in G. Wegen $|H(f) - H(\varphi_n)| \leqq \leqq \overline{H}(|f - \varphi_n|)$ gilt dann ferner

$$\lim_{n \to \infty} H(\varphi_n) = H(f) .$$

Nach den HARNACKschen Ungleichungen (6.8) ist (25.6) nur für einen Punkt $p \in G$ zu fordern. Zu jedem $f \in \mathfrak{L}$ gibt es ein $v \in O_f$ mit $v(p) - H(p, f) < \varepsilon$. Nach 3. gibt es ein stetiges φ mit $H(p, f_v) - H(p, \varphi) < \varepsilon$. Wegen $v(p) \geqq H(p, f_v)$ wird dann

$$\overline{H}(p, |f - \varphi|) \leqq H(p, f_v - \varphi) + H(p, f_v - f) < 2\,\varepsilon.$$

Also gibt es zu jedem $f \in \mathfrak{L}$ eine Folge $\{\varphi_n\}$ der genannten Art.

Nehmen wir nun umgekehrt ein f, zu dem es eine Folge $\{\varphi_n\}$ mit der Eigenschaft (25.6) gibt. Es ist

$$\overline{H}(f) \leqq \overline{H}(f - \varphi_n) + H(\varphi_n)$$

und

$$\overline{H}(-f) \leqq \overline{H}(\varphi_n - f) + H(-\varphi_n) .$$

Wegen $\overline{H}(-f) = -\underline{H}(f)$ und $|\overline{H}(g)| \leqq \overline{H}(|g|)$ folgt dann $\overline{H}(f) - \underline{H}(f) \leqq \leqq 2\,\overline{H}(|f - \varphi_n|)$ und somit $\overline{H}(f) = \underline{H}(f)$; f ist also lösbar.

Wegen $\big||f| - |\varphi_n|\big| \leqq |f - \varphi_n|$ folgt aus dem soeben erhaltenen Resultat

5. *mit f ist auch $|f|$ lösbar.*

6. $\mathfrak{L}$ enthält jedenfalls die *stückweise stetigen f.*

Wie das Randverhalten von $H(f)$ mit f zusammenhängt, ist im allgemeinen eine schwierige Frage. Doch zeigt man gleich wie in § 25.1, daß an jeder Stetigkeitsstelle q von f die Funktion $H(f)$ einen Randwert besitzt und dieser mit $f(q)$ übereinstimmt.

Wir hatten gesehen, daß $H(p, f)$ für jedes feste $p \in G$ auf C ein positives lineares Funktional ist, also auf Γ ein Maß definiert, das wir das harmonische Maß μ_p genannt haben. Nun kann man dieses Funktional $H(p, f)$ erweitern zu einem LEBESGUE-STIELTJES*schen Integral* der Funktionen f, die bezüglich dem Maß μ_p integrierbar sind[1]. Die obigen Eigenschaften 1. bis 5. zeigen nun, daß *die Klasse dieser integrierbaren Funktionen mit $\mathfrak{L}$ übereinstimmt, also von p unabhängig und $H(p, f)$ das zugehörige* LEBESGUE-STIELTJES*sche Integral von f ist.*

$$H(p, f) = \int_{\Gamma} f(q) \, d\mu_p(q), \quad f \in \mathfrak{L}. \tag{25.7}$$

§ 26. Harmonische Nullmengen; verallgemeinertes Maximumprinzip

26.1. Ist die charakteristische Funktion χ_e einer *Randpunktmenge e* lösbar, so nennen wir *e harmonisch meßbar* und $H(p, \chi_e)$ das *harmonische Maß* von e in p bezüglich des Gebietes G. Wir bezeichnen es mit $H(p, e, G)$ oder kürzer mit $\mu_p(e)$. Es ist eine nicht negative und volladditive Mengenfunktion auf dem BORELschen σ-Ring von Γ. Denn es sind die offenen und abgeschlossenen Mengen auf Γ harmonisch meßbar. Offenbar ist $\mu_p(\Gamma) = 1$. Auf Grund von § 25.2.4 ist es ein reguläres BORELsches Maß. Wenn $\mu_p(e)$ für ein $p \in G$ verschwindet, so tut es dies in ganz G. Wir nennen dann e eine *Randpunktmenge vom harmonischen Maß null* oder kurz eine *harmonische Nullmenge.*

Die Vereinigung abzählbar vieler Nullmengen ist wieder eine Nullmenge. Jeder einzelne Randpunkt ist eine solche Nullmenge. Zum Beweise des letzteren wählen wir ein normales Teilgebiet G^* von R, das $G \cup \Gamma$ enthält, und eine Parameterzelle (V, z) mit dem Zentrum $q \in \Gamma$, die mitsamt ihrem Rand γ in G^* liegt. Wir setzen $H(p, \gamma, G^* - V) = H^*$ und $h(p) = 1 - \varrho \log|z|$. Dann gehört die Funktion

$$v = \begin{cases} \varepsilon H^* \ \text{in} \ G^* - V \\ \varepsilon h \ \text{in} \ V \end{cases}$$

für $\varepsilon > 0$ und genügend kleine ϱ $(\varrho < \varrho(\varepsilon))$ zu O_{χ_q}. Es ist also $\overline{H}(p, \chi_q) = 0$.

26.2. Die Gültigkeit des *Maximumprinzips* (Satz I.2) kann nun wesentlich erweitert werden, indem die Randbedingung nur mehr fast überall im Sinne des harmonischen Maßes gefordert werden muß. Es gilt

---

[1] Vgl. hierfür etwa F. RIESZ und B. SZ.-NAGY [1*].

Satz IV. 3 (Verallgemeinertes Maximumprinzip). *Es sei u in G subharmonisch und beschränkt, $\leq M$; ferner*

$$\limsup_{p \to q} u(p) \leq 0 \tag{26.1}$$

für alle $q \in \Gamma$, ausgenommen eine harmonische Nullmenge e. Dann ist $u \leq 0$ in G.

Beweis. Für ein $p \in G$ wählen wir ein v aus O_{χ_e} mit $v(p) < \varepsilon$. Zufolge (26.1) ist dann

$$\limsup_{p' \to q} \big(u(p') - M v(p')\big) \leq 0 \text{ für alle } q \in \Gamma$$

und daher nach dem Maximumprinzip $u - M v \leq 0$ in G, also $u(p) \leq M\varepsilon$ für $\varepsilon > 0$ und somit $u(p) \leq 0$.

Dieser Satz kann auf gewisse nicht beschränkte subharmonische Funktionen ausgedehnt werden, womit wir zu einem ziemlich allgemeinen *Theorem vom* PHRAGMÉN-LINDELÖF*schen Typus* gelangen:

Satz IV. 4. *Genügt die in G subharmonische Funktion u der Bedingung (26.1) für alle Randpunkte q bis auf eine Menge vom harmonischen Maß null und gibt es eine superharmonische Funktion v mit*

$$\limsup_{p \to q} u(p) \leq \liminf_{p \to q} v(p) \tag{26.2}$$

für alle $q \in \Gamma$, so ist $u \leq 0$ in G.

Beweis. Es ist die Randfunktion (25.5) von v lösbar, also wegen $u \in U_{f_v}$

$$u \leq H(f_v). \tag{26.3}$$

Setzen wir $f_n = \inf(n, f_v)$, so ist $H(f_n) \leq n$ und es gilt $H(f_n) \uparrow H(f_v)$ für $n \uparrow \infty$ (§ 25.2.2). Nach (26.3) ist $u' = u - H(f_v - f_n) \leq n$ in G. u' erfüllt somit die Voraussetzungen von Satz IV.3 und wir haben $u \leq H(f_v - f_n)$ für alle n und schließlich $u \leq 0$. Wir bemerken noch, daß aus Satz IV.3 sich unmittelbar der folgende **Eindeutigkeitssatz** ergibt: *Wenn die in G harmonische und beschränkte Funktion h überall auf Γ, bis auf eine harmonische Nullmenge, verschwindende Randwerte hat, so verschwindet h identisch.*

§ 27. Die DIRICHLETsche Randwertaufgabe für „nichtkompakte" Gebiete

27.1. Es sei nun G ein Gebiet, das in R nicht kompakt ist. Die Randpunktmenge von G bezüglich R soll aus höchstens abzählbar vielen Jordanbogen bestehen mit folgenden Eigenschaften:

1) Der Durchschnitt zweier Bogen ist entweder leer oder ein gemeinsamer Endpunkt.

2) Jede kompakte Teilmenge von R hat mit höchstens endlich vielen Bogen Punkte gemeinsam. Diesen *Relativrand* von G bezeichnen wir

mit Γ_0. Wir fügen ihm den *idealen Randpunkt* Γ_∞ hinzu, definieren die Mengen $V_q \cap \overline{G}$ als die Umgebungen von $q \in \Gamma_0$ und die Mengen $\overline{G} + \Gamma_\infty - A$ als die Umgebungen von Γ_∞, wobei A eine kompakte Teilmenge von G ist. Mit diesem Umgebungsbegriff wird dann die gesamte Menge $G + \Gamma_0 + \Gamma_\infty$ zu einem kompakten Hausdorffschen Raum $\overline{R}$; G ist in $\overline{R}$ kompakt, sein Rand Γ besteht aus dem *Relativrand* Γ_0 und dem *idealen Randelement* Γ_∞. Der Relativrand Γ_0 kann in R kompakt sein oder nicht. Wir sprechen dann kurz von einem Gebiet mit kompaktem oder nicht kompaktem Relativrand.

Zu einer beliebigen Funktion f auf Γ können wir wiederum die Perronschen *Klassen* O_f und U_f betrachten. Ist keine der beiden leer, so existieren die *Ober- und die Unterfunktionen* $\overline{H}(f)$, $\underline{H}(f)$ und es ergibt sich gleich wie früher, daß die *lösbaren Funktionen* einen *linearen Raum* $\mathfrak{L}$ bilden und daß $H(f)$ darauf ein positives lineares Funktional ist. *Zu* $\mathfrak{L}$ *gehört jedenfalls die charakteristische Funktion* χ_{Γ_∞}, die Konstante 1 und damit auch *die charakteristische Funktion* $\chi_{\Gamma_0} = 1 - \chi_{\Gamma_\infty}$ *des Relativrandes.*

Um dies zu sehen, nehmen wir eine normale Ausschöpfung $\{F_n\}$ der Riemannschen Fläche R, setzen $F_n \cap G = G_n$, $\gamma_n' = \Gamma_n \cap G$ und $\gamma_n = \Gamma_0 \cap F_n$[1]. Der Rand von G_n besteht aus $\gamma_n \cup \gamma_n'$. Nun sei v_n gleich $H(\gamma_n', G_n)$ in G_n und gleich 1 in $G - G_n$. v_n gehört zu $O_{\chi_{\Gamma_\infty}}$, ist mit wachsendem n monoton abnehmend und konvergiert gegen eine in G harmonische Funktion $h < 1$. Da h auf Γ_0 verschwindet, gehört es zu $U_{\chi_{\Gamma_\infty}}$. Es ist also $\overline{H}(\chi_{\Gamma_\infty}) = \underline{H}(\chi_{\Gamma_\infty})$, was zu beweisen war.

Diese Funktion $h = H(\chi_{\Gamma_\infty})$ *ist das harmonische Maß* $H(\Gamma_\infty, G)$ *des idealen Randpunktes von* G *und ist in* G *entweder* > 0 *oder* $\equiv 0$. Im ersten Falle sagen wir, daß der *ideale Randpunkt von positivem harmonischem Maß*, im zweiten Fall, *vom harmonischen Maß null sei, bezüglich* G. Wegen der Linearität von $H(f)$ gilt $H(\Gamma_0, G) = 1 - H(\Gamma_\infty, G)$. Es ist also Γ_0 bezüglich G vom harmonischen Maß 1 oder < 1, je nachdem Γ_∞ das harmonische Maß 0 oder > 0 hat.

Ist Γ_∞ von positivem harmonischem Maß, so hat $H(\Gamma_\infty, G)$ in Γ_∞ im allgemeinen nicht den Randwert 1, es gilt aber jedenfalls

$$\limsup_{p \to \Gamma_\infty} H(p, \Gamma_\infty, G) = 1. \tag{27.1}$$

Wäre nämlich $H(\Gamma_\infty, G) \leqq k < 1$, so würde wegen des Maximumprinzips auch $k v_n \geqq H(\Gamma_\infty, G)$ und deshalb $k H \geqq H$ sein, was $H = 0$ zur Folge hätte.

---

[1] Γ_n ist der Rand von F_n. G_n ist im allgemeinen kein Gebiet, sondern die Vereinigung von disjunkten Gebieten. Eine in G_n harmonische Funktion ist dann einfach als eine Funktion zu verstehen, die in jeder zusammenhängenden Komponenten von G_n harmonisch ist.

$H(\Gamma_0, G)$ hat offenbar die folgende Minimaleigenschaft: *Unter allen in G nicht-negativen superharmonischen Funktionen v, welche der Randbedingung*

$$\liminf_{p \to q \in \Gamma_0} v(p) \geqq 1$$

genügen, ist $H(\Gamma_0, G)$ die kleinste.

Wenn das harmonische Maß des idealen Randes von G verschwindet, so ist jedes Teilgebiet $G' \subset G$ entweder in R kompakt oder sein idealer Rand hat ebenfalls das harmonische Maß null. Bezeichnet nämlich Γ_0' den Relativrand von G', so ist die Funktion v, die in $G - G'$ gleich 1 ist und in G' mit $H(\Gamma_0', G')$ übereinstimmt, in G superharmonisch und $= 1$ auf Γ_0; nach der obigen Minimaleigenschaft muß dann $v \geqq H(\Gamma_0, G)$ $\equiv 1$ und deshalb $H(\Gamma_0', G') \equiv 1$ sein.

Wir weisen noch auf folgende Eigenschaft des harmonischen Maßes $H(\Gamma_0, G)$ hin: Liegt der Wert von ε, $0 < \varepsilon < 1$, nahe genug bei 1, so ist das Teilgebiet $G_\varepsilon = \{p \mid H(p, \Gamma_0, G) > \varepsilon\}$, für kompaktes Γ_0, in R kompakt. Für genügend kleine ε muß es aber nicht mehr in R kompakt sein. Dann ist aber *sein idealer Rand vom harmonischen Maß null*. Zum Beweise nehmen wir an, es sei das Gebiet $G_\varepsilon = G'$ mit dem Relativrand Γ_0' in R nicht kompakt. Nach der obigen Minimaleigenschaft, angewandt auf $H(\Gamma_0', G')$ gilt dann $H(\Gamma_0, G) \geqq \varepsilon H(\Gamma_0', G')$ in G'. Daher ist die Funktion v, die in G' mit $\varepsilon H(\Gamma_0', G')$ übereinstimmt und in $G - G'$ mit $H(\Gamma_0, G)$, superharmonisch in G und $= \varepsilon$ auf Γ_0. Nach der obigen Minimaleigenschaft, angewandt auf $\varepsilon H(\Gamma_0, G)$, folgt dann $v \geqq \varepsilon H(\Gamma_0, G)$ in G und daraus $H(\Gamma_0', G') \geqq H(\Gamma_0, G)$ in G'. Wegen $H(\Gamma_0, G) > \varepsilon$ in G' ist schließlich auch $H(\Gamma_0', G')$ in ganz G' größer als ε, was nur im Falle $H(\Gamma_0', G') \equiv 1$ möglich ist. Der ideale Rand von G' ist also vom harmonischen Maß null.

27.2. Mit Hilfe des harmonischen Maßes $H(\Gamma_0, G)$ läßt sich das *Maximumprinzip* in folgender Weise auf „nicht-kompakte" Gebiete verallgemeinern:

Satz IV.5. *Genügt die subharmonische Funktion u in G für eine Konstante K der Ungleichung $u \leqq K \cdot H(\Gamma_0, G)$ und für alle $q \in \Gamma_0$ der Randbedingung*

$$\limsup_{p \to q \in \Gamma_0} u(p) \leqq M, \tag{27.2}$$

so ist

$$u \leqq M \cdot H(\Gamma_0, G).$$

Beweis. Wir nehmen an, daß $K > M$ sei, da sonst alles trivial ist. Die Funktion $v' = K \cdot H(\Gamma_0, G) - u$ ist superharmonisch, nicht negativ und genügt der Randbedingung $\liminf_{p \to q \in \Gamma_0} v'(p) \geqq K - M$. Nach der obigen Minimaleigenschaft ist also $v' \geqq (K - M) \cdot H(\Gamma_0, G)$, woraus man die Behauptung des Satzes abliest.

Hat Γ_∞ das harmonische Maß null, so ist $H(\Gamma_0, G)$ die Konstante 1. Wegen späterer Anwendungen, soll dieser Spezialfall besonders formuliert werden.

Satz IV.6. *Hat der ideale Randpunkt von G das harmonische Maß null, ist die subharmonische Funktion u in G beschränkt, und genügt sie der Randbedingung (27.2), so ist $u < M$ in G oder $u \equiv M$* [1].

Satz IV. 5 liefert folgenden

Eindeutigkeitssatz. *Wenn die harmonische Funktion h auf Γ_0 verschwindet und in G der Ungleichung*

$$|h| \leqq K \cdot H(\Gamma_0, G) \tag{27.3}$$

genügt, so verschwindet sie identisch.

27.3. Über die *Lösung der ersten Randwertaufgabe für nichtkompakte Gebiete* gilt nun folgende Existenzaussage:

Satz IV. 7. *Es sei f auf Γ_0 stetig und beschränkt, $|f| \leqq K$. Dann gibt es eine und nur eine harmonische Funktion h in G, welche auf Γ_0 die vorgeschriebenen Randwerte f annimmt und im Innern der Ungleichung (27.3) genügt.*

Beweis. Wir wählen wie in § 27.1 eine normale Ausschöpfung $\{F_n\}$ der Fläche R. Unter Beibehaltung der dortigen Bezeichnungen G_n, γ_n und γ_n' sei u_n in G_n die harmonische Funktion, welche auf γ_n die Randwerte f annimmt und auf γ_n' gleich $- K H(\Gamma_0, G)$ ist; in $G - G_n$ setzen wir u_n gleich $- K H(\Gamma_0, G)$. Diese u_n sind in G subharmonisch und streben mit $n \uparrow \infty$ monoton wachsend gegen eine harmonische Funktion h. Sie nimmt auf Γ_0 die Randwerte f an und genügt der Ungleichung $h \geqq - K \cdot H(\Gamma_0, G)$.

Analog bilden wir v_n; v_n ist in G_n bestimmt durch die Randwerte f auf γ_n und $K \cdot H(\Gamma_0, G)$ auf γ_n'; in $G - G_n$ stimme sie mit der letzteren Funktion überein. Die v_n sind superharmonisch und konvergieren fallend gegen eine in G harmonische Funktion h', die wie h auf Γ_0 die Randwerte f annimmt und der Ungleichung $h' \leqq K \cdot H(\Gamma_0, G)$ genügt. Diese ergibt zusammen mit der obigen Ungleichung:

$$- K \cdot H(\Gamma_0, G) \leqq h \leqq h' \leqq K \cdot H(\Gamma_0, G).$$

Es muß also nach dem Eindeutigkeitssatz (§ 27.2) $h = h'$ sein. Nun gehören die v_n zur Klasse O_f und die u_n zur Klasse U_f, es ist also $\overline{H}(f) = h = \underline{H}(f)$, womit der Satz bewiesen ist.

27.4. Unter gewissen Voraussetzungen kann die Formel (16.10) auf nicht-kompakte Gebiete erweitert werden:

---

[1] Für den Fall, daß G Teilgebiet einer nullberandeten RIEMANNschen Fläche ist, vgl. R. NEVANLINNA [4] und M. OHTSUKA [1].

Satz IV. 8. *Es sei das Gebiet G nicht kompakt in R, sein Relativrand aber sei kompakt und analytisch. Er bildet, bezüglich G positiv orientiert, einen Zyklus Γ_0. Die in G und auf dessen Relativrand harmonische Funktion h genüge der Ungleichung (27.3). Dann ist*

$$D_G(h) = \int_{\Gamma_0} h \cdot * d h^1 . \tag{27.4}$$

Zum Beweise nehmen wir zunächst an, daß $h \geq 0$ sei auf Γ_0. In bezug auf eine normale Ausschöpfung $\{F_n\}$, wo Γ_0 schon in F_1 enthalten ist, bezeichnen wir mit u_n die harmonische Funktion in $G_n = F_n \cap G$, die auf Γ_0 gleich h ist und auf Γ_n verschwindet. Die u_n konvergieren monoton wachsend gegen eine in G harmonische Funktion h', die auf Γ_0 mit h übereinstimmt, der Ungleichung (27.3) genügt und wegen des Eindeutigkeitssatzes (§ 27.2) mit h identisch ist. Die Konvergenz $u_n \to h$ ist auch in einer genügend kleinen, aber festen Umgebung jedes Randpunktes auf Γ_0 noch gleichmäßig. Denn man kann $u_n - h$ an Γ_0 spiegeln. Deshalb konvergieren die Differentiale $*d u_n$ auf Γ_0 gleichmäßig gegen $*d h$. Nun ist

$$D_{G_n}(u_n) = \int_{\Gamma_0} u_n \cdot * d u_n = \int_{\Gamma_0} h \cdot * d u_n . \tag{27.5}$$

Weil die u_n lokal gleichmäßig gegen h konvergieren, ergibt sich für jedes (feste) m aus (27.5) $(n > m,\ n \to \infty)$

$$D_{G_m}(h) = \lim_{n \to \infty} D_{G_m}(u_n) \leq \int_{\Gamma_0} h \cdot * d h .$$

Wegen $D_{G_n}(u_n, h) = \int_{\Gamma_0} u_n \cdot * d h = \int_{\Gamma_0} h * d h$ folgt dann

$$D_{G_n}(u_n - h) = D_{G_n}(u_n) - 2 D_{G_n}(u_n, h) + D_{G_n}(h) < \int_{\Gamma_0} h \cdot * (d u_n - d h)$$

und somit

$$\lim_{n \to \infty} D_{G_n}(u_n - h) = 0 . \tag{27.6}$$

Aus $\big| \|d u_n\|_{G_n} - \|d h\|_{G_n} \big| \leq \|d u_n - d h\|_{G_n}$ folgt dann in Verbindung mit (27.5) die Behauptung.

Im allgemeinen Fall, wo h nicht positiv ist auf Γ_0, bezeichnen wir mit u_n^+ bzw. u_n^- die harmonischen Funktionen in G_n mit den Randwerten 0 auf Γ_n und h^+ bzw. $(-h)^+$ auf $\gamma_n{}^2$. Die u_n^+ und u_n^- konvergieren monoton wachsend gegen harmonische Funktionen u^+ und u^-, welche der Ungleichung (27.3) und deshalb der Gleichung $h = u^+ - u^-$ genügen. Die $u_n = u_n^+ - u_n^-$ konvergieren also gleichmäßig gegen h und es führt eine Wiederholung der oben gemachten Überlegungen wiederum zu der

---

[1] $D_G(h)$ hat also einen endlichen Wert (vgl. R. Nevanlinna [4]).

[2] Es ist $h^+ = \max(0, h)$.

Gleichung (27.4). Speziell für $H = H(\Gamma_0, G)$ ist

$$D_G(H) = \int_{\Gamma_0} * \, dH. \tag{27.7}$$

Genügt auch h' den Voraussetzungen des Satzes IV.8, so ist mit entsprechenden u'_n wegen (27.6) $\lim\limits_{n \to \infty} D_{G_n}(u_n, u'_n) = D(h, h')$. Daraus folgt in Verbindung mit $D_{G_n}(u_n, u'_n) = \int_{\Gamma_0} h \cdot * \, du'_n = \int_{\Gamma_0} h' * du_n$:

$$D_G(h, h') = \int_{\Gamma_0} h * dh' = \int_{\Gamma_0} h' * dh. \tag{27.8}$$

Daraus folgt weiter

Satz IV.9. *Genügt h den Voraussetzungen des Satzes IV.8, ist $m \le h \le M$ auf Γ_0 und $H = H(\Gamma_0, G)$, so gilt*

$$m \int_{\Gamma_0} * \, dH \le \int_{\Gamma_0} * \, dh \le M \int_{\Gamma_0} * \, dH. \tag{27.9}$$

Denn aus $* \, dH \ge 0$ längs Γ_0[1] und aus (27.8) folgt

$$D(mH, H) \le D(h, H) \le D(MH, H)$$

und dies ist wegen (27.7) und (27.8) mit (27.9) identisch.

Bemerkung: Wenn der ideale Rand von G das harmonische Maß null hat, so heißt die Bedingung (27.3), daß h auf G beschränkt ist, und die Behauptung (27.9), daß $\int_{\Gamma_0} * \, dh$ verschwindet.

27.5. Das harmonische Maß ergibt folgende Charakterisierung der nullberandeten Flächen:

Satz IV.10. *R ist dann und nur dann nullberandet, wenn der ideale Rand jedes nicht-kompakten Teilgebietes das harmonische Maß null hat.*

Beweis. Ist R nullberandet, so setzen wir $u = H(\Gamma_\infty, G)$ in G und $u = 0$ in $R - G$. u ist subharmonisch und nach oben beschränkt, also die Konstante 0.

Ist R positivberandet, so wählen wir ein Teilgebiet G, dessen Komplement $R - G$ in R kompakt ist. Nach Voraussetzung gibt es eine nach oben beschränkte und nicht konstante subharmonische Funktion u. Wir setzen $\sup\limits_{R-G} u(p) = m$ und $\sup\limits_{R} u(p) = M$; es ist $m < M$. Daher ist in G die Funktion $\dfrac{u - m}{M - m} = u' < 1$, aber nicht ≤ 0; auf Γ_0 dagegen ist sie ≤ 0. Daraus folgt, daß $H(\Gamma_\infty, G) \ge u'$ und somit positiv ist.

---

[1] Es ist wohl zu unterscheiden zwischen den beiden Redewendungen, eine 1-Form habe *auf einer Kurve* eine gewisse Eigenschaft oder *längs dieser Kurve*. Eine 1-Form $\varphi = a \, dx + b \, dy$ verschwindet *auf* einer Kurve, wenn a und b in jedem Kurvenpunkt verschwinden. Dagegen ist diese Form *längs einer glatten Kurve* mit der Parameterdarstellung $p(t)$, $0 \le t \le 1$, gleich null bzw. ≥ 0, wenn für die Parameterumgebungen (U, α) ihrer Punkte, mit $\alpha \, p(t) = z(t) = x(t) + i \, y(t)$, $p(t) \in U$, der Ausdruck $a(z(t)) \dfrac{dx}{dt} + b(z(t)) \dfrac{dy}{dt}$ verschwindet bzw. ≥ 0 ist.

27.6. *HB* sei die Klasse der nicht konstanten und beschränkten harmonischen Funktionen auf R, O_{HB} die Klasse jener RIEMANNschen Flächen, für welche *HB* leer ist. Offenbar enthält die Klasse O_{HB} die nullberandeten Flächen. Für Flächen mit nicht leerem *HB* gibt es das folgende notwendige und hinreichende Kriterium:

Satz IV.11. *Gibt es auf einer* RIEMANN*schen Fläche R zwei fremde nicht kompakte Gebiete G und G' und sind ihre idealen Randpunkte Γ_∞ und Γ'_∞ je von positivem harmonischen Maß, so gehört R nicht zur Klasse O_{HB} und umgekehrt*[1].

Beweis. Es seien G und G' zwei solche Gebiete mit den Relativrändern Γ_0 und Γ'_0. Wir setzen

$$v = \begin{cases} 1 \ \text{auf} \ R - G \\ H(\Gamma_0, G) \ \text{auf} \ G \end{cases} \quad \text{und}$$

$$u = \begin{cases} 0 \ \text{auf} \ R - G' \\ H(\Gamma'_\infty, G') \ \text{auf} \ G'. \end{cases}$$

Dann ist v auf R superharmonisch, u subharmonisch und $u \leq v$. Es gibt also nach Satz IV.1 eine harmonische Funktion h mit $u \leq h \leq v$. h ist beschränkt und wegen (27.1) nicht konstant. Umgekehrt gehört R nicht zu O_{HB}, so gibt es eine nicht konstante und beschränkte harmonische Funktion h. Die Gebiete $G = \{p \mid h(p) < h(p_0)\}$ und $G' = \{p' \mid h(p') > h(p_0)\}$, p_0 fest, sind nicht leer, in keinem derselben ist h konstant und deshalb sind ihre idealen Randpunkte von positivem harmonischem Maß.

§ 28. Harmonische Funktionen mit vorgeschriebenen Singularitäten

28.1. Der Nachweis von harmonischen Funktionen mit vorgeschriebenen Singularitäten kann mit folgendem allgemeinen Satz geführt werden:

Satz IV.12 (Verschmelzungsaufgabe). *Es sei die* RIEMANN*sche Fläche R durch einen kompakten analytischen Zyklus Γ_0 in zwei Teil-*

---

[1] Vgl. R. NEVANLINNA [8] sowie R. BADER und M. PARREAU [1] und A. MORI [1]. Von Letzteren ist auch der folgende analoge Satz für sog. DIRICHLET-Beschränktheit bewiesen worden: Es gibt auf einer RIEMANNschen Fläche R dann und nur dann nichtkonstante harmonische Funktionen mit endlichem DIRICHLET-Integral (d. h. R gehört nicht zur Klasse O_{HD}), wenn auf R zwei disjunkte nichtkompakte Gebiete G und G' mit den Relativrändern Γ_0 und Γ_0' existieren, so daß auf jedem dieser Gebiete eine nichtkonstante harmonische Funktion mit endlichem DIRICHLET-Integral existiert, die auf dem Relativrand verschwindet.

Zu Satz IV.11 bemerken wir noch folgendes: Gibt es *ein* Teilgebiet auf R, dessen idealer Rand positives harmonisches Maß hat, so ist R nach Satz IV.10 positivberandet und umgekehrt. Es gibt aber positivberandete Flächen, die zur Klasse O_{HB} gehören (vgl. § 42).

flächen F_1 und F_2 zerlegt und das ideale Randelement von einer der beiden Flächen F_i von positivem harmonischem Maß. Sind die Funktionen h_1 und h_2 in F_1 bzw. F_2 und auf Γ_0 harmonisch, so existiert auf R eine und nur eine harmonische Funktion h, welche für eine geeignete Konstante K in F_i den Ungleichungen

$$|h - h_i| < K \cdot H(\Gamma_0, F_i), \; i = 1, 2, \tag{28.1}$$

genügt[1].

Beweis. 1. Zum Nachweis der Einzigkeit von h nehmen wir irgendeine zweite Funktion h', welche den Ungleichungen (28.1) genügt. Für die Differenz $h - h' = h'$ gilt dann

$$|h''| < 2\,K \cdot H(\Gamma_0, F_i) \text{ in } F_i, i = 1, 2.$$

Daraus folgt, daß $h'' = 0$ ist. Setzen wir nämlich H_1 gleich $2\,K \cdot H(\Gamma_0, F_i)$ in F_i, $i = 1, 2$, und gleich $2\,K$ auf Γ_0, so ist H_1 auf R stetig und superharmonisch. Für jedes $\varepsilon\,(0 < \varepsilon < 2\,K)$ ist das Gebiet $G_\varepsilon = \{p \mid H_1(p) > \varepsilon\}$ entweder in R kompakt oder sein idealer Rand ist gemäß § 27.1 und Satz IV.10 vom harmonischen Maß null. Indem wir nun auf die subharmonische Funktion $h'' - H_1$ und das Gebiet G_ε das verallgemeinerte Maximumprinzip (Satz IV.6) anwenden, folgt $h'' < \varepsilon$ in G_ε und schließlich $h'' \leq 0$. Wegen der Symmetrie der Voraussetzungen in bezug auf h'' und $- h''$ gilt dann auch $h'' \geq 0$ und somit $h'' = 0$.

2. Zum Nachweis der Existenz bestimmen wir nach Satz IV.7 ein h_1', das in F_1 harmonisch, auf Γ_0 gleich $h_2 - h_1$ ist und dessen Betrag durch ein $K_0 H(\Gamma_0, F_1)$ majorisiert wird. Nun betrachten wir die Funktion $\bar{h}$, die auf $\bar{F}_2$ mit h_2 und auf $\bar{F}_1$ mit $h_1 + h_1'$ übereinstimmt, ebenso die Funktion h_0 die auf $\bar{F}_i$ mit $H(\Gamma_0, F_i)$, $i = 1, 2$, übereinstimmt. $\bar{h}$ und h_0 sind auf R stetig, in F_1 und F_2 harmonisch und $\bar{h}$ genügt anstelle von h mit K_0 statt K den Ungleichungen (28.1). Beide Funktionen h_0 und $\bar{h}$ haben längs Γ_0 von rechts und links stetige Normalableitungen und es ist h_0 superharmonisch und zufolge der Voraussetzung, daß Γ_∞ oder Γ'_∞ positives Maß hat, nicht die Konstante 1. Deshalb sind $\bar{h} + n h_0$ bzw. $\bar{h} - n h_0$ für genügend großes n super- bzw. subharmonisch und genügen anstelle von h und mit $K = K_0 + n$ den Ungleichungen (28.1). Es gibt also nach Satz IV.1 auf R eine harmonische Funktion h mit $\bar{h} - n h_0 \leq h \leq \bar{h} + n h_0$, die somit den Ungleichungen (28.1) genügt.

28.2. Man soll auf einer positiv berandeten Fläche R eine Funktion bestimmen, welche auf R bis auf endlich viele Stellen harmonisch ist und in diesen Stellen in vorgeschriebener Weise singulär wird.

---

[1] Ein ähnlicher aber allgemeinerer Satz ist von L. Sario [6] durch ein alternierendes Verfahren bewiesen worden.

Wir beginnen mit einer einzigen Singularität in p_0, die in einer Parameterzelle (V, z) mit dem Zentrum p_0 die Darstellung

$$S(z) = c \log|z| + \Re\left(\frac{a_1}{z} + \cdots + \frac{a_n}{z^n}\right) \tag{28.2}$$

mit reellem c und beliebigen komplexen a_i besitzt.

Wir wählen eine Parameterumgebung V_0 von p_0 mit dem Rande Γ_0 und betrachten die RIEMANNsche Fläche $R' = R - p_0$. Γ_0 zerlegt R' in die Flächen $F_1 = R - V_0$ und $F_2 = V_0 - p_0$. Wir setzen $h_1 = 0$ in F_1, $h_2 = S$ in F_2. Gemäß dem vorangehenden Satz existiert also eine in R' harmonische Funktion h, die in F_i den Ungleichungen (28.1) genügt. Wegen $H(\Gamma_0, F_2) = H(\Gamma_0, V_0 - p_0) = 1$ ist $h - S$ in V_0 harmonisch, was bedeutet, daß h in p_0 wie S singulär wird.

Die konstruierte Funktion h ist überdies in der Umgebung des idealen Randes durch die Ungleichung $|h| < K \cdot H(\Gamma_0, R - V_0)$ normiert. Ist R als Teilgebiet einer umfassenderen RIEMANNschen Fläche R^* realisierbar, dessen Rand Γ aus endlich vielen getrennten Jordankurven besteht, so hat $H(\Gamma_0, R - V_0)$ auf Γ die Randwerte 0 und daher auch h.

Sind nun $p_1, \ldots, p_n$ die singulären Stellen mit den vorgeschriebenen Singularitäten $S_1, \ldots, S_n$, so bilde man zu jeder einzelnen Stelle p_i und zugehörigem S_i wie oben die harmonische Funktion h_i. Die Summe $h = h_1 + \cdots + h_n$ ist dann offenbar in R harmonisch bis auf die Stellen p_i und wird dort wie S_i singulär.

Ist überdies F_0 irgendein normales Teilgebiet von R, mit dem Rand Γ_0, das alle Punkte p_i und zugehörige Zellen V_i enthält, so wird wegen $|h_i| < K_i H(\gamma_i, R - V_i)$ in $R - V_i$ und $H(\gamma_i, R - V_i) < H(\Gamma_0, R - F_0)$ schließlich

$$|h| < K H(\Gamma_0, R - F_0) \text{ in } R - F_0. \tag{28.3}$$

Insbesondere gibt es in jedem normalen Teilgebiet G eine eindeutig bestimmte Funktion h, die außerhalb von endlich vielen gegebenen Stellen harmonisch ist, in diesen Stellen in vorgeschriebener Weise singulär wird und auf dem Rande von G verschwindet.

28.3. Die Greensche Funktion

Im allgemeinen hängt die Singularität S von dem sie definierenden Parameter z ab. Bei einem logarithmischen Pol $c \log|z|$ ist dies jedoch nicht der Fall. Für einen äquivalenten Parameter $z' = a_1 z + \cdots$ ist nämlich $\log|z|' - \log|z| = h(z)$ in der Umgebung von $z = 0$ harmonisch und $h(0) = \log|a_1|$. Deshalb ist die Funktion, welche im Punkte $q \in R$ eine logarithmische Singularität von der Form $-\log|z|$ besitzt, sonst harmonisch ist und der Randbedingung (28.3) genügt, gemäß Satz IV.12 durch die Stelle q eindeutig bestimmt. Wir nennen sie, als Funktion der Variablen p und q, die GREENsche Funktion $g = g(p, q)$ der RIEMANNschen Fläche R. Aus dem verallgemeinerten Maximumprinzip (Satz IV.5) folgt sofort, daß sie stets positiv ist. Da sie superharmonisch ist, existiert sie nur, wenn R positivberandet ist. Daß sie in diesem Falle existiert, ist nach vorangehendem Satz IV.12 klar. Die Klasse der Flächen R, die keine GREENsche Funktion besitzen, bezeichnet man mit O_g. Nach obigem fällt O_g mit der Klasse der nullberandeten Flächen zusammen.

$g(p, q)$ ist eine konforme Invariante: Wird R' durch $\varkappa$ konform auf R abgebildet, so ist $g'(p', q') = g(\varkappa p', \varkappa q')$ die GREENsche Funktion auf R'. Denn 1. hat der logarithmische Pol in q' die richtige Normierung und 2. genügt $g(\varkappa p', \varkappa q')$ als Funktion von p' der Randbedingung $g(\varkappa p', \varkappa q') < K\,H(\varkappa \Gamma_0, \varkappa(R - \Gamma_0))$.

Für einen zu q gehörigen Parameter z ist $g(p, q) + \log|z(p)|$ in der Umgebung von q eine harmonische Funktion $h_z(p)$. Man nennt, immer in bezug auf z, $h_z(q) = \gamma_z$ die ROBINsche Konstante bzw. $C_z = e^{-\gamma_z}$ die *Kapazitätskonstante* von R im Punkte q. Beim Übergang zu einem äquivalenten Parameter z' transformiert sie sich nach dem Gesetz

$$C'_{z'} = C_z \cdot \left|\frac{dz}{dz'}\right|_q,$$

sie ist also eine kovariante Größe.

Die GREENsche Funktion besitzt folgende **Minimaleigenschaft**: $g(p, q)$ *ist unter allen jenen positiven superharmonischen Funktionen* v *auf R die kleinste, für welche $v(p) + \log|z(p)|$ in einer Parameterzelle (V, z) mit dem Zentrum q nach unten beschränkt ist; gilt in $v \geqq g$ das Gleichheitszeichen in einem Punkte $p \neq q$, so gilt es überhaupt.*

Beweis. Es sei V eine Umgebung von q und K eine Konstante mit $v(p) - g(p, q) > K$ in V. Für genügend großes λ liegt die Niveaulinie $\Lambda : g = \lambda$ in V. Sie ist der Relativrand des nicht kompakten Gebietes $G_\lambda = \{p \mid g < \lambda\}$. Nun ist $g = \lambda \cdot H(\Lambda, G_\lambda)$ auf Λ und deshalb, wegen des Eindeutigkeitssatzes (§ 27.2) (g genügt der Randbedingung (27.3) mit Λ statt Γ_0 und G_λ statt G), auch in G_λ. Nun ist zufolge der Wahl der Niveaulinie Λ $v(p) > g(p, q)\left(1 + \frac{K}{\lambda}\right)$ auf Λ und deshalb wegen des verallgemeinerten Maximumprinzips (Satz IV.5) auch in G_λ. Da aber λ beliebig groß gewählt werden kann, ist $v \geqq g$.

Ist R in R' enthalten und sind g und g' ihre GREENschen Funktionen, so ist nach der obigen Minimaleigenschaft $g'(p, q) \geqq g(p, q)$ für alle $p, q \in R$: *Es ist die GREENsche Funktion, und daher auch die Kapazitätskonstante bei unveränderten lokalen Parametern, eine monotone Gebietsfunktion.*

Die Teilflächen F_n einer normalen Ausschöpfung $\{F_n\}$ der RIEMANNschen Fläche R sind positivberandet, besitzen also GREENsche Funktionen g_n, und diese verschwinden zufolge (28.3) auf deren Rand. Bei festen p, q ist die Folge $\{g_n\}$ monoton wachsend und konvergiert entweder gegen die GREENsche Funktion g der RIEMANNschen Fläche R oder gegen die Konstante ∞. Der letztere Fall tritt dann und nur dann ein, wenn R nullberandet ist. Dementsprechend nehmen die Kapazitätskonstanten monoton ab und konvergieren gegen die Kapazitätskonstante C_z von R oder gegen null. Letzteres tritt genau dann ein, wenn R nullberandet ist, weshalb man diese Flächen auch als *Flächen mit der Kapazitätskonstanten* null bezeichnen kann.

Es ist

$$g(p, q) = g(q, p) \, . \tag{28.4}$$

Zum Beweise setzen wir $g_1 = g(p, q)$ und $g_2 = g(p, q')$. $* \, dg_2$ ist ein Differential dritter Gattung mit dem Residuum -2π in q'. Genau wie früher (§ 19.1) folgt dann in Verbindung mit (27.8)

$$(dg_1, dg_2) = [dg_1, * \, dg_2] = 2\,\pi\,g_1(q')$$

und entsprechend $(dg_2, dg_1) = 2\,\pi\,g_2(q)$. Dies heißt aber wegen der Symmetrie des Skalarproduktes: $g(q', q) = g(q, q')$.

§ 29. Konstruktive Varianten zum PERRONschen Verfahren

29.1. Ist u auf R subharmonisch und stetig und (V, z) eine Parameterzelle, so ist (vgl. § 6.5)

$$h(z) = \frac{1}{2\pi} \int\limits_0^{2\pi} u(e^{i\theta}) \, \frac{1 - |z|^2}{|e^{i\theta} - z|^2} \, d\theta$$

die beste harmonische Majorante von u in V. Zu der Zelle V definieren wir den Operator $\dot{V}$, indem wir setzen:

$$\dot{V}u = \begin{cases} u & \text{in } R - V \\ h & \text{in } V. \end{cases}$$

Es ist $\dot{V}u \geqq u$ und $\dot{V}u$ wieder subharmonisch und stetig.

Unter den Voraussetzungen des Satzes IV.1 mit stetigem u, wählen wir für R eine abzählbare Zellenüberdeckung $\{V_i\}$ und setzen

$$u_1 = \dot{V}_1 u, \; u_2 = \dot{V}_2 u_1, \ldots, \; u_{n+1} = \dot{V}_i u_n, \ldots,$$

wobei der Index i nacheinander die Nummern $1\,2\,1\,2\,3\,1\,2\,3\,4\,1\ldots$ durchläuft. Da die $u_n \leqq v$ sind und eine wachsende Folge bilden, konvergieren sie gegen eine Funktion h, die in jeder Zelle V_i harmonisch ist; denn für jedes i ist eine Teilfolge der u_n in V_i harmonisch. Damit wurde für Satz IV.1 ein konstruktiver Beweis erbracht.

29.2. Es sei das Gebiet G in R kompakt, sein Rand Γ bestehe aus endlich vielen getrennten Jordankurven und u sei in G subharmonisch und auf $G \cup \Gamma$ stetig. Indem wir auf u das obige Verfahren anwenden in bezug auf eine abzählbare Überdeckung von G durch Zellen aus G, gelangen wir zu einer in G harmonischen Funktion h. Offenbar ist $\liminf_{p \to q \in \Gamma} h(p) \geqq u(q)$. Die umgekehrte Ungleichung $\limsup_{p \to q \in \Gamma} h(p) \leqq u(q)$ gewinnt man wie in § 25.1. h besitzt also die gleichen Randwerte wie u. Nun läßt sich zu jeder stetigen Funktion f auf Γ eine wachsende Folge subharmonischer Funktionen u_n konstruieren, die auf $G \cup \Gamma$ noch stetig sind und auf Γ gegen f konvergieren. Die zu den u_n gehörigen h_n konvergieren dann wachsend gegen $H(f)$. Zur Konstruktion der u_n nehmen wir an, es sei $f > 0$ und wir wählen ein $\varepsilon > 0$, so daß auch $f - 2\varepsilon$ auf Γ noch > 0 ist. Dann gibt es zu jedem $p \in \Gamma$ eine Parameterzelle V mit dem Zentrum p, so daß $|f(q) - f(p)| < \varepsilon$ ist für $q \in V \cap \Gamma$. Gemäß Hilfssatz IV.1 gibt es eine Funktion s, welche in p verschwindet, auf $\overline{V \cap G}$ stetig und in $V \cap G$ harmonisch ist, und auf dem Durchschnitt von G mit dem Rande von V gleich 1 ist. Wir setzen

$$u' = \begin{cases} 0 \text{ in } \overline{G - V}, \\ (f(p) - \varepsilon)(1 - s) \text{ in } \overline{G \cap V}. \end{cases}$$

Zu jeder Parameterzelle V mit einem Zentrum $p \in \Gamma$ gehört eine solche Funktion u' und dazu offenbar eine Parameterzelle V', wieder mit dem Zentrum p, so daß $u' > f(p) - 2\varepsilon$ ist in V'. Die V' bilden eine offene Überdeckung von Γ, die eine endliche Überdeckung enthält. Diese sei von den $V_1', \ldots, V_n'$ gebildet und die entsprechenden Funktionen u' seien mit $u_1', \ldots, u_n'$ bezeichnet. Dann ist $u = \sup(u_1', \ldots, u_n')$ in G subharmonisch, in $\overline{G}$ stetig und auf Γ gilt $f > u > f - 2\varepsilon$. Indem wir nun ε eine Nullfolge $\{\varepsilon_n\}$ durchlaufen lassen, erhalten wir eine wachsende Folge $\{u_n\}$ der gewünschten Art.

29.3. Durch die vorangehenden Nr. 1 und 2 erhalten auch die Methoden in § 27 und 28 eine konstruktive Wendung, was hier nicht weiter ausgeführt zu werden braucht. Das verwendete Verfahren entspricht genau dem „Ausfegungsverfahren" (méthode de balayage) von H. POINCARÉ [1*]. Die V_i müssen nicht Zellen sein, sondern lediglich Gebiete, für welche das DIRICHLETsche Randwertproblem lösbar ist. Wenn die Überdeckung $\{V_i\}$ monoton, d. h. $V_1 \subset V_2 \subset \ldots \subset V_n \subset \ldots$ ist, und der Index i die Nummern 1 2 3 4 ... durchläuft, erhalten wir ein von O. D. KELLOGG [1] angegebenes Ausschöpfungsverfahren. Besteht schließlich G aus der Vereinigung von V_1 und V_2, so kommt das alternierende Verfahren von H. A. SCHWARZ ([1*], S. 133—171) heraus. Da hier zu gegebener stetiger Randfunktion nicht direkt eine stetige subharmonische Funktion u als Ausgangsposition für das Verfahren angegeben werden kann, verlangt das Verfahren im Durchschnitt der Randkurven von V_1 und V_2 eine zusätzliche Aufmerksamkeit. Hierin soll auf R. NEVANLINNA ([9] und [1*] (S. 136 ff) verwiesen werden, wo das ursprüngliche SCHWARZsche Verfahren von einer überflüssigen Voraussetzung über die Randkurven befreit ist.

B. Die Methode des Dirichletschen Prinzips [1]

§ 30. Das Dirichletsche Prinzip

30.1. Es ist eine der wichtigsten Tatsachen in der Theorie der geschlossenen Riemannschen Flächen, daß zu jeder exakten 1-Form ω [2] eine harmonische Form ω_0 existiert, deren Differenz $\omega - \omega_0$ auf der Fläche total ist, mit anderen Worten, daß jede Cohomologieklasse in Ω ein harmonisches Differential enthält. Da 0 das einzige totale harmonische Differential ist (auf der geschlossenen Fläche R muß jede harmonische Funktion konstant sein), bilden die harmonischen 1-Formen ein

---

[1] Eine exakte 1-Form $\omega = a\,dx + b\,dy$ definiert auf der Riemannschen Fläche R ein wirbelfreies kovariantes Vektorfeld (a, b). Fassen wir es als Kraftfeld auf, so entspricht seiner Feldenergie die Größe $\|\omega\|^2 = \int (a^2 + b^2)\,dx\,dy$. Es erscheint „physikalisch evident'', daß unter allen wirbelfreien Kraftfeldern auf R, welche längs jeder geschlossenen Linie die gleiche, nur von dieser Linie abhängige, Arbeit leisten, ein solches mit kleinster Feldenergie existiert. Darauf gründete B. Riemann ([1*], S. 81—135) seine als Dirichletsches Prinzip bezeichnete Methode zur Konstruktion harmonischer Differentiale. Nachdem Hilbert für dieses Prinzip einen strengen Beweis gegeben hatte, entwickelte es sich zu einem der kräftigsten Hilfsmittel der Analysis. Die klassischen Beweismethoden (vgl. H. Weyl [1*], Hurwitz-Courant [1*], R. Courant [2*]) beruhen im wesentlichen darauf, daß man mit einer beliebigen Minimalfolge, von der bloß die Existenz sichergestellt ist, durch ein konvergenzerzeugendes Glättungsverfahren weitere Minimalfolgen konstruiert, welche dann gegen die Lösung des Variationsproblems konvergieren. Die im Jahre 1940 von H. Weyl ([1]) eingeführte Projektionsmethode geht von der Tatsache aus, daß die im Lebesgueschen Sinne quadratisch integrierbaren 1-Formen einen Hilbert-Raum X bilden. Die totalen Differentiale mit endlicher Norm sind ein linearer Teilraum, dessen in X abgeschlossene Hülle wir mit T bezeichnen. Aus einem exakten Differential ω als Element von X entsteht dann durch Orthogonalprojektion in T ein Element τ. $\omega - \tau$ steht senkrecht auf T und daraus wird mit dem sog. Weylschen Lemma geschlossen, daß $\omega - \tau$ harmonisch ist.

Eine von L. V. Ahlfors ([2] und [3]) gegebene Methode vermeidet sowohl das konvergenzerzeugende Glättungsverfahren als auch den Lebesgueschen Integralbegriff und konstruiert aus einer Minimalfolge $\{\omega_n\}$ direkt eine harmonische Form ω_0, gegen welche die ω_n stark konvergieren: $\lim_{n \to \infty} \|\omega_n - \omega_0\| = 0$.

Wir folgen unten der Ahlforsschen Formulierung, die von dem ursprünglichen Riemannschen Ansatz ausgeht, und seiner Beweismethode, mit einigen Modifikationen (§§ 31.1 und 31.2) und den für offene Flächen nötigen Präzisierungen. Die ersten vier Nummern des § 30 betrachte man als einleitende Orientierung zu dem allgemeinen Satz IV.13.

In § 33 wird die Frage der Konstruktion harmonischer Formen wieder aufgegriffen und, im Sinne einer konstruktiven Variante zum Dirichletschen Prinzip, wenigstens auf geschlossenen Flächen aus einem gegebenen exakten Differential durch ein alternierendes Verfahren direkt ein cohomologes harmonisches Differential konstruiert. Das Verfahren benutzt übrigens eines der oben erwähnten Glättungsverfahren.

[2] Wir setzen im folgenden die exakten Formen ω als reell voraus. Es bedeutet keine Schwierigkeit, die Betrachtung auch für komplexe ω durchzuführen.

Repräsentantensystem der Cohomologieklassen in Ω, also einen linearen Raum von der Dimension h, der zum Faktorraum Ω/T isomorph ist.

Die harmonischen Differentiale ω_0 sind unter den exakten dadurch ausgezeichnet, daß auch $* \omega_0$ exakt ist. Deshalb ist nach (16.7)

$$(\omega_0, df) = 0 , \quad f \in C_0^1 \tag{30.1}$$

und mit $\omega = \omega_0 + df$ dann $\|\omega\|^2 = \|\omega_0\|^2 + \|df\|^2$: *Unter allen Elementen einer Cohomologieklasse hat das harmonische die kleinste Norm.* Auch das Umgekehrte ist richtig: *Gibt es unter den Elementen einer Cohomologieklasse eines mit kleinster Norm, so ist es harmonisch.* Ist nämlich ω ein minimales Differential, so gilt für jeden reellen Parameter λ

$$\|\omega + \lambda\, df\|^2 \geq \|\omega\|^2 \quad \text{oder} \quad 2\lambda(\omega, df) + \lambda^2 \|df\|^2 \geq 0$$

und daher (30.1): Das minimale Element steht auf C_0^1 senkrecht. Nun ist gemäß (8.4) und Satz III.1

$$(\omega, df) = \int_R df \wedge *\omega = \int_R f \cdot d*\omega. \tag{30.2}$$

Wir wählen eine Zelle V mit einem Parameter z und dazu einen Dieudonné-Faktor μ. Zu $d*\omega = \varrho\, dx\, dy$ setzen wir $f = \mu\, \varrho$ in V und $f = 0$ in $R - V$. Dann folgt aus (30.1) und (30.2) $(\omega, df) = \int\limits_{|z| < 1} \mu\, \varrho^2 dx\, dy = 0$

und daher $\varrho = 0$. ω ist also harmonisch.

Die Tatsache, daß ein harmonisches Differential durch die Minimaleigenschaft charakterisiert ist, unter den Elementen seiner Cohomologieklasse die kleinste Norm zu besitzen, bezeichnet man als *Dirichletsches Prinzip*. Es liefert eine wichtige Methode, um nachzuweisen, daß jede Cohomologieklasse ein harmonisches Differential enthält: Man braucht nur zu zeigen, daß jede dieser Klassen ein Element von kleinster Norm besitzt. Dieser Nachweis ist aber die eigentliche Schwierigkeit der Methode.

30.2. Die vorige Betrachtung hat mutatis mutandis auch auf offenen Flächen ihre Gültigkeit: Enthält eine Cohomologieklasse in Ω ein Element kleinster Norm ($< \infty$), so ist es harmonisch. Es ist aber keineswegs so, daß jede Cohomologieklasse überhaupt Elemente von endlicher Norm besitzt. Um also das Dirichletsche Prinzip in der obigen Form überhaupt ansetzen zu können, müssen wir uns auf Differentiale endlicher Norm beschränken. Überdies kann eine Cohomologieklasse mehrere harmonische Formen enthalten: denn auf offenen Flächen muß eine harmonische Funktion, auch wenn ihr Dirichlet-Integral beschränkt ist, nicht notwendig eine Konstante sein. Will man wie bei geschlossenen Flächen eine eindeutige Zuordnung zwischen den harmonischen Differentialen und ihren schwachen Cohomologieklassen haben, so muß man neben der Beschränkung auf Differentiale endlicher Norm auch über

die RIEMANNsche Fläche selbst eine besondere Voraussetzung machen,
z. B. daß sie nullberandet sei. Für diesen Fragenkomplex verweisen
wir auf Kap. VI und begnügen uns hier mit der Bemerkung, daß beim
Übergang von geschlossenen zu offenen Flächen nicht nur in topologischer, sondern vor allem auch in metrischer Hinsicht eine viel größere
Differenziertheit auftritt.

30.3. Wir hatten in § 17.4 neben der Cohomologie in Ω auch eine
schwache und starke Cohomologie in Ω_0 betrachtet. Da auf einer
nichtkompakten Fläche ein harmonisches Differential mit kompaktem
Träger identisch verschwindet, haben die dortigen Betrachtungen für
harmonische Differentiale keinen Sinn mehr. Um aber trotzdem die
feinere Klasseneinteilung, wie sie die starke Cohomologie bewirkt, auch
für die Theorie der harmonischen Formen ausnützen zu können, wollen
wir den Raum T_{00} geeignet erweitern. Indem wir uns in Ω auf Differentiale endlicher Norm beschränken und für diese den Abstand
$\varrho(\omega, \omega') = \|\omega - \omega'\|$ einführen, erhalten wir einen linearen metrischen
Raum Ω^N, der Ω_0 enthält. Die abgeschlossene Hülle von T_{00} in Ω^N
bezeichnen wir mit $\bar{T}_{00}$ und nennen ein Element aus Ω^N stark total,
wenn es zu $\bar{T}_{00}$ gehört. ω und ω' aus Ω^N sind dann stark cohomolog,
wenn ihre Differenz $\omega - \omega'$ in $\bar{T}_{00}$ liegt. Die Beschränkung auf Ω_0
ergibt die starke Cohomologie im früheren Sinne.

Mit dieser Terminologie gilt der folgende Satz: *Enthält eine starke
Cohomologieklasse in Ω^N ein harmonisches Differential, so ist es charakterisiert durch die Minimaleigenschaft, von allen Elementen dieser
Klasse die kleinste Norm zu haben.* Ist nämlich 1. ω ein Element mit
kleinster Norm, so folgt wie oben, daß es harmonisch ist. Ist 2. ω_0
harmonisch und $\omega = \omega_0 + df,\ df \in \bar{T}_{00}$, so gibt es eine Folge $\{df_n\}$ aus T_{00}
mit $\lim_{n \to \infty} \|df - df_n\| = 0$. Wie oben (Nr. 1) folgt $\|\omega_0 + df_n\|^2 = \|\omega_0\|^2 + \|df_n\|^2$
und durch Grenzübergang $(n \to \infty)$ dann $\|\omega\|^2 = \|\omega_0\|^2 + \|df\|^2$.

30.4. Es ist von entscheidender Bedeutung, auch auf geschlossenen
und allgemeiner auf nullberandeten Flächen, wo das PERRONsche Verfahren versagt, harmonische Funktionen mit vorgeschriebenen Singularitäten konstruieren zu können. Nun bewirkt gerade die Singularität,
daß das DIRICHLET-Integral divergiert, womit auch das DIRICHLETsche
Prinzip in der obigen Form keinen Ansatz liefert. Man kann sich jedoch
mit einem schönen Kunstgriff behelfen, den wir gleich für eine allgemeinere Frage anwenden wollen: Zu einer Form ω, die in p_0 singulär
und in $R_0 = R - p_0$ exakt ist, soll man eine Form ω_0 finden, die in R_0
harmonisch und zu ω cohomolog ist und in p_0 wie ω singulär wird. Dies
kann natürlich nur geschehen unter gewissen Voraussetzungen über die
Singularität und das Verhalten von ω in der Umgebung des idealen
Randes. Wir präzisieren diese Voraussetzungen über ω wie folgt:

1) In einer Parameterzelle (V, z) mit dem Zentrum p_0

$$\omega = d\,\mathfrak{Re}\left(\frac{a_1}{z} + \cdots + \frac{a_n}{z^n}\right),$$

2) ω ist in R_0 exakt und $\|\omega\|_{R-V} < \infty$.

Gesucht ist in R_0 ein harmonisches und zu ω cohomologes Differential ω_0 mit $\|\omega - \omega_0\|_{R_0} < \infty$. Wegen der letzteren Bedingung ist dann $\omega - \omega_0$ in V harmonisch und ω_0 hat in p_0 die verlangte Singularität.

$*\omega$ ist nicht exakt, ansonst die Aufgabe schon gelöst wäre. Zufolge der Voraussetzung 1) ist aber in V

$$*\,\omega = d\,\mathfrak{Im}\left(\frac{a_1}{z} + \cdots + \frac{a_n}{z^n}\right).$$

Die Funktion $\mathfrak{Im}\left(\frac{a_1}{z} + \cdots + \frac{a_n}{z^n}\right)$ kann nun außerhalb einer kleinen Umgebung von p_0 so abgeändert und auf $R - p_0$ ausgedehnt werden, daß sie dort zweimal stetig differenzierbar wird und in $R - V$ verschwindet. Das neue Differential $*\sigma = df$ ist in R_0 exakt und $\|\omega - \sigma\|_{R_0} < \infty$. Auf Grund des nachfolgenden Satzes IV.13 existiert ein harmonisches Differential ω_0, das der obigen Bedingung genügt. Die Bedingung $\|\omega - \sigma\|_{R_0} < \infty$ bringt zum Ausdruck, daß ω und σ nicht zu weit von einem harmonischen ω_0 entfernt sind. Der erwähnte Kunstgriff besteht also darin, daß man die singulären Stellen aus der Fläche R heraussticht und ω nur noch auf der restlichen Fläche R_0 betrachtet. Damit das Problem lösbar ist, muß die Existenz einer exakten Form $*\sigma$ mit $\|\omega - \sigma\|_{R_0} < \infty$ gesichert sein. Da $*\sigma = *\omega_0$ diese Bedingung erfüllt, ist sie für die Lösbarkeit des Problems notwendig. Im folgenden kümmern wir uns nicht mehr wie R_0 entstanden ist und schreiben dafür einfach R.

30.5. Um nun endlich das allgemeine DIRICHLETSche Prinzip zu formulieren, betrachten wir in C^1 den linearen Teilraum C_D der Funktionen f mit endlichem DIRICHLET-Integral $D(f) = \|df\| < \infty$. Indem wir die Norm $\|df - df'\|$ als den Abstand von f und f' definieren, wird dann C_D zu einem metrischen Raum. C_0^1 ist in C_D enthalten.

Satz IV.13 (DIRICHLETsches Prinzip). *Wenn auf einer* RIEMANN*schen Fläche ein in* C_D *abgeschlossener linearer Teilraum* $\mathfrak{F}$ *gegeben ist, der* C_0^1 *enthält, und zwei exakte Differentiale* ω *und* $*\sigma$ *mit* $\|\omega - \sigma\| < \infty$, *so existiert ein harmonisches Differential* ω_0 *von der Form*

$$\omega_0 = \omega + df_0\,, \quad f_0 \in \mathfrak{F} \tag{30.3}$$

mit folgender Minimaleigenschaft: Für jedes $f \in \mathfrak{F}$ *ist*

$$\|\omega_0 - \sigma\| \leqq \|\omega_0 + df - \sigma\| \tag{30.4}$$

und das Gleichheitszeichen gilt dann und nur dann, wenn f *konstant ist.*

An diesen Satz, der im nächsten Paragraphen bewiesen wird, knüpfen wir einige Bemerkungen und Zusätze:

1. Die Extremaleigenschaft (30.4) ist mit der *Orthogonalitätsrelation*

$$(\omega_0 - \sigma, df) = 0, \; f \in \mathfrak{F} \tag{30.5}$$

äquivalent. Denn aus $\|\omega_0 + \lambda\, df - \sigma\|^2 \geqq \|\omega_0 - \sigma\|^2$ für jeden reellen Parameter λ und jedes $f \in \mathfrak{F}$ folgt $\lambda^2 \|df\|^2 + 2\,\lambda(\omega_0 - \sigma, df) \geqq 0$ und daraus (30.5). Umgekehrt ist mit (30.5) $\|\omega_0 + df - \sigma\|^2 = \|\omega_0 - \sigma\|^2 + \|df\|^2$. Die Aussage des Satzes IV.13 bedeutet also in geometrischer Sprache, daß der Vektor $\omega - \sigma$ gemäß der nebenstehenden Abb. 3 in $d\mathfrak{F}$ projiziert werden kann, so daß dann $\omega - \sigma + df = \omega_0 - \sigma$ auf $d\mathfrak{F}$ senkrecht steht. Dadurch wird ω_0 von selbst harmonisch. Denn es ist

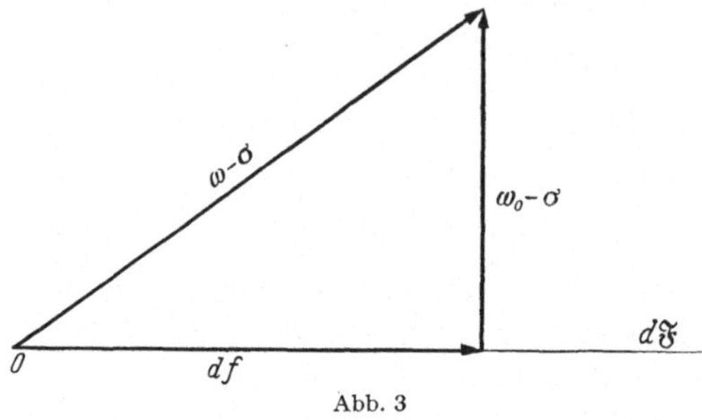

Abb. 3

$C_0^1 \subset \mathfrak{F}$, $(\sigma, df) = 0$ für $f \in C_0^1$, da $*\sigma$ exakt ist, und somit $(\omega_0, df) = 0$ für $f \in C_0^1$. Daraus folgt aber gemäß § 30.1, daß ω_0 harmonisch ist.

2. Zu gegebenen ω, σ und $\mathfrak{F}$ gibt es nur ein ω_0, das die Bedingungen (30.3) und (30.4) erfüllt. Dies folgt unmittelbar aus (30.5). Denn für ein zweites ω_0' dieser Art ist $\omega_0 - \omega_0' = df$ mit $f \in \mathfrak{F}$. Dies gibt mit (30.5) $(\omega_0 - \sigma, \omega_0' - \omega_0) = 0$, entsprechend $(\omega_0' - \sigma, \omega_0' - \omega_0) = 0$ und zusammen $\|\omega_0 - \omega_0'\| = 0$.

3. Unter den verschiedenen Klassen $\mathfrak{F}$ spielen zwei eine besondere Rolle, nämlich C_D selbst und die in C_D abgeschlossene Hülle $\overline{C}_0^1$ von C_0^1. Wir sprechen im ersten Fall von der *starken Projektion* des ω auf ω_0: $\Pi\omega = \omega_0$, im zweiten Fall von der *schwachen Projektion* des ω auf ω_0: $\pi\,\omega = \omega_0$. Wir sagen auch, daß ω_0 aus ω durch starke bzw. schwache Projektion hervorgeht. Während die starke Projektion im allgemeinen von der Wahl des σ abhängt, ist die *schwache Projektion durch folgende, von σ unabhängige, Eigenschaften charakterisiert*:

i) ω_0 *ist harmonisch*,

ii) ω_0 *genügt der Bedingung* $\|\omega - \omega_0\| < \infty$,

iii) *für jedes* $\varphi \in \Omega^N$ *ist*

$$(\omega - \omega_0, *\varphi) = 0. \tag{30.6}$$

Es ist nämlich nach (16.7) $(df, *\varphi) = 0$ für jedes $f \in C_0^1$ und, da φ endliche Norm hat, auch für jedes $f \in \overline{C}_0^1$. Daraus folgt (30.6) in Verbindung mit (30.3). Ist nun ω_0' ein zweites harmonisches Differential mit $\|\omega - \omega_0'\| < \infty$, das der Bedingung (30.6) genügt: $(\omega - \omega_0', *\varphi) = 0$, so ist $(\omega_0 - \omega_0', *\varphi) = 0$, $\varphi \in \Omega^N$. Da nun $\varphi = *(\omega_0 - \omega_0')$ in Ω^N liegt, wird $\|\omega_0 - \omega_0'\| = 0$ und daher $\omega_0 = \omega_0'$.

4. Ist $\sigma = 0$ und damit $\|\omega\| < \infty$, so folgt aus dem Satz IV. 13 mit $\mathfrak{F} = C_D$ bzw. $\mathfrak{F} = \overline{C}_0^1$ und dem Satz in § 30.3:

a) Jede schwache Cohomologieklasse in Ω^N enthält ein Element kleinster Norm und dieses ist harmonisch (starke Projektion).

b) Jede starke Cohomologieklasse in Ω^N enthält genau ein harmonisches Differential und dieses hat unter allen Elementen der Klasse die kleinste Norm (schwache Projektion).

5. Wir fragen uns noch, auf welchen Flächen R die starke und die schwache Projektion der Formen aus Ω^N zusammenfallen: $\pi \omega = \Pi \omega$, $\omega \in \Omega^N$. Die harmonische Form $\Pi \omega - \pi \omega$ ist total und von endlicher Norm, verschwindet also für alle $\omega \in \Omega^N$ genau dann, wenn jede auf R harmonische Funktion mit endlichem Dirichlet-Integral notwendig konstant ist. Die Klasse der Flächen R, für welche dies der Fall ist, bezeichnet man mit O_{HD} (vgl. Kap. VII).

§ 31. Beweis des Dirichletschen Prinzips

31.1. Wir wollen zunächst eine notwendige und hinreichende Bedingung dafür aufsuchen, daß eine Folge von reellen Formen $\varphi_i = a_i\, dx + b_i\, dy$, die im Kreise $\overline{K} = \{z \mid |z| \leq 1\}$ stetig sind, im Sinne der Norm gegen ein harmonisches Differential ω_0 konvergieren, daß also

$$\lim_{i \to \infty} \|\varphi_i - \omega_0\| = 0 \tag{31.1}$$

sei.

Es ist leicht, notwendige Bedingungen zu finden.

1) Die φ_i bilden im Sinne der Norm eine Fundamentalfolge,

$$\lim_{i,k \to \infty} \|\varphi_i - \varphi_k\| = 0\,. \tag{31.2}$$

2) C_0^1 bezeichne jetzt die Klasse der im Kreise $K = \{z \mid |z| < 1\}$ stetig differenzierbaren Funktionen f mit kompaktem Träger. Weil ω_0 harmonisch ist, muß dann $(\omega_0, df) = (\omega_0, *df) = 0$ sein für alle $f \in C_0^1$. Daraus folgt mit $\varepsilon_i = \|\varphi_i - \omega_0\|$

$$|(\varphi_i, df)| = |(\varphi_i - \omega_0, df)| \leq \varepsilon_i \|df\|\,,$$
$$|(\varphi_i, *df)| = |(\varphi_i - \omega_0, *df)| \leq \varepsilon_i \|df\|$$

für alle $i = 1, 2, \ldots$ und $f \in C_0^1$.

Nun gilt umgekehrt das folgende

Lemma. *Wenn die auf $\overline{K}$ stetigen Formen φ_i, $i = 1, 2, \ldots$ die Bedingung (31.2) erfüllen und für eine gegen null konvergierende Folge $\{\varepsilon_i\}$*

den Ungleichungen

$$\left.\begin{array}{c} |(\varphi_i, df)| \\ |(\varphi_i, *df)| \end{array}\right\} \leq \varepsilon_i \|df\|, \qquad \begin{array}{c} i = 1, 2, \ldots \\ f \in C_0^1 \end{array} \tag{31.3}$$

genügen, so gibt es ein in K harmonisches Differential ω_0 von endlicher Norm mit der Eigenschaft (31.1).

31.2. Beweis des Lemmas

1. Wir bezeichnen mit C die Klasse der auf $\overline{K}$ stetigen Funktionen f, die auf der Peripherie verschwinden und in K stetig differenzierbar mit $\|df\| < \infty$ sind; mit Φ bezeichnen wir die Klasse der in K stetigen Formen φ von endlicher Norm und mit Φ_0 die Klasse der in K zweimal stetig differenzierbaren Formen φ, mit in K kompaktem Träger. Im Sinne der Norm ist C_0^1 dicht in C und Φ_0 dicht in Φ[1]. Die Ungleichungen (31.3) gelten also auch für jedes $f \in C$. Die Klasse der in K harmonischen Differentiale mit endlicher Norm bezeichnen wir mit Ω^h.

---

[1] Daß Φ_0 in Φ dicht ist, folgt unmittelbar aus dem Integralbegriff (§ 16). Dagegen ist es weniger trivial, daß C_0^1 in C dicht ist, weil die Metrik in C durch die Norm $\|df\|$ gegeben ist. Zum Beweise definieren wir zunächst in bezug auf ein r ($0 < r < 1$) bzw. $\varepsilon = 1 - r$ die folgende Funktion

$$\eta(z) = \begin{cases} 1 & \text{für} \quad |z| \leq r, \\ \cos^2\left[\frac{\pi}{\varepsilon}(|z| - r)\right] & \text{für} \quad r < |z| < 1 - \varepsilon/2, \\ 0 & \text{für} \quad 1 - \varepsilon/2 \leq |z| \leq 1. \end{cases}$$

Offenbar gehört $\eta(z)$ zu C_0^1 und es ist $|\operatorname{grad} \eta| \leq \frac{\pi}{\varepsilon}$.

Da f auf $|z| = 1$ verschwindet, ist auf Grund der SCHWARZschen Ungleichung, für $r < \varrho < 1$,

$$f^2(\varrho\, e^{i\varphi}) = \left(\int_\varrho^1 \frac{\partial f}{\partial t}\, dt\right)^2 \leq \int_\varrho^1 \left(\frac{\partial f}{\partial t}\right)^2 t\, dt \cdot \log\frac{1}{r}.$$

Durch Integration nach φ folgt daraus $\displaystyle\int_0^{2\pi} f^2(\varrho\, e^{i\varphi})\, \varrho\, d\varphi \leq \log\frac{1}{r} \cdot \int\limits_{r < |z| < 1} \left(\frac{\partial f}{\partial \varrho}\right)^2 dx\, dy$

und schließlich durch Integration nach ϱ, indem wir das über den Ring $r = 1 - \varepsilon < |z| < 1$ erstreckte DIRICHLET-Integral von f mit $D_\varepsilon(f)$ bezeichnen:

$$\int\limits_{r < |z| < 1} f^2 dx\, dy \leq \varepsilon \log\frac{1}{1-\varepsilon} \cdot D_\varepsilon(f).$$

Nach diesen Vorbereitungen zeigen wir, daß die Funktionen $f \cdot \eta$ aus C_0^1 für $\varepsilon \to 0$ im Sinne unserer Metrik nach f konvergieren, daß also $\lim\limits_{\varepsilon \to 0} \|df - d(f\eta)\| = 0$ ist.

Nun ist $df - d(f\eta) = d((1 - \eta)f) = (1 - \eta)\, df - f\, d\eta$ und daher

$$\|df - d(f\eta)\| \leq \|(1 - \eta)\, df\| + \|f\, d\eta\|.$$

Auf Grund der Definition von η ist $\|(1 - \eta)\, df\|^2 < D_\varepsilon(f)$ und

$$\|f\, d\eta\|^2 = \int f^2\, (\eta_x^2 + \eta_y^2)\, dx\, dy \leq \left(\frac{\pi}{\varepsilon}\right)^2 \cdot \int\limits_{r < |z| < 1} f^2 dx\, dy \leq \frac{\pi^2}{\varepsilon} \log\frac{1}{1-\varepsilon} \cdot D_\varepsilon(f).$$

Dies ergibt zusammen, wegen $\frac{1}{\varepsilon} \log\frac{1}{1-\varepsilon} < 2$ für $\varepsilon < \frac{1}{2}$, $\|df - d(f\eta)\|^2 \leq 50\, D_\varepsilon(f)$, woraus man abliest, daß $\lim\limits_{\varepsilon \to 0} \|df - d(f\eta)\| = 0$ ist.

Nun beweisen wir den folgenden Zerlegungssatz: *Für jedes* $\varphi \in \Phi_0$ *ist* $\varphi = \omega + df_1 + {*}df_2$ *mit* $\omega \in \Omega^h$ *und* $f_1, f_2 \in C$. Ist nämlich $g(z, \zeta)$ die GREENsche Funktion des Einheitskreises K und ϱ eine stetig differenzierbare Funktion mit kompaktem Träger in K, so gehört die Funktion

$$f(z) = \int g(z, \zeta)\, \varrho(\zeta)\, d\xi\, d\eta \tag{31.4}$$

zur Klasse C und genügt der POISSONschen Gleichung

$$\Delta f = - 2\,\pi\,\varrho. \tag{31.5}$$

Wir setzen nun $d{*}\varphi = - 2\,\pi\,\varrho_1\, dx\, dy$, $d\varphi = - 2\,\pi\,\varrho_2\, dx\, dy$ und bezeichnen die den ϱ_1 und ϱ_2 gemäß (31.4) entsprechenden Funktionen aus C mit f_1 und f_2. Wegen $d{*}df = \Delta f \cdot dx\, dy$ folgt dann für $\omega = \varphi - df_1 - {*}df_2$ in Verbindung mit (31.5)

$$d\,\omega = d\,\varphi - d{*}df_2 = - (2\,\pi\,\varrho_2 + \Delta f_2)\, dx\, dy = 0 \quad \text{und}$$
$$d{*}\omega = d{*}\varphi - d{*}df_1 = - (2\,\pi\,\varrho_1 + \Delta f_1)\, dx\, dy = 0.$$

Es ist also ω in K harmonisch, und ω ist von endlicher Norm, weil φ, df_1 und ${*}df_2$ es sind.

Der Zerlegungssatz definiert eine lineare Abbildung von Φ_0 in Ω^h. Die dem $\varphi \in \Phi_0$ entsprechende harmonische Form bezeichnen wir mit ω_φ.

2. Wegen (31.2) definiert

$$\lim_{i \to \infty} (\varphi_i, \varphi) = L(\varphi), \quad \varphi \in \Phi \tag{31.6}$$

in Φ ein lineares Funktional. $L(\varphi)$ ist offenbar reell, d. h. $L(\overline{\varphi}) = \overline{L(\varphi)}$; denn die φ_i sind reell. $L(\varphi)$ ist auch beschränkt, denn mit $\lim_{i \to \infty} \|\varphi_i\| = A$ ist

$$|L(\varphi)| \leq A\|\varphi\|. \tag{31.7}$$

Wir werden zeigen, daß dieses Funktional durch ein harmonisches Differential ω_0 aus Ω^h erzeugt wird, d. h. daß

$$L(\varphi) = (\omega_0, \varphi), \quad \varphi \in \Phi \tag{31.8}$$

gilt. Da die Ungleichungen (31.3) für jedes $f \in C$ gelten, folgt nämlich $L(df) = L({*}df) = 0$, $f \in C$. Daher ist auf Grund des obigen Zerlegungssatzes

$$L(\varphi) = L(\omega_\varphi), \quad \varphi \in \Phi_0 \tag{31.9}$$

Für die analytischen und damit komplex harmonischen Differentiale $dz^n = n\, z^{n-1} dz$, $n = 1, 2, \ldots$, setzen wir nun $2\,\pi\, c_n = L(dz^n)$, womit $2\,\pi\,\overline{c}_n = L(\overline{dz^n})$ wird. Wegen $\|dz^n\|^2 = 2\pi n$ bilden die $\dfrac{dz^n}{\sqrt{2\pi n}}$ ein normiertes Orthogonalsystem und durch Anwendung der BESSELschen Ungleichung

$$\sum_{n=1}^{N} \left|\left(\varphi_i, \frac{dz^n}{\sqrt{2\pi n}}\right)\right|^2 \leq \|\varphi_i\|^2$$

folgt in Verbindung mit (31.6) $\quad 2\pi \sum_{1}^{N} \dfrac{|c_n|^2}{n} < K \cdot A^2$ für jedes N oder

$\sum_{1}^{\infty} \dfrac{|c_n|^2}{n} < \infty$. Deshalb stellt die Reihe

$$H = \sum_{1}^{\infty} \frac{1}{n}\,(c_n\,z^n + \bar{c}_n\,\bar{z}^n)$$

in K eine harmonische Funktion dar mit endlichem DIRICHLET-Integral

$\|dH\|$. Das Differential $\omega_0 = dH = \sum_{1}^{\infty} \dfrac{1}{n}\,(c_n\,dz^n + \bar{c}_n\,d\bar{z}^n)$ gehört also

zur Klasse Ω^h. Wegen $(dz^n,\ d\bar{z}^m) = 0$ folgt aus der PARSEVALschen
Gleichung $(\omega_0,\ dz^n) = 2\pi c_n$ und somit

$$L(dz^n) = (\omega_0, dz^n)\,, \quad L(d\bar{z}^n) = (\omega_0, d\bar{z}^n)\,.$$

Da nun die Linearkombinationen der Differentiale dz^n und $d\bar{z}^n$, $n=1,2,\ldots$
in Ω^h dicht liegen bezüglich der Norm[1], so folgt wegen (31.7) $L(\omega)$
$= (\omega_0, \omega)$, $\omega \in \Omega^h$ und wegen (31.9) $L(\varphi) = (\omega_0, \varphi)$, $\varphi \in \Phi_0$. Da Φ_0
in Φ dicht ist, folgt schließlich die Behauptung (31.8). Dies bedeutet
aber, daß die φ_i schwach gegen ω_0 konvergieren, denn (31.6) heißt jetzt
$\lim_{i \to \infty} (\varphi_i, \varphi) = (\omega_0, \varphi)$, $\varphi \in \Phi$. Nun bilden aber die φ_i wegen (31.2) eine
Fundamentalfolge und daher folgt aus der schwachen Konvergenz und
aus

$$\|\varphi_i - \omega_0\|^2 = (\varphi_i - \omega_0,\ \varphi_i - \varphi_\varkappa) + (\varphi_i - \omega_0,\ \varphi_\varkappa - \omega_0)$$

sofort die starke Konvergenz der φ_i nach ω_0, womit die Behauptung des
Lemmas bewiesen ist.

3. Aus dem oben stehenden Lemma folgt sofort das sog. WEYLsche
Lemma: Ist $\omega_0 = a\,dx + b\,dy$ eine L^2-integrierbare Form (d. h. $\omega \wedge *\omega$
ist im LEBESGUEschen Sinne quadratisch integrierbar) mit

$$(\omega_0, df) = (\omega_0, *df) = 0,\ f \in C_0^1,$$

so ist ω_0 harmonisch. Denn es gibt eine Folge von Formen φ_i, die auf $\bar{K}$
stetig sind und stark gegen ω_0 konvergieren, sie bilden also eine Fundamentalfolge und genügen mit $\varepsilon_i = \|\varphi_i - \omega_0\|$ den Ungleichungen (31.3).

31.3. Beweis des DIRICHLETschen Prinzips

1. Wir wollen die Größe $\|\omega + df - \sigma\|$ für $f \in \mathfrak{F}$ minimalisieren,
setzen hierfür $\inf_{f \in \mathfrak{F}} \|\omega + df - \sigma\|^2 = d_0$ und werden zeigen, daß ein (harmonisches) ω_0 der Form (30.3) existiert mit $\|\omega_0 - \sigma\|^2 = d_0$. Es sei f_i bzw.

$$\omega_i = \omega + df_i \tag{31.10}$$

eine Minimalfolge, also $\|\omega_i - \sigma\|^2 = d_i \to d_0$ für $i \to \infty$. Dann ist für jedes

---

[1] Vgl. Anm. 2 S. 68.

$f \in \mathfrak{F}$ und einen reellen Parameter λ

$$\|\omega_i + \lambda\, df - \sigma\|^2 - d_0 = \lambda^2 \|df\|^2 + 2\,\lambda\,(\omega_i - \sigma,\, df) + d_i - d_0 \geq 0.$$

Diese in λ quadratische Funktion ist also positiv und deshalb

$$(\omega_i - \sigma,\, df)^2 \leq (d_i - d_0)\, \|df\|^2, \quad f \in \mathfrak{F}. \tag{31.11}$$

Wegen $\omega_i - \omega_\varkappa = d(f_i - f_\varkappa)$, $\quad f_i,\, f_\varkappa \in \mathfrak{F}$, folgt dann

$$|(\omega_i - \sigma,\, \omega_i - \omega_\varkappa)| \leq \sqrt{d_i - d_0}\, \|\omega_i - \omega_\varkappa\|$$

und entsprechend $|(\omega_\varkappa - \sigma,\ \omega_i - \omega_\varkappa)| \leq \sqrt{d_\varkappa - d_0}\, \|\omega_i - \omega_\varkappa\|$. Die Addition dieser Ungleichungen ergibt dann

$$\|\omega_i - \omega_\varkappa\|^2 \leq \left(\sqrt{d_i - d_0} + \sqrt{d_\varkappa - d_0}\right) \|\omega_i - \omega_\varkappa\|$$

oder

$$\|\omega_i - \omega_\varkappa\| \leq \sqrt{d_i - d_0} + \sqrt{d_\varkappa - d_0}\, {}^1. \tag{31.12}$$

Die Ungleichungen (31.11) und (31.12) sind für den weiteren Verlauf des Beweises grundlegend.

2. Es sei nun V irgendeine Zelle auf R. Die Beschränkung der ω_i auf $\overline{V}$ ergibt aus (31.12)

$$\lim_{i,\,\varkappa \to \infty} \|\omega_i - \omega_\varkappa\|_V = 0. \tag{31.13}$$

Da $*\sigma$ exakt ist, folgt aus (16.7) $(\sigma,\, df)_V = 0$ für jedes $f \in C_0^1$ mit dem Träger in V und entsprechend $(\omega_i,\, *df)_V = 0$, $i = 1, 2, \ldots$, da die ω_i exakt sind. Aus (31.11) folgt dann

$$\left.\begin{array}{r} |(\omega_i,\, df)_V| \\ |(\omega_i,\, *df)_V| \end{array}\right\} \leq \sqrt{d_i - d_0}\, \|df\|$$

für jedes $f \in C_0^1$ mit dem Träger in V. Dies ergibt in Verbindung mit (31.13), daß die ω_i bei Verpflanzung auf den Parameterkreis $\overline{K}$ den Voraussetzungen des Lemmas in § 31.1 genügen. Daraus schließen wir, daß zu jeder Parameterzelle ein harmonisches Differential ω_V von endlicher Norm existiert mit der Eigenschaft

$$\lim_{i \to \infty} \|\omega_i - \omega_V\|_V = 0. \tag{31.14}$$

Sind nun V und V' zwei übereinander greifende Zellen, so ist

$$\lim_{i \to \infty} \|\omega_i - \omega_V\|_{V \cap V'} = 0, \quad \lim_{i \to \infty} \|\omega_i - \omega_{V'}\|_{V \cap V'} = 0$$

---

^{1} Um diese Ungleichung zu interpretieren, nehmen wir für einen Moment an, daß ein ω_0 gemäß Satz IV.13 existiert, also $\|\omega_0 - \sigma\|^2 = d_0$ ist. Dann ist wegen der Orthogonalitätsrelation (30.5) $(\omega_0 - \sigma,\ \omega_n - \sigma) = 0$ und daher $\|\omega_n - \omega_0\|^2 = d_n - d_0$. (31.12) ist dann nichts anderes als die Dreiecksungleichung $\|\omega_i - \omega_k\| \leq \|\omega_i - \omega_0\| + \|\omega_k - \omega_0\|$. Solange die Existenz von ω_0 nicht bewiesen ist, steht (31.12) an Stelle dieser Dreiecksungleichung.

und daher $\|\omega_V - \omega_{V'}\|_{V \cap V'} = 0$, d. h. ω_V und $\omega_{V'}$ sind im Durchschnitt $V \cap V'$ identisch. Wir sehen also, daß die zu den Zellen V konstruierten Differentiale ω_V sich zu einem einzigen Differential ω_0 zusammenfügen, das überall auf R definiert und harmonisch ist.

3. Dieses ω_0 stellt nun tatsächlich die Lösung unseres Minimumproblems dar. Ist nämlich G irgendein in R kompaktes Gebiet, so kann es durch endlich viele Zellen überdeckt werden und wir schließen aus (31.14) und dem soeben erhaltenen Resultat, daß $\lim_{i \to \infty} \|\omega_i - \omega_0\|_G = 0$

ist. Hieraus folgt in Verbindung mit (31.12) $\|\omega_i - \omega_0\|_G \leqq \sqrt{d_i - d_0}$ für jedes in R kompakte Gebiet G und deshalb auch für die auf R bezogene Norm $\|\omega_i - \omega_0\|$. Es gilt also

$$\lim_{i \to \infty} \|\omega_i - \omega_0\| = 0. \tag{31.15}$$

Daraus folgt aber $\|\omega_0 - \sigma\| \leqq \|\omega_i - \sigma\| + \|\omega_0 - \omega_i\| < \infty$ und wegen $\|\omega_i - \sigma\|^2 - \|\omega_0 - \sigma\|^2 = \big(\omega_i - \omega_0, (\omega_i - \sigma) + (\omega_0 - \sigma)\big)$ durch den Grenzübergang $i \to \infty$, daß $\|\omega_0 - \sigma\|^2 = d_0$ ist. Es verbleibt also noch zu zeigen, daß $\omega_0 - \omega$ total ist. Für irgendeinen kompakten Zyklus $\mathfrak{z}$ ist gemäß (19.4) $\mathfrak{z}(\omega_0 - \omega) = [\vartheta_{\mathfrak{z}}, \omega_0 - \omega] = (\omega_0 - \omega, *\vartheta_{\mathfrak{z}})$. Nun ist $(\omega - \omega_i, *\vartheta_{\mathfrak{z}}) = (df_i, *\vartheta_{\mathfrak{z}}) = 0$ und somit zufolge (31.15) $(\omega_0 - \omega, *\vartheta_{\mathfrak{z}}) = 0$. Es gibt also ein f aus C^1 mit $\omega_0 - \omega = df$. Daher ist $\|df\| < \infty$ und wegen (31.10) und (31.15) $\lim_{i \to \infty} \|df - df_i\| = 0$. f gehört also zu $\mathfrak{F}$.

§ 32. Das Verhalten am Rande

32.1. Die schwache Projektion als Lösung der Dirichletschen Randwertaufgabe

Wir betrachten ein Gebiet G mit kompakter abgeschlossener Hülle, dessen Rand Γ aus endlich vielen getrennten Jordankurven besteht. Die (reelle) Funktion g sei auf $G \cup \Gamma$ stetig, in G stetig differenzierbar und habe ein endliches Dirichlet-Integral $D_G(g)$. Nach Satz IV.2 gibt es eine in G harmonische Funktion u, deren Randwerte auf Γ mit g übereinstimmen. Wir setzen

$$f = u - g \tag{32.1}$$

und

$$f_n^+ = \sup\left(f - \frac{1}{n}, 0\right), \quad f_n^- = \sup\left(-\frac{1}{n} - f, 0\right), \quad n = 1, 2, \dots .$$

Weil f auf Γ verschwindet, haben die f_n^+ und f_n^- in G kompakten Träger. Die offene Menge, auf der $f_n^+ > 0$ ist, zerfällt in abzählbar viele fremde Gebiete G_j, die von stückweise glatten Kurven berandet sind. Für jedes $\varphi \in \Omega^N(G)$ und jedes dieser G_j ist deshalb nach dem Satz von Stokes (Satz III.2) $(df_n^+, *\varphi)_{G_j} = 0$ und somit $(df_n^+, *\varphi)_G = 0$. Entsprechend ist $(d f_n^-, * \varphi)_G = 0$ und mit $f_n = f_n^+ - f_n^-$ folgt

$$(d f_n, * \varphi) = 0, \quad \varphi \in \Omega^N(G), \quad n = 1, 2, \ldots . \tag{32.2}$$

Anderseits ist

$$\lim_{n \to \infty} \| d f_n - d f \| = 0 . \tag{32.3}$$

Denn die offenen Mengen $\left\{ p \mid |f(p)| > \dfrac{1}{n} \right\}$ bilden eine gegen $\{ p \mid f(p) \neq 0 \}$ konvergente Mengenfolge, und die in G abgeschlossene Menge $\{ p \mid f(p) = 0 \}$ liefert für die Norm $\| d f_n - d f \|$ keinen Beitrag[1]. Aus (32.2) und (32.3) folgt dann $(d f, * \varphi) = 0$ oder wegen (32.1)

$$(d g - d u, * \varphi) = 0, \quad \varphi \in \Omega^N(G) .$$

Dies bedeutet aber gemäß (30.6), daß $d u$ die schwache Projektion von $d g$ ist: *Das Integral der schwachen Projektion von $d g$ gibt, bei geeigneter Normierung einer additiven Konstanten, die Lösung der* DIRICHLET*schen Randwertaufgabe. Dabei verschwinden wegen $d u = d g + d f$, $f \in C_0^1$, alle Perioden dieses Integrals.*

32.2. Schwache und starke Projektion auf kompakten berandeten Flächen

Es sei R_B eine kompakte berandete Fläche (§ 5.3) mit dem Rand Γ. Ihr Inneres ist eine RIEMANNsche Fläche R. Die Differentiale ω und $*\sigma$ sollen außerhalb gewisser singulärer Stellen $p_1, \ldots, p_n$ exakt sein, auf R kompakten Träger haben und überdies der Bedingung $\| \omega - \sigma \| < \infty$ genügen. *Die schwache sowie die starke Projektion von ω ist dann in die* SCHOTTKY*-Verdoppelung $\widehat{R}$ harmonisch fortsetzbar, bis auf gewisse isolierte* Singularitäten; *die schwache Projektion $\pi \omega$ verschwindet längs Γ, bei der starken Projektion $\Pi\omega$ dagegen verschwindet längs Γ das konjugierte Differential $* (\Pi \omega)$.*

1. Zum Beweise dieses Satzes betrachten wir die SCHOTTKY-Verdoppelung $\widehat{R}$ von R_B. Es gibt eine indirekte konforme Abbildung S von $\widehat{R}$ auf sich, welche R_B in den symmetrischen Teil R_B^* überführt und den Rand Γ punktweise festläßt. Durch diese Abbildung S verpflanzen wir ω und $*\sigma$ in R_B^*, indem wir $\omega(S p) = - \omega(p)$ und $\sigma(S p) = - \sigma(p)$, $p \in R_B$, setzen. Dadurch erhalten wir zwei Differentiale $\widehat{\omega}$ und $*\widehat{\sigma}$ auf $\widehat{R}$, welche außerhalb der Stellen $p_1, \ldots, p_n, S p_1, \ldots, S p_n$ exakt sind und der Bedingung $\| \widehat{\omega} - \widehat{\sigma} \| < \infty$ genügen. Die Projektion von $\widehat{\omega}$ gibt ein

---

[1] Denn in einem Punkte p_0, wo f verschwindet und $\operatorname{grad} f \neq 0$ ist, kann man ein lokales Koordinatensystem (x, y) so wählen, daß $\dfrac{\partial f}{\partial y}$ in p_0 nicht verschwindet. Es gibt also eine Umgebung V von p_0 und darin eine glatte Kurve, so daß f in V genau auf dieser Kurve verschwindet. Das über die Menge $\{ p \mid f(p) = 0 \}$ erstreckte DIRICHLET-Integral von f muß also verschwinden.

Differential $\hat{\omega}_0$, welches außerhalb der genannten Stellen harmonisch ist und durch die Spiegelung S in das entgegengesetzte Differential $-\hat{\omega}_0$ überführt wird: $\hat{\omega}_0(Sp) = -\hat{\omega}_0(p)$, $p \in \hat{R}$. Es muß also $\hat{\omega}_0$ längs Γ verschwinden. Es bleibt noch zu zeigen, daß die Beschränkung von $\hat{\omega}_0$ auf R mit der schwachen Projektion von ω in bezug auf die Fläche R identisch ist. $\hat{\omega} - \hat{\omega}_0$ ist in $\hat{R}$ total, d. h. das Differential einer glatten Funktion f. Da $\hat{\omega}_0$ und $\hat{\omega}$ längs Γ verschwinden, kann die noch freie additive Konstante in f so gewählt werden, daß f auf Γ gleich null ist. Die Beschränkung von $\hat{\omega}_0$ auf R_B ist also von der Form $\hat{\omega}_0 = \omega + df$, $f \in \overline{C}_0^1(R)$, und somit die schwache Projektion von ω.

2. Für die starke Projektion geht der Beweis analog. Wir verpflanzen jetzt ω und σ in R_B^* *durch die Festsetzung* $\omega(Sp) = \omega(p)$, $\sigma(Sp) = \sigma(p)$, $p \in R_B$. Dadurch entstehen die Differentiale $\tilde{\omega}$ und $\tilde{\sigma}$. Die starke Projektion liefert ein Differential $\tilde{\omega}_0$, welches außerhalb der Stellen $p_1, \ldots, p_n, Sp_1, \ldots, Sp_n$ harmonisch ist, und durch die Spiegelung S in sich überführt wird: $\tilde{\omega}_0(Sp) = \tilde{\omega}_0(p)$, $p \in \hat{R}$. Es muß also $*\hat{\omega}_0$ längs Γ verschwinden. Wir zeigen nun, daß die Beschränkung von $\tilde{\omega}_0$ auf R_B mit der starken Projektion von ω identisch ist. $*(\tilde{\omega}_0 - \tilde{\sigma})$ ist auf $\hat{R}$ exakt und verschwindet längs Γ. Seine Beschränkung auf R_B gehört also zu $\overline{\Omega}_0(R)$. Daraus folgt $(\omega_0 - \sigma, df)_R = [*(\tilde{\omega}_0 - \sigma), df]_R = 0$ für jedes $f \in C_D(R)$ und dies bedeutet gemäß (30.5), daß die Beschränkung von $\tilde{\omega}_0$ auf R die starke Projektion von ω ist. Der antisymmetrischen Fortsetzung von ω entspricht also die schwache Projektion, der symmetrischen dagegen die starke. Vgl. auch L. V. AHLFORS [5]. Ist R Teilgebiet einer RIEMANNschen Fläche R', in R' kompakt und von endlich vielen getrennten Jordankurven berandet, so entspricht der „gebundenen Randbedingung", d. h. $\omega_0 = \omega + df$ mit $f = 0$ auf dem Relativrand von R, die schwache Projektion $\omega_0 = \pi\,\omega$. Im Falle einer beliebigen Fläche R ersetzen die Funktionenklassen $\overline{C}_0^1$ bzw. C_D die gebundene bzw. „freie" Randbedingung.

32.3. Normaldifferentiale

1. Sind q und q' irgend zwei Punkte auf einer beliebigen RIEMANNschen Fläche R und C ein Weg, der q mit q' verbindet, so gibt es zu einem Elementardifferential ϑ_C (§ 19.2) ein $*\sigma$ mit $\|\vartheta_C - \sigma\| < \infty$, das in $R - q - q'$ exakt ist. Die schwache Projektion von ϑ_C gibt dann ein Differential

$$\Theta_C = \vartheta_C + df, \quad f \in \overline{C}_0^1, \tag{32.4}$$

das in q und q' je eine logarithmische Singularität besitzt mit den Residuen -1 und $+1$, sonst harmonisch ist und durch den Weg C eindeutig bestimmt ist. Wir nennen es ein *Normaldifferential dritter*

Gattung. Für jedes $\omega \in \Omega^N$ gilt wegen (32.4) und (19.3)

$$[\Theta_C, \omega] = C\omega. \tag{32.5}$$

Denn es ist $[df, \omega] = 0$ für $f \in C_0^1$ und dann für $f \in \overline{C}_0^1$, weil ω endliche Norm hat.

Analog entspricht jedem $\vartheta_{\mathfrak{z}}$, $\mathfrak{z} \in \mathfrak{Z}_0$, durch schwache Projektion ein harmonisches $\Theta_{\mathfrak{z}}$, welches durch $\mathfrak{z}$ eindeutig bestimmt ist und wofür

$$[\Theta_{\mathfrak{z}}, \omega] = \mathfrak{z}\,\omega\,, \quad \omega \in \Omega^N \tag{32.6}$$

gilt. Wir nennen es ein *Normaldifferential erster Gattung*[1].

2. Ist R das Innere einer kompakten berandeten Fläche R_B mit dem Rand Γ, und $\mathfrak{z}$ ein kompakter Zyklus auf R, so ist $\Theta_{\mathfrak{z}}$ auf R_B noch harmonisch und $\Theta_{\mathfrak{z}} = 0$ längs Γ. Dies folgt unmittelbar aus § 32.2.

32.4. Schwache und starke Projektion bei einer Ausschöpfung

Sind eine RIEMANNsche Fläche R sowie die Differentiale ω und $*\sigma$ gemäß den Voraussetzungen des Satzes IV.13 gegeben, so kann man die schwache und starke Projektion in bezug auf irgendein Teilgebiet F von R ausüben, da a fortiori $\|\omega - \sigma\|_F < \infty$ ist. Wie verhalten sich nun die Projektionen in bezug auf eine wachsende und ausschöpfende Folge von Teilgebieten? Hierüber gilt folgender

Satz IV.14. *Erfüllen ω und $*\sigma$ die Voraussetzungen des Satzes IV.13, ist $\{F_n\}$ irgendeine Ausschöpfung von R, und sind die ω_n die schwachen (starken) Projektionen von ω in bezug auf F_n und ω_0 die entsprechende Projektion in bezug auf R, so gilt*

$$\lim_{n \to \infty} \|\omega_n - \omega_0\| = 0\,.$$

Beweis. 1) Betrachten wir zunächst die schwache Projektion. Gemäß (30.6) ist

$$(\omega - \omega_n, *\varphi)_{F_n} = 0\,, \quad \varphi \in \Omega^N(F_n)\ [2] \tag{32.7}$$

und daher

$$(\omega - \omega_n, \omega_n - \omega_m)_{F_n} = 0\,, \quad m > n\,. \tag{32.8}$$

In Verbindung mit

$$\|(\omega_m - \omega) - (\omega_n - \omega)\|_{F_n}^2$$
$$= \|\omega_m - \omega\|_{F_n}^2 - 2(\omega_m - \omega, \omega_n - \omega)_{F_n} + \|\omega_n - \omega\|_{F_n}^2 \quad \text{folgt daraus}$$

$$\|\omega_m - \omega_n\|_{F_n}^2 \leq \|\omega_m - \omega\|_{F_m}^2 - \|\omega_n - \omega\|_{F_n}^2\,, \quad m > n\,. \tag{32.9}$$

Die Normen $\|\omega_n - \omega\|_{F_n}$ sind also monoton wachsend. Wegen (32.7) ist $(\omega - \omega_n, \omega - \omega_n - (\omega - \sigma))_{F_n} = -(\omega - \omega_n, \omega_n - \sigma)_{F_n} = 0$ und daher

---

[1] Wir nennen $\Theta_{\mathfrak{z}}$ von erster Gattung, weil es überall auf R harmonisch ist.

[2] Um das Gebiet G anzugeben, auf welches sich die Elemente aus Ω^N und C_D beziehen, schreiben wir $\Omega^N(G)$ und $C_D(G)$.

$\|\omega - \omega_n\|^2_{F_n} = (\omega - \omega_n, \omega - \sigma)_{F_n} \leqq \|\omega - \omega_n\|_{F_n} \cdot \|\omega - \sigma\|$ oder
$\|\omega - \omega_n\|_{F_n} \leqq \|\omega - \sigma\|$. Die $\|\omega_n - \omega\|_{F_n}$ sind also beschränkt und somit konvergent. Dies ergibt mit (32.9)

$$\lim_{\substack{m, n \to \infty \\ m > n}} \|\omega_m - \omega_n\|_{F_n} = 0 \, .$$

Demnach bilden die ω_n in jedem Teilgebiet G, das in R kompakt ist, eine CAUCHY-Folge. Nach § 16.5 konvergieren sie gegen *ein* harmonisches Differential ω'_0: $\lim\limits_{n \to \infty} \|\omega_n - \omega'_0\|_G = 0$. Indem man n fest läßt und m gegen unendlich streben läßt, folgt aus (32.9)

$$\|\omega'_0 - \omega_n\|^2_{F_n} \leqq \lim_{m \to \infty} \|\omega_m - \omega\|^2_{F_m} - \|\omega_n - \omega\|^2_{F_n}$$

und daher

$$\lim_{n \to \infty} \|\omega_n - \omega'_0\|_{F_n} = 0 \, . \tag{32.10}$$

Es bleibt noch zu zeigen, daß ω'_0 die schwache Projektion von ω ist. Aus $\|\omega - \omega'_0\|_{F_n} \leqq \|\omega - \omega_n\|_{F_n} + \|\omega'_0 - \omega_n\|_{F_n}$ sieht man, daß $\|\omega - \omega'_0\| < \infty$ ist. Für ein $\varphi \in \Omega^N$ gilt dann wegen (32.7) $(\omega - \omega'_0, *\varphi)_{F_n} = (\omega_n - \omega'_0, *\varphi)_{F_n}$ und wegen (32.10) $(\omega - \omega'_0, *\varphi) = 0$. Nach (30.6) entsteht also ω'_0 durch schwache Projektion aus ω.

2) Im Falle der starken Projektion geht der Beweis ähnlich, man hat jedoch σ an Stelle von ω zu verwenden. Nach der Orthogonalitätsrelation (30.5) ist

$$(\omega_n - \sigma, df)_{F_n} = 0, \quad f \in C_D(F_n), \tag{32.11}$$

und gemäß (30.3) $\omega_n = \omega + df_n$, $f_n \in C_D(F_n)$. Da für $m > n$ auch $f_m - f_n$ zu $C_D(F_n)$ gehört, folgt $\|\omega_m - \omega_n\|^2_{F_n} < \|\omega_m - \sigma\|^2_{F_n} - \|\omega_n - \sigma\|^2_{F_n}$, $m > n$. Daß die $\|\omega_m - \sigma\|_{F_m}$ beschränkt sind, folgt aus $\omega - \sigma = (\omega_n - \sigma) + df_n$ und (32.11). Es gibt dann ein ω'_0 mit (32.10). Aus (32.11) und (32.10) schließt man: $(\omega'_0 - \sigma, df) = 0, f \in C_D$. Daraus ergibt sich, daß ω'_0 die starke Projektion von ω ist.

Bemerkung. Der Beweis ergibt nicht nur die starke Konvergenz der ω_n gegen ω_0, sondern liefert auch ein Konstruktionsverfahren von ω_0 aus den ω_n.

32.5. Normalpotentiale zweiter und dritter Gattung

1. Wir wählen auf der RIEMANNschen Fläche R eine Parameterzelle (V, z) mit dem Zentrum q und dem Rand γ.

$$s = \mathfrak{Re}\left(\frac{a_1}{z} + \cdots + \frac{a_n}{z^n}\right) \tag{32.12}$$

sei die vorgegebene Singularität in q. Unter einem zu dieser Singularität gehörigen *Normalpotential zweiter Gattung* verstehen wir eine Funktion u_s, welche in q wie s singulär wird, sonst harmonisch ist und für eine geeignete Konstante K der „Randbedingung" (vgl. auch § 28.2)

$$|u_s| < K \cdot H(\gamma, R - V) \tag{32.13}$$

genügt[1]. Auf nullberandeten Flächen bedeutet diese Randbedingung, daß u_s in $R - V$ beschränkt ist. u_s ist durch die Singularität s und die Randbedingung eindeutig bzw. bis auf eine additive Konstante bestimmt (vgl. § 28.1.1).

Sind dagegen (V, z) und (V', z') auf R zwei getrennte Parameterzellen mit den Zentren a und a', so verstehen wir unter einem zu a und a' gehörigen *Normalpotential dritter Gattung* eine Funktion $u(p; a, a')$, welche in a und a' wie $-\log|z|$ bzw. $+\log|z'|$ singulär wird, sonst harmonisch ist und der „Randbedingung"

$$|u(p; a, a')| < K \cdot H(p, \gamma \cup \gamma', R - V - V') \tag{32.14}$$

genügt. Auf nullberandeten Flächen bedeutet die Randbedingung wiederum, daß u außerhalb der Zellen V und V' beschränkt ist. $u(p; a, a')$ ist durch die singulären Stellen a und a' eindeutig bzw. bis auf eine additive Konstante bestimmt; denn die logarithmischen Singularitäten hängen nicht von der Wahl des definierenden lokalen Parameters ab (vgl. § 28.3).

Auf positiv berandeten Flächen ergibt das PERRONSCHE Verfahren sofort die Existenz solcher Normalpotentiale zweiter und dritter Gattung (vgl. Satz IV.12); es liefert auch die Existenz einer GREENSCHEN Funktion, die auf nullberandeten Flächen nicht vorhanden ist. Es gilt jedoch

Satz IV.15. *Auf jeder* RIEMANN*schen* *Fläche existiert zu vorgegebener Singularität s ein Normalpotential zweiter Gattung u_s und zu vorgegebenen Punkten a und a' ein Normalpotential dritter Gattung $u(p; a, a')$.*

Den Nachweis bringen wir mit Hilfe des DIRICHLET*schen Prinzips.* Eine andere Methode beruht auf dem NEUMANN*schen alternierenden Verfahren*[2].

2. Für das Potential u_s betrachten wir das in (V, z) definierte Differential ds. Dieses kann man außerhalb einer kleinen Umgebung von q

---

[1] (32.13) ist eine Bedingung für das ganze Gebiet $R - V$. Da sie aber nur für genügend große K gelten muß, stellt sie eine Bedingung über das Verhalten von u_s in der Umgebung des idealen Randes dar. Wenn R als Teilgebiet einer RIEMANNschen Fläche R' in R' kompakt und von endlich vielen getrennten JORDAN-Kurven berandet ist, so muß u_s zufolge der Bedingung (32.13) auf dieser Randkurve verschwinden; daher die Bezeichnung „Randbedingung".

[2] Vgl. R. NEVANLINNA [1*, 6] und für eine allgemeinere Methode L. SARIO [6]. Ferner sei auf die historischen Bemerkungen in L. SARIO [7] hingewiesen. Ein drittes Verfahren zur Konstruktion von Normalpotentialen macht von MONTELS normalen Funktionenscharen wesentlichen Gebrauch. (Vgl. hierfür M. HEINS [1], M. OHTSUKA [1] und M. TSUJI [1].)

stetig differenzierbar zu einem ω abändern, das in $R - q$ exakt ist und außerhalb V verschwindet. Wie in § 30.4 konstruiert man dazu ein $*\sigma$, das wie ω in $R - q$ exakt ist, außerhalb V verschwindet und der Bedingung $\|\omega - \sigma\| < \infty$ genügt.

Wenn die beiden Punkte a und a' in einer Parameterzelle (V, z) liegen, so wird das zugehörige Normalpotential dritter Gattung $u(p; a, a')$ in den Stellen a und a' wie $\log\left|\dfrac{z - z(a')}{z - z(a)}\right|$ singulär. Es gibt dann auch ein Differential ω, das außerhalb V verschwindet, so daß $\omega - d\log\left|\dfrac{z - z(a')}{z - z(a)}\right|$ in V exakt ist. $\vartheta_{aa'}$ (§ 19.1) ist das zugehörige $*\sigma$. Durch schwache Projektion dieser ω entstehen dann nach Satz IV.13 totale Differentiale du, welche gemäß (30.6) der Orthogonalitätsrelation

$$(\omega - du, *\varphi) = 0, \quad \varphi \in \Omega^N \tag{32.15}$$

genügen und in $R - V$ endliche Norm haben, $\|du\|_{R-V} < \infty$. Ihre Integrale u haben in q bzw. in a und a' die verlangten Singularitäten und sind sonst harmonisch. Wir werden zeigen, daß sie bei geeigneter Wahl der Integrationskonstanten der Randbedingung (32.13) genügen, was bei geschlossenen Flächen von selbst der Fall ist.

3. Zu diesem Zwecke bezeichnen wir den Randzyklus von V mit γ. u sei ein festgewähltes Integral von du. $\omega - du$ ist total und wegen $\omega = 0$ auf γ ist nach (16.10) $(\omega - du, *\varphi)_V = - \int_\gamma u\,\varphi$ für $\varphi \in \Omega^N$. Da ω in $R - V$ verschwindet, folgt dann wegen (32.15)

$$(du, *\varphi)_{R-V} = \int_\gamma u\,\varphi, \quad \varphi \in \Omega^N. \tag{32.16}$$

Wir bestimmen jetzt nach Satz IV.7 die in $R - V$ harmonische Funktion h, welche auf γ mit u übereinstimmt und der Randbedingung (32.13) genügt. Für die u_n in § 27.4, welche h approximieren, gilt dann nach (16.10) $(du_n, *\varphi)_{R-V} = \int_\gamma u_n\,\varphi$ und wegen (27.6) auch

$$(dh, *\varphi)_{R-V} = \int_\gamma u\,\varphi, \quad \varphi \in \Omega^N.$$

Daraus folgt in Verbindung mit (32.16)

$$(du - dh, *\varphi)_{R-V} = 0, \quad \varphi \in \Omega^N. \tag{32.17}$$

Man möchte zeigen, daß $du = dh$ ist. $du - dh$ ist in $R - V$ harmonisch, also $\varphi_1 = *(du - dh)$ exakt. Ferner gilt $\|du\|_{R-V} < \infty$ auf Grund des DIRICHLETschen Prinzips und $\|dh\|_{R-V} < \infty$ gemäß Satz IV.8: $\varphi_1 = *(du - dh)$ ist von endlicher Norm in $R - V$. (32.17) gilt aber nur für solche φ, die in R exakt sind. Wir haben also zu untersuchen, unter welchen Bedingungen φ_1 zu einem exakten Differential auf R

erweitert werden kann. Dafür ist notwendig und hinreichend, daß

$$\int_{\gamma} \varphi_1 = 0 \tag{32.18}$$

ist. Offenbar ist diese Bedingung notwendig. Daß sie auch hinreichend ist, sieht man so: Es gibt eine Umgebung U, welche $\bar{V}$ enthält und durch $z = \alpha(p)$ konform auf $|z| < 1 + \varepsilon$ abgebildet wird. Wegen (32.18) gibt es im Kreisring $1 \leq |z| < 1 + \varepsilon$ eine eindeutige Funktion f, mit $df = \varphi_1$. Diese Funktion f läßt sich aber stetig differenzierbar in $|z| < 1 + \varepsilon$ erweitern.

Da nun die Summe der Residuen von $*\,du$ in V gleich null ist, haben wir $\int_{\gamma} *\,du = 0$. Die Bedingung (32.18) ist also genau dann erfüllt, wenn

$$\int_{\gamma} *\,dh = 0 \tag{32.19}$$

ist. Nach der Bemerkung am Schluß von § 27.4 ist dies für nullberandete Flächen immer der Fall, die Wahl der Integrationskonstanten spielt hier keine Rolle. Es sei also jetzt R positiv berandet. Dann ist das harmonische Maß $H = H(p, \gamma, R - V)$ keine Konstante und $\int_{\gamma} *\,dH < 0$. Es gibt also eine Konstante c, so daß $c \int_{\gamma} *\,dH = \int_{\gamma} *\,dh$ ist. Mit $h_1 = h - c\,H$ an Stelle von h und $u_1 = u - c$ anstelle von u ist dann (32.18) erfüllt, und daher $\varphi_1 = *(du_1 - dh_1)$ zu einem exakten Differential (von endlicher Norm) auf R ausdehnbar. Mit $\varphi = \varphi_1$ folgt aber dann aus (32.17) $\|du_1 - dh_1\|_{R-V} = 0$ oder $u_1 = h_1$. Weil h_1 der Randbedingung (32.13) bzw. (32.14) genügt, ist der Satz IV.15 bewiesen, jedenfalls, was die Normalpotentiale zweiter Gattung betrifft und für die Normalpotentiale dritter Gattung, sofern die singulären Stellen a und a' in einer Zelle liegen. Sind aber a und a' irgend zwei Punkte auf R, so gibt es eine Punktfolge $a = a_1, \ldots a_{n+1} = a'$, so daß $a_\varkappa$ und $a_{\varkappa+1}$ in einer Zelle $V_\varkappa$ liegen, $\varkappa = 1, 2, \ldots, n$. Die Summe $\sum_{\varkappa=1}^{n} u(p; a_\varkappa, a_{\varkappa+1})$ ist dann ein zu a und a' gehöriges Normalpotential dritter Gattung.

32.6. Satz IV.15 ergibt in Verbindung mit § 32.2

Satz IV.16. Es sei $\{F_n\}_1^\infty$ eine normale Ausschöpfung der Fläche R durch die Teilgebiete F_n mit analytischem Rand Γ_n. (V, z) sei eine Parameterzelle mit dem Zentrum q in F_1 und $s = \frac{a_1}{z} + \cdots + \frac{a_n}{z^n}$. Dann gibt die starke Projektion in $R - q$ eine harmonische Funktion u und in den $F_n - q$ harmonische Funktionen u_n, die je in q wie $\mathfrak{Re}\,s$ singulär werden, mit folgenden Eigenschaften:

1) *$u - u_n$ konvergiert lokal gleichmäßig gegen null,*
2) *$\lim D_{F_n}(u - u_n) = 0$,*
3) *$*\,du_n$ verschwindet längs Γ_n.*

Denn die starke Projektion liefert zunächst die Differentiale ω_0 und ω_n, die in q wie $d\,\mathfrak{Re}\,s$ singulär werden, mit $*\,\omega_n = 0$ längs Γ_n und $\lim\limits_{n\to\infty}\|\omega_n - \omega_0\|_{F_n} = 0$. Nun sind die ω_0 und ω_n die Differentiale von harmonischen Funktionen u_n und u mit der Singularität $\mathfrak{Re}\,s$. Über die noch freie additive Konstante in den u_n und u verfügen wir so, daß sie alle an einer Stelle $p_0 \neq q$ verschwinden. Dann konvergiert $u_n - u$ gemäß § 16.5 lokal gleichmäßig gegen null.

§ 33. Konstruktion einer Minimalfolge[1]

33.1. Geschlossene Flächen.
1. Der Beweis des DIRICHLETschen Prinzips beruht auf der Betrachtung einer Minimalfolge $\{\omega_n\}$. Daß es eine solche gibt, ist auf Grund einfacher Überlegungen klar, diese Überlegungen liefern aber auch nicht mehr als eine reine Existenzaussage. Um dieses nicht-konstruktive Moment beim DIRICHLETschen Prinzip zu beseitigen, wollen wir jetzt eine Minimalfolge konstruieren, zunächst für geschlossene Flächen und für $\sigma = 0$.

Gegeben sei eine exakte Form ω_0 aus Ω. Mit (ω_0) bezeichnen wir die Klasse der Differentiale ω von der Form $\omega = \omega_0 + df$, wo f eine stetige Funktion ist und stückweise glatt in folgendem Sinne: Abgesehen von der Vereinigungsmenge A endlichvieler analytischer Kurvenbogen, also auf der offenen Menge $R - A$, ist f stetig differenzierbar und das über $R - A$ erstreckte DIRICHLET-Integral endlich. Es ist also die Klasse dieser Funktionen f größer als C_D.

Da R kompakt ist, gibt es eine endliche Überdeckung mit Parameterzellen, die wir für das folgende fest wählen und mit V_i, $i = 0, 1, 2, \ldots, k$, bezeichnen. Wir definieren für jede Parameterzelle V_i einen linearen Operator Φ_i: Zu $\omega \in (\omega_0)$ gibt es in V_i eine stetige Funktion f_i mit $df_i = \omega$ in V_i. Da f_i auf dem Rande von V_i stetig ist, kann man die zugehörige erste Randwertaufgabe lösen, d. h. jene in V_i harmonische und auf $\overline{V}_i$ noch stetige Funktion F_i konstruieren, die auf dem Rande von V_i mit f_i übereinstimmt.

Wir setzen

$$\Phi_i\,\omega = \begin{cases} \omega & \text{in } R - V_i \\ dF_i & \text{in } V_i \end{cases} \qquad i = 0, 1, 2, \ldots, k\,. \tag{33.1}$$

$\Phi_i\,\omega$ ist durch ω und den Index i eindeutig bestimmt und es gehört auch $\Phi_i\,\omega$ zur Klasse (ω_0). Zur Durchführung des Verfahrens benötigen wir folgenden

Hilfssatz IV.2. *Für jede exakte Form φ mit endlicher Norm, die in V_i harmonisch ist, gilt*

$$(\varphi,\ \omega - \Phi_i\,\omega) = 0\,. \tag{33.1'}$$

---

[1] Vgl. A. PFLUGER [6]. Diese Veröffentlichung entstand im Anschluß an eine Arbeit von A. STEINER ([1]), wo durch Modifikation eines von H. A. SCHWARZ ([1*], S. 303—306) vorgeschlagenen alternierenden Verfahrens eine direkte Konstruktion ABELscher Integrale erster Gattung durchgeführt wurde.

Beweis. Da $\omega = \Phi_i \omega$ ist in $R - V_i$, so bedeutet die Gleichung (33.1'), daß bei Beschränkung auf V_i und Verpflanzung in den Parameterkreis $(\varphi, \omega - \Phi_i\omega)_{K_i} = 0$ ist. Nun gilt $\omega = df_i$, $\Phi_i\omega = dF_i$ und F_i löst für den Kreis K_i in bezug auf die Randwerte von f_i das DIRICHLETsche Randwertproblem. Es ist also $D(F_i) \leqq D(f_i) < \infty$. Ferner sieht man leicht, daß es eine Folge von stetigen und stückweise glatten Funktionen g_n gibt (vgl. Anm. S. 120), die im Kreisring $1 - \dfrac{1}{n} < |z_i| < 1$ verschwinden und der Bedingung $\lim\limits_{n \to \infty} D\big(g_n - (f_i - F_i)\big) = 0$ genügen. Offenbar ist $(\varphi, dg_n)_{K_i} = 0$, woraus sich durch Grenzübergang dann die gewünschte Gleichung ergibt.

2. Das angekündigte Konstruktionsverfahren verläuft nun so: Ausgehend von dem gegebenen Differential ω_0 wird eine Folge von Differentialen ω_n aus (ω_0) gebildet, wo jedes aus dem Vorangehenden durch Anwenden des Operators Φ_i hervorgeht, und der Index i ständig die Zahlenreihe $0, 1, 2, \ldots, k$ hin und her durchläuft. Wir setzen also

$$\Phi_1\omega_0 = \omega_1, \ \Phi_2\omega_1 = \omega_2, \ \ldots, \ \Phi_k\omega_{k-1} = \omega_k, \ \Phi_{k-1}\omega_k = \omega_{k+1},$$

$$\Phi_{k-2}\omega_{k+1} = \omega_{k+2}, \ \ldots, \ \Phi_1\omega_{2k-2} = \omega_{2k-1}, \ \Phi_0\omega_{2k-1} = \omega_{2k}, \ \text{usw., d.h.}$$

$$\left.\begin{aligned}\Phi_i\,\omega_{2k\nu+i-1} &= \omega_{2k\nu+i}, & i &= 1, 2, \ldots, k \\ \Phi_i\,\omega_{2k(\nu+1)-i-1} &= \omega_{2k(\nu+1)-i}, & i &= k-1, k-2, \ldots, 2, 1, 0.\end{aligned}\right\} \quad (33.2)$$

Gemäß (33.1') ist daher $(\varphi, \omega_n - \omega_{n-1}) = 0$ für jedes exakte φ endlicher Norm, das in V_i harmonisch ist, und $n = 2k\nu \pm i$ mit $\nu = 1, 2, \ldots$, $i = 0, 1, \ldots, k$. Nun ist ω_m mit $m = 2k\mu \pm i$ in V_i harmonisch und somit

$$(\omega_m, \omega_n - \omega_{n-1}) = 0 \ \text{für} \ m \equiv \pm n \,(\text{mod} \, 2k). \qquad (33.3)$$

Daraus folgt zunächst mit $m = n$

$$\|\omega_n - \omega_{n-1}\|^2 = \|\omega_{n-1}\|^2 - \|\omega_n\|^2.$$

Es sind also die Normen $\|\omega_n\|$ monoton abnehmend, es existiert

$$\lim\limits_{n \to \infty} \|\omega_n\| = d \qquad (33.4)$$

und es ist

$$\lim\limits_{n \to \infty} \|\omega_n - \omega_{n-1}\| = 0. \qquad (33.5)$$

Weiter folgt aus (33.3) $(\omega_m, \omega_n) = (\omega_{m+1}, \omega_{n-1})$ für $m \equiv -n \,(\text{mod} \, 2k)$; denn es ist in diesem Falle neben (33.3) auch $(\omega_{n-1}, \omega_{m+1} - \omega_m) = 0$. Dies ergibt

$$(\omega_m, \omega_{m+2\nu}) = \|\omega_{m+\nu}\|^2$$

für alle m und ν. Daher ist

$$\|\omega_{m+2\nu} - \omega_m\|^2 = \|\omega_{m+2\nu}\|^2 + \|\omega_m\|^2 - 2(\omega_{m+2\nu}, \omega_m)$$
$$= \|\omega_{m+2\nu}\|^2 + \|\omega_m\|^2 - 2\|\omega_{m+\nu}\|^2$$

und somit für beliebige ν $\lim\limits_{m \to \infty} \|\omega_{m+2\nu} - \omega_m\| = 0$. Zusammen mit (33.5) und der Subadditivität der Norm folgt dann

$$\lim_{m,n \to \infty} \|\omega_m - \omega_n\| = 0 \; . \tag{33.6}$$

Die ω_n bilden also eine CAUCHY-Folge. Für ein festes i ist $\varphi_\nu^{(i)} = \omega_{2k\nu+i}$ in V_i harmonisch, und es gilt bei Restriktion auf V_i a fortiori

$$\lim_{\mu,\nu \to \infty} \|\varphi_\mu^{(i)} - \varphi_\nu^{(i)}\|_{V_i} = 0 \; .$$

Daher (vgl. § 16.5) konvergieren die $\varphi_\nu^{(i)}$ in V_i gegen ein harmonisches Differential $\varphi^{(i)}$:

$$\lim_{\mu \to \infty} \|\varphi_\mu^{(i)} - \varphi^{(i)}\|_{V_i} = 0 \; . \tag{33.7}$$

Damit ist in jeder Parameterumgebung V_i ein harmonisches Differential $\varphi^{(i)}$ konstruiert worden, das der Bedingung (33.7) genügt. Für zwei beliebige i und j aus der Indexmenge $\{0, 1, 2, \ldots, k\}$ gilt aber nun

$$\|\varphi_\nu^{(i)} - \varphi_\nu^{(j)}\| = \|\omega_{2k\nu+i} - \omega_{2k\nu+j}\| \to 0$$

für $\nu \to \infty$ und daraus folgt bei Restriktion auf den Durchschnitt $V_i \cap V_j$ $\|\varphi^{(i)} - \varphi^{(j)}\|_{V_i \cap V_j} = 0$, d. h. die Differentiale $\varphi^{(i)}$ und $\varphi^{(j)}$ stimmen im Durchschnitt $V_i \cap V_j$ überein, sind also harmonische Fortsetzungen voneinander und definieren ein einziges, auf R eindeutiges und harmonisches Differential φ. Da die ω_n eine CAUCHY-Folge bilden, ist wegen (33.7) $\lim\limits_{n \to \infty} \|\omega_n - \varphi\|_{V_i} = 0$ für $i = 0, 1, 2, \ldots, k$, woraus sich unmittelbar

$$\lim_{n \to \infty} \|\omega_n - \varphi\|_R = 0$$

ergibt: Die ω_n konvergieren stark gegen das harmonische Differential φ.

Es ist noch zu zeigen, daß $\omega_0 - \varphi$ total ist. Wegen (33.1) ist jedenfalls $\omega_{n+1} - \omega_n$ und damit auch $\omega_0 - \omega_n$ total. Der Rest ergibt sich genauso wie in § 31.3.3, wobei zu beachten ist, daß für ω_0 bzw. φ in dieser Nummer dort ω bzw. ω_0 geschrieben wurde.

33.2. Offene Flächen. 1. Das obige Verfahren kann man nicht direkt auf offene Flächen übertragen, da das periodische Hin- und Herlaufen des Operators Φ_i auf den Zellen V_i, $i = 1, \ldots, k$, sehr wesentlich ist. Dagegen kann es unmittelbar auf einen Zellenbereich B einer offenen Fläche, das ist eine zusammenhängende Vereinigungsmenge von endlich vielen Zellen angewendet werden. Man gewinnt dadurch zu einem beliebigen exakten Differential ω_0 auf R in B ein harmonisches Differential φ mit

$$\varphi = \omega_0 + df, \quad f \in \overline{C}_0^1(B) \; .$$

Jedenfalls ist $D_B(f) < \infty$. Daß f zu $\overline{C}_0^1(B)$ gehört, sieht man so: Gemäß (33.1) ist $\omega_{n+1} - \omega_n = df_i$, wobei f_i auf dem Rande von V_i verschwindet und auf $\overline{V}_i$ stetig ist mit $D_{V_i}(f_i) < \infty$. Es gehört f_i also zu $\overline{C}_0^1(V_i) \subset \overline{C}_0^1(B)$. Nun setzt sich $\omega_n - \omega_0$ aus endlich vielen df_i additiv zusammen und da ω_n stark gegen φ konvergiert, gehört auch das obige f zu $\overline{C}_0^1(B)$. Damit haben wir aber durch ein alternierendes Verfahren die Lösung des schwachen DIRICHLETschen Prinzips in bezug auf den Zellenbereich B erhalten. Daraus könnte man gemäß § 32.4 auch die Lösung bezüglich der RIEMANNschen Fläche R gewinnen, wenn man das geschilderte Verfahren sukzessive auf Bereiche B_j, $j = 1, 2, \ldots$ anwendet, welche wachsend die RIEMANNsche Fläche R ausschöpfen.

2. Eine kleine Modifikation des Verfahrens führt auf einer kompakten berandeten Fläche R_B auch zu einer Lösung des starken Prinzips. Man braucht nur in den Randzellen statt der ersten die gemischte Randwertaufgabe zu lösen, indem man den Randbogen als freien Bogen behandelt, längs welchem die Normalableitung zu verschwinden hat (vgl. § 32.2.2).

33.3. Anwendung auf das NEUMANNsche alternierende Verfahren

1. Wir zeigen noch, daß die in Nr. 1 angewandte Methode auch zur Konvergenz des NEUMANNschen Verfahrens (Anm. 2 S. 129) führt. Der Einfachheit halber sei die RIEMANNsche Fläche R wieder geschlossen. (V, α) sei eine Parameterzelle mit dem Zentrum p_1. Es seien $\alpha(R_0)$ der Kreis $\{z \mid |z| \leq 1/2\}$ und $\alpha(K)$ der Kreisring $\{z \mid 1/2 \leq |z| \leq 1\}$. Wir setzen $R - R_0 = F_0$, $V = F_1$ und $R - F_1 = R_1$. Γ_i sei der Randzyklus von F_i, $i = 0, 1$. Das NEUMANNsche Verfahren löst die Aufgabe zu gegebener harmonischer Funktion H in K mit

$$\int_{\Gamma_0} * dH = 0 \tag{33.8}$$

in F_0 und F_1 je eine harmonische Funktion H_0 und H_1 zu finden, so daß $H_0 - H_1 = H$ ist in K. Hierfür wird eine Doppelfolge von harmonischen Funktionen $u_n^{(i)}$ in F_i, $i = 0, 1$, durch folgende alternierende Randbedingungen konstruiert:

$$\begin{aligned} u_n^{(0)} &= u_{n-1}^{(1)} + H \quad \text{auf } \Gamma_0 \qquad n = 1, 2, 3, \ldots \\ u_n^{(1)} &= u_n^{(0)} - H \quad \text{auf } \Gamma_1 \qquad u_0^{(1)} \equiv 0 \,. \end{aligned} \tag{33.9}$$

Man zeigt, daß die $u_n^{(i)}$ in F_i lokal gleichmäßig gegen eine harmonische Grenzfunktion H_i, $i = 0, 1$, konvergieren. Daher ist nach (33.9) $H_0 - H_1 = H$ auf K.

2. Es genügt aber die Konvergenz der $du_n^{(i)}$ und diese kann durch eine ähnliche Betrachtung wie in § 33.1 bewiesen werden. Wegen (33.8) existiert in R_0 eine harmonische Funktion h mit $* dh = * dH$ längs Γ_0. Wir setzen

$$\overline{H} = \begin{cases} h \text{ im Innern von } R_0 \\ H \text{ auf } K \,. \end{cases}$$

$\overline{H}$ ist stückweise in R_1 und K harmonisch, aber nicht stetig; dagegen sind die Normalableitungen von $\overline{H}$ längs Γ_0 stetig. Wir setzen

$$f_n^{(0)} = \begin{cases} u_n^{(0)} & \text{auf } F_0 \\ u_{n-1}^{(1)} + \overline{H} & \text{auf } R_0 \end{cases}$$

$$f_n^{(1)} = \begin{cases} u_n^{(0)} & \text{auf } R_1 \\ u_n^{(1)} + \overline{H} & \text{auf } F_1 \,. \end{cases} \tag{33.10}$$

Die $f_n^{(i)}$ haben längs Γ_0 eine Unstetigkeitslinie. Dagegen sind die Differenzen $f_n^{(0)} - f_n^{(1)}$ und $f_n^{(0)} - f_{n-1}^{(1)}$ auf R stetig, sowie $f_n^{(0)} - f_n^{(1)} = 0$ auf R_1 und $f_n^{(0)} - f_{n-1}^{(1)} = 0$ auf R_0. Daher ist $D_R(f_m^{(1)}, f_n^{(0)} - f_n^{(1)}) = D_{F_1}(f_m^{(1)}, f_n^{(0)} - f_n^{(1)})$ und $D_R(f_m^{(0)}, f_n^{(0)} - f_{n-1}^{(1)}) = D_{F_0}(f_m^{(0)}, f_n^{(0)} - f_{n-1}^{(1)})$. Nach (16.10) verschwinden aber diese beiden Ausdrücke, da gemäß (33.10) $f_m^{(0)}$ auf F_0 harmonisch und $f_m^{(1)}$ stückweise auf K und R_0 harmonisch ist mit stetiger Normalableitung längs Γ_0. Es gelten also die Relationen

$$D_R(f_m^{(0)}, f_n^{(0)} - f_{n-1}^{(1)}) = D_R(f_m^{(1)}, f_n^{(0)} - f_n^{(1)}) = 0 \tag{33.11}$$

für $m, n = 1, 2, \ldots$. Diese ergeben die Konvergenz der $d u_n^{(i)}$ in folgender Weise.

Zunächst folgt aus (33.11) für $m = n$

$$D(f_n^{(1)} - f_n^{(0)}) = D(f_n^{(0)}) - D(f_n^{(1)}) \tag{33.12}$$

und

$$D(f_n^{(0)} - f_{n-1}^{(1)}) = D(f_{n-1}^{(1)}) - D(f_n^{(0)}) \,. \tag{33.13}$$

Dies liefert die monotone Sequenz

$$\ldots \geqq D(f_n^{(0)}) \geqq D(f_n^{(1)}) \geqq D(f_{n+1}^{(0)}) \geqq \cdots \,.$$

Es ist also

$$\lim_{n \to \infty} D(f_n^{(0)}) = \lim_{n \to \infty} D(f_n^{(1)}) = d \tag{33.14}$$

und wegen (33.12) und (33.13)

$$\lim_{n \to \infty} D(f_n^{(1)} - f_n^{(0)}) = \lim_{n \to \infty} D(f_n^{(0)} - f_{n-1}^{(1)}) = 0 \,. \tag{33.15}$$

3. Das Ziel ist der Beweis von (33.18). Die Relationen (33.11) liefern zusammen mit der Symmetrieeigenschaft $D(u, v) = D(v, u)$ nacheinander $D(f_m^{(0)}, f_n^{(0)}) = D(f_m^{(0)}, f_{n-1}^{(1)}) = D(f_m^{(1)}, f_{n-1}^{(1)})$ und analog $D(f_m^{(1)}, f_n^{(1)}) = D(f_{m+1}^{(0)}, f_n^{(0)})$. Beides zusammen ergibt $D(f_m^{(i)}, f_n^{(i)}) = D(f_{m+1}^{(i)}, f_{n-1}^{(i)})$ und daraus folgt durch Iteration

$$D(f_{m+2p}^{(i)}, f_m^{(i)}) = D(f_{m+p}^{(i)}) \tag{33.16}$$

für $m, p = 1, 2, 3, \ldots; i = 0, 1$. Daher ist $D(f_{m+2p}^{(i)} - f_m^{(i)}) = D(f_{m+2p}^{(i)}) + D(f_m^{(i)}) - 2 D(f_{m+2p}^{(i)}, f_m^{(i)}) = D(f_{m+2p}^{(i)}) + D(f_m^{(i)}) - 2 D(f_{m+p}^{(i)})$ und wegen (33.14) für beliebige p

$$\lim_{m \to \infty} D(f_{m+2p}^{(i)} - f_m^{(i)}) = 0 \,. \tag{33.17}$$

Mit der Dreiecksungleichung $\sqrt{D(u+v)} \leqq \sqrt{D(u)} + \sqrt{D(v)}$ folgt daraus zusammen mit (33.15)

$$\lim_{m,n\to\infty} D(f_m^{(i)} - f_n^{(i)}) = 0, \quad i = 0, 1. \tag{33.18}$$

Dies bedeutet, daß die $f_n^{(i)}$ in bezug auf den Distanzbegriff $d(u,v) = \sqrt{D(u-v)}$ eine CAUCHY-Folge bilden:

$$\lim_{m,n\to\infty} D_R(f_m^{(i)} - f_n^{(i)}) = 0.$$

Deshalb konvergieren die auf F_0 bzw. F_1 harmonischen Differentiale $du_n^{(0)}$ bzw. $du_n^{(1)}$ zufolge (33.10) und § 16.5 lokal gleichmäßig gegen ein harmonisches Differential ψ_0 bzw. φ_1. Wegen (33.15) ist $\varphi_0 = \varphi_1 + d\overline{H}$ in $F_0 \cap F_1 = K$. Die Integrale H_i der φ_i sind also in F_i harmonisch und erfüllen bei geeigneter Wahl der Integrationskonstanten in K die Gleichung $H_0 - H_1 = H$.

4. Die Methode ist auch bei nicht-kompakten Flächen anwendbar, wenn zu den Gleichungen (33.10) eine zusätzliche Bedingung beim „idealen Rand" gestellt wird: Die $u_n^{(0)}$ sollen für geeignete Konstanten K_n der Randbedingung (28.3) genügen. Dann sind die $u_n^{(i)}$ gemäß Satz IV.7 eindeutig konstruierbar und gemäß (27.8) gelten auch die Relationen (33.11).

Fünftes Kapitel

Uniformisierungstheorie

§ 34. Beweis des RIEMANNschen Abbildungssatzes

Der RIEMANNsche Abbildungssatz ist der grundlegendste Satz über konforme Abbildung und gleichzeitig die Grundlage der Uniformisierungstheorie. Er lautet:

RIEMANNscher Abbildungssatz. *Eine homolog einfach zusammenhängende RIEMANNsche Fläche ist einem der folgenden drei Normaltypen konform äquivalent:*

1) der Kreisscheibe,
2) der euklidischen Ebene,
3) der RIEMANNschen Zahlenkugel.

Wir nennen die Fläche entsprechend vom hyperbolischen, parabolischen bzw. elliptischen Typus.

Der elliptische Fall tritt offenbar genau dann ein, wenn die Fläche kompakt ist. Sie ist hyperbolisch, wenn sie positiv berandet ist und parabolisch, wenn sie nicht kompakt, aber nullberandet ist. Der im folgenden gegebene Beweis von R. NEVANLINNA [1*] benützt die Existenz der GREENschen Funktion für eine positiv berandete Fläche und eines

Normalpotentials $u(p; a, a')$ für nullberandete Flächen. Hiermit konstruiert man eine Abbildungsfunktion w. Ihre Eindeutigkeit ergibt sich aus dem homologiemäßig einfachen Zusammenhang in Verbindung mit dem Residuensatz. Den Nachweis ihrer Schlichtheit auf Grund des Maximumprinzips statt des Argumentprinzips zu führen, entspricht einer Idee von M. HEINS [1].

34.1. Beweis des Abbildungssatzes im hyperbolischen Fall. Um einen Ansatz zu finden, nehmen wir an, es sei eine Abbildung von R auf die Kreisscheibe $|w| < 1$ bekannt. Dann gibt es offenbar zu jedem Punkt $q \in R$ eine Funktion $w(p, q)$, welche R konform so auf die Kreisscheibe abbildet, daß q in den Mittelpunkt $w = 0$ übergeht. Dann ist aber $- \log |w(p, q)| = g(p, q)$ die GREENsche Funktion für die Fläche R mit dem Pol in q.

Da nun R entsprechend der Voraussetzung positiv berandet ist, existiert auf R eine GREENsche Funktion (§ 28.3) und wir haben die Aufgabe, aus $g(p, q)$ die Abbildungsfunktion $w(p, q)$ zu konstruieren.

1. Bei festem q ist $\varphi = dg + i*dg$ ein analytisches Differential, das in q logarithmisch singulär wird mit dem Residuum $2\pi i$. Auf Grund des homologiemäßig einfachen Zusammenhanges von R und des Residuensatzes (§ 22.2) wird dann für jeden Zyklus $\mathfrak{z}$ auf R, der nicht durch q geht, $\mathfrak{z}\varphi$ ein ganzzahliges Multiplum von $2\pi i$ sein. Ist nun O ein fester Punkt $\neq q$, C_O^p ein Weg, der O mit $p (\neq q)$ verbindet, ohne q zu treffen, so wird durch das Integral $C_O^p \varphi$ in der Umgebung von p eine analytische Funktion f definiert; sie ist modulo $2\pi i$ eindeutig bestimmt. Es ist also $w(p, q) = e^{-g(0, q) - f}$ außerhalb q eindeutig und analytisch. Berücksichtigt man ferner, daß $\mathfrak{Re} f = g(p, q) - g(0, q)$ ist, also $w(p, q)$ beschränkt ist, so folgt:

Es existiert für jedes $q \in R$ eine auf R eindeutige analytische Funktion $w(p, q)$ mit

$$\log |w(p, q)| = - g(p, q). \tag{34.1}$$

Sie hat also die einzige, und zwar einfache Nullstelle q und ist bis auf einen Faktor vom Betrage 1 eindeutig bestimmt.

2. Es ist

$$w(p, q') = e^{i\alpha} \frac{w(p, q) - w(q', q)}{1 - \overline{w(q', q)} w(p, q)} \,. \tag{34.2}$$

Zum Beweise bezeichnen wir die rechte Seite mit $w(p; q, q')$. Diese Funktion ist in p auf R eindeutig und analytisch, verschwindet in q' mit einer gewissen Vielfachheit k und ist dem Betrage nach stets < 1. Es ist also $- \log |w(p; q, q')|$ im Sinne der Minimaleigenschaft der GREENschen Funktion (§ 28.3) eine Konkurrenzfunktion zu $g(p, q')$; daraus schließen wir, daß

$$- \log |w(p; q, q')| \geqq g(p, q') = - \log |w(p, q')|$$

ist. Für $p = q$ haben wir jedoch $|w(q; q, q')| = |w(q', q)|$ und somit $|w(q', q)| \leq |w(q, q')|$. Indem man q und q' ihre Rollen vertauschen läßt, gilt entsprechend $|w(q', q)| \geq |w(q, q')|$ und deshalb $|w(q', q)| = |w(q, q')|$. Es gilt also in der obigen Ungleichung für $p = q$ das Gleichheitszeichen und daher, nach dem Maximumprinzip, angewendet auf $R - q'$, $|w(p; q, q')| \equiv |w(p, q')|$, womit (34.2) bewiesen ist.

3. $w(p, q')$ hat als Funktion von p die einzige Nullstelle q'. Es ist also nach (34.2) $w(p, q) = w(q', q)$ nur dann, wenn $p = q'$ ist. $w(p, q)$ ist daher schlicht und bildet wegen $|w(p, q)| < 1$ die Fläche R konform in den Kreis $|w| < 1$ ab. Wir haben noch zu zeigen, daß es eine Abbildung „auf" ist.

Wir bezeichnen das Bildgebiet $w(R, q)$ mit R_w und seine Greensche Funktion in bezug auf den Pol $w = 0$ mit $G(w, 0)$. Diese ist wegen der konformen Invarianz gleich $g(p, q)$ und wegen (34.1) gilt dann

$$G(w, 0) = \log\left|\frac{1}{w}\right|.$$

Ist nun a ein Randpunkt von R_w, so verhält sich die Funktion $z = \log(w - a) - \log 2$ bei festgelegtem Wert $z_0 = \log(-a) - \log 2$, in dem einfach zusammenhängenden Gebiet R_w eindeutig und bildet R_w auf ein Gebiet R_z der Halbebene $\mathfrak{Re}\, z < 0$ ab. Da die Greensche Funktion eine monotone Gebietsfunktion ist, so wird $G(z, z_0) = G(w, 0)$ durch die Greensche Funktion der linken Halbebene majorisiert und daher ist

$$0 < \log\left|\frac{1}{w}\right| \leq \log\left|\frac{z + \bar{z}_0}{z - z_0}\right|.$$

Strebt nun w in R_w gegen a, so konvergiert z gegen ∞ und es folgt $\lim_{z \to \infty} \log\left|\frac{1}{w}\right| = \log\left|\frac{1}{a}\right| = 0$, oder $|a| = 1$. R_w ist also mit der Kreisscheibe $|w| < 1$ identisch und damit ist gezeigt, daß die Funktion $w(p, q)$ die Fläche R konform auf den Kreis $|w| < 1$ abbildet.

34.2. Beweis des Abbildungssatzes im parabolischen und elliptischen Fall

1. Gemäß § 32.5 gibt es zu beliebigen Punkten a und a' auf R ein Normalpotential $u(p; a, a')$ von dritter Gattung: u ist in $R - a - a'$ harmonisch, ist außerhalb der Parameterzellen (V, z) und (V', z') mit dem Zentrum a bzw. a' beschränkt und wird in a und a' wie $-\log|z|$ bzw. $+\log|z'|$ singulär. Das Differential $\varphi = du + i * du$ ist somit in $R - a - a'$ analytisch und hat in a bzw. a' das Residuum $-2\pi i$ bzw. $+2\pi i$. Wegen des homologiemäßig einfachen Zusammenhangs von R folgt dann wie in Nr. 1, daß für jeden Zyklus $\mathfrak{z}$, der nicht durch a und a' geht, $\int_{\mathfrak{z}} \varphi$ ein ganzzahliges Vielfaches von $2\pi i$ sein muß und somit die Integralfunktion f von φ modulo $2\pi i$ eindeutig ist. $w(p; a, a') = e^{-f}$ ist also auf R eindeutig. Sie ist außerhalb a' regulär analytisch, hat in a

eine einfache Nullstelle, in a' einen einfachen Pol und genügt außerhalb der Zellen V und V' für ein $\varepsilon > 0$ der Ungleichung $\varepsilon < |w| < \varepsilon^{-1}$.

2. $w(p; a, a')$ ist schlicht, d. h. sie nimmt jeden Wert der w-Kugel höchstens einmal an. Dies ist in der Umgebung von a und a' trivial, da diese Stellen einfach sind. Sei nun $c \neq a, a'$. Die Funktion

$$w_1(p) = \frac{w(p; a, a') - w(c; a, a')}{w(p; c, a')}$$

ist überall auf R regulär. Außerhalb kleiner Umgebungen U_a, $U_{a'}$ und U_c von a, a', c ist sie beschränkt, also auch auf ganz R. Somit ist $\log|w_1|$ eine nach oben beschränkte subharmonische Funktion, muß also, da R nullberandet ist, eine Konstante sein. Daher ist auch w_1 eine Konstante, und zwar $\neq 0$, da $w(p; a, a')$ keine Konstante ist. Für $w(p; a, a') = w(c; a, a')$ muß daher $p = c$ sein. Es ist also $w(p, a, a')$ schlicht und bildet somit R konform auf ein Gebiet der w-Kugel ab. Die einzigen nullberandeten und einfach zusammenhängenden Gebiete auf der Zahlenkugel sind aber die Zahlenkugel selbst oder die einfach punktierte Zahlenkugel.

Zum Beweise nehmen wir an, das einfach zusammenhängende Gebiet G_w enthalte neben $w = \infty$ noch einen weiteren Randpunkt $w = a$ (und damit ein ganzes Randkontinuum). Das Differential $dw/(w - a)$ ist in G_w analytisch und hat eine eindeutige Integralfunktion $z = \log(w - a)$, welche G_w auf ein Gebiet G_z abbildet. Liegt die Kreisscheibe $|z - z_0| < \eta$ in G_z, so liegt die Kreisscheibe $|z - (z_0 + 2\pi i)| < \eta$ außerhalb G_z, da die inverse Funktion $w - a = e^z$ beide Kreise in G_w abbildet. $u = -\log|z - (z_0 + 2\pi i)|$ ist in G_z subharmonisch und nach oben beschränkt, also G_z und damit auch G_w positivberandet.

Damit ist gezeigt, daß die geschlossene einfach zusammenhängende Fläche der Zahlenkugel konform äquivalent ist und die offene nullberandete Fläche der punktierten Zahlenkugel und somit der euklidischen Ebene.

§ 35. Die Riemannsche Fläche als Fundamentalbereich einer Gruppe linearer Substitutionen

35.1. 1. Es sei R eine Riemannsche Fläche, $\hat{R}$ ihre universelle Überlagerung und $\mathfrak{T}$ die Gruppe der Decktransformationen. Da $\hat{R}$ homotop und damit auch homolog einfach zusammenhängend ist (§ 23.1), existiert eine konforme Abbildung z von $\hat{R}$ auf einen der drei Normaltypen: Die Riemannsche Zahlenkugel (elliptischer Fall), die euklidische Ebene (parabolischer Fall) und den Einheitskreis (hyperbolischer Fall). Jeder Decktransformation aus $\mathfrak{T}$ entspricht daher eine fixpunktfreie konforme Abbildung des betreffenden Normalgebiets in sich.

Die Identität ist aber die einzige solche Transformation der Kugelfläche in sich. Der elliptische Fall tritt also genau dann auf, wenn R schon eine kompakte einfach zusammenhängende Fläche und daher der Zahlenkugel konform äquivalent ist.

Lassen wir diesen trivialen Fall auf der Seite und bezeichnen wir die euklidische Ebene bzw. den Einheitskreis $|z| < 1$ mit $\hat{R}_1$, so entspricht der Gruppe der Decktransformationen eine isomorphe Gruppe $\mathfrak{G}$ linearer Substitutionen von $\hat{R}_1$ in sich. Diese Gruppe ist diskontinuierlich, sie definiert also gemäß § 13.4 eine RIEMANNsche Fläche R_1 und diese ist nach Satz II.6 zu R konform äquivalent:

Satz V.1. *Jede topologisch von der Zahlenkugel verschiedene RIEMANNsche Fläche ist konform äquivalent mit einer RIEMANNschen Fläche, die von einer diskontinuierlichen Gruppe von linearen und fixpunktfreien Transformationen des Einheitskreises bzw. der euklidischen Ebene in sich erzeugt wird.*

Gemäß Satz II.6 erzeugen zwei solche isomorphe Substitutionsgruppen $\mathfrak{G}_1$ und $\mathfrak{G}_2$ derselben einfach zusammenhängenden Fläche $\hat{R}$ dann und nur dann zwei topologisch (bzw. konform) äquivalente RIEMANNsche Flächen R_1 und R_2, wenn es eine topologische (bzw. konforme) Selbstabbildung τ von $\hat{R}$ gibt, welche durch

$$S_2 = \tau\, S_1\, \tau^{-1},\ S_i \in \mathfrak{G}_i,\ i = 1, 2\,,$$

zwischen $\mathfrak{G}_1$ und $\mathfrak{G}_2$ eine Isomorphie definiert. *Zwei solche Gruppen heißen topologisch (bzw. konform) äquivalent.* Unter den topologisch äquivalenten Substitutionsgruppen die konformen Äquivalenzklassen zu beschreiben, ist eine mehr gruppentheoretische Formulierung des konformen Äquivalenzproblems RIEMANNscher Flächen.

2. Im *parabolischen Fall* muß die Gruppe $\mathfrak{G}$ aus Translationen $z' = z + \sigma$ bestehen; denn dies sind die einzigen ganzen linearen Transformationen ohne endlichen Fixpunkt. Die diskontinuierlichen Translationsgruppen sind nun

1) *die Identität,*
2) *die freie zyklische Gruppe*
$$z' = z + n\sigma,\ \sigma \neq 0,\ n = 0,\ \pm 1,\ \pm 2, \ldots,$$
3) *die freie abelsche Gruppe mit zwei Erzeugenden*
$$z' = z + n\,\sigma + n'\sigma',\ n, n' = 0,\ \pm 1,\ \pm 2, \ldots,$$

wo σ und σ' zwei Schiebungen in verschiedenen Richtungen sind. Daß nur diese drei Fälle möglich sind, ergibt sich aus der Tatsache, daß drei komplexe Zahlen in bezug auf den Körper der reellen Zahlen immer linear abhängig sind, und durch ein dem Beweis von Hilfssatz 2 (§ 20) analoges Verfahren.

Im ersten Fall ist R mit $\hat{R}$ identisch, also die euklidische Ebene. Im zweiten Fall ist R dem Periodenstreifen $0 \leq \Re(\bar{\sigma}z) \leq |\sigma|^2$ mit identifizierten Gegenseiten, also dem (unendlich langen) Kreiszylinder oder auf Grund der Abbildung $w = e^{\frac{2\pi i}{\sigma}z}$ der im Süd- und Nordpol punktierten Zahlenkugel äquivalent. Im dritten Falle schließlich ist R eine kompakte Fläche, die dem Periodenparallelogramm

$$\{z \mid z = x\sigma + x'\sigma', \ 0 \leq \tfrac{x}{x'} \leq 1\}$$

nach Identifikation äquivalenter Randpunkte, äquivalent ist. R ist also eine kompakte Fläche vom Geschlecht 1 und umgekehrt wird das abelsche Integral erster Gattung die universelle Überlagerung einer solchen Fläche konform auf die Ebene abbilden.

3. Abgesehen von den aufgezählten vier Fällen der Zahlenkugel (elliptischer Fall), der Ebene, der zweifach punktierten Kugel und der kompakten Fläche vom Geschlecht 1 gehören alle RIEMANNschen Flächen zum *hyperbolischen Fall*. Auf Grund von Satz V.1 gibt es auf jeder RIEMANNschen Fläche eine mit der konformen Struktur verträgliche reell-analytische RIEMANNsche Metrik von konstanter Krümmung. Verträglichkeit mit der konformen Struktur bedeutet, daß in den zulässigen Parametern der RIEMANNschen Fläche ds^2 von der Form $\lambda(x,y)(dx^2 + dy^2)$ ist; reell-analytisch meint, daß $\lambda(x,y)$ reell-analytisch von x und y abhängig ist. Abgesehen von den genannten vier Fällen hat diese Metrik *konstante negative Krümmung*.

Von der Existenz einer solchen Metrik, von der wir kurz als der hyperbolischen Metrik auf R sprechen werden, machen wir eine Anwendung. Den bekannten PICARDschen Satz über die Ausnahmewerte einer analytischen Funktion in der Umgebung einer wesentlichen Singularität können wir folgendermaßen aussprechen: *Ist $\dot{K} = \{z \mid 0 < |z| < 1\}$ die sog. punktierte Kreisscheibe, und $A(z)$ eine in $\dot{K}$ eindeutige analytische Funktion, welche die Werte 0 und 1 nicht annimmt (und auch ∞ nicht, da sie analytisch ist), so kann $A(z)$ oder $1/A(z)$ in die volle Kreisscheibe hinein analytisch fortgesetzt werden.*

Wenn wir von der w-Ebene die Punkte $w = 0$ und $w = 1$ wegnehmen, entsteht eine dreifachzusammenhängende schlichtartige RIEMANNsche Fläche mit einer hyperbolischen Metrik. Indem wir diese Fläche mit R bezeichnen, kann die obige Behauptung des PICARDschen Satzes auch in der folgenden Fassung ausgesprochen werden:

Entweder gibt es in R einen Punkt w_0, so daß die Funktion

$$A^*(z) = \begin{cases} w_0 & \text{für } z = 0 \\ A(z) & \text{für } 0 < |z| < 1 \end{cases}$$

in der vollen Kreisscheibe $|z| < 1$ analytisch ist, oder jede gegen $z = 0$

konvergente Folge $\{z_n\}$ aus $\dot{K}$ hat eine in R divergente Bildfolge $\{A\,(z_n)\}$, d. h. $\{A\,(z_n)\}$ hat in R keinen Häufungspunkt.

In dieser Form hat H. HUBER [2] den PICARDschen Satz wesentlich verallgemeinern können, indem er zeigte, daß der Satz noch richtig bleibt, wenn man R durch eine beliebige RIEMANNsche Fläche ersetzt, für welche der hyperbolische Fall vorliegt. Er lautet in der von HUBER gegebenen Fassung:

Verallgemeinerter PICARDscher Satz. *Es sei $A\,(z)$ eine analytische Abbildung der punktierten Kreisscheibe $\dot{K} = \{z\,|\,0 < |z| < 1\}$ in eine RIEMANNsche Fläche R mit einer hyperbolischen Metrik. Dann hat entweder*

a) jede Punktfolge $\{z_n\}$ aus $\dot{K}$, die gegen $z = 0$ konvergiert, eine in R divergente Bildfolge $\{A\,(z_n)\}$ oder

b) es gibt einen Punkt $a_0 \in R$, so daß die Abbildung

$$A^*(z) = \begin{cases} a_0 & \text{für } z = 0 \\ A\,(z) & \text{für } 0 < |z| < 1 \end{cases}$$

eine analytische Abbildung der vollen Kreisscheibe $|z| < 1$ in die Fläche R ist.

Beweis: Wir nehmen an, daß nicht der Sachverhalt a) vorliegt. Dann gibt es eine gegen $z = 0$ konvergente Punktfolge $\{z_n\}$ aus $\dot{K}$, deren Bildfolge $\{A\,(z_n)\}$ gegen einen Punkt a_0 aus R konvergiert: $\lim_{n \to \infty} A\,(z_n) = a_0$. Wir beweisen, daß dann der Sachverhalt b) gilt.

Hierfür zeigen wir zunächst, daß durch die Abbildung A jeder geschlossene Weg in $\dot{K}$ in einen geschlossenen Weg in R übergeht, der *in R nullhomotop* ist. Da jeder geschlossene Weg in $\dot{K}$ einer gewissen ganzzahligen Potenz des Weges $\varphi\colon z = {}^1/_2\,e^{i\,t},\ 0 \leq t \leq 2\pi$, frei homotop (vgl. § 23.1) ist, so genügt es zu zeigen, daß der geschlossene Weg $A\varphi$ in R null homotop ist. Nun ist φ zu jedem Weg $\varphi_n\colon z = z_n\,e^{i\,t}, 0 \leq t \leq 2\pi$, frei homotop, $n = 1, 2, \ldots$. Wir bezeichnen die hyperbolische Länge des Weges $A\varphi_n$, d. h. die in der hyperbolischen Metrik auf R gemessene Länge von $A\varphi_n$, mit $\mu_R\,[A\varphi_n]$. Dann gilt

$$\lim_{n \to \infty} \mu_R\,[A\,\varphi_n] = 0\,. \tag{35.1}$$

Für die Länge $\mu_{\dot{K}}\,[\varphi_n]$ des Weges φ_n, gemessen in der hyperbolischen Metrik auf $\dot{K}$, findet man nämlich durch Nachrechnen $\mu_{\dot{K}}\,[\varphi_n] = 2\pi/\log\left|\dfrac{1}{z_n}\right|$. Anderseits ist die universelle Überlagerungsfläche von R eine Kreisscheibe $\hat{R}_t = \{t\,|\,|t| < 1\}$, die universelle Überlagerungsfläche von $\dot{K}$ eine Kreisscheibe $\hat{R}_\zeta = \{\zeta\,|\,|\zeta| < 1\}$ und mit Hilfe Durchdrückens der Abbildung A in die Überlagerungsflächen (vgl. etwa die Konstruktion der Abbildung $\hat{\tau}$ im Beweis von Satz II.6) entsteht eine Abbildung $\hat{A}$ von

$\hat{R}_\zeta$ in $\hat{R}_t$ mit der Eigenschaft $A\,\sigma_\zeta = \sigma_t\,\hat{A}$, wo σ_ζ die Spurabbildung von $\hat{R}_\zeta$ und σ_t die Spurabbildung von $\hat{R}_t$ bezeichnet. Nach dem SCHWARZschen Lemma in der invarianten Fassung von PICK folgt dann, daß die hyperbolische Länge eines Überlagerungsweges $\hat{\varphi}_n$ von φ_n nicht kleiner sein kann, als die hyperbolische Länge des Bildweges $\hat{A}\hat{\varphi}_n$ in $\hat{R}_t$, der $A\varphi_n$ überlagert. Demnach ist

$$\mu_R\,[A\;\varphi_n] \le \mu_{\dot{K}}\,[\varphi_n] = 2\,\pi/\log\left|\frac{1}{z_n}\right|,$$

woraus sich (35.1) ergibt. Nach der Voraussetzung konvergiert $A\varphi_n(0) = A\,(z_n)$ gegen $a_0 \in R$. Deshalb muß der Weg $A\varphi_n$ zufolge (35.1) für ein genügend großes n in einer Parameterumgebung von a_0 liegen und somit nullhomotop sein. Es ist also auch der Weg $A\varphi$ in R nullhomotop und schließlich der Bildweg eines jeden geschlossenen Weges in $\dot{K}$.

Nun wählen wir in $\dot{K}$ einen festen Punkt z_0 und in der universellen Überlagerungsfläche $\hat{R}_t$ von R einen festen Punkt t_0, der über $A\,(z_0)$ liegt. z sei ein beliebiger Punkt in $\dot{K}$ und w ein Weg, der z_0 mit z in $\dot{K}$ verbindet. Diesem entspricht auf R ein Weg $A\,w$, der $A\,(z_0)$ mit $A\,(z)$ verbindet, und in $\hat{R}_t$ geht von t_0 ein eindeutig bestimmter Überlagerungsweg (über $A\,w$) aus, der in einem Punkt t über $A\,(z)$ endet. Wir setzen $f(z) = t$; denn t hängt nur von z ab. Ist nämlich w' irgend ein Weg, der z_0 mit z in $\dot{K}$ verbindet, so sind nach dem Vorangehenden die Wege $A\,w'$ und $A\,w$ in R homotop und ihre von t_0 ausgehenden Überlagerungswege müssen dann in demselben Punkt t enden (vgl. § 11.2.2). $f(z)$ ist also eine in $\dot{K}$ eindeutige und stetige Funktion mit Werten in $\hat{R}_t = \{t \mid |t| < 1\}$. Da die Abbildung A analytisch ist und die Spurabbildung σ_t von $\hat{R}_t$ auf R lokal konform, so ist auch $f(z)$ in $\dot{K}$ analytisch. Nun ist $f(z)$ beschränkt und somit nach dem Satz von CASORATI-WEIERSTRASS in die volle Kreisscheibe $|z| < 1$ hinein analytisch fortsetzbar. Für die fortgesetzte Funktion $f(z)$ setzen wir $A^* = \sigma_t f$. Dies ist eine analytische Abbildung der vollen Kreisscheibe in R, die in $\dot{K}$ mit A übereinstimmt. Wir haben also den Sachverhalt b).

4. In § 14.2.3 haben wir darauf hingewiesen, daß für eine ausgedehnte Klasse von RIEMANNschen Flächen mit einer hyperbolischen Metrik, nämlich jene mit diskretem Modulspektrum, die konformen Selbstabbildungen stark ausgezeichnet sind gegenüber den analytischen Abbildungen solcher Flächen in sich. Es verbleibt hier diese Klasse noch zu definieren. Auf Grund der hyperbolischen Metrik hat jeder geschlossene Weg w auf R eine bestimmte Länge $\mu_R(w)$. Wir teilen die geschlossenen Wege auf R in sog. „*freie Wegeklassen*" ein: Jede solche Klasse besteht genau aus jenen Wegen, welche einem Weg dieser Klasse frei homotop sind. Alle Wege, die zu einer Klasse konjugierter Elemente

der Fundamentalgruppe gehören, bilden eine „freie Wegeklasse". Diese Klassen bilden im allgemeinen keine Gruppe. Die Nullklasse besteht aus den nullhomotopen Wegen. Jeder „freien Wegeklasse" W wird durch die Festsetzung

$$M(W) = \inf_{w \in W} \mu_R(w)$$

eine nicht negative Zahl zugeordnet, das ist *der Modul der Wegeklasse W*. Eine Fläche mit einer hyperbolischen Metrik heißt *Fläche mit diskretem Modulspektrum*, wenn zu jedem $m > 0$ auf R höchstens endlich viele „freie Wegeklassen" W mit $0 < M(W) < m$ existieren. Jede RIEMANN-sche Fläche mit einer hyperbolischen Metrik und endlichem starken Zusammenhangsgrad ist z. B. eine Fläche mit diskretem Modulspektrum (vgl. H. HUBER [2]).

35.2. Das metrische Fundamentalpolygon

1. Sei $\mathfrak{G}$ eine eigentlich diskontinuierliche Gruppe von Abbildungen des Einheitskreises $K = \{z \mid |z| < 1\}$ auf sich. *Fundamentalbereich* der Gruppe $\mathfrak{G}$ nennen wir eine in K abgeschlossene Punktmenge F, so daß je zwei innere Punkte von F (sofern es solche gibt) nicht äquivalent sind und jeder Punkt von K einen äquivalenten in F hat. Unter einem *Polygon* in K verstehen wir die in K abgeschlossene Hülle eines Ge-bietes, dessen Rand (bezüglich K) aus endlich oder abzählbar vielen Jordanbogen σ_ν besteht, so daß der Durchschnitt zweier verschiedener σ_ν entweder leer ist oder aus einem gemeinsamen Endpunkt besteht und jeder Kreis $|z| \leqq r \, (< 1)$ nur mit endlich vielen σ_ν Punkte gemeinsam hat. Die Endpunkte eines σ_ν liegen beide in K oder beide auf der Peripherie von K oder einer in K und einer auf der Peripherie. Die σ_ν heißen die Seiten, ihre in K gelegenen Endpunkte, in denen somit zwei σ_ν zusammen-stoßen, sind die Ecken des Polygons. Es heißt kompakt, wenn es in K kompakt ist, sonst nicht-kompakt. Ein solches Polygon in K nennen wir *Fundamentalpolygon* der Gruppe $\mathfrak{G}$, wenn es ein Fundamental-bereich und jede Seite σ_ν mit genau einer anderen Seite $\sigma_{\nu'}$ bezüglich $\mathfrak{G}$ äquivalent ist.

2. Wir konstruieren nun zu $\mathfrak{G}$ ein Fundamentalpolygon auf Grund der in K gegebenen hyperbolischen Metrik $ds = \dfrac{|dz|}{1 - |z|^2}$ *(metrisches Fun-damentalpolygon)*. Die geometrischen Begriffe Abstand und Gerade ver-stehen wir in dieser Nummer im Sinne der hyperbolischen Geometrie in K. Es sei z_0 ein Punkt in K und $z_\nu = S_\nu(z_0)$, $S_\nu \in \mathfrak{G}$, $\nu = 1, 2, \ldots$, $S_0 = I$; die z_ν sind die zu z_0 abzählbar vielen äquivalenten Punkte, die sich wegen der Diskontinuität der Gruppe in K nicht häufen. In bezug auf diese Stellen z_ν, $\nu = 0, 1, 2, \ldots$, die wir uns je als den Sitz eines Grafen vor-stellen, teilen wir die hyperbolische Ebene in Grafschaften $\varDelta_\nu$ ein: Zu $\varDelta_{\nu_0}$

gehören jene Punkte von K, welche dem z_{ν_0} näher gelegen sind als den übrigen z_ν. Die $\varDelta_\nu$ sind offenbar paarweise fremd und gehen aus $\varDelta_0$ mittels der Substitutionen S_ν hervor. $\varDelta_0$ ist ein Gebiet, denn mit zwei Punkten gehört auch ihre Verbindungsstrecke zu $\varDelta_0$. Deshalb ist seine abgeschlossene Hülle $\bar\varDelta_0$ konvex. Die $\varDelta_\nu$ bilden aber keine Überdeckung von K. Denn es gibt Punkte, deren Zugehörigkeit zu einer Grafschaft unbestimmt ist, weil sie von mehreren z_ν, aber immer nur endlich vielen, gleich weit entfernt sind. Diese Punkte bilden die Begrenzung der Grafschaften. Nehmen wir zunächst an, es sei z ein Punkt, der von genau zwei „Grafen", z_i und z_k gleichen Abstand hat. Dann gibt es auf der mittelsenkrechten Geraden zu z_i und z_k ein offenes Intervall von der gleichen Eigenschaft und nur eines, weil die $\bar\varDelta_\nu$ konvex sind. Dies ist eine gemeinsame Seite von $\bar\varDelta_i$ und $\bar\varDelta_k$. Ein Endpunkt dieses offenen Intervalles liegt entweder auf der Peripherie $|z| = 1$ oder ist ein Punkt in K, der von mehr als zwei Punkten z_ν gleichen Abstand hat. Die Punkte der letzteren Sorte heißen Ecken. Sie sind isoliert. Hat nämlich z von den Punkten $z_{\nu_1}, \ldots, z_{\nu_j}$ gleichen Abstand, so enthält eine genügend kleine Umgebung von z nur Punkte aus den $\bar\varDelta_{\nu_1}, \ldots, \bar\varDelta_{\nu_j}$ und von diesen gibt es nur einen, eben z, der von den $z_{\nu_1}, \ldots, z_{\nu_j}$ gleichen Abstand hat. Der Rand des Gebietes $\bar\varDelta_0$ besteht also aus abzählbar vielen Strecken, Halbgeraden oder Geraden; ihr Durchschnitt in K ist leer oder ein gemeinsamer Endpunkt; die Endpunkte haben in K keinen Häufungspunkt; also ist $\bar\varDelta_0$ ein *Polygon* in K (vgl. Abb. 4).

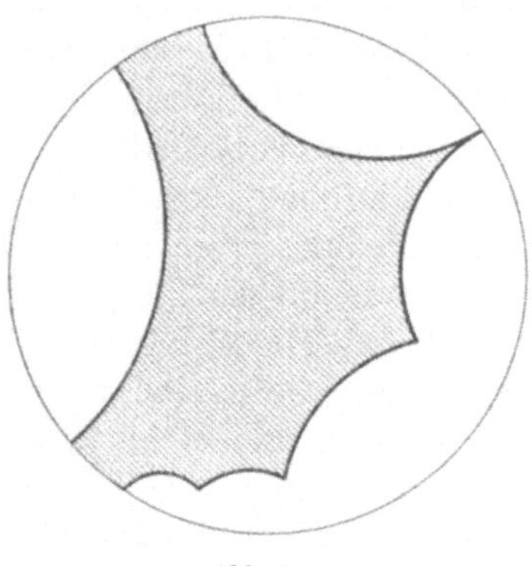
Abb. 4

$\bar\varDelta_0$ ist ein *Fundamentalbereich* der Gruppe $\mathfrak{G}$. Denn die $\varDelta_\nu$ überdecken K lückenlos und deshalb hat jeder Punkt in K einen äquivalenten in $\bar\varDelta_0$. Sind aber zwei Punkte von $\bar\varDelta_0$ äquivalent, so liegen beide auf der Begrenzung von $\bar\varDelta_0$. Ist nämlich $z, z' \in \bar\varDelta_0$, und $z' = S_\nu z$, so liegt z' auf $\bar\varDelta_\nu$, also auf dem Durchschnitt $\bar\varDelta_0 \cap \bar\varDelta_\nu$. Wegen $z = S_\nu^{-1} z'$ liegt z auf dem Durchschnitt von $\bar\varDelta_0$ und $S_\nu^{-1}\bar\varDelta_0$.

Jeder Randpunkt ζ_0 von $\bar\varDelta_0$ ist mit mindestens einem, aber nur mit endlich vielen anderen Randpunkten $\zeta_1, \zeta_2, \ldots$ von $\bar\varDelta_0$ äquivalent. Denn ζ_0 ist auch Randpunkt eines $\bar\varDelta_{\nu_1}$ und die Substitution $S_{\nu_1}^{-1}$ führt $\varDelta_{\nu_1}$ in $\varDelta_0$ und ζ_0 in einen äquivalenten Punkt in $\bar\varDelta_0$ über. Anderseits ist ζ_0 für $\zeta_k = S_{\nu_k}\zeta_0$ auch Randpunkt von $S_{\nu_k}^{-1}\varDelta_0$. Ein Punkt gehört aber zu höchstens endlich vielen $\varDelta_\nu$. Hat ζ_0 mehr als einen äquivalenten Punkt auf $\varDelta_0$, so ist er Eckpunkt, da er von mehr als zwei z_ν gleichen Abstand hat. Es entspricht also jedem inneren Punkt einer Seite σ

genau ein innerer Punkt einer anderen Seite σ' und diese Entsprechung setzt sich längs dieser Seiten fort, so daß σ und σ' einander äquivalent sind. Denn σ und σ' können nicht zusammenfallen, weil die Substitutionen der Gruppe in K fixpunktfrei sind. Damit ist aber gezeigt, daß das konstruierte Polygon ein *Fundamentalpolygon* (F.-P.) der Gruppe $\mathfrak{G}$ ist. Es gibt durch die Seiten- und Eckenzuordnung eine (im allgemeinen nicht-kompakte) Polygondarstellung der zur Gruppe $\mathfrak{G}$ gehörigen RIEMANNschen Fläche. Gemäß Satz V.1 ist also *jede Fläche, bei welcher der hyperbolische Fall vorliegt, durch ein metrisches Fundamentalpolygon darstellbar.*

3. Die Seitenzahl ist unendlich oder gerade. Eine RIEMANNsche Fläche ist kompakt genau dann, wenn das zugehörige F.-P. kompakt ist. Die Ecken auf dem F.-P. werden durch die Gruppe $\mathfrak{G}$ in Klassen eingeteilt: Eine Ecke und ihre äquivalenten auf dem F.-P. bilden einen *Eckenzyklus*; die Umgebungen dieser Ecken fügen sich bei der Identifikation zu einer Umgebung eines Punktes der RIEMANNschen Fläche zusammen.

Ist das F.-P. kompakt, seine Seitenzahl $2\,n$ und die Zahl der Eckenzyklen gleich e, so folgt für die Charakteristik χ der Fläche R und ihr Geschlecht g (wegen $F = 1$, $K = n$, $E = e$)

$$\chi = 2 - 2\,g = e + 1 - n. \tag{35.2}$$

Daraus folgt leicht, daß die dargestellte Fläche immer vom Geschlecht > 1 sein muß. Denn es gilt für die Summe Σ der Innenwinkel des F.-P. wegen der e Eckenzyklen: $\Sigma = 2\,\pi\,e$, und wegen des positiven Winkeldefektes: $\Sigma < \pi\,(2\,n - 2)$. Daraus folgt aber in Verbindung mit (35.2) $g > 1$.

Durch sog. *elementare Umformungen* (SEIFERT u. THREL-FALL [1*], R. NEVANLINNA [1*]), kann das F.-P. auf die *Normalform* (vgl. Abb. 5 für $g = 2$)

$$a_1 b_1 a_1' b_1' \ldots \ldots a_g b_g a_g' b_g' \quad (\text{N})$$

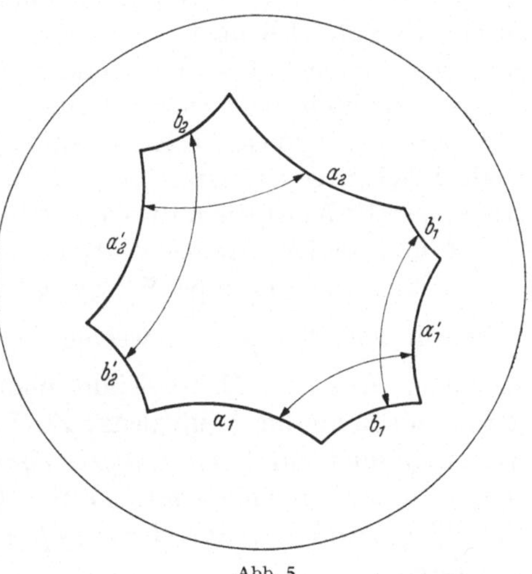

Abb. 5

gebracht werden, wobei $a_\varkappa$ und $a_\varkappa'$ bzw. $b_\varkappa$ und $b_\varkappa'$ einander zugeordnete Seiten sind und g das Geschlecht der Fläche ist. Hier liegt ein einziger Eckenzyklus vor. Man sieht, daß die Gruppe $\mathfrak{G}$ und damit die zu $\mathfrak{G}$

isomorphe Fundamentalgruppe $\mathfrak{F}$ von K durch Substitutionen $S_\varkappa$ und $T_\varkappa$ erzeugt wird, welche die $a_\varkappa$ in $a'_\varkappa$ bzw. die $b_\varkappa$ in $b'_\varkappa$ überführen und daß zwischen diesen Erzeugenden die Relation

$$S_1\, T_1\, S_1^{-1}\, T_1^{-1}\ldots\ldots S_g\, T_g\, S_g^{-1}\, T_g^{-1} = I$$

besteht.

Ist das F.-P. nicht kompakt, so definiert sein Durchschnitt mit dem Kreis $|z| \leq r\,(< 1)$ offenbar eine kompakte berandete RIEMANNsche Fläche. Indem man r wachsend gegen 1 konvergieren läßt, entsteht eine Ausschöpfung der dem F.-P. entsprechenden RIEMANNschen Fläche R durch kompakte berandete Flächen. Ist $r_1 < r_2 < \cdots < r_n < \cdots$ eine gegen 1 konvergente Folge, so definieren die Durchschnitte des F.-P. mit den Kreisringen $r_\varkappa \leq |z| \leq r_{\varkappa+1}$, $\varkappa = 1, 2, \ldots$ eine polygonale Zerlegung der Fläche R. Damit ist wiederum eine Methode zur Konstruktion einer Triangulierung der Fläche R gegeben.

35.3. Konforme Äquivalenz.

Wir haben in den beiden vorangehenden Abschnitten (§ 35.1 und 2) gesehen, daß man jede von der Kugel topologisch verschiedene RIEMANNsche Fläche entweder in der euklidischen oder in der hyperbolischen Ebene durch ein Fundamentalpolygon darstellen kann. Damit erhebt sich naturgemäß die Frage, wie man an zwei Fundamentalpolygonen erkennen kann, ob sie konform äquivalente Flächen darstellen.

Wenn zwei Flächen R und R' konform äquivalent sind, so müssen es gemäß Satz II.6 auch ihre universellen Überlagerungsflächen sein. Also liegt für beide Flächen R und R' gleichzeitig der parabolische oder der hyperbolische Fall vor, sofern wir von Flächen absehen, die vom topologischen Typus der Kugel sind. Wir bezeichnen mit R_t das für beide Flächen gemeinsame Normalgebiet, das ist die t-Ebene oder der Kreis $|t| < 1$. R_t ist die universelle Überlagerungsfläche von R wie auch von R' und die Decktransformationsgruppe bezüglich R bzw. R' ist eine diskontinuierliche Gruppe $\mathfrak{G}$ bzw. $\mathfrak{G}'$ von linearen und fixpunktfreien Substitutionen $t' = \dfrac{at+b}{ct+d}$, welche das Normalgebiet R_t auf sich selbst abbilden. Aus Satz II.6 gewinnt man unmittelbar das folgende **Kriterium für konforme Äquivalenz:** *Zwei Riemannsche Flächen R und R' sind dann und nur dann konform äquivalent, wenn eine konforme Abbildung S des Normalgebietes R_t auf sich existiert, welche die beiden zu R bzw. R' gehörigen Substitutionsgruppen $\mathfrak{G}$ und $\mathfrak{G}'$ isomorph ineinander transformiert:*

$$T' = S\,T\,S^{-1}, \quad T \in \mathfrak{G}, \quad T' \in \mathfrak{G}'. \tag{35.3}$$

Wir konstruieren nun zu einem Punkt $t_0 \in R_t$ in bezug auf die Gruppe $\mathfrak{G}$ das metrische Fundamentalpolygon P, und zu seinem Bildpunkt $t'_0 = S(t_0)$, bezüglich der Abbildung S, das metrische Fundamentalpolygon P' für die Gruppe $\mathfrak{G}'$. Offenbar kommt P nach Ausüben der Abbildung S mit P' zur Deckung und wegen (35.3) gehen dabei zwei zugeordnete Seiten von P in zwei zugeordnete Seiten von P' über. Dieses Resultat, daß die beiden Polygone P und P' sowie die Seitenzuordnungen durch eine konforme Selbstabbildung von R_t ineinander übergehen, beruht einerseits auf der konformen Äquivalenz von R und R', anderseits aber auch auf der Wahl des Punktes t_0' als Bildpunkt $S(t_0)$ von t_0. Wenn t_0 und t_0' einander nicht zugeordnet sind bezüglich S, so können die zu t_0 und t_0' konstruierten metrischen Fundamentalpolygone im allgemeinen nicht durch eine konforme Selbstabbildung von R_t einander zugeordnet werden.

Wir nehmen nun an, es gäbe in R_t zwei Fundamentalpolygone P und P' und eine konforme Selbstabbildung S von R_t, welche die Polygone P und P' samt den Seitenzuordnungen aufeinander abbildet. Dann werden die Substitutionsgruppen $\mathfrak{G}$ und $\mathfrak{G}'$, für welche die Polygone P und P' konstruiert wurden, in bezug auf S konjugiert, d. h. es gilt (35.3). Denn die Substitutionen aus $\mathfrak{G}$, welche auf P die Seitenzuordnungen herstellen, bilden ein Erzeugendensystem von $\mathfrak{G}$. Nach dem obigen Kriterium stellen R und R' konform äquivalente Flächen dar. Abgesehen von diesem ziemlich trivialen Fall ist die zu Beginn dieser Nummer gestellte Frage schwer zu beantworten; denn ein metrisches Fundamentalpolygon einer Fläche R hängt außer von R noch wesentlich von dem Punkte t_0 ab, in bezug auf den das Polygon konstruiert wurde.

Ein tauglicheres Mittel als der Vergleich von Fundamentalpolygonen liefert das oben ausgesprochene Äquivalenzkriterium mit Hilfe der Gruppen $\mathfrak{G}$ und $\mathfrak{G}'$. Wir wollen es auf einen klassischen und nichttrivialen Fall anwenden: die RIEMANNschen Flächen vom Geschlecht 1. R und R' seien zwei solche Flächen. Ihre universellen Überlagerungsflächen können konform auf die t-Ebene abgebildet werden und die Substitutionsgruppen $\mathfrak{G}$ und $\mathfrak{G}'$ sind freie abelsche Gruppen mit zwei Erzeugenden (vgl. § 35.1.2); die Elemente aus $\mathfrak{G}$ sind von der Form

$$t^* = t + m_1\sigma_1 + m_2\sigma_2, \qquad m_1, m_2 = 0, \pm 1, \pm 2, \ldots,$$

jene aus $\mathfrak{G}'$ von der Form

$$t^* = t + m_1'\sigma_1' + m_2'\sigma_2', \qquad m_1', m_2' = 0, \pm 1, \pm 2, \ldots.$$

σ_1 und σ_2 sind zwei Schiebungen in verschiedenen Richtungen, ebenso σ_1' und σ_2', wobei wir die Numerierung so gewählt haben, daß die Quotienten $\tau = \sigma_1/\sigma_2$ und $\tau' = \sigma_1'/\sigma_2'$ je einen positiven Imaginärteil haben. Gemäß dem obigen Kriterium sind die beiden Flächen R und R' genau dann konform äquivalent, wenn die beiden Gruppen bezüglich einer ganzen linearen Substitution $S : t' = A\,t + B$ konjugiert sind. (35.3) hat jetzt die Gestalt

$$A t + B + m_1' \sigma_1' + m_2' \sigma_2' = A (t + m_1 \sigma_1 + m_2 \sigma_2) + B$$

oder

$$m_1' \sigma_1' + m_2' \sigma_2' = A (m_1 \sigma_1 + m_2 \sigma_2). \tag{35.4}$$

Sind die Gruppen $\mathfrak{G}$ und $\mathfrak{G}'$ bezüglich S konjugiert, so stellt die Gleichung (35.4) zwischen den Zahlenpaaren (m_1, m_2) und (m_1', m_2') eine eineindeutige Beziehung her und umgekehrt. Diese eineindeutige Zuordnung zwischen den Zahlenpaaren tritt nun genau dann ein, wenn die Quotienten $\tau = \sigma_1'/\sigma_2'$ und $\tau' = \sigma_1'/\sigma_2'$ durch eine Substitution

$$\tau' = \frac{a \tau + b}{c \tau + d}$$

mit ganzen rationalen Koeffizienten a, b, c, d und der Determinante 1 auseinander hervorgehen. Die Substitutionen dieser Art bilden die sog. *Modulgruppe*. Es sind also die beiden Flächen R und R' vom Geschlecht 1 genau dann konform äquivalent, wenn die Quotienten τ und τ' bezüglich der Modulgruppe äquivalent sind. Weil die Modulgruppe in der oberen Halbebene diskontinuierlich ist, definiert sie entsprechend zu § 13.4 eine Riemannsche Fläche R_τ. Jedem Punkt dieser Fläche R_τ entspricht eindeutig eine bestimmte konforme Äquivalenzklasse der Flächen vom Geschlecht 1 und umgekehrt, jeder solchen konformen Klasse ist eindeutig ein Punkt auf R_τ zugeordnet. Mit anderen Worten, *der konforme Typus einer Riemannschen Fläche vom Geschlecht 1 wird auf R_τ durch einen wohl bestimmten Punkt dargestellt.* Dieser Punkt ist ihr sog. *transzendenter Modul.*

Wir haben also gezeigt, daß die Menge der konformen Äquivalenzklassen unter den Flächen vom Geschlecht 1 durch Einführen einer Topologie und einer konformen Struktur zu einer Riemannschen Fläche gemacht werden kann. Dadurch ist für den Fall $g = 1$ ein prinzipiell wichtiges Problem vollständig gelöst worden, nämlich, unter den kompakten Riemannschen Flächen eines bestimmten Geschlechts g die Menge der konformen Äquivalenzklassen als „Mannigfaltigkeit" zu beschreiben. Unter neueren Arbeiten über dieses Problem der Moduln einer kompakten Fläche seien vor allem auf L. V. Ahlfors [8] und H. E. Rauch [2] hingewiesen.

35.4. Konforme Selbstabbildungen

Wir kommen nun zu der Frage, was für konforme Abbildungen auf sich selbst eine gegebene Riemannsche Fläche zuläßt. Diese konformen Selbstabbildungen bilden offenbar eine Gruppe. Durch diese Gruppe werden die Punkte der Fläche in Äquivalenzklassen eingeteilt: zwei Punkte gehören dann und nur dann zu derselben Klasse, wenn sie durch ein Gruppenelement einander zugeordnet sind. Ist jede dieser Äquivalenzklassen in der Fläche diskret, d. h. hat keine einen Häufungspunkt, so heißt die Gruppe diskontinuierlich. Da in der Gruppe der konformen Selbstabbildungen ein wesentlicher Aspekt der betreffenden Fläche zum Ausdruck kommt, ist der nachfolgende Satz von prinzipieller Bedeutung:

Die Gruppe der konformen Abbildungen einer RIEMANN*schen Fläche auf sich selbst ist stets diskontinuierlich, abgesehen von den folgenden sieben Ausnahmefällen: 1. Die Zahlenkugel, 2. Die punktierte Zahlenkugel (euklidische Ebene), 3. Die zweifach punktierte Zahlenkugel, 4. Die kompakte Fläche vom Geschlecht 1, 5. Die Kreisscheibe, 6. Die punktierte Kreisscheibe, 7. Der Kreisring.*

Bei der 2., 3. und 4. der genannten Ausnahmeflächen liegt der parabolische Fall vor, bei den drei letztgenannten der hyperbolische Fall. Offenbar lassen die genannten sieben Flächen je eine kontinuierliche Gruppe von konformen Selbstabbildungen zu. Für einen Beweis, daß auf jeder anderen RIEMANNschen Fläche diese Gruppe diskontinuierlich ist, sei auf H. POINCARÉ [2], H. WEYL [1*] und R. NEVANLINNA [1*] hingewiesen.

§ 36. Uniformisierung

36.1. 1. Bei einem analytischen Gebilde (z, w) (§ 2) wird der Zusammenhang zwischen z und w lokal beschrieben mit Hilfe eines ortsuniformisierenden Parameters t: $z = z(t)$, $w = w(t)$, und das Ganze setzt sich aus solchen lokalen Darstellungen (Funktionselementen) zusammen. Durch Einführung der zum Gebilde (z, w) gehörigen RIEMANNschen Fläche R gewinnt man dann eine globale Darstellung

$$z = z(p), \quad w = w(p), \tag{36.1}$$

wobei der Parameter p jetzt ein auf R variierender Punkt ist und nicht eine komplexe Variable. *Die Aufgabe der Uniformisierung besteht im Auffinden einer einheitlichen Darstellung des Gebildes in der Form*

$$z = z(t), \quad w = w(t), \tag{36.2}$$

wobei der Parameter t in einem Gebiet der komplexen t-Ebene variiert[1].

2. Ist die geometrische Uniformisierende R schon einfach zusammenhängend oder schlichtartig, so besteht die Aufgabe in dem Problem, R auf ein Gebiet G der t-Ebene konform abzubilden (§ 34 und § 37).

---

[1] Der Beweis für die Möglichkeit der Uniformisierung ist gleichzeitig von P. KOEBE [1] und H. POINCARÉ [3] im Jahre 1907 erbracht worden. Für die seither erschienene reichhaltige Literatur wird auf H. WEYL [1*], S. 137, Fußnote 3, hingewiesen, sowie L. V. AHLFORS [1]. Vor allem sei hier das Buch von R. NEVANLINNA [1*] erwähnt, wo die Uniformisierung durchgeführt wird, ohne die Triangulierbarkeit der Fläche und darauf fußende topologische Hilfsmittel zu verwenden.

Durch diese Abbildung $\alpha : p \to t$ erhält man dann aus (36.1) die Darstellung (36.2), wo die Funktionen $z(t)$ und $w(t)$ in G meromorph sind. Indem wir uns auf den einfachen Zusammenhang beschränken, wird also das Gebilde (z, w) im elliptischen Fall durch rationale Funktionen z und w uniformisiert, im parabolischen Fall durch meromorphe Funktionen in der t-Ebene und im hyperbolischen Fall durch meromorphe Funktionen im Einheitskreis $|t| < 1$.

3. Wenn die oben beschriebene Situation nicht vorliegt, so hat man zuerst eine topologische Aufgabe zu lösen, nämlich zu R eine schlichtartige Überlagerungsfläche $\widetilde{T}$ zu konstruieren, welche R unbegrenzt und unverzweigt überlagert. Wir beschränken uns hier auf die stärkste Überlagerung, nämlich die universelle Überlagerungsfläche $\hat{T}$. Im Besitze dieser Fläche $\hat{T}$ werden wir dann durch die Spurabbildung $\sigma : \hat{T} \to R$ die lokalen Parameter von R auf $\hat{T}$ übertragen, wodurch $\hat{T}$ zu einer RIEMANNschen Fläche $\hat{R}$ wird. Nach dem RIEMANNschen Abbildungssatz kann man diese auf einen der drei Normaltypen in der t-Ebene (bzw. der t-Kugel) konform abbilden: $\alpha : \hat{R} \to \hat{R}_t$. Durch die lokal konforme Abbildung $\sigma \alpha^{-1} : R_t \to R$ wird $\hat{R}_t$ zu einer universellen Überlagerung von R, wobei die Darstellung (36.1) in (36.2) übergeht: *Das analytische Gebilde (z, w) ist durch die in $\hat{R}_t$ meromorphen Funktionen $z(t)$ und $w(t)$ uniformisiert worden.* Da aber die Abbildung $\sigma \alpha^{-1}$ von $\hat{R}_t$ auf R im allgemeinen nicht eineindeutig ist, sondern eine Gruppe $\mathfrak{G}$ von Decktransformationen zuläßt: $\sigma \alpha^{-1}(St) = \sigma \alpha^{-1}(t)$, $S \in \mathfrak{G}$, so werden die Funktionen $z(t)$ und $w(t)$ zu *automorphen Funktionen bezüglich der Substitutionsgruppe* $\mathfrak{G}$:

$$z(St) = z(t), \quad w(St) = w(t), \quad S \in \mathfrak{G}, \ t \in \hat{R}_t.$$

Der elliptische Fall tritt genau dann ein, wenn das Gebilde (z, w) als RIEMANNsche Fläche kompakt und vom Geschlecht null ist. Es wird durch rationale Funktionen z und w uniformisiert und umgekehrt stellen zwei solche Funktionen, die in den lokalen Parametern der t-Kugel Funktionselemente im Sinne von § 2 sind, ein kompaktes Gebilde vom Geschlecht null dar. Im parabolischen Falle sind z und w entweder doppeltperiodisch, also elliptische Funktionen (geschlossene Fläche vom Geschlecht 1), oder einfachperiodisch (Zylinder) oder meromorphe Funktionen schlechthin (Ebene). Im hyperbolischen Fall schließlich werden z und w automorphe Funktionen bezüglich einer diskontinuierlichen Gruppe von hyperbolischen Bewegungen in $|t| < 1$.

Betrachten wir speziell ein *algebraisches Gebilde (z, w)* (§ 15.3). Die zugehörige RIEMANNsche Fläche ist geschlossen. (z, w) ist durch rationale Funktionen uniformisierbar, falls das Geschlecht g verschwindet, durch elliptische Funktionen im Falle $g = 1$ und für $g > 1$ durch automorphe Funktionen bezüglich einer Gruppe nichteuklidischer Bewegungen.

4. Umgekehrt, ist eine diskontinuierliche Gruppe $\mathfrak{G}$ von fixpunktfreien Substitutionen in der t-Ebene oder im Kreis $|t| < 1$ gegeben und ist R die hierdurch erzeugte RIEMANNsche Fläche, so stellen zwei verschiedene bezüglich $\mathfrak{G}$ automorphe Funktionen genau dann ein analytisches Gebilde dar, dessen RIEMANNsche Fläche mit R identisch ist, wenn sie zu keiner umfassenderen Gruppe automorph sind.

36.2. Eine auf R analytische Funktion $f(p)$ wird durch den eben beschriebenen Prozeß in $\hat{R}_t$ zu einer automorphen analytischen Funktion bezüglich der Substitutionsgruppe $\mathfrak{G}$. Ganz entsprechend wird eine harmonische Funktion zu einer automorphen harmonischen Funktion und ein analytisches Differential φ zu einem automorphen Differential $A(t)\,dt$ in $\hat{R}_t$: $A(St)\,d(St) = A(t)\,dt$, $S \in \mathfrak{G}$, $t \in \hat{R}_t$. Umgekehrt entstehen aus solchen Funktionen und Differentialen durch Verpflanzung eindeutige Funktionen und Differentiale auf R. Ist man also einmal im Besitze eines uniformisierenden Parameters t, so gelangt man zu den analytischen Funktionen und Differentialen auf R durch Konstruktionen der entsprechenden automorphen Funktionen in $\hat{R}_t$, also durch ein Verfahren, welches im Falle der geschlossenen Flächen vom Geschlecht eins durch die Theorie der elliptischen Funktionen geleistet wird. Trotz des erfolgreichen Ansatzes durch die POINCARÉschen θ-Reihen (H. POINCARÉ [2], FATOU [1*], FORD [1*]) treten einer Durchführung des Programmes, vor allem bei fuchsoiden Gruppen, erhebliche Schwierigkeiten entgegen. Für neuere Untersuchungen auf diesem Gebiet soll auf die Arbeiten von P. J. MYRBERG ([8], [9], [10]) und H. PETERSON ([1], [2], [3], [4]) verwiesen werden.

36.3. Wir wollen jedoch den obigen Gedanken im Falle der GREENschen Funktion durchführen, wobei wir ein hübsches *Nullrandkriterium* erhalten werden. Für die offene RIEMANNsche Fläche R liege der hyperbolische Fall vor; $\hat{R}_t$ ist also der Einheitskreis $K_t = \{t \mid |t| < 1\}$. Einem festen Punkt q auf R entspricht die Folge $\{t_\nu\}$ der Punkte in $\hat{R}_t$, welche „über" q liegen, $\nu = 1, 2, \ldots$. Nehmen wir an, es sei R positiv berandet. Dann entspricht der GREENschen Funktion $g(p, q)$ in K_t ein automorphes Potential $u(t)$ mit folgenden Eigenschaften:

1) $u(t)$ ist in K_t eindeutig, ≥ 0 und außerhalb der Stellen t_ν harmonisch.

2) In jedem t_ν hat u einen logarithmischen Pol von der Form $u(t) = -\log|t - t_\nu| + v_\nu(t)$, $v_\nu(t)$ harmonisch in der Umgebung von t_ν.

Für jedes t_ν bilden wir nun für K_t die GREENsche Funktion $g(t, t_\nu) = \log\left|\dfrac{1 - \bar{t}_\nu t}{t - t_\nu}\right|$. Die Differenz $u_n(t) = u(t) - \sum_{\nu=1}^{n} g(t, t_\nu)$ ist in K_t

harmonisch, ausgenommen in den Stellen $t_{n+1}, t_{n+2}, \ldots$, und nach dem Minimumprinzip ≥ 0. Die u_n, $n = 1, 2, \ldots$, bilden eine abnehmende Folge, welche nach dem zweiten HARNACKschen Satz in K_t gegen eine harmonische Grenzfunktion $u_\infty(t)$ konvergiert:

$$u(t) = \sum_{\nu=1}^{\infty} g(t, t_\nu) + u_\infty(t). \tag{36.3}$$

Damit die Reihe $\sum_1^{\infty} g(t, t_\nu)$ in K_t außerhalb der t_ν konvergiert, ist offenbar notwendig und hinreichend, daß sie an einer einzigen Stelle konvergiert, also $\sum' g(0, t_\nu) = -\sum' \log|t_\nu|$ konvergiert, wenn über die von 0 verschiedenen t_ν summiert wird. Dies ist aber genau dann der Fall, wenn

$$\sum_{\nu=1}^{\infty} (1 - |t_\nu|) < \infty \tag{36.4}$$

ist.

Wenn die Fläche R positiv berandet ist, so konvergiert die Reihe (36.4). Ist umgekehrt diese Reihe konvergent, so stellt $\sum_1^{\infty} g(t, t_\nu)$ ein bezüglich der Gruppe $\mathfrak{G}$ automorphes Potential $u_0(t)$ dar, welches ≥ 0 und außerhalb der Stellen t_ν harmonisch ist und in den t_ν je einen positiven logarithmischen Pol hat. Dem $-u_0$ entspricht auf R eine nicht konstante negative subharmonische Funktion; also ist R positiv berandet. Damit ist der folgende Satz bewiesen worden: *Ist $\mathfrak{G}$ eine diskontinuierliche Gruppe von fixpunktfreien Substitutionen des Einheitskreises K_t in sich und ist $\{t_\nu\}$ eine Klasse äquivalenter Punkte bezüglich $\mathfrak{G}$, so ist die von $\mathfrak{G}$ erzeugte* RIEMANN*sche Fläche dann und nur dann nullberandet, wenn die Reihe $\sum_1^{\infty} (1 - |t_\nu|)$ divergiert*[1].

Die dem $u_0(t)$ entsprechende Funktion auf R ist im Sinne der Minimaleigenschaft eine Konkurrenzfunktion zu g, also $\geq g$. Daraus ersieht man, daß $u_\infty(t)$ in (36.3) identisch verschwinden muß. Das automorphe Potential $\sum_1^{\infty} g(t, t_\nu)$ liefert also eine Darstellung der GREENschen Funktion auf R.

36.4. Das analytische Gebilde (z, w) stellt zwischen der z- und der w-Kugel eine mehrdeutige Beziehung her. So betrachtet, liegt es nahe, den Begriff des analytischen Gebildes zu verallgemeinern zu einer mehrdeutigen Beziehung zwischen zwei beliebigen RIEMANNschen Flächen R und R'. Ist (V, z) eine Parameterzelle in R mit dem Zentrum p und (V', z') eine Parameterzelle in R' mit dem Zentrum p' und stellen die beiden Potenzreihen

$$z = P(t) = a_h t^h + \cdots \quad \text{und} \quad z' = P'(t) = b_k t^k + \cdots \tag{36.5}$$

---

[1] Vgl. H. POINCARÉ [3] und P. J. MYRBERG [1, 2].

im Sinne von § 2 ein Funktionselement dar, so definieren sie zwischen V und V' eine „*mehrdeutige Beziehung*". Wir sagen, sie stelle in dem Punktepaar (p, p') ein *Abbildungselement e* dar. Sind (V_1, z_1) und (V_1', z_1') zwei Zellen auf R bzw. R' wiederum mit den Zentren p und p', und $z_1 = P_1(t_1)$, $z_1' = P_1'(t_1)$ zwei Potenzreihen der Form (36.5), so stellen sie dasselbe Element wie (36.5) dar, wenn zwischen t und t_1 in der Umgebung des Nullpunktes $(t = 0, t_1 = 0)$ eine umkehrbare analytische Abbildung $\alpha : t \to t_1$ existiert, welche zusammen mit den in p und p' gegebenen konformen Nachbarrelationen $\varphi : z \to z_1$, $\varphi' : z' \to z_1'$ die Identitäten

$$\varphi P(t) \equiv P_1(\alpha t), \quad \varphi' P'(t) \equiv P_1'(\alpha t)$$

bewirkt. Die Umgebungen der Abbildungselemente definieren wir wie in § 2.2. Ganz analog wie dort folgt dann, daß die Gesamtheit der Abbildungselemente einen HAUSDORFFschen Raum bildet. Eine zusammenhängende Komponente $\widetilde{R}$ dieses Raumes definiert eine mehrdeutige Abbildung zwischen R und R'. Indem wir die t in (36.5), welche die lokale Abbildung definieren, als lokale Parameter (Ortsuniformisierende) einführen, wird $\widetilde{R}$ zu einer RIEMANNschen Fläche. Jedem Element $e = \widetilde{p}$ in $\widetilde{R}$ ist eindeutig ein Punkt (p, p') im Produktraum $R \times R'$ zugeordnet. Indem $\widetilde{p}$ die Punkte von $\widetilde{R}$ durchläuft, durchlaufen p und p' die einander zugeordneten Punkte der genannten mehrdeutigen Abbildung. Die eindeutige Abbildung: $p = f(\widetilde{p})$, $p' = f'(\widetilde{p})$ von $\widetilde{R}$ in den Produktraum $R \times R'$ liefert dann eine einheitliche Darstellung dieser mehrdeutigen Beziehung zwischen R und R'. $\widetilde{R}$ ist ihre geometrische Uniformisierende. Von hier aus gelangt man zur Uniformisierung durch einen komplexen Parameter genau wie in § 36.1.

§ 37. Schlichtartige Flächen

37.1. Der Abbildungssatz. Jedes Teilgebiet der Zahlenkugel ist schlichtartig (§ 17.3). Nun gilt der überraschende Satz, daß jede schlichtartige Fläche R einem solchen Gebiet konform äquivalent ist:

Satz V.2. *Jede schlichtartige Fläche kann konform in die Zahlenkugel abgebildet werden*[1].

1. Zur Konstruktion der Abbildungsfunktion wählen wir eine Parameterzelle (V, z) mit dem Zentrum q. Nach dem starken DIRICHLETschen Prinzip (Satz IV.16) gibt es auf R eine eindeutige Funktion u

---

[1] Dieser wichtige Satz wird von KOEBE das „*allgemeine Uniformisierungsprinzip*" genannt. Der Grundgedanke der nachfolgenden Beweismethode, die Existenz der Abbildungsfunktion vom DIRICHLETschen Prinzip her zu begründen, rührt von D. HILBERT [1] her; vgl. ferner P. KOEBE [2], R. COURANT [1*, 2*] und R. NEVANLINNA [1*].

mit folgenden Eigenschaften: a) u ist in $R - q$ harmonisch und wird in q wie $\Re\mathfrak{e}\,\dfrac{1}{z}$ singulär; b) u erfüllt zusammen mit jedem Differential $*\sigma$ von kompaktem Träger, das in $R - q$ exakt ist und in q wie $d\,\Im\mathfrak{m}\,\dfrac{1}{z}$ singulär wird, die Orthogonalitätsrelation

$$(du - \sigma, df) = 0, \quad f \in C_D. \tag{37.1}$$

u wurde in § 30.5 für ein $*\sigma$ konstruiert und in bezug auf dieses $*\sigma$ gilt nach (30.5) die Relation (37.1). Daß sie auch für jedes andere $*\sigma_1$ der angegebenen Art gilt, folgt aus der Gleichung $(\sigma - \sigma_1, df) = 0$. Diese ergibt sich aus (16.7), da $*\sigma - *\sigma_1$ auf R exakt ist und kompakten Träger hat.

Nun ist R schlichtartig, d. h. jeder Zyklus $\mathfrak{z} \in \mathfrak{Z}_0$ ist nullhomolog im schwachen Sinne (§ 18.4.3). Daher ist nach (19.5) $\vartheta_\mathfrak{z}$ total mit kompaktem Träger, also ein df aus T_0. Geht der Zyklus $\mathfrak{z}$ nicht durch q, so kann man $\vartheta_\mathfrak{z}$ so wählen, daß es in einer Umgebung von q verschwindet. Dann folgt aus (37.1) für ein $*\sigma$ mit genügend kleinem Träger $(du - \sigma, \vartheta_\mathfrak{z}) = (d\,u, \vartheta_\mathfrak{z}) = [\vartheta_\mathfrak{z}, *d\,u] = \mathfrak{z} * d\,u = 0$. Es besitzt somit u eine eindeutige konjugiert-harmonische Funktion v und

$$w(p, q) = u + iv \tag{37.2}$$

stellt eine auf R *eindeutige analytische Funktion* dar, die in q einen *einfachen Pol* hat. Dies ist die gesuchte Abbildungsfunktion. Sie ist durch die obigen Eigenschaften a) und b) ihres Realteiles bis auf eine additive Konstante eindeutig bestimmt.

2. Wir haben nun zu zeigen, daß w *schlicht* ist und somit R auf ein Gebiet der w-Kugel abbildet, das den Nordpol als Bildpunkt von q enthält.

Zu diesem Zwecke betrachten wir vorerst ein in R kompaktes Teilgebiet G, welches die Zelle (V, z) enthält und dessen Rand Γ aus endlich vielen getrennten analytischen Jordankurven $\gamma_1, \ldots, \gamma_m$ besteht. G ist nach § 17.3 wieder schlichtartig. w sei die zur RIEMANNschen Fläche G und zur Parameterzelle (V, z) gehörige Funktion (37.2). w ist gemäß Satz IV.16 auf Γ noch analytisch und hat auf den $\gamma_\varkappa$ je einen konstanten imaginären Teil. Es werden also die $\gamma_\varkappa$ auf horizontale Strecken (Schlitze) $s_1, \ldots, s_m$ abgebildet. Liegt a auf keiner dieser Strecken, so folgt für die Zahl A der a-Stellen von w in G nach dem Argumentprinzip, da die Polstellenzahl $P = 1$ ist,

$$A - 1 = \frac{1}{2\pi i} \int\limits_{\Gamma} \frac{d\,w}{w - a} = \frac{1}{2\pi i} \int\limits_{\Gamma} d\log(w - a) = 0.$$

Es wird also a genau einmal angenommen. Liegt aber a auf $s_\varkappa$, so gibt es keinen Punkt in G, der auf a abgebildet wird. Denn sonst gäbe es in der Umgebung von a Werte, die in G zweimal angenommen würden.

$w(p,q)$ bildet also G konform auf ein Gebiet der (abgeschlossenen) w-Ebene ab, das von m horizontalen Schlitzen berandet wird.

Wir wählen nun eine normale Ausschöpfung $\{F_n\}$ von R, wo jedes F_n von endlich vielen getrennten analytischen Jordankurven berandet wird, und F_1 die Zelle (V, z) enthält. Wir konstruieren zu F_n wie oben die Funktion $w_n(p,q)$ und normieren die noch freie additive Konstante so, daß die w_n in einer festen Stelle $p_0 \neq q$ alle verschwinden. Gemäß Satz IV.16 konvergieren die dw_n im Sinne der Norm gegen das Differential der Funktion (37.2). Nach § 16.5 konvergieren dann die w_n lokal gleichmäßig gegen $w(p,q)$. Die w_n sind alle schlicht, also auch ihre Grenzfunktion w. Ist nämlich $w(p) = w(p')$, so gibt es nach dem Argumentprinzip in jeder Umgebung V und V' von p bzw. p' für genügend große n Punkte p_n und p_n' mit $w_n(p_n) = w(p)$ und $w_n(p_n') = w(p')$. Wegen der Schlichtheit von w_n sind die p_n und p_n' identisch und, da jede Umgebung von p mit jeder Umgebung von p' Punkte gemeinsam hat, auch p und p'. Damit ist Satz V.2 bewiesen.

3. *Die oben konstruierte Funktion $w(p,q)$ bildet die schlichtartige Fläche R konform auf ein horizontales Schlitzgebiet ab, also auf ein Gebiet der abgeschlossenen w-Ebene, auf dem jede Randkomponente ein Punkt ist oder eine horizontale Strecke (Schlitz).* Zum Beweise bezeichnen wir das Bildgebiet mit R_w. Die Relation (37.1) bedeutet dann bei konformer Übertragung in das Bildgebiet R_w, wegen $du \wedge *df = f_u\, du\, dv$: Ist f in R_w eine glatte Funktion, die auf einer Umgebung des unendlich fernen Punktes verschwindet und ist ihr DIRICHLET-Integral $D_{R_w}(f)$ endlich, so gilt

$$\int\limits_{R_w} f_u\, du\, dv = 0 \,. \tag{37.3}$$

Nehmen wir nun an, es enthalte die Begrenzung von R_w ein Kontinuum γ, auf dem zwei Punkte mit verschiedenen imaginären Teilen liegen. Es seien (u_1, v_1) und (u_2, v_2) diese Punkte, mit $v_1 < v_2$. Wir wählen r so groß, daß $|w| > r$ in R_w liegt. H sei die Gerade $u = r$. Nun folgen wir der horizontalen Geraden $v = \alpha$ von ihrem Schnittpunkt mit der Geraden H nach links, bis zu ihrem ersten Treffpunkt mit γ. Hierdurch wird für jedes α mit $v_1 \leq \alpha \leq v_2$ auf der Geraden $v = \alpha$ ein Segment bestimmt. S' sei die Menge der Punkte, die auf diesen Segmenten liegen und S'' das Quadrat $v_1 \leq v \leq v_2$, $r \leq u \leq r + v_2 - v_1$. Dann setzen wir

$$f = \begin{cases} (v - v_1)^2\, (v - v_2)^2 & \text{in } S' \\[2mm] (v - v_1)^2\, (v - v_2)^2 \left(1 - \dfrac{u - r}{v_2 - v_1}\right)^2 & \text{in } S'' \\[2mm] 0 & \text{sonst.} \end{cases}$$

f ist für R_w eine Funktion aus C_D, die in der Umgebung des unendlich fernen Punktes identisch verschwindet. Es ist aber $f_u \leq 0$ in R_w und $f_u < 0$ in S'', was mit der Bedingung (37.3) offenbar in Widerspruch steht.

Es besteht also jede Randkomponente von R_w, die nicht ein Punkt ist, aus einer horizontalen Strecke.

4. R_w ist nicht ein beliebiges Horizontalschlitzgebiet, sondern genügt noch der Bedingung (37.3). Ein dieser Bedingung (37.3) genügendes Gebiet heißt *minimales Horizontalschlitzgebiet*. Allgemein nennen wir ein Parallelschlitzgebiet, das durch Rotation in ein minimales Horizontalschlitzgebiet überführt werden kann, ein KOEBEsches *Minimalschlitzgebiet*. Es gilt unter anderem der

Satz V.3. *Der Rand eines minimalen Horizontalschlitzgebietes* (äußere Punkte gibt es keine) *hat das Flächenmaß null.*

Zum Beweise wählen wir $f = u$ in einem Kreis $|w| < r$ der die Begrenzung von R_w enthält, und setzen dieses f stetig und stetig differenzierbar in das Äußere fort, so daß es in der Umgebung des unendlich fernen Punktes verschwindet. Wegen (37.3) gibt es in R_w ein normales Teilgebiet S_0 mit dem Rand Γ_0, dessen Komplement im Kreise $|w| < r$ liegt und wofür $|\int_{S_0} f_u \, du \, dv| < \varepsilon$ wird. Anderseits ist $\int_{S_0} f_u \, du \, dv = \int_{\Gamma_0} f \, dv$, also $|\int_{\Gamma_0} u \, dv| < \varepsilon$, was bedeutet, daß der Flächeninhalt des Komplementes von S_0 kleiner als ε ist. Es kann also das Komplement von R_w mit Bereichen von beliebig kleinem Flächeninhalt überdeckt werden.

Die KOEBEsche minimale Horizontalschlitzabbildung ist in folgendem Sinne eindeutig bestimmt: *Wird ein minimales Horizontalschlitzgebiet R_w durch $w_1 = A(w)$, mit $A(w) = w + a_0 + \dfrac{a_1}{w} + \cdots$ in der Umgebung von ∞, auf ein minimales Horizontalschlitzgebiet R_{w_1} abgebildet, so ist $A = w + a_0$.* Zum Beweise bemerken wir, daß die zusammengesetzte Abbildung $A(w(p,q)) = w_1(p,q)$ die RIEMANNsche Fläche R auf R_{w_1} abbildet, wobei q in $w_1 = \infty$ übergeht. Wir setzen $\Re w_1(p,q) = u_1$. Die Minimalbedingung (37.3) bedeutet auf R: Es ist $(du_1, df) = 0$ für jedes $f \in C_D$, das auf einer Umgebung von q verschwindet. Daraus folgt aber

$$(du_1 - \sigma, df) = 0 \text{ für jedes } f \in C_D{}^1.$$

u_1 und u können sich also nur um eine additive Konstante voneinander unterscheiden und somit auch w_1 und w.

5. Die Konstruktion der Abbildungsfunktion w erfolgte auf Grund einer Parameterzelle (V, z). Mit dem Parameter $e^{i\alpha} z$ (α reell) statt z

---

[1] Denn jedes $f \in C_D$ ist die Summe eines f_1 aus C_D, das auf einer Umgebung von q verschwindet und eines f_2, das außerhalb V verschwindet. Aus (16.7) folgt dann $(du_1 - \sigma, df_2) = -[*du_1 - *\sigma, df_2] = 0$ und schließlich $(du_1 - \sigma, df) = (du_1 - \sigma, df_1) = 0$.

erhalten wir eine Abbildungsfunktion w_α. w_0 ist das obige w. Die Realteile u von w_α und $w_0 \cdot \cos\alpha + w_{\pi/2} \cdot \sin\alpha$ haben in q dieselbe Singularität $\Re \dfrac{e^{-i\alpha}}{z}$ und genügen zusammen mit jedem $*\sigma$, das kompakten Träger hat, in $R - q$ exakt ist und in q wie $d\,\Im\,\dfrac{e^{-i\alpha}}{z}$ singulär wird, der Bedingung (37.1). Also können sich w_α und $w_0 \cdot \cos\alpha + w_{\pi/2} \cdot \sin\alpha$ nur um eine additive Konstante unterscheiden:

$$w_\alpha = w_0 \cdot \cos\alpha + w_{\pi/2} \cdot \sin\alpha + \text{konst.}$$

Daraus folgt, indem man α durch $\alpha + \pi/2$ ersetzt, die entstandene Gleichung mit i multipliziert und beide Gleichungen addiert:

$$e^{i\alpha}\, w_\alpha + e^{i(\alpha + \pi/2)}\, w_{\alpha + \pi/2} = w_0 + i\, w_{\pi/2}. \tag{37.3'}$$

$e^{i\alpha}\, w_\alpha$ *hat in der Parameterzelle* (V, z) *die Entwicklung* $\dfrac{1}{z} + a + a_1 z + \cdots$ *und bildet* R *auf ein* KOEBE*sches Minimalschlitzgebiet ab, auf dem die Schlitze mit der reellen Achse den Winkel* α *einschließen.* Insbesondere liefert $i\, w_{\pi/2}$ die *Vertikalschlitzabbildung.* Wir setzen $w_0 = F_1$ und $i\, w_{\pi/2} = F_2$. Die *Horizontalschlitzabbildung* F_1 hat in der Zelle (V, z) eine Entwicklung

$$F_1 = \frac{1}{z} + a + c_1 z + \cdots,$$

die *Vertikalschlitzabbildung* F_2 eine Entwicklung

$$F_2 = \frac{1}{z} + b + c_2 z + \cdots.$$

Die Funktion

$$\Psi = \frac{1}{2}\,(F_1 - F_2) \tag{37.4}$$

ist auf R regulär analytisch, mit endlichem DIRICHLET-Integral und der Entwicklung

$$\Psi = \text{konst.} + \frac{1}{2}\,(c_1 - c_2)\, z + \cdots$$

in (V, z). Der Koeffizient von z, das ist

$$s = \frac{1}{2}\,(c_1 - c_2), \tag{37.5}$$

heißt die „*Spanne*" der Fläche R im Zentrum der Parameterzelle (V, z).

Ist z' ein anderer Parameter mit $dz/dz' = A$ in q, mit der entsprechenden Funktion Ψ', so ist $\Psi' = \overline{A}\,\Psi$ (vgl. obige Gleichung für w_α), wonach

Koeffizient von z' in Ψ' jetzt $\frac{1}{2}(c_1 - c_2)\,|A|^2$ ist[1]. Es transformiert sich somit die Spanne beim Übergang von z zu z' nach dem Gesetz $s' = s \cdot |dz/dz'|^2$, hat also den Charakter einer Dichte. Diese Größe soll uns in der nächsten Nummer beschäftigen.

37.2. Die Spanne

1. Die Funktion Ψ (37.4) hat eine bemerkenswerte Minimaleigenschaft. Mit $u = \Re F_1$ gilt (37.1). H sei eine auf R regulär analytische Funktion mit endlichem DIRICHLET-Integral und einer Entwicklung

$$H = \text{konst.} + a_2 z^2 + \cdots \tag{37.6}$$

in der Parameterzelle (V, z); dann existieren die Integrale (du, dH) und (σ, dH), da sowohl du als auch σ in einer kleinen Umgebung von q von der Form $\Re\left(-\dfrac{dz}{z^2} + \text{reg. Diff.}\right)$ sind. Wir zeigen nun, daß (σ, dH) verschwindet. Hierfür stützen wir uns darauf, daß σ außerhalb V verschwindet und $*\sigma$ in $R - q$ exakt ist. Wir bezeichnen den Ring $\varepsilon < |z| < 1$ mit $(\varepsilon, 1)$, die im positiven Sinne durchlaufenen Kreise $|z| = \varepsilon$ und $|z| = 1$ mit γ_ε und γ_1. Dann ist nach (16.9)

$$(\sigma, dH)_{(\varepsilon, 1)} = \int\limits_{\gamma_1 - \gamma_\varepsilon} H \cdot *\sigma = - \int\limits_{\gamma_\varepsilon} H \cdot *\sigma.$$

Mit $z = \varepsilon e^{i\varphi}$ gilt längs $\gamma_\varepsilon : *\sigma = -\left(\dfrac{\cos\varphi}{\varepsilon} + 0(\varepsilon)\right) d\varphi$, $H = \text{konst.} + 0(\varepsilon^2)$. Somit ist $(\sigma, dH)_{(\varepsilon, 1)} = 0(\varepsilon)$ und daher $(\sigma, dH) = \lim\limits_{\varepsilon \to 0} (\sigma, dH)_{(\varepsilon, 1)} = 0$.

Es ist also wegen (37.1) auch

$$(du, dH) = 0 \tag{37.7}$$

für alle auf R analytischen Funktionen H mit endlichem DIRICHLET-Integral und der Entwicklung (37.6). Dann ist auch

$$(*du, dH) = -(du, *dH) = i(du, dH) = 0,$$

also auch $(dF_1, dH) = 0$. In gleicher Weise folgt für $u = \Im F_2$ zunächst

---

[1] Es muß bemerkt werden, daß mit $z = A(z + B z'^2 + C z'^3 + \cdots)$ $\bar{A}F_1$ und $\bar{A}F_2$ die Entwicklungen

$$\bar{A}F_1 = \frac{k}{z'} + \text{konst.} + (c_1\,|A|^2 + B - C)\,z' + \cdots,$$

$$\bar{A}F_2 = \frac{k}{z'} + \text{konst.} + (c_2\,|A|^2 + B - C)\,z' + \cdots.$$

haben. Hier sind die Koeffizienten von z' noch mit einem Glied $B - C$ behaftet, das sich erst bei der Differenz $\bar{A}F_1 - \bar{A}F_2$ heraushebt.

Der Begriff der Spanne ist zunächst von M. SCHIFFER [1] für endlichen Zusammenhang eingeführt und dann von O. LEHTO [2] und O. LOKKI [1] für beliebige schlichtartige Flächen formuliert worden. Die nachfolgenden Extremaleigenschaften der Funktionen Ψ und Φ [vgl. (37.12)] sind schon bei H. GRUNSKY [1] erwähnt. Vgl. ferner AHLFORS und BEURLING [1], B. EPSTEIN [1], H. GRÖTZSCH [1], O. LEHTO [1], R. DE POSSEL [2], L. SARIO [1, 5, 7], M. SCHIFFER [2] sowie R. NEVANLINNA [1*].

(37.7) und dann $(dF_2, dH) = 0$. Die Subtraktion dieser Gleichungen gibt dann

$$(d\Psi, dH) = 0. \tag{37.8}$$

Bezeichnet $\{F\}$ die Klasse der auf R analytischen Funktionen F mit endlichem DIRICHLET-Integral und der Entwicklung

$$F = \text{konst.} + sz + \cdots \tag{37.9}$$

in (V, z), so folgt aus (37.8) mit $H = F - \Psi$

$$D(F) = D(\Psi) + D(H), \quad F \in \{F\}. \tag{37.10}$$

Unter allen Funktionen aus $\{F\}$ hat also Ψ das kleinste DIRICHLET-Integral.

Nun wollen wir den Betrag dieses Integrals bestimmen. Mit $u = \Re F_1$ folgt aus (37.1) zunächst $(du - \sigma, d\Psi) = 0$ und eine ähnliche Betrachtung wie oben führt zu $(\sigma, d\Psi) = \pi s$ und damit zu $(du, d\Psi) = \pi s$, wobei die Integrale jetzt im uneigentlichen Sinne zu verstehen sind. Wegen $(i * du, d\Psi) = - (i\,du, *d\Psi) = (du, d\Psi) = \pi s$ ist dann $(dF_1, d\Psi) = 2\,\pi s$. Mit $u = \Im F_2$ und einem $*\sigma$, das in q wie $d\,\Im \dfrac{-i}{z}$ singulär wird, ergibt sich analog $(dF_2, d\Psi) = - 2\pi s$ und schließlich

$$\|d\Psi\|^2 = 2\pi s. \tag{37.11}$$

Die Spanne ist also nie negativ oder stets $c_1 - c_2$ reell und $\geqq 0$. Zusammenfassend haben wir das Resultat:

Unter allen analytischen Funktionen F mit einer Entwicklung (37.9) *in der Zelle* (V, z) *hat die Funktion Ψ das kleinste* DIRICHLET-*Integral, nämlich* $\|d\Psi\|^2 = 2\,\pi\,s$.

2. Die Spanne s steht mit einer weiteren Extremalaufgabe im Zusammenhang. Wenn man die schlichtartige Fläche R konform in die abgeschlossene w-Ebene abbildet, wobei ein Punkt $q \in R$ in $w = \infty$ übergeht, so ist die Komplementärmenge des Bildgebietes beschränkt und abgeschlossen, und hat einen bestimmten äußeren Flächeninhalt. Gibt es eine Abbildung für welche dieser Flächeninhalt am größten wird? Damit diese Frage einen Sinn bekommt, müssen wir die Abbildungen normieren: Wir wählen auf der Fläche R eine Parameterzelle (V, z) mit dem Zentrum q und ziehen jene konformen Abbildungen der Fläche R in die abgeschlossene Ebene in Betracht, die im Punkte q wie $\dfrac{1}{z}$ singulär werden. Für welche dieser Abbildungen hat die Komplementärmenge des Bildgebietes den größten äußeren Flächeninhalt? Wir werden zeigen, daß diese extremale Abbildung durch die Funktion

$$\Phi = \tfrac{1}{2}\,(F_1 + F_2) \tag{37.12}$$

geleistet wird und der maximale äußere Flächeninhalt gleich πs ist, wo s die Spanne im Zentrum der Zelle (V, z) bedeutet.

Diesen Sachverhalt beweisen wir in dieser Nummer zunächst für eine *kompakte berandete* RIEMANN*sche Fläche* R_B. Ihr Rand Γ besteht aus endlich vielen getrennten analytischen JORDAN-Kurven $\Gamma_1, \ldots, \Gamma_m$. R bezeichnet die RIEMANNsche Fläche $R_B - \Gamma$, die wir natürlich als schlichtartig voraussetzen. Die Orientierung von R_B, welche durch die konforme Struktur gegeben ist, definiert auf Γ und damit auf jedem Γ_ν einen bestimmten Umlaufsinn, $\nu = 1, \ldots, m$. Wir wählen auf R eine Parameterzelle (V, z) mit dem Zentrum q und betrachten die zugehörige Funktion (37.12). Gemäß (37.3') ist $\Phi = \frac{1}{2}(e^{i\alpha} \cdot w_\alpha + e^{i(\alpha + \pi/2)} \cdot w_{\alpha + \pi/2})$. Die beiden Funktionen $e^{i\alpha} \cdot w_\alpha$ und $e^{i(\alpha+\pi/2)} \cdot w_{\alpha+\pi/2}$ bilden R je auf ein Parallelschlitzgebiet ab, dessen Schlitze mit der reellen Achse die Winkel α bzw. $\alpha + \pi/2$ einschließen. Durchläuft ein Punkt p den Zyklus Γ_ν, so durchläuft der Bildpunkt $w_1 = e^{i\alpha} \cdot w_\alpha(p)$ in der w-Ebene einen Schlitz in der Richtung α hin und zurück, der Bildpunkt $w_2 = e^{i(\alpha + \pi/2)} \cdot w_{\alpha+\pi/2}(p)$ dagegen einen dazu senkrechten Schlitz hin und zurück. Die Summe $w_1 + w_2$ durchläuft somit einen geschlossenen Weg mit der Eigenschaft, daß er mit jeder Geraden in der Richtung α höchstens zwei Punkte gemeinsam hat. Dies gilt für jede Richtung α und deshalb wird der Randzyklus Γ_ν durch Φ auf eine konvexe Kurve β_ν mit bestimmter Orientierung abgebildet.

Nun zeigen wir, daß die Funktion Φ schlicht ist. Bei der Abbildung F_1 und analog bei der Abbildung F_2, entspricht nämlich dem Zyklus Γ_ν ein Schlitz mit bestimmter Orientierung. Sein Tangentenvektor erleidet bei einem Umlauf zwei Sprünge vom Betrag $-\pi$, hat also die Drehzahl -1:

$$\frac{1}{2\pi} \int\limits_{\Gamma_\nu} d(\arg dF_i) = -1, \quad i = 1, 2.$$

Daraus folgt $\dfrac{1}{2\pi} \int\limits_{\Gamma_\nu} d(\arg d\Phi) = -1$, d. h. der Tangentenvektor des konvexen Bildweges β_ν von Γ_ν hat die Drehzahl -1. Es kann also β_ν um einen Punkt a, der nicht auf β_ν liegt, nur die Umlaufszahl 0 oder -1 haben.

Wenn der Punkt a in der w-Ebene auf keiner Kurve β_ν, $\nu = 1, 2, \ldots, m$, liegt und A die Zahl bezeichnet, wie oft a durch die Funktion Φ auf R angenommen wird, so ist nach dem Argumentprinzip

$$A - 1 = \sum_\nu \frac{1}{2\pi i} \int\limits_{\Gamma_\nu} \frac{d\Phi}{\Phi - a}.$$

Das ν-te Glied auf der rechten Seite stellt die Umlaufszahl des Weges β_ν um den Punkt a dar und ist nach der obigen Bemerkung 0 oder -1. Demnach ist $A - 1 \leqq 0$ und A gleich 0 oder 1: *Die Funktion* $\Phi = \frac{1}{2}(F_1 + F_2)$ *bildet R konform auf ein Gebiet der abgeschlossenen Ebene ab, das den* *unendlich fernen Punkt als Bildpunkt von q enthält und von konvexen Kurven berandet wird.*

Um nun die oben erwähnte Extremaleigenschaft der Abbildungsfunktion Φ zu beweisen, bemerken wir zunächst, daß mit $w = u + i\,v = \Phi$ das Integral $\dfrac{1}{2i}\displaystyle\int\limits_{\Gamma_\nu} \Phi\,\overline{d\Phi} = \dfrac{1}{2}\displaystyle\int\limits_{\Gamma_\nu} (v\,du - u\,dv)$ den Flächeninhalt des von β_ν berandeten konvexen Bereiches darstellt, da β_ν diesen Bereich im negativen Sinne umläuft. Wir bezeichnen die Komplementärmenge des Bildgebietes $\Phi(R)$ in der w-Ebene mit B_Φ; sie besteht aus den konvexen Bereichen, die von den β_ν berandet werden, $\nu = 1, \ldots, m$. Ihr Flächeninhalt $|B_\Phi|$ ist somit gleich dem Integral $\dfrac{1}{2i}\displaystyle\int\limits_{\Gamma} \Phi\,\overline{d\Phi}$. Auf Γ ist jedoch $2\,\overline{d\Phi} = \overline{dF_1} + \overline{dF_2} = dF_1 - dF_2 = 2\,d\Psi$. Daraus folgt in Verbindung mit dem Residuensatz $\displaystyle\int\limits_{\Gamma} \Phi\,\overline{d\Phi} = \int\limits_{\Gamma} \Phi\,d\Psi = 2\,\pi\,i\,s$, und somit

$$\frac{1}{2i}\int\limits_{\Gamma} \Phi\,\overline{d\Phi} = |B_\Phi| = \pi\,s\,.$$

Jetzt nehmen wir eine beliebige Funktion F, die in q wie $\dfrac{1}{z}$ singulär wird und sonst auf ganz R_B regulär-analytisch ist. $F - \Phi = H$ ist dann überall auf R_B regulär und

$$\int\limits_{\Gamma} F\,\overline{dF} = \int\limits_{\Gamma} \Phi\,\overline{d\Phi} + \int\limits_{\Gamma} H\,\overline{dH} + \int\limits_{\Gamma} (\Phi\,\overline{dH} + H\,\overline{d\Phi})\,.$$

Es ist

$$\int\limits_{\Gamma} (\Phi\,\overline{dH} + H\,\overline{d\Phi}) = 2\,\Im\mathrm{m}\int\limits_{\Gamma} H\,\overline{d\Phi} = 2\,\Im\mathrm{m}\int\limits_{\Gamma} H\,d\Psi = 0$$

und nach (16.12) $\displaystyle\int\limits_{\Gamma} H\,\overline{dH} = \frac{1}{i}\,\|dH\|^2$. Daraus folgt

$$\frac{1}{2i}\int\limits_{\Gamma} F\,\overline{dF} = |B_\Phi| - \frac{1}{2}\,D(F - \Phi)\,, \tag{37.13}$$

d. h. die Größe $\dfrac{1}{2i}\displaystyle\int\limits_{\Gamma} F\,\overline{dF}$ ist immer $\leq |B_\Phi|$ und das Gleichheitszeichen gilt genau für $F = \Phi$. Bei Beschränkung auf schlichte Funktionen F erhalten wir folgenden Satz: *Es sei die schlichtartige* RIEMANN*sche Fläche R das Innere einer kompakten berandeten Fläche R_B, (V, z) eine Parameterzelle auf R mit dem Zentrum q. Die Funktion F, mit einer Entwicklung*

$$F = \frac{1}{z} + a_0 + a_1 z + \cdots$$

in der Zelle V, sei auf $R_B - q$ analytisch und bilde R konform in die abgeschlossene Ebene ab. Dann ist der äußere Flächeninhalt der Komplementärmenge des Bildgebietes nie größer als πs, und gleich πs genau für $F = \Phi$.

Als Beispiel nehmen wir für R_B den Einheitskreis $\overline{K} = \{z \mid |z| \leqq 1\}$ und für q den Punkt $z = 0$. $\overline{K}$ wird durch $F_1 = \dfrac{1}{z} + z$ auf die von -2 bis $+2$ geradlinig aufgeschlitzte w-Ebene abgebildet; durch $F_2 = \dfrac{1}{z} - z$ dagegen auf die von $-2i$ bis $2i$ aufgeschnittene Ebene. Die Spanne s im Punkt $z = 0$ ist 1. Φ ist gleich $\dfrac{1}{z}$ und bildet K auf das Äußere des Kreises $|w| \leqq 1$ ab. $|B_\Phi|$ ist somit gleich $\pi = \pi s$. Jede in K schlichte Funktion

$$w = \frac{1}{z} + a_0 + a_1 z + \cdots$$

bildet diesen Kreis konform auf ein Gebiet der abgeschlossenen w-Ebene ab, das den Punkt $w = \infty$ enthält. Seine Komplementärmenge hat einen äußeren Flächeninhalt I, der stets $< \pi$ ist, ausgenommen, es sei $w = \dfrac{1}{z}$. In der Tat zeigt eine direkte Rechnung:

$$I = \pi \left(1 - \sum_1^\infty n \, |a_n|^2\right).$$

Das ist der sog. zweite Bieberbachsche Flächensatz.

3. Wir betrachten wieder eine beliebige schlichtartige Fläche R. (V, z) sei eine Parameterzelle mit dem Zentrum q. $\{G_n\}_1^\infty$ eine normale Ausschöpfung durch solche Teilgebiete, die von analytischen Jordan-Kurven berandet sind und die Zelle V enthalten. F_1^n und F_2^n seien die zu G_n gehörigen Horizontal- und Vertikalschlitzabbildungen, deren Koeffizienten von z wir mit c_1^n und c_2^n bezeichnen. Da die F_1^n und F_2^n lokal gleichmäßig gegen die Schlitzabbildungen F_1 und F_2 von R konvergieren, konvergieren die c_1^n und c_2^n gegen die entsprechenden Koeffizienten c_1 und c_2 in F_1 und F_2. Es gilt also für die Spanne s_n der Teilflächen G_n im Zentrum von (V, z)

$$\lim_{n \to \infty} s_n = s \,.$$

Anderseits sind die $s_n > 0$, da die Gebiete G_n auf wirkliche Schlitzgebiete abgebildet werden. Ψ_n bzw. Ψ seien die zu G_n bzw. R gehörigen Extremalfunktionen. Dann ist für $n > m$ die auf G_m beschränkte Funktion $\dfrac{s_m}{s_n}\, \Psi_n$ zu Ψ_m Konkurrenzfunktion in bezug auf das in Nr. 1 betrachtete Extremalproblem. Daraus folgt $\left\| \dfrac{s_m}{s_n}\, d\Psi_n \right\|_{G_n} > \left\| \dfrac{s_m}{s_n}\, d\Psi_n \right\|_{G_m} \geqq$ $\geqq \| d\Psi_m \|_{G_m}$ und wegen (37.11) $s_n < s_m$. *Die Spanne der G_n konvergiert also monoton fallend gegen die Spanne von R.*

Die F_1^n und F_2^n, das sind die zu G_n und zur Parameterzelle (V, z) mit dem Zentrum q gehörigen Horizontal- und Vertikalschlitzabbildungen, konvergieren lokal gleichmäßig gegen die entsprechenden Schlitzabbildungen F_1 und F_2 von R. Deshalb konvergieren auch die in der vorigen Nr. 2 betrachteten Funktionen $\Phi_n = \frac{1}{2}(F_1^n + F_2^n)$ gegen die entsprechende Funktion $\Phi = \frac{1}{2}(F_1 + F_2)$ auf R. G_n wird durch Φ_n konform auf ein Gebiet der w-Ebene abgebildet, das den Punkt $w = \infty$ enthält. Seine komplementäre Menge besteht aus (endlich vielen) getrennten konvexen Bereichen, deren Flächeninhalt gleich πs_n ist. Da die Φ_n lokal gleichmäßig gegen Φ konvergieren, ist auch Φ schlicht (vgl. den Schluß von § 37.1.2) und bildet R auf ein Gebiet der abgeschlossenen w-Ebene ab, welches den unendlich fernen Punkt als Bildpunkt von q enthält. Seine Komplementärmenge B_Φ ist beschränkt und abgeschlossen und besteht im allgemeinen aus unendlich vielen zusammenhängenden Komponenten. Wir bezeichnen mit $|B_\Phi|$ jetzt den äußeren JORDANschen Flächeninhalt von B_Φ. Analog zu Nr. 2 gilt dann

$$|B_\Phi| = \pi \lim_{n \to \infty} s_n = \pi\, s. \tag{37.14}$$

Wir werden sogar zeigen, daß Φ eine analoge Maximaleigenschaft besitzt. Zu deren Herleitung wählen wir irgendeine Funktion F, die in q wie $\dfrac{1}{z}$ singulär wird und sonst überall auf R regulär-analytisch ist, sowie irgendeine normale Ausschöpfung $\{G_n\}$ von R durch solche Teilgebiete G_n, deren Rand Γ_n aus analytischen JORDAN-Kurven besteht. Die konforme Struktur definiert auf G_n eine bestimmte Orientierung und diese induziert auf Γ_n einen bestimmten Umlaufssinn. Wir setzen $H = F - \Phi$ auf R und $H_n = F - \Phi_n$ in G_n. Dann gilt zunächst gemäß (37.13)

$$\frac{1}{2i} \int\limits_{\Gamma_n} F\,\overline{dF} = \pi\, s_n - \frac{1}{2}\,\|dH_n\|_{G_n}^2. \tag{37.15}$$

Nun ist $H_n - H = \Phi - \Phi_n$. Wir zeigen, daß $\lim\limits_{n \to \infty} \|d\Phi_n - d\Phi\|_{G_n} = 0$, also auch $\lim\limits_{n \to \infty} \|dH - dH_n\|$ und somit

$$\lim_{n \to \infty} \|dH_n\|_{G_n} = \|dH\|_R \tag{37.16}$$

ist. Hierzu setzen wir $u_i^n = \Re F_i^n$, $i = 1, 2$. Nach Satz IV.16 ist $\lim\limits_{n \to \infty} \|du_i - du_i^n\|_{G_n} = 0$. Wegen $2\,\|du_i^n - du_i\|_{G_n} = \|dF_i^n - dF_i\|_{G_n}$ folgt $\lim\limits_{n \to \infty} \|dF_i^n - dF_i\|_{G_n} = 0$, $i = 1, 2$, und schließlich $\lim\limits_{n \to \infty} \|d\Phi_n - d\Phi\|_{G_n} = 0$. (37.15) und (37.16) ergeben dann

$$\lim_{n \to \infty} \frac{1}{2i} \int\limits_{\Gamma_n} F\,\overline{dF} = \pi\, s - \frac{1}{2}\,\|dH\|^2 \tag{37.17}$$

Damit haben wir folgenden Satz bewiesen.

Satz V.4.: *Es sei* R *eine schlichtartige* RIEMANN*sche Fläche,* (V, z) *eine Parameterzelle mit dem Zentrum* q, F_1 *und* F_2 *die zugehörigen Horizontal- und Vertikalschlitzabbildungen,* $\Phi = \dfrac{1}{2}(F_1 + F_2)$ *und* s *die Spanne von* R *im Zentrum* q *der Zelle* (V, z). F *sei eine Funktion, die in* q *wie* $\dfrac{1}{z}$ *singulär wird und sonst überall regulär-analytisch ist.* Schließlich sei $\{G_n\}$ *irgendeine normale Ausschöpfung der Fläche durch solche Teilgebiete* G_n, *deren Rand* Γ_n *aus endlich vielen analytischen* JORDAN*-Kurven besteht. Dann ist*

$$\lim_{n \to \infty} \frac{1}{2i} \int_{\Gamma_n} F \, \overline{dF} \leqq \pi s$$

und das Gleichheitszeichen gilt dann und nur dann, wenn $F = \Phi$ *ist.*

Für schlichte Funktionen F erhalten wir folgenden

Zusatz: *Wenn wir eine schlichtartige Fläche* R *konform in die abgeschlossene* w*-Ebene abbilden, so daß die Abbildungsfunktion* F *im Zentrum* q *der Parameterzelle* (V, z) *wie* $\dfrac{1}{z}$ *singulär wird, so hat die Komplementärmenge des Bildgebietes dann und nur dann den größten äußeren Flächeninhalt, wenn* $F = \Phi$ *ist, und dieser maximale äußere Inhalt ist gleich* πs.

4. Wenn also die Spanne s im Punkte q verschwindet, so besteht bei jeder konformen Abbildung von R in die abgeschlossene Ebene, die den Punkt q in den unendlich fernen Punkt überführt, das Komplement des Bildgebietes aus einer Punktmenge vom Flächeninhalt null. Sie kann also kein Kontinuum enthalten, weil das Äußere eines solchen Kontinuums konform auf das Äußere eines Kreises abgebildet werden könnte.

Es sei nun q' irgendein von q verschiedener Punkt auf R. Wenn die Spanne s' in q' positiv ist, so bildet eine zu q' gehörige Funktion Φ' die Fläche R auf ein Gebiet G'_w der w-Ebene ab, dessen Komplementärmenge einen positiven äußeren Inhalt hat. Ist w_0 der Bildpunkt von q, so wird R durch die Funktion $w = \dfrac{1}{\Phi' - w_0}$ konform auf ein Gebiet G_w der abgeschlossenen w-Ebene abgebildet, das den Punkt $w = \infty$ als den Bildpunkt von q enthält und dessen Komplementärmenge einen positiven äußeren Inhalt hat; denn es geht G_w aus G'_w durch die lineare Abbildung $w = \dfrac{1}{w' - w_0}$ hervor. Daher muß nach dem Zusatz zu Satz V.4 die Spanne s im Punkte q positiv sein. Es gilt somit

Satz V.5. *Die Spanne ist entweder überall positiv oder sie verschwindet identisch.*

Die schlichtartigen Flächen zerfallen also in zwei Klassen, in Flächen mit positiver Spanne und solche von der Spanne null.

Wenn die schlichtartige Fläche R zur Klasse O_{AD} gehört, d. h. jede auf R eindeutige analytische Funktion mit endlichem DIRICHLET-Integral notwendig eine Konstante ist, so muß auch die zu einer Parameterzelle (V, z) zugehörige Extremalfunktion Ψ [vgl. (37.4)] eine Konstante sein und deshalb nach (37.11) die Spanne verschwinden. Die schlichtartigen Flächen der Klasse O_{AD} sind also Flächen von der Spanne null.

Wir wollen jetzt zeigen, daß jede schlichtartige Fläche, die nicht zu O_{AD} gehört, eine Fläche von positiver Spanne ist. Nach Voraussetzung gibt es eine nichtkonstante analytische Funktion f mit $\|df\| < \infty$. Da f nicht konstant ist, gibt es eine Parameterzelle (V, z), in der f die Entwicklung

$$f = \text{konst.} + c\,z + \cdots, \quad c \neq 0$$

hat und wir können gleich annehmen, daß $c = 1$ sei. In bezug auf die obige Ausschöpfung ist dann $s_n f$ in G_n Konkurrenzfunktion zu Ψ_n, also $2\pi s_n = \|d\Psi_n\|^2 < s_n^2\|df\|^2$ oder $s_n > \dfrac{2\pi}{\|df\|^2}$. Daher ist auch

$$s = \lim_{n \to \infty} s_n \geqq \frac{2\pi}{\|df\|^2}. \tag{37.18}$$

Also ist R eine Fläche von positiver Spanne. Es gilt also (vgl. O. LEHTO [2])

Satz V.6. *Die schlichtartigen* RIEMANN*schen Flächen mit der Spanne null sind genau diejenigen der Klasse* O_{AD}.

(37.18) ergibt zugleich: Für eine auf R analytische Funktion f, welche in einer Zelle (V, z) die Entwicklung $f = \text{konst.} + z + \cdots$ besitzt, gilt

$$\|df\|^2 \geqq \frac{2\pi}{s}$$

und das Gleichheitszeichen tritt im Falle $s > 0$ nur für die Funktion $f = \dfrac{1}{s}\,\Psi$ ein.

Satz V.6 liefert folgenden Eindeutigkeitssatz für konforme Abbildung: *Damit die konforme Abbildung einer schlichtartigen* RIEMANN*schen Fläche in die Zahlenkugel bis auf eine lineare Transformation eindeutig bestimmt sei, ist notwendig und hinreichend, daß die Fläche von der Spanne null sei.*

Beweis. Hat die Fläche positive Spanne, so gibt es nach § 37.1.5 offenbar noch andere Abbildungen. Ist die Spanne null, so können wir annehmen, daß die beiden Abbildungen denselben Punkt q in $w = \infty$

überführen und in einer Parameterzelle (V,z) mit dem Zentrum q die Entwicklungen

$$w_1 = \frac{1}{z} + a_0 + a_1 z + \cdots, \quad w_2 = \frac{1}{z} + b_0 + b_1 z + \cdots$$

haben. Dann ist aber $f = w_1 - w_2$ auf R analytisch und $\|df\| < \infty$, also muß f wegen Satz V.6 eine Konstante sein.

Für weitere normierte Schlitzabbildungen sowie das KOEBEsche Kreisnormierungsprinzip verweisen wir auf L. SARIO [1], AHLFORS und BEURLING [1], H. GROETZSCH [1, 2], H. GRUNSKY [1, 2], M. SCHIFFER [3] GARABEDIAN und SCHIFFER [1], P. KOEBE [3], K. STREBEL [2, 3, 4], H. RENGGLI [1].

Sechstes Kapitel

Harmonische und analytische Differentiale

§ 38. ABELsche Differentiale auf geschlossenen RIEMANNschen Flächen

Ein Differential φ, das auf R analytisch ist, nennen wir auch ein ABELsches *Differential erster Gattung*; seine Integralfunktion $\int \varphi$ ist dann ein zur Fläche R gehöriges ABELsches *Integral erster Gattung*. Dieses ist auf R unbegrenzt fortsetzbar; es unterscheidet sich aber von einer beliebigen unbegrenzt fortsetzbaren analytischen Funktion dadurch, daß seine eindeutigen Zweige über einer Zelle sich nur um eine additive Konstante voneinander unterscheiden. Das ABELsche Integral erster Gattung ist schon auf jener (unbegrenzten und unverzweigten) Überlagerungsfläche $\widetilde{R}$ eindeutig, deren Fundamentalgruppe isomorph ist zur Untergruppe der Kommutatoren in der Fundamentalgruppe von R.

Wenn dagegen das Differential φ auf R bis auf isolierte Stellen $q_1, \ldots, q_m$ analytisch ist und in einer Parameterzelle (V,z) mit dem Zentrum q_j von der Form

$$\varphi = A(z)\,dz, \quad A(z) = \frac{a_{-k}}{z^k} + \cdots + \frac{a_{-1}}{z} + a_0 + a_1 z + \cdots$$

ist, so nennen wir φ ein *meromorphes Differential* oder ein ABELsches *Differential dritter Gattung* auf R. Es hat an der Stelle q_j einen k-fachen Pol mit dem Residuum $2\pi i\, a_{-1}$. Die Integralfunktion (ABELsches *Integral 3. Gattung*) wird in den Polen von φ wie $\frac{b_{-k}}{z^{k-1}} + \cdots + \frac{b_{-2}}{z} + a_{-1} \log z$ singulär. Es kommen also zu den Perioden längs der Zyklen $\mathfrak{z} \nrightarrow 0$ noch sog. polare Perioden hinzu, welche von den Residuen herrühren. Wenn sämtliche Residuen von φ verschwinden, so ist die Integralfunktion lokal eindeutig; sie heißt dann ein ABEL*sches Integral* und ihr Differential φ ein ABEL*sches Differential zweiter Gattung*.

38.1. ABELsche Differentiale erster Gattung

1. Die auf R analytischen Differentiale φ bilden über dem Körper der komplexen Zahlen einen Vektorraum Φ_A. Welches ist die Dimension dieses Vektorraumes? Da der Realteil von φ harmonisch ist, betrachten wir zunächst den Vektorraum Ω^H der harmonischen Differentiale auf R. Es sei R eine geschlossene RIEMANNsche Fläche vom Geschlecht g bzw. dem Zusammenhangsgrad $h = 2\,g$. Gemäß § 30.5.4 enthält jede Cohomologieklasse in Ω genau ein harmonisches Differential, das wir dieser Klasse als ihren natürlichen Repräsentanten zuordnen. Dadurch wird Ω linear auf den Vektorraum Ω^H der harmonischen Differentiale abgebildet. Der Kern dieser Abbildung ist T. Ω^H ist somit zum Faktorraum Ω/T isomorph: Die reellen harmonischen Differentiale auf einer geschlossenen Fläche vom Zusammenhangsgrad h bilden einen h-dimensionalen Vektorraum. Nun ist jedem harmonischen ω eineindeutig ein analytisches Differential $\varphi = \omega + i * \omega$ zugeordnet. Diese bilden daher über dem Körper der reellen Zahlen einen h-dimensionalen Vektorraum. Als komplexer Vektorraum aufgefaßt, hat er somit die Dimension g: $\operatorname{Dim}\Phi_A = g$.

Zu einer Homologiebasis $\mathfrak{z}_1, \ldots, \mathfrak{z}_h$ in $\mathfrak{Z}_0$ und einem beliebigen Periodenvektor $\pi = (\pi_1, \ldots, \pi_h)$ können wir gemäß § 21.2 immer genau ein harmonisches Differential ω finden, für welches $\mathfrak{z}_i\omega = \pi_i$, $i = 1, \ldots, h$, ist; mit anderen Worten, wir können für eine harmonische Integralfunktion die Perioden längs der Zyklen $\mathfrak{z}_1, \ldots, \mathfrak{z}_h$ beliebig vorschreiben. Für ein ABELsches Integral erster Gattung ist dies jedoch nicht der Fall. Wie man für diese Integrale eine Periodenbasis finden kann, wird sich aus den nachfolgenden Betrachtungen ergeben.

2. Nach § 21.6 gibt es zu $\{\mathfrak{z}_i\}$ eine konjugierte Homologiebasis $\{\mathfrak{z}'_\varkappa\}$, welche durch die Schnitteigenschaft $\mathfrak{z}_i \circ \mathfrak{z}'_\varkappa = \delta_{i\varkappa}$, $i, \varkappa = 1, \ldots, h$ charakterisiert ist. Die $\vartheta_{\mathfrak{z}'_1}, \ldots, \vartheta_{\mathfrak{z}'_h}$ bilden in Ω eine Cohomologiebasis. Aus den Cohomologien

$$\omega \sim x_1\vartheta_{\mathfrak{z}'_1} + \cdots + x_h\vartheta_{\mathfrak{z}'_h}, \quad x_i = \mathfrak{z}_i\,\omega \qquad \omega,\, \varphi \in \Omega \qquad (38.1)$$
$$\varphi \sim y_1\vartheta_{\mathfrak{z}'_1} + \cdots + y_h\vartheta_{\mathfrak{z}'_h}, \quad y_i = \mathfrak{z}_i\varphi$$

folgt dann

$$[\omega,\, \varphi] = \sum_{i,\,\varkappa=1}^{h} s'_{i\varkappa}\, x_i y_\varkappa, \qquad (38.2)$$

wo $(s'_{i\varkappa}) = (\mathfrak{z}'_i \circ \mathfrak{z}'_\varkappa)$ die Schnittmatrix der konjugierten Basis $\{\mathfrak{z}'_i\}$ ist. Dies gilt auf jeder kompakten orientierbaren Fläche mit einer differenzierbaren Parametrisierung. Nach (38.2) ist das schiefe Skalarprodukt $[\omega,\, \varphi]$ eine schiefe Bilinearform in den $\mathfrak{z}_i\omega$ und $\mathfrak{z}_i\varphi$, $i = 1, \ldots, h$.

Auf Grund der konformen Struktur von R entspricht jedem $\vartheta_\mathfrak{z}$ durch Projektion in Ω^H eine cohomologe harmonische Form $\Theta_\mathfrak{z}$, welche nur von der Homologieklasse von $\mathfrak{z}$ abhängig ist. $\int \Theta_\mathfrak{z}$ ist die zum Zyklus $\mathfrak{z}$ gehörige harmonische Integralfunktion. Die $\Theta_{\mathfrak{z}i'}$ bilden in Ω^H eine Basis, da sie linear unabhängig sind. Mit ω, $\varphi \in \Omega^H$ haben wir dann statt der Cohomologien (38.1) die Gleichungen

$$\omega = \sum x_i \Theta_{\mathfrak{z}i'}, \quad \varphi = \sum y_i \Theta_{\mathfrak{z}i'}. \tag{38.3}$$

Da auch $*\varphi$ exakt ist, folgt aus (38.2), indem wir dort φ durch $*\varphi$ ersetzen,

$$(\omega, \varphi) = \sum_{i,\varkappa=1}^{h} s_{i\varkappa}'(\mathfrak{z}_i \, \omega)(\mathfrak{z}_\varkappa *\varphi). \tag{38.4}$$

Dies ist die RIEMANNsche *Periodenrelation*, welche mit Hilfe der Schnittmatrix der konjugierten Basis $\{\mathfrak{z}_\varkappa'\}$ das symmetrische Skalarprodukt als schiefsymmetrische Form in den „Perioden" $\mathfrak{z}_i \, \omega$ und $\mathfrak{z}_\varkappa *\varphi$ darstellt. Anderseits folgt aus (38.3)

$$(\omega, \varphi) = \sum_{i,\varkappa=1}^{h} (\Theta_{\mathfrak{z}i'}, \Theta_{\mathfrak{z}\varkappa'}) \, x_i y_\varkappa = \sum_{i,\varkappa=1}^{h} \pi_{i\varkappa}' \, x_i y_\varkappa. \tag{38.5}$$

Dies ist eine symmetrische und positiv definite Bilinearform in den „Perioden" $x_i = \mathfrak{z}_i \, \omega$ und $y_\varkappa = \mathfrak{z}_\varkappa \, \varphi$. Ihre Matrix $(\pi_{i\varkappa}')$ nennen wir die *Periodenmatrix* der Basis $\{\mathfrak{z}_i'\}$: Es ist $\pi_{i\varkappa}' = [\Theta_{\mathfrak{z}i'}, *\Theta_{\mathfrak{z}\varkappa'}] = \mathfrak{z}_i' *\Theta_{\mathfrak{z}\varkappa'}$, das ist die Periode der zu $\mathfrak{z}_\varkappa'$ gehörigen konjugiert-harmonischen Integralfunktion längs $\mathfrak{z}_i'$. Hinter der Symmetrie der $\pi_{i\varkappa}'$ steht die allgemeine Symmetrierelation

$$\mathfrak{z}_1 *\Theta_{\mathfrak{z}_2} = \mathfrak{z}_2 *\Theta_{\mathfrak{z}_1},$$

d. h. die zu $\mathfrak{z}_2$ gehörige konjugiert-harmonische Integralfunktion hat längs $\mathfrak{z}_1$ dieselbe Periode wie die zu $\mathfrak{z}_1$ gehörige konjugiert-harmonische Integralfunktion längs $\mathfrak{z}_2$. Ein Vergleich von (38.4) und (38.5) ergibt $\sum_\varkappa s_{i\varkappa}'(\mathfrak{z}_\varkappa *\varphi) = \sum_\varkappa \pi_{i\varkappa}'(\mathfrak{z}_\varkappa \varphi)$, $i = 1, \ldots, h$. Indem wir die Periodenmatrix $(\pi_{i\varkappa}')$ mit Π' bezeichnen und beachten, daß für die Schnittmatrizen $S = (s_{i\varkappa})$ und $S' = (s_{i\varkappa}')$ gilt

$$S \, S' = - I, \qquad I = (\delta_{i\varkappa}) \; [1],$$

gilt, so folgt mit $(t_{i\varkappa}) = T = - S \, \Pi'$

$$\mathfrak{z}_i *\varphi = \sum_\varkappa t_{i\varkappa}(\mathfrak{z}_\varkappa \varphi), \quad i = 1, \ldots, h, \quad \varphi \in \Omega^H.$$

Die Matrix T ist also eine Darstellung der Transformation $*$, welche φ in $*\varphi$ überführt, und somit $T^2 = - I$. In T bzw. Π' steckt die metrische

---

[1] Denn für jeden Zyklus $\mathfrak{z} = \sum_i n_i \mathfrak{z}_i = \sum_\varrho n_\varrho' \mathfrak{z}_\varrho'$ folgt $\mathfrak{z} \circ \mathfrak{z}_k' = n_k = \sum_\varrho n_\varrho' s_{\varrho k}'$ und $\mathfrak{z} \circ \mathfrak{z}_\varrho = \sum_i n_i s_{i\varrho} = - n_\varrho'$ und somit $\sum_\varrho s_{i\varrho} s_{\varrho k}' = - \delta_{i\varkappa}$.

Struktur der Fläche R; denn die analytischen Differentiale $\varphi : *\varphi = -i\,\varphi$ sind unter den komplexen exakten 1-Formen durch die Transformation T eindeutig ausgezeichnet.

Wenn die Homologiebasis zu sich selbst konjugiert ist, so kann man sie durch Umordnen auf kanonische Form (§ 21.6) bringen: $A_1, B_1, \ldots,$ A_g, B_g. Dann wird aus (38.4) für komplex harmonische Differentiale ω und φ, mit $A(\omega) = \int\limits_A \omega$ und $B(\omega) = \int\limits_B \omega$,

$$(\omega,\,\varphi) = \sum_{\nu=1}^{g} [A_\nu(\omega)\,\overline{B_\nu(*\varphi)} - B_\nu(\omega)\,\overline{A_\nu(*\varphi)}]\,.$$

Ist φ analytisch, so folgt wegen $*\varphi = -i\,\varphi$

$$\|\varphi\|^2 = 2\,\mathfrak{Im}\,\sum_{1}^{g} \overline{A_\nu(\varphi)}\,B_\nu(\varphi)\,.$$

Wenn alle $A_\nu(\varphi)$ bzw. $B_\nu(\varphi)$ verschwinden, ist $\varphi = 0$. Das ABELsche Integral erster Gattung ist durch seine A-Perioden (bzw. B-Perioden) eindeutig bestimmt, bis auf eine additive Konstante. Kann man aber die A-Perioden (bzw. B-Perioden) beliebig vorschreiben? Dies ist offenbar der Fall, wenn zu jedem A_j ein analytisches Differential φ_j konstruiert werden kann mit $A_\nu(\varphi_j) = \delta_{\nu j}$, $\nu = 1, \ldots, g$. Ein solches gewinnt man aber aus dem Ansatz $\mathfrak{Re}\,\varphi_j = \Theta_{A_j} + \sum_1^g x_\nu \Theta_{B_\nu}$, indem man das Gleichungssystem $\mathfrak{Im}\,A_i(\varphi_j) = 0$, $i = 1, \ldots, g$ auflöst.

3. Auf einer Fläche vom Geschlecht null gibt es außer der 0 kein analytisches Differential, das überall regulär ist.

Auf einer Fläche vom Geschlecht 1 gibt es bis auf einen konstanten Faktor nur ein analytisches Differential φ. Nun haben wir in § 9.5 gesehen, daß die Gesamtordnung eines analytischen Differentials entgegengesetzt gleich der Charakteristik der Fläche ist, die im Falle $g = 1$ verschwindet. φ hat also keine Nullstellen und das zugehörige ABELsche Integral $w = \int \varphi$, das auf der zugehörigen RIEMANNschen Fläche $\tilde{R}$ (vgl. § 11.1) eindeutig ist, bildet $\tilde{R}$ unverzweigt in die w-Ebene ab. Da sich aber die verschiedenen Zweige von w über einer Zelle V in R nur um additive Konstanten voneinander unterscheiden, ist die analytische Abbildung $w(\tilde{p})$ von $\tilde{R}$ in die w-Ebene unbegrenzt: $\tilde{R}$ ist eine unbegrenzte und unverzweigte Überlagerung der w-Ebene, also mit dieser konform äquivalent. Dies bedeutet, daß wir im parabolischen Fall sind und das ABELsche Integral erster Gattung der uniformisierende Parameter ist.

Für $g > 1$ ist $\chi < 0$; die analytischen Differentiale haben dann notwendig Nullstellen und sind für die Uniformisierung nicht mehr brauchbar.

4. *Kompakte berandete Flächen.* Es besteht bei analytischen Differentialen auf einer kompakten berandeten Fläche gegenüber jenen auf einer geschlossenen Fläche ein wesentlicher Unterschied: Für die ersteren kann man kurz gesagt die komplexen Perioden beliebig vorschreiben, währenddem man für die letzteren dies nur für deren Realteil tun kann. Es ist also jetzt R_B eine kompakte berandete RIEMANNsche Fläche mit dem Rand Γ; h sei ihr starker Zusammenhangsgrad, also $h = 2g + k - 1$, wo g das Geschlecht von R_B und k die Zahl der Randkomponenten bezeichnet [vgl. (21.10)]. R bezeichne die offene RIEMANNsche Fläche $R_B - \Gamma$. Unter den analytischen Differentialen auf R_B bilden die sog. SCHOTTKY-Differentiale eine wichtige Teilklasse S: Ein SCHOTTKY-*Differential* auf R_B entsteht aus einem analytischen Differential auf der SCHOTTKY-Verdoppelung $\hat{R}$ (§ 5.3) durch dessen Beschränkung auf R_B. Wir werden zeigen, daß die SCHOTTKY-Differentiale auf R_B über dem komplexen Zahlkörper einen h-dimensionalen Vektorraum S bilden. Da dieser Vektorraum zum Raum der analytischen Differentiale auf $\hat{R}$ isomorph ist, folgt dann für den Zusammenhangsgrad $\hat{h}$ der geschlossenen Fläche $\hat{R}$:

$$\hat{h} = 2\,h\,.$$

Zunächst betrachten wir die Klasse S_r der analytischen Differentiale auf R_B, die längs Γ reell sind. Ist $\mathfrak{z}$ ein kompakter Zyklus auf R, so verschwindet $\Theta_\mathfrak{z}$ längs Γ (§ 32.3.2). Nun sei $\mathfrak{z}_1, \ldots, \mathfrak{z}_h$ eine starke Homologiebasis in $\mathfrak{Z}_0(R)$. Die $\varphi_\varkappa = *\Theta_{\mathfrak{z}_\varkappa} - i\,\Theta_{\mathfrak{z}_\varkappa}$ gehören zu S_r. Sie sind linear unabhängig über dem reellen Zahlenkörper, da die $\Theta_{\mathfrak{z}_\varkappa}$ es sind. Wir behaupten, daß die $\varphi_\varkappa$ den Raum S_r aufspannen. Es sei $\varphi \in S_r$ auf allen $\varphi_\varkappa$ senkrecht: $(\varphi_\varkappa, \varphi) = 0$, $\varkappa = 1, \ldots, h$. Wegen $*\varphi = -\,i\,\varphi$ ist $i\,(\Theta_{\mathfrak{z}_\varkappa}, \varphi) = (\Theta_{\mathfrak{z}_\varkappa}, *\varphi) = -\,(*\Theta_{\mathfrak{z}_\varkappa}, \varphi)$, also $(\Theta_{\mathfrak{z}_\varkappa}, \varphi) = \dfrac{i}{2}\,(\varphi_\varkappa, \varphi) = 0$. Es ist also φ total: $\varphi = df$, wo die Funktion f auf R_B analytisch und auf jeder Randkomponente $\gamma_1, \ldots, \gamma_k$ von Γ einen konstanten Imaginärteil hat. Daraus folgt

$$\|\varphi\|^2 = (df, \varphi) = \int_\Gamma f \cdot *\overline{\varphi} = i \int_\Gamma f\varphi = i \int_\Gamma f\,df = 0$$

und somit $\varphi = 0$.

Mit $i\,S_r$ bezeichnen wir die Klasse der analytischen Differentiale, die aus denen in S_r durch Multiplikation mit i hervorgehen, also längs Γ rein imaginär sind.

Durch die SCHOTTKY-Verdoppelung von R_B entspricht jedem $p \in R_B$ mit einem lokalen Parameter z ein symmetrischer Punkt p^* in $\hat{R}$ mit einem lokalen Parameter $\bar{z}$. Ist φ irgendein SCHOTTKY-Differential, also in $\hat{R}$ eindeutig und analytisch fortsetzbar, so ist

$$\varphi_r \;\text{mit}\; \varphi_r(p) = \varphi(p) + \overline{\varphi(p^*)} \qquad \text{in } S_r \qquad \text{und}$$

$$\varphi_i \;\text{mit}\; \varphi_i(p) = \varphi(p) - \overline{\varphi(p^*)} \qquad \text{in } i\,S_r,$$

also

$$\varphi = \frac{\varphi_r + \varphi_i}{2}\,.$$

Daraus folgt, daß S durch die Teilräume S_r und $i\,S_r$ aufgespannt wird. Die reelle Dimension von S ist also $2\,h$ und somit die komplexe Dimension gleich h.

38.2. Abelsche Integrale zweiter Gattung

1. Da die Pole eines Abelschen Differentiales zweiter Gattung keine Residuen haben, ist ihr Hauptteil von der Form $d\!\left(\dfrac{a_1}{z} + \cdots + \dfrac{a_n}{z^n}\right)$. Anderseits hat die Integralfunktion längs homologer Zyklen, die durch keine Singularitäten gehen, nach dem Residuensatz gleiche Perioden. Durch die Realteile dieser Perioden und die Hauptteile seiner Pole ist das Abelsche Differential eindeutig bestimmt, denn die Differenz von zwei solchen Differentialen ist von erster Gattung, dessen Realteil harmonisch und total ist. Somit ist ein Integral zweiter Gattung mit rein imaginären Perioden durch Singularitäten eindeutig bestimmt.

Hat man also die Aufgabe, ein Integral mit vorgegebenen Singularitäten und Perioden zu bestimmen, so konstruiere man zunächst sog. Elementarintegrale zweiter Gattung: dies sind Integrale mit nur einer Singularität und rein imaginären Perioden. Ist eine Parameterzelle (V, z) mit dem Zentrum q gegeben und dazu ein Hauptteil $\dfrac{a_1}{z} + \cdots + \dfrac{a_n}{z^n} = s$, so existiert nach Satz IV. 15 eine eindeutige harmonische Funktion u, welche in q wie $\mathfrak{Re}\, s$ singulär wird. $\varphi_{q,s} = du + i *du$ ist dann ein Abelsches Differential zweiter Gattung, dessen Integral rein imaginäre Perioden und in q die vorgeschriebene Singularität s hat.

Sind dann $q_1, \ldots, q_m$ gegebene Stellen mit vorgeschriebenen Singularitäten $s_1, \ldots, s_m$ so definiert das Differential $\varphi_{q_1, s_1} + \cdots + \varphi_{q_m, s_m}$ ein Integral mit rein imaginären Perioden, das in den Stellen $q_\varkappa$ in der vorgeschriebenen Weise singulär wird. Durch Hinzufügen eines analytischen Differentials kann man noch erreichen, daß längs den Zyklen $\mathfrak{z}_\varkappa$ einer Homologiebasis die Realteile der Perioden vorgegebene Werte annehmen. Dann ist aber das Integral eindeutig bestimmt. Man kann also bei gegebenen Singularitäten $(q_\varkappa, s_\varkappa)$ nicht erreichen, daß die Perioden längs der $\mathfrak{z}_\varkappa$ gegebene Werte annehmen; insbesondere nicht, daß alle Perioden verschwinden. Damit also ein Abelsches Differential zweiter Gattung total oder sein Integral auf R eindeutig sei, also auf R eine meromorphe Funktion darstelle, haben die Pole $(q_\varkappa, s_\varkappa)$ besondere Bedingungen zu erfüllen. Da jede meromorphe Funktion auf R das Integral eines Abelschen Differentials zweiter Gattung ist, haben wir damit die wichtige Frage angeschnitten, wann zu vorgegebenen Polen $(q_\varkappa, s_\varkappa)$ überhaupt meromorphe Funktionen existieren. Auf Flächen vom Geschlecht 0 sind dies die rationalen Funktionen. Hier kann man die (endlich vielen) Pole beliebig vorschreiben. Auf Flächen höheren Geschlechts ist dies aber nicht mehr der Fall.

2. Um diese Frage zu behandeln, leiten wir eine grundlegende Beziehung zwischen den Perioden eines Elementarintegrals zweiter Gattung und den Differentialen erster Gattung her.

Es seien (V, z) eine Parameterzelle mit dem Zentrum q, $s = 1/z^n$ der Hauptteil des Poles in q, $\mathfrak{z}$ ein Zyklus, der nicht durch q geht und $\varphi_\mathfrak{z} = \Theta_\mathfrak{z} + i * \Theta_\mathfrak{z}$ das zugehörige Differential erster Gattung. Dann gilt mit $\varphi_\mathfrak{z} = A_\mathfrak{z}(z)\, dz$

$$\int_\mathfrak{z} \varphi_{q,s} = + \frac{2\pi i}{(n-1)!} \operatorname{Re} A_\mathfrak{z}^{(n-1)}(0) . \tag{38.6}$$

Zum Beweise setzen wir $\operatorname{Re} \varphi_{q,s} = \omega$. ω ist das Differential einer in $R - q$ harmonischen Funktion u, die in q wie $\operatorname{Re} 1/z^n$ singulär wird. Die zu u konjugiert harmonische Funktion v ist in V eindeutig und $u + iv - 1/z^n$ in V regulär analytisch. Es gibt offenbar in $R - q$ eine glatte Funktion f, die außerhalb V verschwindet und für welche $\|*\omega - df\| < \infty$ ist. Nun ist

$$\mathfrak{z}\,\varphi_{q,s} = i\,\mathfrak{z} * \omega = i\,\mathfrak{z}(*\omega - df) = -\,i(\Theta_\mathfrak{z},\, \omega + *df) . \tag{38.7}$$

Wir bezeichnen den Randzyklus von V mit γ. Da $*df = 0$ ist in $R - V$, haben wir

$$(\Theta_\mathfrak{z},\, \omega + *df)_{R-V} = \int_{-\gamma} u \cdot *\Theta_\mathfrak{z} . \tag{38.8}$$

Da f auf γ verschwindet, ist anderseits

$$(\Theta_\mathfrak{z},\, \omega + *df)_V = (*\Theta_\mathfrak{z},\, dv - df)_V = -\int_\gamma v\, \Theta_\mathfrak{z} . \tag{38.9}$$

Nun ist $(u * \Theta_\mathfrak{z} + v\, \Theta_\mathfrak{z}) = \operatorname{Im}\{(u + i v)\, \varphi_\mathfrak{z}\} = \operatorname{Im}\left(\dfrac{A(z)}{z^n} + \text{reg.}\right) dz$ und $\int_\gamma \left(\dfrac{A(z)}{z^n} + \text{reg.}\right) dz = \dfrac{2\pi i}{(n-1)!} A_\mathfrak{z}^{(n-1)}(0)$, also nach Addition der Gleichungen (38.8) und (38.9)

$$(\Theta_\mathfrak{z},\, \omega + *df) = -\frac{2\pi}{(n-1)!} \operatorname{Re} A_\mathfrak{z}^{(n-1)}(0),$$

woraus sich in Verbindung mit (38.7) die Behauptung ergibt.

3. Sind nun irgendwelche Punkte $q_1, \ldots, q_m$ und zu jedem dieser Punkte q_i eine ganze positive Zahl k_i gegeben, so bilden die meromorphen

Funktionen w, welche nur in den Stellen q_i Pole besitzen und höchstens von der Vielfachheit k_i, einen komplexen Vektorraum. Die Frage nach der Dimension dieses Vektorraumes führt zum RIEMANN-ROCHschen Satz. Zum Verständnis seines Inhaltes sind einige Begriffe notwendig.

Wenn irgend endlich vielen Punkten $p_1, \ldots, p_n$ auf R beliebige ganze Zahlen $\gamma_1, \ldots, \gamma_n$ zugeordnet sind, so nennen wir diese Zuordnung einen Divisor δ und schreiben dafür symbolisch $p_1^{\gamma_1} \cdots \cdot p_n^{\gamma_n} = \Pi\, p_\varkappa^{\gamma_\varkappa}$. Die Divisoren auf R bilden eine freie ABELsche Gruppe $\mathfrak{A}$. Die ganze Zahl $\sum \gamma_\varkappa = \operatorname{grad}\delta$ heißt der Grad des Divisors. Ein Divisor heißt ganz oder positiv, wenn alle $\gamma_\varkappa \geqq 0$ sind.

Jede meromorphe Funktion w auf R bestimmt einen Divisor (w), nämlich durch die Vielfachheiten ihrer Nullstellen und Pole (die Vielfachheiten der Pole werden negativ gezählt). Jeder Divisor, der ein (w) ist, heißt Hauptdivisor. Der Grad jedes Hauptdivisors ist null. Die Hauptdivisoren bilden in $\mathfrak{A}$ einen Normalteiler $\mathfrak{H}$. Das Einselement (der leere Divisor) gehört zu den Konstanten $\neq 0, \infty$. Die Restklassen der Gruppe aller Divisoren nach der Gruppe $\mathfrak{H}$ der Hauptdivisoren nennen wir Divisorenklassen. Alle Divisoren derselben Klasse haben gleichen Grad.

Jedes meromorphe Differential φ bestimmt durch die positiven und negativen Vielfachheiten seiner Nullstellen und Pole einen Divisor (φ). Alle (φ) bilden eine Divisorenklasse. Ist nämlich φ ein meromorphes Differential und w eine meromorphe Funktion, so ist $\varphi_1 = w \cdot \varphi$ wieder meromorph und $(\varphi_1) = (w)\,(\varphi)$. Es entspricht also jedem Divisor in der Divisorenklasse von (φ) ein meromorphes Differential. Sind umgekehrt φ und φ' irgend zwei meromorphe Differentiale, so definiert der Quotient $\dfrac{\varphi'}{\varphi} = \dfrac{A'(z)}{A(z)}$ eine meromorphe Funktion; denn der rechts stehende Ausdruck ist von der Wahl des lokalen Parameters z unabhängig. Es liegen also alle (φ) in derselben Divisorenklasse. Alle (φ) haben also gleichen Grad. Gemäß § 9.5 gilt für die meromorphen Differentiale

$$\operatorname{grad}(\varphi) = -\chi. \tag{38.10}$$

Ist δ ein Divisor, so bilden alle auf R meromorphen Funktionen w, für welche $(w)\delta$ ein ganzer Divisor ist, einen Vektorraum, den wir mit $((w)\delta \geqq 0)$ bezeichnen. Seine Dimension

$$\dim\,((w)\delta \geqq 0)$$

hängt nur von der Divisorenklasse von δ ab. Ist δ ganz, so haben wir die am Anfang dieser Nummer beschriebene Situation. Die meromorphen Differentiale φ, für welche $(\varphi)\delta^{-1}$ ganz ist, bilden ebenfalls einen Vektorraum $((\varphi)\delta^{-1} \geqq 0)$.

RIEMANN-ROCHscher Satz[1]:

Zwischen der Maximalzahl $\dim((w)\,\delta \geq 0)$ *(komplex) linear unabhängiger meromorpher Funktionen w, für welche $(w)\,\delta$ ganz ist, und der Maximalzahl* $\dim((\varphi)\,\delta^{-1} \geq 0)$ *(komplex) linear unabhängiger meromorpher Differentiale φ, für welche $(\varphi)\,\delta^{-1}$ ganz ist, besteht die Beziehung*

$$\dim((w)\,\delta \geq 0) - \dim((\varphi)\,\delta^{-1} \geq 0) = \operatorname{grad}\delta - g + 1 . \qquad (38.11)$$

Wir beweisen den RIEMANN-ROCHschen Satz für einen ganzen Divisor δ. Es seien $q_1, \ldots, q_m$ die Pole mit den Vielfachheiten $k_1, \ldots, k_m$, δ also der Divisor $\Pi\, q_\nu^{k_\nu}$. Seinen Grad $\sum k_\iota$ bezeichnen wir mit G. Wir setzen die Hauptteile s_ν an in der Form $s_\nu = \sum\limits_{1}^{k_\nu} \dfrac{a_{\nu\lambda}}{z^\lambda}$. Wir haben also im ganzen $G = \operatorname{grad}\delta$ Parameter $a_{\nu\lambda}$, $\lambda = 1, \ldots, k_\nu$, $\nu = 1, \ldots, m$, zur Verfügung. φ_ν sei das zu (q_ν, s_ν) gehörige Elementardifferential zweiter Gattung und $\Phi = \sum\limits_{1}^{m} \varphi_\nu$. Wir wählen eine Homologiebasis $\{\mathfrak{z}_j\}$, wo keiner der Zyklen durch eine Singularität geht. Φ ist genau dann total, wenn die Gleichungen

$$\mathfrak{z}_j\, \Phi = 0, \; j = 1, \ldots, h , \qquad (38.12)$$

erfüllt sind. (V_ν, z_ν) sei eine Zelle mit dem Zentrum q_ν. Das Differential $\varphi_{\mathfrak{z}_j} = \Theta_{\mathfrak{z}_j} + i * \Theta_{\mathfrak{z}_j}$ hat dann in V_ν die Darstellung $\varphi_{\mathfrak{z}_j} = A_j(z_\nu)\, dz_\nu$. Wir setzen für die Ableitung von $A_j(z_\nu)$ von der Ordnung $\lambda - 1$ an der Stelle $z_\nu = 0$

$$\mathfrak{Re}\, A_j^{(\lambda-1)}(0) = \mathfrak{Re}\, A_j^{(\lambda-1)}(q_\nu) = A_j^{\nu\lambda} . \qquad (38.13)$$

Die Bedingungen (38.12) lauten dann gemäß (38.13) und (38.6)

$$\sum_{(\nu,\,\lambda)} \frac{a_{\nu\lambda}}{(\lambda-1)!}\, A_j^{\nu\lambda} = 0, \; j = 1, \ldots, h .$$

Dies ist ein System von h Gleichungen in G komplexen Unbekannten $\dfrac{a_{\nu\lambda}}{(\lambda-1)!}$. Ist der Rang dieses Systems gleich r, so bilden die Lösungen einen $(G-r)$-dimensionalen komplexen Vektorraum. Demnach ist

$$\dim((w)\,\delta \geq 0) = G - r + 1 \,^2 . \qquad (38.14)$$

---

[1] RIEMANN hatte nur den Fall betrachtet, wo der Rang r im nachfolgenden Beweis gleich g ist. Für einen *ganzen* Divisor δ wurde der Satz von G. ROCH, J. f. Math. Bd. 64 (1865), bewiesen. Der allgemeine Fall beliebiger Divisoren δ wurde von F. KLEIN (RIEMANNsche Flächen I, autographierte Vorlesung, Göttingen 1892) sowie von HENSEL und LANDSBERG (Theorie der algebraischen Funktionen einer Variablen, Leipzig 1902) behandelt. Vgl. auch C. CHEVALLEY [1*].

[2] Die Konstanten in $((w)\,\delta \geq 0)$ erhöhen die Dimension um 1.

Das transponierte System mit G Gleichungen und den reellen Unkannten x_j lautet

$$\sum_{j=1}^{h} x_j A_j^{\nu\lambda} = 0\,.$$

Es hat den reellen Rang $2r$. Daß $(x_1, \ldots, x_h)$ eine Lösung ist, bedeutet gemäß (38.13), daß das Differential $\varphi = \sum_{j=1}^{h} x_j\,\varphi_{3j}$ an den Stellen q_ν eine mindestens k_ν-fache Nullstelle hat, der Divisor $(\varphi)\delta^{-1}$ also ganz ist und umgekehrt. Diese φ bilden einen $(h - 2\,r)$-dimensionalen reellen Vektorraum: Seine komplexe Dimension $\dim((\varphi)\delta^{-1} \geqq 0)$ ist gleich $g - r$. Dies ergibt zusammen mit (38.14) die Gleichung (38.11). Wir schließen an den Riemann-Rochschen Satz einige Bemerkungen an.

a) Ist δ ein (φ), so wird $\dim((\varphi)\delta^{-1} \geqq 0) = 1$ und $\dim((w)\delta \geqq 0) = g$; also wiederum $\operatorname{grad}(\varphi) = 2\,g - 2$.

Falls $\operatorname{grad}\delta = 2\,g - 2$ ist, aber δ kein (φ), so ist $\dim((\varphi)\delta^{-1} \geqq 0) = 0$ und dann

$$\dim((w)\delta \geqq 0) = g - 1\,.$$

b) Für $\operatorname{grad}\delta > 2\,g - 2$ ist wiederum $\dim((\varphi)\delta^{-1} \geqq 0) = 0$ und somit

$$\dim((w)\delta \geqq 0) = \operatorname{grad}\delta - g + 1\,.$$

Im Falle $g = 1$ ist also für jede nicht konstante meromorphe Funktion die Anzahl der Pole $\geqq 2$. Ist nämlich w_0 eine nicht konstante meromorphe Funktion und sind $q_1, \ldots, q_m$ ihre Pole mit den Vielfachheiten $k_1, \ldots, k_m$, und wählen wir $\delta = \Pi q_\nu^{k_\nu}$, so ist $\dim((w)\delta \geqq 0) \geqq 2$; denn der Vektorraum $((w)\delta \geqq 0)$ enthält die Konstanten und die von diesen linear unabhängige Funktion w_0. Daraus folgt $\operatorname{grad}\delta - g + 1 \geqq 2$.

Im Falle $\operatorname{grad}\delta = 2\,g - 2$ kann also die günstige Wahl der Pole die Dimension von $((w)\delta \geqq 0)$ erhöhen (ebenso bei $\operatorname{grad}\delta < 2\,g - 2$). Falls $\operatorname{grad}\delta > 2\,g - 2$ ist, hat die Wahl der Polstellen keinen Einfluß.

4. Die Frage, wann es zu gegebenen Pol- und Nullstellen auf R eine meromorphe Funktion gibt, führt zu dem berühmten Abelschen Theorem.

Wenn $w(p)$ eine meromorphe Funktion ist auf R mit den Nullstellen $p_1, \ldots, p_n$ und den Polen $q_1, \ldots, q_n$ (jede sei ihrer Vielfachheit nach hingeschrieben), so ist $\psi = \dfrac{dw}{w}$ ein meromorphes Differential dritter Gattung mit einfachen Polen in den $p_\varkappa$ und $q_\varkappa$ mit den Residuen $2\pi i$ bzw. $-2\pi i$. Ist $\mathfrak{z}$ ein Zyklus, welcher diese Stellen meidet, und $\mathfrak{z}_w$ sein Bildzyklus in der w-Ebene, so folgt

$$\mathfrak{z}\,\psi = i \int_{\mathfrak{z}w} d\arg w \equiv 0 \qquad (\operatorname{mod} 2\pi i)\,.$$

Wenn umgekehrt ein meromorphes Differential ψ existiert mit einfachen Polen in den $p_\varkappa$ und $q_\varkappa$ und den Residuen $2\pi i$ bzw. $-2\pi i$, für welches alle „Perioden" $\mathfrak{z}\,\varphi$ kongruent 0 sind modulo $2\,\pi\,i$, so stellt der Ausdruck

$$w = e^{\int \psi}$$

eine meromorphe Funktion dar, mit den $p_\varkappa$ als Nullstellen und den $q_\varkappa$ als Polen. Notwendig und hinreichend für die Existenz einer meromorphen Funktion mit den vorgeschriebenen Nullstellen und Polen ist also die Existenz eines ABELschen Differentials der angegebenen Art. Nun betrachten wir das Elementarpotential $u(p;a,a')$ dritter Gattung, das in den Stellen a bzw. a' wie $\log|z|$ bzw. $-\log|z'|$ singulär wird (vgl. Satz IV.15). Setzen wir $u_\varkappa = u(p; p_\varkappa, q_\varkappa)$, $\varkappa = 1, \ldots, n$, so stellt offenbar $du_1 + \cdots + du_n$ den Realteil eines meromorphen Differentials ψ dar, das in den Stellen $p_\varkappa$ und $q_\varkappa$ einfache Pole mit den Residuen $2\pi i$ bzw. $-2\pi i$ hat. Wir haben also die Bedingungen für die $p_\varkappa$ und $q_\varkappa$ zu finden, damit für das konjugierte Differential $*du_1 + \cdots + *du_n$ die „Perioden" alle ganzzahlige Vielfache von 2π sind. Hierfür betrachten wir zunächst ein einzelnes Elementarpotential $u = u(p; a,a')$.

1) Das schiefe Skalarprodukt $[\omega, du]$, das als uneigentliches Integral aufzufassen ist, verschwindet nach dem Residuensatz für jedes exakte ω; denn die Residuen von $u\omega$ in a und a' verschwinden.

2) Ist C ein Weg, der a mit a' verbindet und $\mathfrak{z}$ ein Zyklus, der nicht durch a und a' geht, so gilt für das zu C gehörige harmonische Elementardifferential Θ_C

$$\mathfrak{z}\,\Theta_C = [\vartheta_\mathfrak{z}, \Theta_C] = \mathfrak{z} \circ C \equiv 0 \ (\mathrm{mod}\ 1).$$

Somit ist $[\vartheta_\mathfrak{z}, *du - 2\pi\,\Theta_C] \equiv \mathfrak{z}*du \ (\mathrm{mod}\ 2\pi)$. Da aber $*du - 2\pi\,\Theta_C$ exakt ist, verschwindet $[df, *du - 2\pi\,\Theta_C]$ und wegen $\Theta_\mathfrak{z} = \vartheta_\mathfrak{z} + df$ (vgl. § 32.3.1) folgt dann $[\Theta_\mathfrak{z}, *du - 2\pi\,\Theta_C] \equiv \mathfrak{z}*du \ (\mathrm{mod}\ 2\,\pi)$. Da $\Theta_\mathfrak{z}$ harmonisch ist, muß $[\Theta_\mathfrak{z}, *du] = -[*\Theta_\mathfrak{z}, du]$ wegen 1) verschwinden. Es gilt also

$$-\mathfrak{z}*du \equiv 2\,\pi\,[\Theta_C, \Theta_\mathfrak{z}] = 2\,\pi \int\limits_C \Theta_\mathfrak{z} \ \ (\mathrm{mod}\ 2\,\pi). \tag{38.15}$$

Nun betrachten wir wieder die Punkte $p_1, \ldots, p_n$ und $q_1, \ldots, q_n$. $C_\varkappa$ seien beliebige, aber fest gewählte Wege, welche die $p_\varkappa$ mit den $q_\varkappa$ verbinden. Dann folgt aus (38.15), daß für das Differential $*du_1 + \cdots + *du_n$ die „Perioden" genau dann $\equiv 0 \ (\mathrm{mod}\ 2\,\pi)$ sind, wenn $\sum\limits_{\varkappa=1}^{n} \int\limits_{C_\varkappa} \Theta_\mathfrak{z} \equiv 0\,(\mathrm{mod}\ 1)$ ist, für jeden Zyklus $\mathfrak{z}$.

ABELsches Theorem. *Es gibt dann und nur dann eine meromorphe Funktion auf R mit den Nullstellen $p_1, \ldots, p_n$ und den Polen $q_1, \ldots, q_n$ (jede Stelle ist der verlangten Vielfachheit nach hingeschrieben), wenn für* *die von $p_\varkappa$ nach $q_\varkappa$ führenden Wege $C_\varkappa$, $\varkappa = 1, \ldots, n$,*

$$C_1 \, \omega + \cdots + C_n \, \omega \equiv 0 \quad (\mathrm{mod}\ 1) \tag{38.16}$$

ist für jedes harmonische Differential ω mit ganzzahligem Modul $\{\mathfrak{z}\omega\}$ [1].

In bezug auf eine Homologiebasis $\{\mathfrak{z}_\varkappa\}$ bilden die $\Theta_{\mathfrak{z}_\varkappa}$ eine Basis für Ω^H. Man kann nun die Wege $C_\varkappa$ noch so abändern, daß die linke Seite in (38.16) für $\omega = \Theta_{\mathfrak{z}_\varkappa}$, $\varkappa = 1, \ldots, h$ verschwindet, womit dann (38.16) in die Gleichung

$$C_1' \, \omega + \cdots + C_n' \, \omega = 0$$

übergeht für alle harmonischen Differentiale.

5. Wir hatten in § 15.3 gesehen, daß zu einem algebraischen Gebilde eine geschlossene RIEMANNsche Fläche gehört. Wir wollen nun noch zeigen, daß umgekehrt zu jeder geschlossenen RIEMANNschen Fläche R ein algebraisches Gebilde konstruiert werden kann, dessen RIEMANNsche Fläche mit R konform äquivalent ist.

Zu irgend zwei auf R nicht-konstanten meromorphen Funktionen $z(p)$ und $w(p)$ kann man nach dem in § 15.3.2 angegebenen Verfahren ein Polynom $F_1(z, w)$ in z und w konstruieren, das identisch verschwindet, wenn man für z und w die beiden Funktionen $z(p)$ und $w(p)$ einsetzt. Werden $z(p)$ und $w(p)$ auf eine Parameterzelle (V, t) beschränkt, so stellen sie in diesem lokalen Parameter t im allgemeinen ein Funktionselement im Sinne von § 2 dar (vgl. die Bemerkungen am Schluß von § 3.4), das wir dem Zentrum p der Zelle (V, t) zuordnen. Die Punkte, für welche dies nicht der Fall ist, müssen für beide Funktionen $z(p)$ und $w(p)$ mehrfache Stellen sein. Wir bezeichnen diese endlich vielen Ausnahmepunkte mit $q_1, \ldots, q_m$. Die Funktionselemente, die den übrigen Punkten auf R zugeordnet sind, sind analytisch zusammenhängend und genügen der algebraischen Gleichung $F_1(z, w) = 0$. Sie sind also Funktionselemente eines algebraischen Gebildes (z, w), das wir, als RIEMANNsche Fläche aufgefaßt, mit R_1 bezeichnen. Jedem Punkt p aus $R - q_1 - \cdots - q_m$ entspricht eindeutig ein Element e in (z, w) und diesem ein Punkt p_1 aus R_1. Ist aber (V, t) eine Parameterzelle auf R mit dem Zentrum q_ν, so gibt es eine positive ganze Zahl k_ν, so daß die Funktionen z und w in dem Parameter $\tau = t^{k_\nu}$ ein Funktionselement aus (z, w) darstellen, $\nu = 1, \ldots, m$. Die hierdurch definierte Abbildung von R in R_1 ist unbegrenzt, aber im allgemeinen verzweigt. Dadurch wird R zu einer unbegrenzten Überlagerungsfläche von R_1 im Sinne von § 15. Über jedem Punkt z auf der z-Kugel liegt eine Anzahl Punkte $p_1, \ldots, p_n$ von R_1.

---

[1] Ist nämlich für ein $\omega \in \Omega^H$, das ist der Raum der harmonischen 1-Formen auf R, $\mathfrak{z}\omega$ für jeden Zyklus $\mathfrak{z}$ eine ganze Zahl, so gibt es nach Satz III.11 einen Zyklus $\mathfrak{z}'$ mit $\vartheta_{\mathfrak{z}'} \sim \omega$ und somit $\Theta_{\mathfrak{z}'} = \omega$.

Ist nun die Überlagerung von R über R_1 mehrblättrig, so liegen über den $p_1, \ldots, p_n$ je mehrere Punkte von R. Die zu z gehörigen Werte von w im Gebilde (z, w) können also nicht alle verschieden sein. Um zu erreichen, daß R über R_1 schlicht ist, haben wir nunmehr so vorzugehen: Gemäß der vorigen Nr. 3 gibt es jedenfalls meromorphe Funktionen auf R, die nicht konstant sind. $z = z(p)$ sei eine solche Funktion und n ihr Grad. Es gibt dann eine Stelle z_0, über welcher n verschiedene Punkte $p_1^0, \ldots, p_n^0$ aus R liegen. $\varphi_\varkappa$ sei ein meromorphes Differential, das in $p_\varkappa^0$ einen Pol mit dem Hauptteil $\dfrac{d\,z}{(z - z_0)^2}$ besitzt. Dann ist für n verschiedene Werte $a_1, \ldots, a_n$

$$w = (z - z_0)^2 \left(a_1 \frac{\varphi_1}{d\,z} + \cdots + a_n \frac{\varphi_n}{d\,z} \right)$$

eine auf R meromorphe Funktion, welche in den Stellen $p_1^0, \ldots, p_n^0$ die Werte $a_1, \ldots, a_n$ annimmt. z und w bestimmen also ein zur RIEMANN-schen Fläche gehöriges algebraisches Gebilde.

Wir verzichten hier auf die Theorie der algebraischen Funktionen einzugehen und verweisen auf die neuere Gesamtdarstellung dieses Gebietes von C. CHEVALLEY [1*].

§ 39. Harmonische Differentiale endlicher Norm auf offenen Flächen

39.1. Der Zerlegungssatz. Wir haben in § 38.1 gesehen, daß auf einer kompakten RIEMANNschen Fläche jede Cohomologieklasse genau ein harmonisches Differential enthält und daß dieses durch den vom Funktional $\mathfrak{z}\,\omega$ erzeugten Modul eindeutig bestimmt ist. Diesen grundlegenden Sachverhalt wird man im Auge behalten müssen, wenn man die harmonischen Differentiale auf offenen Flächen behandeln will. Zwar wird im nächsten § 40 gezeigt werden, daß im Raum Ω der exakten Formen auf einer offenen Fläche jede (schwache) Cohomologieklasse eine harmonische Form enthält. Dies ist aber im allgemeinen nicht die einzige. Wenn wir uns auf den Raum Ω^N der exakten Formen von endlicher Norm beschränken, so enthält gemäß § 30.5.4 jede starke Cohomologieklasse in Ω^N genau ein harmonisches Differential. Aber dieses Differential ω ist durch den von $\mathfrak{z}\,\omega$ erzeugten Modul, $\mathfrak{z} \in \mathfrak{F}_0$, im allgemeinen nicht eindeutig bestimmt. Denn es gibt auf offenen Flächen im allgemeinen totale harmonische Differentiale von endlicher Norm, die nicht verschwinden. Die Bedingung der endlichen Norm genügt also nicht, um eine den geschlossenen Flächen analoge Situation zu erhalten. Wir können, um weiter zu kommen, entweder die besondere Klasse von offenen Flächen betrachten, auf welchen die totalen harmonischen Differentiale endlicher Norm verschwinden oder die

Klasse der Differentiale weiter einschränken. Wir beschreiten den zweiten Weg[1].

Wie früher bezeichnen wir mit Ω^N die Klasse der exakten Formen mit endlicher Norm, mit T^N den Durchschnitt von Ω^N mit T und mit $\overline{T}_0$, $\overline{T}_{00}$ und $\overline{\Omega}_0$ die in Ω^N abgeschlossenen Hüllen von T_0, T_{00} und Ω_0. Dabei wird Ω^N als metrischer Raum in bezug auf den Abstand $\|\omega - \omega'\|$ aufgefaßt (vgl. § 16.2 und § 30.3). Den Raum der harmonischen Differentiale endlicher Norm bezeichnen wir mit Ω^H. Er ist in bezug auf das innere Produkt (ω, ω') ein separabler HILBERT-Raum. Durch die Beschränkung auf Differentiale aus Ω^H steht uns nun die ganze Technik des HILBERT-Raumes zur Verfügung. Wir zerlegen nun Ω^H in Orthogonalräume, zu denen wir in natürlicher Weise durch starke und schwache Projektionen (§ 30.5.3) der Räume Ω^N, $\overline{\Omega}_0$, T^N und $\overline{T}_0$ in Ω^H geführt werden. Ist Ω_1 irgendeine Menge von Elementen in Ω^N, so bezeichnet $*\Omega_1$ die Menge der adjungierten Elemente.

1. Die schwache Projektion π bildet Ω^N auf Ω^H und T^N auf T^H ab, das ist der Raum der totalen Differentiale in Ω^H. Durch die starke Projektion Π geht Ω^N in einen Teilraum Ω'' von Ω^H über.

$$\pi\colon \Omega^N \to \Omega^H, \quad \pi\colon T^N \to T^H, \quad \Pi\colon \Omega^N \to \Omega''. \tag{39.1}$$

Auf Grund der Orthogonalitätsrelation (30.5) steht Ω'' auf T^H senkrecht. Umgekehrt, ein $\omega \in \Omega^H$, das auf T^H senkrecht steht, wird durch Π auf sich selbst abgebildet; denn es liegt $\omega - \Pi\omega$ in T^H. Ω'' ist also in Ω^H das orthogonale Komplement zu T^H:

$$\Omega^H = \Omega'' \oplus T^H. \tag{39.2}$$

2. Mit Ω' bezeichnen wir den Raum der harmonischen Differentiale in $\overline{\Omega}_0$. Offenbar ist Ω' die schwache Projektion von $\overline{\Omega}_0$. Für ein ω aus $\overline{\Omega}_0$ und seine schwache Projektion $\pi\omega = \omega'$ gilt nämlich $\omega' = \omega + df$, $f \in \overline{C}_0^1$; mit ω und df gehört auch ω' zu $\overline{\Omega}_0$ und somit zu Ω'. Anderseits wird jedes Element aus Ω' durch π auf sich abgebildet. Wir fragen nun nach der Beziehung zwischen Ω' und Ω''. Für jedes ω aus Ω' oder aus $*\Omega''$ und für jedes $\mathfrak{z} \in \mathfrak{N}_0{}^2$ gilt zunächst $\mathfrak{z}\,\omega = 0$. Die Integralfunktionen der Differentiale aus Ω' oder aus $*\Omega''$ haben längs der schwach nullhomologen Zyklen aus $\mathfrak{Z}_0$ verschwindende Perioden. Denn

---

[1] Die Untersuchung besonderer Klassen ABELscher Differentiale auf nichtkompakten Flächen begann mit Arbeiten von H. HORNICH [1, 2, 3] über spezielle Flächen unendlichen Geschlechts. Im Jahre 1941 hat dann R. NEVANLINNA [4] bewiesen, daß auf nullberandeten Flächen eine harmonische Form ω mit $\|\omega\| < \infty$ durch den Modul $\{\mathfrak{z}\omega\}$, $\mathfrak{z} \in \mathfrak{Z}_0$, eindeutig bestimmt ist und daß $\mathfrak{z}\omega$ nur von der schwachen Homologieklasse des $\mathfrak{z}$ abhängt. Seither ist über diesen Gegenstand eine reichhaltige Literatur entstanden: L. V. AHLFORS [4, 5]; R. BADER [1]; L. MYRBERG [1, 6]; P. J. MYRBERG [4, 5, 6]; R. NEVANLINNA [12]; A. PFLUGER [4]; H. L. ROYDEN [2]; K. I. VIRTANEN [1, 2, 4].

[2] Vgl. § 18.4.2.

für jedes $\mathfrak{z} \in \mathfrak{N}_0$ ist $\vartheta_\mathfrak{z}$ und somit $\pi\,\vartheta_\mathfrak{z} = \Theta_\mathfrak{z}$ in T^H. Für $\omega \in \Omega' \subset \overline{\Omega}_0$ folgt dann aus (16.7) $\mathfrak{z}\,\omega = [\Theta_\mathfrak{z}, \omega] = 0$. Ist aber $\omega \in *\Omega''$, so steht $*\omega$ auf T^H orthogonal und dies ergibt $\mathfrak{z}\,\omega = [\Theta_\mathfrak{z}, \omega] = -(\Theta_\mathfrak{z}, *\omega) = 0$. Es gilt aber viel mehr. Wir werden nachfolgend beweisen: *Die beiden Räume Ω' und $*\Omega''$ sind identisch.*

Wegen (16.7) ist $(\omega, *df) = 0$ für jedes $\omega \in \Omega_0$ und $df \in T^N$. Es steht also Ω_0 und damit auch seine abgeschlossene Hülle $\overline{\Omega}_0$ senkrecht auf $*T^H$. Daraus folgt: $\Omega' \subset *\Omega''$.

Nehmen wir nun umgekehrt ein Element ω aus Ω''. $\{F_n\}_1^\infty$ sei eine normale Ausschöpfung von R durch solche Teilgebiete F_n, die von analytischen Kurven berandet sind. ω_n entstehe aus ω durch Anwendung der starken Projektion in bezug auf F_n. Nach Satz IV.14 (mit $\sigma = 0$) ist dann $\lim_{n \to \infty} \|\omega_n - \omega\|_{F_n} = 0$. $*\omega_n$ verschwindet längs des Randes Γ_n von F_n[1]. Indem wir auf $R - F_n$ $*\omega_n = 0$ setzen, wird $*\omega_n$ auf R ein Differential mit kompaktem Träger und $\lim_{n \to \infty} \| *\omega_n - *\omega \| = 0$. $*\omega_n$ gehört zwar nicht zu Ω_0, denn es ist längs Γ_n nicht stetig und differenzierbar. Es kann aber im Sinne der Norm beliebig genau durch Elemente aus Ω_0 approximiert werden, denn es gibt in jeder Parameterzelle (V, z) mit dem Zentrum auf Γ_n eine stetige und stückweise stetig differenzierbare Funktion f mit $df = *\omega_n$ und $\|df\|_V < \infty$. Es gehört also $*\omega$ zu $\overline{\Omega}_0$ und, weil es harmonisch ist, auch zu Ω', dies bedeutet: $*\Omega'' \subset \Omega'$. Zusammen mit der obigen Inklusion folgt daraus

$$\Omega' = *\Omega''. \tag{39.3}$$

3. Mit T_0^H bezeichnen wir die Menge der totalen Differentiale in Ω'. T_0^H ist ein Unterraum von Ω', d. h. linear und in Ω' abgeschlossen, und entsteht aus $\overline{T}_0$ durch schwache Projektion. Sein orthogonales Komplement in bezug auf Ω' bezeichnen wir mit Ω_0^H:

$$\Omega' = \Omega_0^H \oplus T_0^H. \tag{39.4}$$

Überlegen wir uns, was diese Zerlegung auf einer kompakten berandeten Fläche R_B bedeutet. Die konforme Struktur definiert auf R_B eine Orientierung und diese induziert auf dem Rand von R_B einen bestimmten

---

[1] Dies ergibt sich gleich wie in § 32.2, indem man von den kompakten berandeten Flächen $R_B = F_n \cup \Gamma_n$ zur SCHOTTKY-Verdoppelung $\hat{R}$ übergeht und die Beschränkung des Differentials ω auf R_B symmetrisch auf $\hat{R}$ fortsetzt. Das so erhaltene Differential $\hat{\omega}$ ist auf Γ_n nicht stetig; man kann es aber durch Glättung leicht in ein Differential $\hat{\omega}_1$ verwandeln, das auf $\hat{R}$ exakt und symmetrisch ist. Nach dem DIRICHLETschen Prinzip gibt es dann ein symmetrisches harmonisches Differential $\hat{\omega}_0$, das zu $\hat{\omega}_1$ cohomolog ist und für welches $*\hat{\omega}_0$ längs Γ_n verschwindet. Die Beschränkung von $\hat{\omega}_0$ auf $F_n + \Gamma_n$ ist dann die starke Projektion von ω in bezug auf F_n, also gleich ω_n.

Umlaufsinn. Dieser Randzyklus Γ ist aus einfach geschlossenen Wegen $\gamma_1, \ldots, \gamma_k$ additiv zusammengesetzt: $\Gamma = \gamma_1 + \cdots \gamma_k$. Ω' wird nun von jenen auf R_B harmonischen Formen gebildet, die längs Γ verschwinden. Die Differentiale der eindeutigen harmonischen Funktionen auf R_B, welche auf jedem γ_i konstant sind, bilden den Raum T_0^H. Seine Dimension ist $k-1$. Ω_0^H schließlich enthält genau jene Elemente ω aus Ω', für welche $\gamma_i * \omega = 0$ ist, $i = 1, \ldots, k$. Denn ein $dh \in T_0^H$ mit $h = c_i$ auf γ_i ergibt

$$(dh, \omega) = \int_\Gamma h \cdot * \omega = \sum_i \int_{\gamma_i} c_i * \omega,$$

und dies verschwindet für alle c_i genau dann, wenn $\gamma_i * \omega = 0$ ist, $i = 1, \ldots, k$.

4. Aus (39.2), (39.3) und (39.4) folgt

$$\Omega^H = {}* \Omega_0^H \oplus {}* T_0^H \oplus T^H. \tag{39.5}$$

Welches ist die Bedeutung von $* \Omega_0^H$? Um dies zu sehen bezeichnen wir mit Ω_0^N jenen Teilraum von Ω^N, für dessen Elemente ω der Modul $\{\mathfrak{z}\,\omega\}$, $\mathfrak{z} \in \mathfrak{N}_0$, verschwindet, deren Integralfunktionen also längst der schwach nullhomologen Zyklen verschwindende Perioden haben. Ω_0^N *steht auf* $* T_0^H$ *orthogonal*:

$$\Omega_0^N \perp {}* T_0^H. \tag{39.6}$$

Ist nämlich τ ein Element aus T_0^H, so gibt es in T_0 eine Folge von Elementen τ_n mit $\lim_{n \to \infty} ||\tau_n - \tau|| = 0$. Jedes τ_n verschwindet außerhalb eines normalen Teilgebietes F_n. Der Randzyklus Γ_n von F_n ist die Summe $\gamma_1 + \cdots + \gamma_l$ von Zyklen γ_i von denen jeder eine zusammenhängende Komponente von $R - F_n$ berandet und somit schwach nullhomolog ist. Anderseits hat eine Integralfunktion f_n von τ_n: $df_n = \tau_n$, auf jedem Zyklus γ_i einen konstanten Wert c_i, $i = 1, \ldots, l$. Daraus folgt für jedes $\omega \in \Omega_0^N$

$$(*\tau_n, \omega) = [\tau_n, \omega] = \int_\Gamma f_n \omega = \sum_i \int_{\gamma_i} c_i \omega = 0.$$

Es steht also jedes $\omega \in \Omega_0^N$ senkrecht auf den $*\tau_n$ und somit auch auf $*\tau$.

Durch starke Projektion geht nun jedes Element aus Ω_0^N in eine harmonische Form in Ω_0^N über, die zu T^H orthogonal ist. $\Pi \, \Omega_0^N$ ist also ein Teilraum von Ω^H, der auf T^H und nach (39.6) auch auf $* T_0^H$ senkrecht steht. Umgekehrt gehört jedes $\omega \in \Omega^H$, das auf T^H und $* T_0^H$ senkrecht steht, zu $\Pi \, \Omega_0^N$. Denn es gilt dann für jedes $\mathfrak{z} \in \mathfrak{N}_0 : \Theta_\mathfrak{z} \in T_0^H$, $\mathfrak{z}\,\omega = [\Theta_\mathfrak{z}, \omega] = (\omega, * \Theta_\mathfrak{z}) = 0$. Es gehört also ω zu Ω_0^N, und da es harmonisch ist, und auf T^H senkrecht steht, auch zu $\Pi \, \Omega_0^N$. $\Pi \, \Omega_0^H$ ist also gemäß (39.5) mit $* \Omega_0^H$ identisch: $* \Omega_0^H$ ist die starke Projektion von

Ω_0^N. Daraus folgt zugleich, daß jedes Element τ aus T_0^H durch den Modul $\{\mathfrak{z} * \tau\}$ $\mathfrak{z} \in \mathfrak{N}_0$, eindeutig bestimmt ist. Gilt nämlich für zwei Elemente τ und τ' aus $T_0^H : \mathfrak{z} * \tau = \mathfrak{z} * \tau'$, $\mathfrak{z} \in \mathfrak{N}_0$, so liegt $*\tau - *\tau'$ in Ω_0^N und somit in $*\Omega_0^H$; es muß also $\tau - \tau'$ das Nullelement sein. Zusammenfassend gilt folgender

Zerlegungssatz. *Ω^H bezeichne den* HILBERT-*Raum, der von den harmonischen 1-Formen endlicher Norm gebildet wird, T^H den Unterraum der totalen Formen in Ω^H und T_0^H den Unterraum von T^H, dessen Elemente zu $\overline{T}_0$ gehören. Durch starke Projektion jener Elemente aus Ω^N, deren Integralfunktionen längs der schwach nullhomologen Zyklen die Periode null haben, entsteht ein Unterraum von Ω^H, der mit $*\Omega_0^H$ bezeichnet werde. Dann sind die drei Räume $*\Omega_0^H$, $*T_0^H$ und T^H paarweise orthogonal und Ω^H ist ihre direkte Summe:*

$$\Omega^H = *\Omega_0^H \oplus *T_0^H \oplus T^H . \tag{39.7}$$

Ein $\omega \in \Omega^H$ besitzt also in jedem der drei Teilräume eine eindeutig bestimmte Projektion: $\omega_0 \in *\Omega_0^H$, $*\tau_0 \in *T_0^H$, $\tau \in T^H$, so daß

$$\omega = \omega_0 + *\tau_0 + \tau \tag{39.8}$$

ist. Der zu $*\Omega_0^H$ adjungierte Raum Ω_0^H ist ein Teilraum von $\overline{\Omega}_0$.

5. *Minimaleigenschaften.* Die Räume Ω_0^H und $*T_0^H$ sind durch folgende Minimaleigenschaften charakterisiert:

1) Es sei ein ω_1 aus Ω^N gegeben. Unter allen Formen ω aus Ω^N, für welche die Funktionale $\mathfrak{z}\omega$ und $\mathfrak{z}\omega_1$ auf den schwach nullhomologen Zyklen aus $\mathfrak{Z}_0$, also auf $\mathfrak{N}_0$ übereinstimmen, hat dann die Projektion von ω_1 in $*T_0^H$ die kleinste Norm.

2) Es sei ein ω_1 aus Ω^N gegeben mit $\mathfrak{z}\omega_1 = 0$ auf $\mathfrak{N}_0$. Unter allen Formen aus Ω^N, für welche die Funktionale $\mathfrak{z}\omega$ und $\mathfrak{z}\omega_1$ auf $\mathfrak{Z}_0$ übereinstimmen, hat dann die Projektion von ω_1 in Ω_0^H die kleinste Norm.

6. *Analytische Differentiale.*

Eine etwas andere Zerlegung gilt im Raum Φ_A der analytischen Differentiale φ von endlicher Norm. Die totalen Differentiale in Φ_A bilden einen Unterraum T_A. Φ'' sei das orthogonale Komplement zu T_A:

$$\Phi_A = \Phi'' \oplus T_A . \tag{39.9}$$

Jene Elemente φ aus Φ'', für welche der Modul $\{\mathfrak{z}\varphi\}$, $\mathfrak{z} \in \mathfrak{N}_0$ verschwindet, bilden einen Unterraum Φ_0. Sein orthogonales Komplement in Φ'' sei mit Φ_1 bezeichnet: $\Phi'' = \Phi_0 \oplus \Phi_1$. Dann folgt in Verbindung mit (39.9) (vgl. K. VIRTANEN [2])

$$\Phi_A = \Phi_0 \oplus \Phi_1 \oplus T_A \tag{39.10}$$

Φ_0 und Φ_1 sind durch analoge Minimaleigenschaften charakterisiert wie oben die $*\Omega_0^H$ und $*T_0^H$. Es ist aber nicht etwa so, daß die Realteile der Elemente in Φ_0, Φ_1, T_A entsprechend die obigen Räume $*\Omega_0^H$, $*T_0^H$ und T^H ergeben. Denn im allgemeinen gibt es in Φ_0 Differentiale φ mit lauter imaginären Perioden. $\Re\,\varphi$ gehört dann aber zu T^H und $\Im\,\varphi$ zu $*\Omega_0^H$.

39.2. Anwendungen

1. Die Elemente aus T_A sind Differentiale eindeutiger analytischer Funktionen auf R mit endlichem DIRICHLET-Integral. Nun bezeichnen wir wieder mit O_{AD} jene Klasse von RIEMANNschen Flächen, auf denen die eindeutigen analytischen Funktionen mit endlichem DIRICHLET-Integral notwendig konstant sind, mit anderen Worten, der Raum T_A sich auf das Nullelement reduziert. Dann verschwindet in (39.10) das Glied T_A und wir haben den Satz: *Auf einer Fläche der Klasse* O_{AD} *ist jedes analytische Differential* φ *von endlicher Norm durch den von* $\mathfrak{z}\varphi$, $\mathfrak{z} \in \mathfrak{Z}_0$, *erzeugten Modul eindeutig bestimmt.*

2. Mit O_{HD} bezeichnen wir die Klasse jener RIEMANNschen Flächen, auf denen jede eindeutige harmonische Funktion mit endlichem DIRICHLET-Integral notwendig eine Konstante ist. Auf diesen Flächen reduziert sich Ω^H auf $*\Omega_0^H$ und wir erhalten den Satz[1]: *Auf einer RIEMANNschen Fläche aus* O_{HD} *ist jedes harmonische Differential (bzw. jedes analytische Differential)* ω *von endlicher Norm durch den von* $\mathfrak{z}\omega$, $\mathfrak{z} \in \mathfrak{Z}_0$, *erzeugten Modul eindeutig bestimmt. Es verschwindet überdies* $\mathfrak{z}\omega$ *auf allen schwach nullhomologen Zyklen.* Der Modul $\{\mathfrak{z}\omega\}$ hängt also nur von den *schwachen Homologieklassen* in $\mathfrak{Z}_0$ ab.

3. Einem Zyklus $\mathfrak{z} \in \mathfrak{Z}_0$ ist gemäß § 32.3 eindeutig ein Normaldifferential erster Gattung $\Theta_\mathfrak{z}$ zugeordnet. $\Theta_\mathfrak{z}$ liegt im Raume $\Omega' = \Omega_0^H \oplus T_0^H$ und hängt nur von der starken Homologieklasse des $\mathfrak{z}$ ab. Die Gleichung (32.6) ist mit $\mathfrak{z}\omega = (\omega, *\Theta_\mathfrak{z})$ gleichbedeutend. Daraus liest man unmittelbar die folgende Extremaleigenschaft der $\Theta_\mathfrak{z}$ ab: Für alle exakten Formen ω mit $\|\omega\| \leqq 1$ ist $|\mathfrak{z}\omega| \leqq \|\Theta_\mathfrak{z}\|$ und das Gleichheitszeichen gilt genau dann, wenn $\omega = \pm\dfrac{*\Theta_\mathfrak{z}}{\|\Theta_\mathfrak{z}\|}$ ist. Hiernach ist $\Theta_\mathfrak{z} = 0$ genau dann, wenn $\mathfrak{z}\,\omega$ für jedes $\omega \in \Omega^N$ verschwindet. Dies ist natürlich immer der Fall, wenn $\mathfrak{z}$ stark nullhomolog ist. Es kann auch für gewisse $\mathfrak{z}$ der Fall sein, die nur schwach nullhomolog sind; denn es stehen nur die ω mit endlicher Norm in Betracht[2]. Für $\mathfrak{z} \nsim 0$

---

[1] Die Gültigkeit eines solchen Satzes ist von R. NEVANLINNA [4] zunächst für die Klasse der nullberandeten Flächen bewiesen und dann von L. V. AHLFORS [5] auf die Flächenklasse O_{HD} ausgedehnt worden. Daß die nullberandeten Flächen in der Klasse O_{HD} enthalten sind, wird in § 41.2 bewiesen werden.

[2] Es sei z. B. $\mathfrak{z}$ ein einfach geschlossener analytischer Weg, der die Fläche R in zwei nicht-kompakte Teile zerlegt, von denen der eine, er sei mit G bezeichnet, einen idealen Rand vom harmonischen Maß null hat. ω besitzt nach (39.2) und

hingegen ist $\Theta_\mathfrak{z} \neq 0$. Denn es gibt zu jedem solchen $\mathfrak{z}$ nach Definition ein $\omega \in \Omega_0$ mit $\mathfrak{z}\omega \neq 0$.

4. Die $\Theta_\mathfrak{z}$ liegen in $\Omega' = \Omega_0^H \oplus T_0^H$. Ein $\Theta_\mathfrak{z}$ gehört dann und nur dann zu T_0^H, wenn $\mathfrak{z}$ schwach nullhomolog ist; denn genau in diesem Falle ist nach (19.5) $\vartheta_\mathfrak{z} \in \Omega_0$ total. Für $\mathfrak{z} \nsim 0$ haben die $\Theta_\mathfrak{z}$ in Ω_0^H von null verschiedene Komponenten $\overline{\Theta}_\mathfrak{z}$. Aus (32.6) folgt

$$\mathfrak{z} * \omega = (\overline{\Theta}_\mathfrak{z}, \omega), \quad \omega \in \Omega_0^H, \quad \mathfrak{z} \in \mathfrak{Z}_0 . \tag{39.11}$$

Es gelten nun folgende zwei Sätze:

1) *Ist $\mathfrak{z}_1, \mathfrak{z}_2, \ldots$ eine schwache Homologiebasis in $\mathfrak{Z}_0$, so wird Ω_0^H von den Vektoren $\overline{\Theta}_{\mathfrak{z}\varkappa}$ aufgespannt, d. h. ihre Linearkombinationen $\sum x_\varkappa \overline{\Theta}_{\mathfrak{z}\varkappa}$ sind in Ω_0^H dicht. Die $*\Theta_{\mathfrak{z}\varkappa}$ spannen den Raum $*\Omega_0^H$ auf.*

2) *Ist $\mathfrak{z}_1', \mathfrak{z}_2', \ldots$ eine starke „Homologiebasis" in $\mathfrak{N}_0$, so spannen die Vektoren $\Theta_{\mathfrak{z}\varkappa}'$ den Raum T_0^H auf. $*T_0^H$ wird demnach durch die Vektoren $*\Theta_{\mathfrak{z}\varkappa}'$ aufgespannt.* Zum Beweise nehmen wir ein ω aus Ω_0^H, das auf allen $\overline{\Theta}_{\mathfrak{z}\varkappa}$ senkrecht steht. Dann ist nach (39.11) $\mathfrak{z}_\varkappa * \omega = 0$, $\varkappa = 1, 2, \ldots$, und daher $\mathfrak{z} * \omega = 0$ für alle $\mathfrak{z} \in \mathfrak{Z}_0$. $*\omega$ ist somit total und muß als Element von $*\Omega_0^H$ verschwinden. Ist jedoch τ_0 ein Element aus T_0^H, das auf allen $\Theta_{\mathfrak{z}\varkappa}'$ senkrecht steht, so ist

$$\mathfrak{z}_\varkappa' * \tau_0 = (\Theta_{\mathfrak{z}\varkappa}', \tau_0) = 0, \quad \varkappa = 1, 2, \ldots,$$

und somit $\mathfrak{z} * \tau_0 = 0$ für alle $\mathfrak{z}$ aus $\mathfrak{N}_0$. Deshalb muß $*\tau_0$ als Element von $*T_0^H$ verschwinden. Es kann also nur das Nullelement in Ω_0^H bzw. T_0^H auf allen $\Theta_{\mathfrak{z}\varkappa}$ bzw. $\Theta_{\mathfrak{z}\varkappa}'$ senkrecht stehen.

Es gilt ferner der Satz:

Die Vektoren $\varphi_\varkappa' = *\Theta_{\mathfrak{z}\varkappa}' - i\,\Theta_{\mathfrak{z}\varkappa}'$, $\varkappa = 1, 2, \ldots$, spannen den Raum Φ_1 in (39.10) auf.

Wir zeigen zunächst, daß die $\varphi_\varkappa'$ in Φ_1 liegen. Denn nach Nr. 3 ist für alle analytischen Differentiale φ mit $\mathfrak{z}_\varkappa' \varphi = \|\Theta_{\mathfrak{z}\varkappa}'\|^2$ die Norm $\|\varphi\| \geqq \|\Theta_{\mathfrak{z}\varkappa}'\|$ und das Gleichheitszeichen gilt genau für $\varphi = \varphi_\varkappa'$. Unter allen analytischen Differentialen φ mit $\mathfrak{z}\varphi = \mathfrak{z}\varphi_\varkappa'$, $\mathfrak{z} \in \mathfrak{N}_0$, hat also $\varphi_\varkappa'$ die kleinste Norm. Deshalb gehört $\varphi_\varkappa'$ zu Φ_1.

Nun sei φ ein Element aus Φ_1, das auf allen $\varphi_\varkappa'$ orthogonal ist. Dann folgt $\mathfrak{z}_\varkappa' \overline{\varphi} = [\Theta_{\mathfrak{z}\varkappa}', \overline{\varphi}] = \frac{1}{2}(\varphi_\varkappa', \varphi) = 0$. Es ist also $\mathfrak{z}\overline{\varphi} = 0$, $\mathfrak{z} \in \mathfrak{N}_0$, und deshalb muß φ verschwinden.

Ganz entsprechend beweist man den Satz: *Die Vektoren $\varphi_\varkappa = *\overline{\Theta}_{\mathfrak{z}\varkappa} - i\,\overline{\Theta}_{\mathfrak{z}\varkappa}$, $\varkappa = 1, 2, \ldots$, spannen den Raum Φ_0 in (39.10) auf.*

(39.3) eine Zerlegung

$$\omega = \omega' + *\tau, \quad \omega' \in \Omega', \quad \tau \in T^H.$$

Nun ist $\mathfrak{z}\omega' = 0$, weil $\mathfrak{z} \sim 0$ ist. τ ist das Differential einer harmonischen Funktion h mit endlichem DIRICHLET-Integral. Nach Satz VI.9 und der anschließenden Bemerkung ist $\mathfrak{z} * \tau = \mathfrak{z} * dh = 0$ und somit $\mathfrak{z}\,\omega = 0$.

5. Die Dimension des Raumes Ω_0^H ist gleich dem schwachen Zusammenhangsgrad h_0 der Fläche R.

$$\mathrm{Dim}\ \Omega_0^H = h_0\,.$$

Denn die Vektoren in der obigen Folge $\overline{\Theta}_{\mathfrak{z}_1}, \overline{\Theta}_{\mathfrak{z}_2}, \ldots$ sind alle linear unabhängig: aus $\sum\limits_1^n x_\varkappa\, \overline{\Theta}_{\mathfrak{z}\varkappa} = 0$ folgt die Homologie $\sum\limits_1^n x_\varkappa\mathfrak{z}_\varkappa \sim 0$ und daraus $x_\varkappa = 0,\ \varkappa = 1, \ldots, n$.

Dagegen können in der Folge $\Theta_{\mathfrak{z}_1'}, \Theta_{\mathfrak{z}_2'}, \ldots$ einzelne Vektoren verschwinden: Es müssen nicht mehr irgend endlich viele davon linear unabhängig sein. Die Dimension des Raumes T_0^H kann also kleiner sein als die Zahl der Zyklen in der „Homologiebasis" $\{\mathfrak{z}_\varkappa'\}$, das ist $k-1$. Es besteht also jedenfalls die Ungleichung

$$\mathrm{Dim}\, T_0^H \leqq k-1,$$

wo k die Anzahl der idealen Randkomponenten bezeichnet.

Für die Dimension des Raumes Ω^H gilt nach dem Zerlegungssatz (39.7)

$$\mathrm{Dim}\, \Omega^H = h_0 + \mathrm{Dim}\, T_0^H + \mathrm{Dim}\, T^H.$$

Daß für $\mathrm{Dim}\, T_0^H$ alle Zahlen $0, 1, 2, \ldots$ vorkommen können, ist trivial. Dagegen konnte H. ROYDEN [4] zeigen, daß dies auch für $\mathrm{Dim}\, T^H$ der Fall ist. Für jede Zahl $n = 0, 1, 2, \ldots$ gibt es eine RIEMANNsche Fläche, bei der $\mathrm{Dim}\, T^H = n$ ist. Wenn die Dimension von T^H endlich und positiv ist, so gilt $h_0 = \infty$. Denn es gilt der Satz (R. NEVANLINNA [1*], S. 360): Hat die Fläche R endliches Geschlecht $g = \tfrac{1}{2} h_0$, so ist die Dimension von T^H entweder unendlich oder null und der zweite Fall tritt genau dann ein, wenn R nullberandet ist.

39.3. Die RIEMANNsche Periodenrelation

1. Wir wollen versuchen, in bezug auf eine schwache Homologiebasis $\{\mathfrak{z}_i\}_1^\infty$ das schiefe Skalarprodukt $[\omega_1, \omega_2]$ mit Hilfe der Perioden $\mathfrak{z}_i\,\omega_1$ und $\mathfrak{z}_i\,\omega_2$ darzustellen. *Dabei setzen wir voraus, daß die* RIEMANN*sche Fläche R zur Klasse* O_{HD} *gehöre, wo* $\Omega_0^H = *\Omega_0^H = \Omega^H$ *ist, und bezeichnen jetzt mit* Ω^H *den Raum der komplexen harmonischen Formen endlicher Norm.* Zu diesem Zweck ziehen wir gemäß § 21.6.1 die konjugierte Homologiebasis $\{\mathfrak{z}_i'\}$ heran, welche durch die Schnitteigenschaft $\mathfrak{z}_i \circ \mathfrak{z}_\varkappa' = \delta_{i\varkappa}$ charakterisiert ist. Wir setzen zur Abkürzung $\Theta_\varkappa = \Theta_{\mathfrak{z}\varkappa}$, $\Theta_\varkappa' = \Theta_{\mathfrak{z}\varkappa'}$ und für ω und φ aus Ω^H

$$x_i = \mathfrak{z}_i\,\omega, \qquad y_i = \mathfrak{z}_i\,\varphi, \qquad i = 1, 2, \ldots.$$

Die $\Theta_\varkappa'$ bilden in Ω^H eine Basis, d. h. ihre Linearkombinationen $\sum c_\varkappa \Theta_\varkappa'$ mit komplexen Koeffizienten liegen dicht in Ω^H. *Wenn von den „Perioden"* $\mathfrak{z}_i\,\omega$ *und* $\mathfrak{z}_i\,\varphi$ *nur endlich viele von null verschieden sind, so ist*

wegen $\quad \mathfrak{z}_\varkappa\, \omega = x_\varkappa = \sum_i x_i (\mathfrak{z}_\varkappa \circ \mathfrak{z}'_i) = \mathfrak{z}_\varkappa \sum_i x_i\, \Theta'_i\quad$ und entsprechend
$\mathfrak{z}_\varkappa\, \varphi = \sum_i y_i (\mathfrak{z}_\varkappa\, \Theta'_i)$ offenbar

$$\omega = \sum x_i\, \Theta'_i \quad \text{und} \quad \varphi = \sum y_i\, \Theta'_i\,.$$

Analog wie in § 38.1 *folgt dann*

$$[\omega, \varphi] = \sum_{i,\varkappa} s'_{i\varkappa} x_i y_\varkappa, \quad s'_{i\varkappa} = \mathfrak{z}'_i \circ \mathfrak{z}'_\varkappa. \tag{39.12}$$

Diese Formel ist auch noch richtig, wenn für eines der Differentiale ω
und φ die „Perioden" längs der $\mathfrak{z}_i$ bis auf endlich viele alle verschwinden.
Es sei z. B. $\mathfrak{z}_i\, \omega = 0$ für $i > n$. Dann ist wiederum $\omega = \sum\limits_1^n x_i\, \Theta'_i$ und

somit $[\omega, \varphi] = \sum\limits_1^n x_i\, [\Theta'_i, \varphi] = \sum\limits_1^n x_i (\mathfrak{z}'_i\, \varphi)$. Nun besteht aber zwischen
den konjugierten Homologiebasen $\{\mathfrak{z}_i\}$ und $\{\mathfrak{z}'_\varkappa\}$ (vgl. § 21.6.1) die Be-
ziehung $\mathfrak{z}'_i = \sum s'_{i\varkappa}\, \mathfrak{z}_\varkappa$, woraus $\mathfrak{z}'_i\, \varphi = \sum s'_{i\varkappa}\, y_\varkappa$ folgt und schließlich (39.12).

Es ist nicht zu erwarten, daß die Formel (39.12) allgemein gültig
sei, auch für die speziellere Flächenklasse O_g nicht. Ob aber
spezielle Homologiebasen existieren, bei welchen sie für alle ω und
$\varphi \in \Omega^H$ gilt, ist keine leicht zu entscheidende Frage. Würde die zu
einem $\omega \in \Omega^H$ mit $x_i = \mathfrak{z}_i\, \omega$ angesetzte Folge $\omega_n = \sum\limits_1^n x_i\, \Theta'_i$ stark
gegen ω konvergieren, so hätte man die Formel

$$[\omega, \varphi] = \lim_{n \to \infty} \sum_1^n s'_{i\varkappa} x_i y_\varkappa. \tag{39.13}$$

Dies ist aber kaum zu erwarten und so viel ist auch nicht notwendig.
Für die Folge $\{\omega_n\}$ gilt jedenfalls $\lim\limits_{n \to \infty} (*\Theta_i, \omega_n) = (*\Theta_i, \omega) = x_i$. Wüßte
man, daß die Normen $\|\omega_n\|$ gleichmäßig beschränkt sind, so würde ω_n
schwach gegen ω konvergieren; denn die $*\Theta_i$ spannen Ω^H auf. Für
ein $\varphi \in \Omega^H$ ist dann $[\omega_n, \varphi] = \sum\limits_{i=1}^n (\mathfrak{z}_i\, \omega)\, (\mathfrak{z}'_i\, \varphi)$ und wegen der schwachen
Konvergenz $\omega_n \to \omega$ folgt

$$[\omega, \varphi] = \lim_{n \to \infty} \sum_1^n (\mathfrak{z}_i\, \omega)\, (\mathfrak{z}'_i\, \varphi), \tag{39.14}$$

eine Formel, die zu (39.13) analog ist. Es genügt also zu wissen, ob die
Normen $\|\omega_n\|$ gleichmäßig beschränkt sind. Nach der SCHWARZschen
Ungleichung ist

$$\|\omega_n\|^2 = \sum_{i,\varkappa=1}^n (\Theta'_i, \Theta'_\varkappa)\, x_i x_\varkappa \leq \left(\sum_1^n \|\Theta'_i\|\, |x_i| \right)^2.$$

Die $\|\omega_n\|$ sind also jedenfalls dann gleichmäßig beschränkt, wenn die Reihe $\sum\limits_{1}^{\infty} \|\Theta_i'\|\,|x_i|$ konvergiert.

Ist die Homologiebasis $\{\mathfrak{z}_i\}$ zu sich selbst konjugiert, so kann sie durch Umordnen auf die kanonische Gestalt (§ 21.6.2)

$$A_1,\ B_1,\ A_2,\ B_2,\ \ldots,\ A_n,\ B_n,\ \ldots$$

gebracht werden. Die Formel (39.14) nimmt dann die Gestalt

$$[\omega, \varphi] = \sum_{1}^{\infty} [A_\nu(\omega) B_\nu(\varphi) - B_\nu(\omega) A_\nu(\varphi)]\ ^1 \tag{39.15}$$

an. Sie ist jedenfalls richtig, wenn nur endlich viele der A- und B-Perioden von $\int \varphi$ von null verschieden sind.

2. Wenn es zu geeignet gewählter kanonischer Homologiebasis $\{A_\nu, B_\nu\}$ eine dreieckige Matrix $\{k_\nu^n\}_{\substack{\nu=1,\ldots,n \\ n=1,2,\ldots}}$ gibt mit $\lim\limits_{n\to\infty} k_\nu^n = 1$ bei festem ν, so daß die

$$\omega_n = \sum_{\nu=1}^{n} k_\nu^n \left[A_\nu(\omega)\, \Theta_{B\nu} - B_\nu(\omega)\, \Theta_{A\nu} \right]$$

gleichmäßig beschränkte Normen haben, so folgt nach dem vorangehenden

$$[\omega, \varphi] = \lim_{n\to\infty} \sum_{1}^{n} k_\nu^n \left[A_\nu(\omega)\, B_\nu(\varphi) - B_\nu(\omega)\, A_\nu(\varphi) \right].$$

Wir haben in diesem Falle wenigstens ein Summationsverfahren, welches die formale Reihe (39.15) zum Wert $[\omega, \varphi]$ summiert, für $\omega, \varphi \in \Omega^H$. Es gilt dann (39.15), wenn die Reihe nur aus endlich vielen Gliedern besteht. Dies ist der Fall, wenn die A-Perioden von $\int \omega$ und $\int \varphi$ alle bis auf endlich viele verschwinden. Nehmen wir z. B. für ω ein analytisches Differential, so wird aus (39.15) wegen $[\overline{\omega}, \omega] = (\omega, *\omega) = i\,\|\omega\|^2$

$$\|\omega\|^2 = 2\,\Im \sideset{}{'}\sum_\nu \overline{A_\nu(\omega)}\ B_\nu(\omega)\ .$$

Dies ergibt das Resultat: Wenn zu der kanonischen Homologiebasis $\{A_\nu, B_\nu\}$ ein Summationsverfahren der angegebenen Art existiert, so muß jedes analytische Differential ω von endlicher Norm identisch verschwinden, wenn die A-Perioden $A_\nu(\omega)$ alle null sind. L. V. Ahlfors [4] konnte für die Flächen der Klasse O_g eine kanonische Basis konstruieren, für welche ein Summationsverfahren existiert (vgl. auch P. J. Myrberg [4], A. Pfluger [4]). Hier sind also die analytischen Differentiale endlicher Norm durch die A-Perioden eindeutig bestimmt. Dann stellt sich die Frage, ob für jedes $\nu = 1, 2, \ldots$ ein sog. analytisches

---

¹ Vgl. L. V. Ahlfors [4] und K. I. Virtanen [1].

Elementardifferential ω_ν existiert, für welches $A_i(\omega_\nu) = \delta_{i\nu}$ ist und $\|\omega_\nu\| < \infty$. Daß dies geht, ist von K. I. Virtanen [4] und L. V. Ahlfors [4] gezeigt worden.

3. Wie in Nr. 1 bemerkt wurde, ist nicht zu erwarten, daß die Folge

$$\omega_n = \sum_1^n x_i \, \Theta_i' \text{ stark gegen } \omega \text{ konvergiert. Dagegen konvergiert die Folge}$$

$$\omega_n' = - \sum_1^n x_i' * \Theta_i' \text{ mit } x_i' = \mathfrak{z}_i * \omega \text{ stark gegen } \omega. \text{ Denn } \omega_n' \text{ hat unter allen}$$

$\widetilde{\omega}$ mit $\mathfrak{z}_i * \omega = \mathfrak{z}_i * \widetilde{\omega}$, $i = 1, 2, \ldots, n$, die kleinste Norm. Es ist $\|\omega_n'\|$ mit n monoton wachsend, alle $\|\omega_n'\|$ sind kleiner als $\|\omega\|$ und daher konvergent. Ferner ist $(\omega_m' - \omega_n', \omega_n') = 0$ für $m > n$. Daher bilden die ω_n' eine Cauchy-Folge und konvergieren also stark gegen ein harmonisches Differential φ. Nun ist nach Konstruktion $\mathfrak{z}_i * \varphi = \mathfrak{z}_i * \omega$; also $*\omega - *\varphi$ total und daher gleich null.

39.4. Meromorphe Differentiale zweiter Gattung

Wir machen zum Schluß noch einige Bemerkungen über meromorphe Differentiale ohne Residuen. Diese sind natürlich durch ihre Singularitäten und die Perioden nicht bestimmt. Wir wollen eine spezielle Klasse von solchen Differentialen definieren, für welche dies der Fall ist.

Wenn nur endlich viele singuläre Stellen $p_1, \ldots, p_n$ vorhanden sind und

$$s_\varkappa = d\left(\frac{a_1}{z} + \cdots + \frac{a_n}{z^n}\right)$$

die zu $p_\varkappa$ gehörige Singularität ist, so existiert nach dem Dirichletschen Prinzip ein eindeutig bestimmtes harmonisches Differential du_s, welches an den Stellen $p_\varkappa$ wie $\mathfrak{Re}\, s_\varkappa$ singulär wird. Nun sei eine in R diskrete Folge $\{p_\varkappa\}$ von singulären Stellen mit zugehörigen Singularitäten $s_\varkappa$ gegeben. du_n sei das den n ersten $p_\varkappa$ zugeordnete Differential. Wir stellen an die Folge $(p_\varkappa, s_\varkappa)$ die Forderung, daß für jedes in R kompakte Teilgebiet G und genügend großes m

$$\sum_{n=m}^{\infty} \|du_{n+1} - du_n\| < \infty$$

sei. Diese Bedingung ist von der Numerierung der singulären Stellen unabhängig. Eine solche Singularitätenmenge nennen wir zulässig.

Ein harmonisches Differential ω mit den Singularitäten $(p_\varkappa, s_\varkappa)$ soll nun zur Klasse $\sum$ gehören, wenn

1) die Singularitätsmenge $(p_\varkappa, s_\varkappa)$ zulässig ist und

2) $\lim\limits_{n \to \infty} \|\omega - du_n\|_G$ für jedes in R kompakte Teilgebiet G unterhalb einer festen Schranke $C\,(< \infty)$ liegt.

Für diese Klasse kann man leicht folgende Eigenschaften nachweisen:

a) Für ein $\omega \in \sum$ mit den Singularitäten $(p_\varkappa, s_\varkappa)$ konvergiert du_n lokal gleichmäßig gegen ein totales harmonisches Differential du mit den Singularitäten $(p_\varkappa, s_\varkappa)$ und es ist $\|\omega - du\| < \infty$.

b) $\sum$ ist linear.

c) Ist $\omega \in \sum$ überall auf R harmonisch, so ist $\|\omega\| < \infty$. Daraus folgt dann für eine Fläche R aus der Klasse O_{HD}, daß jedes $\omega \in \sum$ durch seine Singularitäten und die Perioden $\mathfrak{z}\,\omega$ eindeutig bestimmt ist.

Ein meromorphes Differential φ soll zur Klasse M gehören, wenn $\mathfrak{Re}\,\varphi$ und $\mathfrak{Jm}\,\varphi$ zu $\sum$ gehören. M ist offenbar über dem Körper der komplexen Zahlen linear. Ist $\varphi \in M$ total, so definiert $\int \varphi$ eine meromorphe Funktion. Diese ist (bis auf eine additive Konstante) durch ihre Singularitäten eindeutig bestimmt, wenn R zur Klasse O_{AD} gehört. Ob aber durch die totalen Differentiale aus M eine zweckmäßige Klasse meromorpher Funktionen definiert wird, bleibt dahingestellt. Wohl ist diese Klasse linear, aber man wird vernünftigerweise auch verlangen müssen, daß sie überdies ein Körper sei, d. h. mit zwei meromorphen Funktionen aus der Klasse auch ihr Produkt und ihr Quotient dazu gehören. Ähnliche Klassen von meromorphen Differentialen wurden von R. Bader [1] und L. Myrberg [6] betrachtet.

§ 40. Die Methode der konvergenzerzeugenden Summanden

Es ist bekannt, wie man in der z-Ebene zu einer gegen ∞ konvergenten Folge $\{z_\varkappa\}$ von Polstellen und gegebenen Hauptteilen mit Hilfe von konvergenzerzeugenden Summanden eine meromorphe Funktion konstruiert. Die Methode beruht auf der Tatsache, daß man eine im Kreise $|z| < r$ analytische Funktion in jedem festen Kreis $|z| \leq \varrho < r$ durch Polynome beliebig genau approximieren kann. Will man auf offenen Riemannschen Flächen meromorphe Funktionen mit gegebenen Polstellen und zugehörigen Hauptteilen konstruieren, so wird man sich einen analogen Approximationssatz für analytische Funktionen beschaffen müssen. Ein solcher ist von H. Behnke und K. Stein [1] gegeben worden:

Approximationssatz A. *Es sei R eine beliebige nicht kompakte* Riemann*sche Fläche, F ein normales Teilgebiet von R und A eine abgeschlossene Punktmenge in F. Dann gibt es zu jeder in F analytischen Funktion f und zu jedem $\varepsilon > 0$ eine auf R analytische Funktion f' mit $|f - f'| < \varepsilon$ auf A.*

Hieraus folgt (in Verbindung mit anderen Sätzen) z. B., daß auf R meromorphe Funktionen mit beliebig vorgeschriebenen Polen und analytische Differentiale φ mit beliebig vorgeschriebenen „Perioden" $\mathfrak{z}_\varkappa \varphi$

längs den Zyklen einer starken Homologiebasis existieren[1]. Nimmt man den Realteil, so erhält man natürlich entsprechende Sätze für harmonische Funktionen und Differentiale.

Aus methodischen Gründen ziehen wir es vor, zunächst den Satz über harmonische Funktionen und Differentiale aus einem Approximationssatz für harmonische Funktionen herzuleiten, der zum obigen Approximationssatz A völlig analog ist.

Approximationssatz H[2]. *Es sei R eine beliebige nicht kompakte* RIEMANN*sche Fläche, F ein normales Teilgebiet von R und A eine abgeschlossene Punktmenge in F. Dann gibt es zu jeder in F harmonischen Funktion u und zu jedem $\varepsilon > 0$ eine auf R harmonische Funktion u' mit $|u - u'| < \varepsilon$ auf A.*

Keiner dieser Sätze A und H kann aus dem anderen gewonnen werden. Denn nicht jede harmonische Funktion auf R ist der Realteil einer analytischen Funktion auf R. Ein zu Satz H entsprechender Satz auf nicht kompakten RIEMANNschen Mannigfaltigkeiten mit einer reell-analytischen Metrik und von beliebiger Dimension ist von B. MAL-GRANGE [1] bewiesen worden. Der im folgenden gegebene Beweis von Satz H wird lediglich die konforme Struktur der Fläche R benützen und nicht die Existenz einer reell-analytischen Metrik. Die Beweise der Sätze A und H sind übrigens analog: Beide benützen ein Verfahren zur Verschiebung von Singularitäten.

40.1. Beweis des Approximationssatzes *H*; Anwendungen

1. Die Methode stützt sich auf das folgende

Lemma (Verschiebung einer isolierten Singularität). *Es sei R eine positiv berandete* RIEMANN*sche Fläche, A eine abgeschlossene Punktmenge auf R; p und p' seien zwei Punkte auf einer zusammenhängenden Komponente von $R - A$. Dann existiert zu jeder in $R - p$ harmonischen Funktion u und zu jedem $\varepsilon > 0$ eine in $R - p'$ harmonische Funktion u' mit $|u - u'| < \varepsilon$ auf A.*

Beweis: Es genügt den Satz für den Fall zu beweisen, daß p und p' in einer Parameterzelle von $R - A$ liegen. Denn es gibt zufolge der Voraussetzungen des Lemmas endlich viele Punkte $p_1, p_2, \ldots, p_{n-1}$, so daß mit $p_0 = p$ und $p_n = p'$ die Punktepaare (p_i, p_{i+1}), $i = 0, 1, \ldots, n - 1$, je in einer Zelle von $R - A$ liegen. Es sei also (V, α) eine Parameterzelle auf $R - A$, die p enthält, mit dem Zentrum in p'. α bildet eine Umgebung V' mit $\overline{V} \subset V'$ konform in die z-Ebene ab, wobei V in den Einheitskreis $|z| < 1$ übergeht (vgl. § 5.1).

Nun betrachten wir den Rand γ von V und sein harmonisches Maß $H = H(\gamma, R - V)$ in bezug auf $R - \overline{V}$. Da R positiv berandet ist,

---

[1] Vgl. z. B. H. FLORACK [1].

[2] Vgl. A. PFLUGER [5].

gilt $H < 1$ in $R - \overline{V}$. Wird also H auf $V' - V$ beschränkt und mit α in die z-Ebene verpflanzt, so erhält man

$$\max_{\varphi} \frac{\partial H(re^{i\varphi})}{\partial r} \bigg|_{r=1} = \varkappa < 0 \ ^1. \tag{40.1}$$

Bei der analogen Operation (Beschränkung auf V' und Verpflanzung in die z-Ebene mit α) entsteht aus der gegebenen harmonischen Funktion u eine in der Umgebung der Kreislinie $|z| = 1$ harmonische Funktion $u(z)$. Zu diesem $u(z)$ gibt es für jedes $\delta > 0$ eine in $0 < |z| \leqq 1$ harmonische Funktion h, so daß mit $z = re^{i\varphi}$

$$u - h \quad \text{und} \quad \left| \frac{\partial u}{\partial r} - \frac{\partial h}{\partial r} \right| < \delta \tag{40.2}$$

ist auf $|z| = 1$. Um dies zu zeigen, bestimmt man sich 1. die in $|z| \leqq 1$ harmonische Funktion k mit $k = u$ auf $|z| = 1$ und 2. eine in $0 < |z| \leqq 1$ harmonische Funktion l mit: $l = 0$ und $\left| \dfrac{\partial l}{\partial r} + \dfrac{\partial k}{\partial r} - \dfrac{\partial u}{\partial r} \right| < \delta$ auf $|z| = 1$. Ein solches l findet man mit dem Ansatz

$$l = c \log |z| + \sum_1^N (r^n - r^{-n})(a_n \cos n\varphi + b_n \sin n\varphi).$$

Denn es kann $\dfrac{\partial u}{\partial r} - \dfrac{\partial k}{\partial r}$ auf $|z| = 1$ durch Ausdrücke der Form $\dfrac{\partial l}{\partial r} \bigg|_{r=1} = c + \sum_1^N 2\,n(a_n \cos n\varphi + b_n \sin n\varphi)$ beliebig genau approximiert werden. $k + l = h$ erfüllt die gestellten Bedingungen.

Um nun die Existenz einer Funktion u' im Sinne des Lemmas nachzuweisen, wählen wir $\varepsilon > 0$, bestimmen zu dem $\varkappa$ in (40.1) das δ in (40.2) gemäß $\delta = -\varepsilon\varkappa$ und betrachten die Funktionen

$$\overline{H} = \begin{cases} u + \varepsilon H & \text{in } R - V \\ h + \varepsilon & \text{in } V \end{cases}$$

und

$$\underline{H} = \begin{cases} u - \varepsilon H & \text{in } R - V \\ h - \varepsilon & \text{in } V. \end{cases}$$

$\overline{H}$ und $\underline{H}$ sind stetig auf R und harmonisch in $R - \overline{V}$ und in $V - p'$. Dagegen hat die Ableitung nach der äußeren Normalen längs γ bei $\overline{H}$ einen negativen Sprung und bei $\underline{H}$ einen positiven Sprung. Also ist $\overline{H}$ super- und $\underline{H}$ subharmonisch in $R - p'$. Wegen $\overline{H} > \underline{H}$ existiert auf Grund von Satz IV.1 eine in $R - p'$ harmonische Funktion u' mit $\underline{H} \leqq u' \leqq \overline{H}$; es ist also $u - \varepsilon \leqq u' \leqq u + \varepsilon$ in $R - V$ und daher in A.

---

^{1} Denn es ist $H(z)$ in einem Kreisring $1 \leqq |z| \leqq r'$, harmonisch, $H(r'e^{i\varphi}) < 1$ und $H(e^{i\varphi}) = 1$. Es gibt also eine positive Zahl k mit $H(z) \leqq 1 - k \log|z|$ für $1 \leqq |z| \leqq r'$.

2. Beweis von Satz H. Man kann die Behauptung des Satzes auf die folgende zurückführen:

(H') *Ist F' ein beliebiges normales Teilgebiet auf R, das $\overline{F}$ enthält, so gibt es zu jeder in F harmonischen Funktion u und zu jedem $\varepsilon > 0$ eine auf F' harmonische Funktion u' mit $|u - u'| < \varepsilon$ auf A.* Es sei nämlich $\{F_n\}_1^\infty$ eine normale Ausschöpfung von R, $\overline{F} \subset F_1$. Mit $u_0 = u$ und $F_0 = F$ existiert dann durch schrittweise Anwendung von (H') für $n = 1, 2, \ldots$ ein u_n in F_n mit $|u_n - u_{n-1}| < \varepsilon/2^n$ in F_{n-2} bzw. in A für $n = 1$. Die u_n konvergieren lokal gleichmäßig gegen ein u' und wegen $|u_n - u| \leq$

$$\leq \sum_{i=1}^{n} |u_i - u_{i-1}| < \varepsilon$$ auf A folgt dann die Behauptung von Satz H.

Zum Beweis von (H') wählen wir ein Gebiet F'', das $\overline{F}'$ enthält. $g(p, q)$ sei die GREENsche Funktion dieses Gebietes F'', Γ bezeichne den stückweise analytischen Randzyklus von F. Auf Grund der GREENschen Formel ist für $p \in F$

$$u(p) = \frac{1}{2\pi} \int_\Gamma \left(u(q)\, \frac{\partial g(p,q)}{\partial n_q} + g(p,q)\, \frac{\partial u(q)}{\partial n_q} \right) ds.$$

$\dfrac{\partial}{\partial n_q}$ bezeichnet die Ableitung nach der inneren Normalen. $\dfrac{\partial g(p,q)}{\partial n_q}\, ds$ und $\dfrac{\partial u(q)}{\partial n_q}\, ds$ stehen für $*d_q g(p,q)$ und $*d\, u(q)$. Durch genügend feine Einteilung des Randes läßt sich das Integral auf A durch eine Summe der Form

$$\sum_1^N \left(a_i\, \frac{\partial g}{\partial n_q}(p, q_i) + b_i\, g(p, q_i) \right) \tag{40.3}$$

auf $\varepsilon/2$ genau approximieren. Jeder Summand in (40.3) ist auf $F'' - q_i$ harmonisch, kann also nach dem Lemma auf A durch eine Funktion v_i auf $\dfrac{\varepsilon}{2N}$ genau approximiert werden, die in F' harmonisch ist. $\sum_1^N v_i$ ist dann die gewünschte Funktion u'.

3. *Konstruktion harmonischer Funktionen mit beliebig vorgeschriebenen isolierten Singularitäten.* Es sei $\{p_\varkappa\}_1^\infty$ eine diskrete Punktmenge auf R. In jeder Parameterzelle $(V_\varkappa, z)$ mit dem Zentrum $p_\varkappa$ sei eine in $0 < |z| < 1$ konvergente Reihe

$$S_\varkappa = a_\varkappa \log |z| + \mathfrak{Re} \sum_{n=1}^{\infty} \frac{c_n^{(\varkappa)}}{z^n} \qquad (c_n^{(\varkappa)} \text{ komplex})$$

gegeben. $\{F_n\}_1^\infty$ sei eine normale Ausschöpfung von R. Auf Grund von § 28.2 gibt es in F_n ein u_n, das außer den singulären Stellen in F_n harmonisch ist und in den $p_i \in F_n$ in der vorgeschriebenen Weise singulär wird. $u_{n+1} - u_n$ ist in F_n harmonisch. Nach Satz H gibt es auf R harmonische Funktionen h_n mit $|u_{n+1} - u_n - h_n| < 2^{-n}$ auf F_{n-1}, $n = 2, 3, \ldots$

Es ist also die Reihe $u_2 + \sum_2^\infty (u_{n+1} - u_n - h_n)$ lokal gleichmäßig konvergent und stellt wegen $u_2 + \sum_2^N (u_{n+1} - u_n - h_n) = u_{N+1} - \sum_2^N h_n$ eine harmonische Funktion mit den vorgegebenen Singularitäten dar. Die h_n sind konvergenzerzeugende Summanden.

4. Zerlegung einer beliebigen 1-Form.

Es gilt der folgende **Zerlegungssatz.** *Auf einer* RIEMANN*schen Fläche existieren zu jeder zweimal stetig differenzierbaren linearen Differentialform φ zweimal stetig differenzierbare Funktionen f_1 und f_2 und ein harmonisches Differential ω, so daß*

$$\varphi = \omega + df_1 + *df_2 \tag{10.4}$$

ist.

Es genügt den Satz für nicht-kompakte Flächen zu beweisen. Die Differenzierbarkeitsvoraussetzungen wurden der Bequemlichkeit halber gemacht. Wir wählen eine normale Ausschöpfung $\{F_n\}_1^\infty$ der Fläche R und bilden mit den GREENschen Funktionen $g_n(p,q)$ der Gebiete F_n die beiden Funktionenfolgen

$$f_n^{(1)}(p) = -\frac{1}{2\pi} \int_{F_n} g_n(p, q)\, d * \varphi(q), \quad f_n^{(2)}(p) = -\frac{1}{2\pi} \int_{F_n} g_n(p,q)\, d\varphi(q),$$
$$n = 1, 2, \ldots .$$

Die $f_n^{(i)}$ sind zweimal stetig differenzierbar in F_n und genügen dort den POISSONschen Gleichungen $d*df_n^{(1)} = d*\varphi$ und $d*df_n^{(2)} = d\varphi$. Es sind also die $f_{n+1}^{(i)} - f_n^{(i)}$ auf F_n harmonisch. Nach Satz H existieren auf R harmonische Funktionen $h_n^{(i)}$, so daß

$$|f_{n+1}^{(i)} - f_n^{(i)} - h_n^{(i)}| < 2^{-n}$$

wird auf F_{n-1}, $n = 2, 3, \ldots$; $i = 1, 2$. Daher konvergieren die Reihen

$$f_2^{(i)} + \sum_{n=2}^\infty (f_{n+1}^{(i)} - f_n^{(i)} - h_n^{(i)})$$

lokal gleichmäßig, und da die Reihenglieder lokal für genügend hohes n harmonisch sind, stellen sie je eine zweimal stetig differenzierbare Funktion f_i dar. Wegen

$$f_2^{(i)} + \sum_{n=2}^N (f_{n+1}^{(i)} - f_n^{(i)} - h_n^{(i)}) = f_{N+1}^{(i)} - \sum_{n=2}^N h_n^{(i)}$$

genügen sie auf R den Gleichungen $d*df_1 = d*\varphi$ und $d*df_2 = d\varphi$. Es gilt also für $\varphi - df_1 - *df_2 = \omega$

$$d\omega = 0 \quad \text{und} \quad d*\omega = 0,$$

d. h. ω ist harmonisch.

Ist φ exakt, so gibt der Zerlegungssatz $\varphi = \omega + df$. Dies bedeutet: *Jede Cohomologieklasse in Ω enthält ein harmonisches Differential*[1].

Zu einer starken Homologiebasis $\{\mathfrak{z}_\varkappa\}_1^\infty$ und zu beliebig gegebenen reellen Zahlen $\{x_\varkappa\}_1^\infty$ kann man also immer ein harmonisches Differential finden mit den Perioden $\mathfrak{z}_\varkappa \omega = x_\varkappa$, $\varkappa = 1, 2, \ldots$, (vgl. § 21.2.3).

40.2. Beweis des Approximationssatzes A

1. Es sei R eine RIEMANNsche Fläche und F ein Teilgebiet, das in R kompakt ist und dessen Rand Γ aus endlich vielen getrennten analytischen JORDAN-Kurven besteht. (V, z) sei eine Parameterzelle auf F mit dem Zentrum q. Nach § 28.2 gibt es eine in $F \cup \Gamma - q$ harmonische Funktion u, die in q wie $\mathfrak{Re}\, 1/z$ singulär wird. Wir wählen in $\mathfrak{Z}_0(F)$ eine starke Homologiebasis $\mathfrak{z}_1, \ldots, \mathfrak{z}_h$ (h ist der starke Zusammenhangsgrad von F), wo keiner der Zyklen durch q geht. Das Differential $\varphi = du + i * du$ ist im allgemeinen nicht total; sein Integral $\int \varphi$ hat längs der Zyklen $\mathfrak{z}_\varkappa$ imaginäre Perioden $\mathfrak{z}_\varkappa \varphi = \pi_\varkappa i$. Nach § 38.1.4 gibt es auf $F \cup \Gamma$ ein analytisches Differential φ_1 mit $\mathfrak{z}_\varkappa \varphi_1 = \pi_\varkappa i$. $\varphi - \varphi_1$ ist also total und sein Integral gibt eine in $F \cup \Gamma - q$ eindeutige analytische Funktion f, die in q einen einfachen Pol hat.

2. Wir beweisen jetzt ein zum Lemma in § 40.1.1 analoges

Lemma. *Es sei F ein Teilgebiet einer RIEMANNschen Fläche R, das in R kompakt ist und dessen Rand Γ aus endlich vielen getrennten analytischen JORDAN-Kurven besteht, A eine abgeschlossene Teilmenge auf F; q und q' seien zwei Punkte auf einer zusammenhängenden Komponente von $F - A$. Dann existiert zu jeder in $F - q$ analytischen Funktion f, die in q einen Pol hat, und zu jedem $\varepsilon > 0$ eine in $R - q'$ analytische Funktion f' mit einem Pol in q', für welche $|f - f'| < \varepsilon$ ist auf A.*

Beweis. Nach der vorigen Nummer gibt es eine in $F \cup \Gamma - q'$ analytische Funktion $k(p, q')$, welche in q' einen einfachen Pol hat. Es gibt also eine Parameterzelle $V_{q'}$ in $F - A$ mit dem Zentrum q', so daß

$$\max_{p \in A} |k(p, q')| < \min_{p \in V_{q'}} |k(p, q')|$$

ist. Diese Zellen sind in jeder zusammenhängenden Komponente von $F - A$ verkettet. Es genügt also nach der in § 40.1.1 gemachten Bemerkung den Fall zu betrachten, daß $V_{q'}$ den Punkt q enthält. Wir setzen voraus, daß f in q einen n-fachen Pol hat. Dann hat $f_1(p) = f(p)(k(q, q') - k(p, q'))^n$ in q' einen Pol und ist sonst regulär.

---

[1] Dieser Satz wurde hier für eine nicht kompakte Fläche bewiesen. Für eine kompakte Fläche folgt er z. B. aus dem DIRICHLETschen Prinzip (vgl. § 30).

Wegen $f(p) = \dfrac{f_1(p)}{(k(q,q') - k(p,q'))^n}$ konvergiert die Reihe

$$\frac{f_1(p)}{(k(q,q'))^n} \cdot \sum_{\nu=0}^{\infty} \binom{-n}{\nu} (-1)^\nu \left(\frac{k(p,q')}{k(q,q')}\right)^\nu$$

in A gleichmäßig gegen $f(p)$. Eine Partialsumme mit genügend vielen Gliedern erfüllt also die im Lemma geforderten Bedingungen.

3. Nun betrachten wir in R wieder ein Teilgebiet F mit einem analytischen Rand Γ, wie in der vorigen Nummer, und ein in R kompaktes Gebiet G, das $F \cup \Gamma$ enthält. $g(p,q)$ sei die GREENsche Funktion in G. Wir betrachten das Differential

$$\varphi(p,q) = -\,d_q g(p,q) - i * d_q g(p,q).$$

Es ist für $q \neq p$ analytisch. Denn es ist wegen (28.4) $g(p,q)$ sowohl in p wie auch in q harmonisch. In einer Parameterzelle (V,z) mit dem Zentrum q_0 ist also $\varphi(p,q) = \Phi(p,z)\,dz$ und $\Phi(p,z)$ bei festem p eine im Parameter z analytische Funktion. Wie hängt Φ von p ab? Es sei zunächst $p \notin V$. (V_1,z_1) sei eine Parameterzelle mit dem Zentrum p_0 und $V \cap V_1$ leer. $g(p,q)$ ist der Realteil einer analytischen Funktion $f(p,q)$ in p und q, für $p \in V_1$ und $q \in V$. f hat in z_1 die Entwicklung

$$f(p,q) = \sum_{\nu=0}^{\infty} a_\nu(q)\, z_1^\nu, \qquad |z_1| < 1,$$

wobei die Koeffizienten in $q \in V$ analytisch sind, und daraus folgt

$$\varphi(p,q) = \left(\sum_{\nu=0}^{\infty} \Phi_\nu(z)\, z_1^\nu \right) dz.$$

$\Phi(p,z)$ ist also für $p \notin V$ eine eindeutige analytische Funktion von p. Liegt aber p in (V,z), so ist $f(p,q)$, mit $z(p) = z$ und $z(q) = \zeta$, von der Form

$$f(p,q) = -\log(z - \zeta) + \text{reg. Funktion in } (z - \zeta),$$

und somit

$$\varphi(p,q) = \left(\frac{1}{\zeta - z} + \text{reg. Funktion} \right) d\zeta.$$

Es ist also $\Phi(p,z)$ eine eindeutige analytische Funktion in p mit einem einfachen Pol in q, währenddem $\varphi(p,q)$ als Differential in der Variablen q analytisch ist bis auf die Stelle $q = p$ und dort das Residuum $2\pi i$ hat.

Nun sei $f(p)$ eine analytische Funktion auf $F \cup \Gamma$. Dann ist das Differential $f(q)\,\varphi(p,q)$ in $F \cup \Gamma - p$ analytisch und hat in p einen einfachen Pol mit dem Residuum $2\pi i \cdot f(p)$. Nach dem Residuensatz (§ 22.2) gilt

$$f(p) = \frac{1}{2\pi i} \int_\Gamma f(q)\,\varphi(p,q)\,. \tag{40.5}$$

Das ist die CAUCHYsche *Integralformel* für ein Gebiet auf einer RIEMANN-schen Fläche.

Nun sei (V, z) eine Parameterzelle mit dem Zentrum q_0 auf Γ und γ ein kleines Stück des Randes Γ durch q_0. Dann ist

$$\int\limits_\gamma f(q)\,\varphi(p,q) = \int\limits_{\gamma_z} f(z)\,\Phi(p,z)\,dz$$

und dieses Integral wird sich auf der Menge A von dem Ausdruck $\Phi(p,0) \int\limits_{\gamma_z} f(z)\,dz$ beliebig wenig unterscheiden, wenn nur γ klein genug gewählt wird. Daraus folgt aber in Verbindung mit (40.5) durch genügend feine Einteilung des Randzyklus Γ, daß sich die Funktion $f(p)$ durch Ausdrücke von der Form $\sum\limits_1^n a_i\,\Phi(p,q_i)$ auf der Menge A beliebig genau approximieren läßt, wobei die q_i auf Γ liegen und die $\Phi(p,q_i)$ in $F \cup \Gamma$ analytisch sind bis auf einfache Pole in q_i.

Von hier aus kann man mit Hilfe des Lemmas in Nr. 2 gleich wie in § 40.1.2 den Beweis des Satzes A zu Ende führen.

40.3. Anwendungen

1. *Es gibt auf jeder nicht-kompakten RIEMANNschen Fläche eine nicht-konstante analytische Funktion.* Dies folgt unmittelbar aus dem Approximationssatz A. Man braucht nur auf einem Teilgebiet F eine nicht konstante analytische Funktion zu nehmen, deren Schwankung auf einer kompakten Teilmenge A gleich $a > 0$ ist und diese in A durch eine auf R analytische Funktion auf $a/3$ genau zu approximieren. Das genannte Resultat hat übrigens noch eine bemerkenswerte Konsequenz: Ist f eine auf R nicht konstante analytische Funktion, so wird R durch e^f in die zweifach punktierte Zahlenkugel abgebildet. Es kann also jede offene RIEMANNsche Fläche als verzweigte Überlagerung der zweifach punktierten Zahlenkugel realisiert werden.

2. *Jede Cohomologieklasse von exakten komplexen 1-Formen enthält ein analytisches Differential*, mit anderen Worten (vgl. § 21.2.3): *Ist $\{\mathfrak{z}_\varkappa\}$ eine starke Homologiebasis in $\mathfrak{Z}_0$ und $\{c_\varkappa\}$ irgendeine Folge von komplexen Zahlen, so gibt es auf R ein analytisches Differential φ mit $\mathfrak{z}_\varkappa\,\varphi = c_\varkappa$,* $\varkappa = 1, 2, \dots$. Zum Beweise nehmen wir eine normale Ausschöpfung $\{F_n\}$ durch Teilgebiete F_n, deren Randkomponenten analytische JORDAN-Kurven sind. F_1 sei eine Zelle. Ist ω eine komplexwertige exakte 1-Form auf R, so gibt es nach § 38.1.4 in jedem F_n ein analytisches Differential φ_n, so daß $\omega - \varphi_n$ in F_n total ist; wir setzen $\varphi_1 = 0$. Dann ist $\varphi_{n+1} - \varphi_n$ in F_n total; es gibt also in F_n eine analytische Funktion f_n mit $df_n = \varphi_{n+1} - \varphi_n$. Diese können wir nach Satz A in F_{n-1} durch eine auf R analytische Funktion h_n auf 2^{-n} genau approximieren.

Die Reihe $\sum\limits_{2}^{\infty} (f_n - h_n)$ konvergiert lokal gleichmäßig. Deshalb ist auch

die Folge $\psi_n = \varphi_{n+1} - \sum\limits_{1}^{n} dh_\nu$ lokal gleichmäßig konvergent. Denn es ist

$\psi_m - \psi_n = \sum\limits_{\varkappa = n+1}^{m} (df_\varkappa - dh_\varkappa)$ für $m > n$. $\varphi = \lim\limits_{n \to \infty} \psi_n$ ist das gesuchte
analytische Differential.

3. Daß auf einer offenen RIEMANNschen Fläche R zu vorgegebenen Polstellen $p_\varkappa$, die auf R isoliert sind, und meromorphen Hauptteilen $s_\varkappa$ eine meromorphe Funktion existiert, folgt aus § 40.1.3 mit Hilfe der vorigen Nummer.

4. *Auf jeder nicht-kompakten* RIEMANN*schen Fläche R gibt es zu einer auf R isolierten Punktfolge $\{p_\nu\}$ und vorgeschriebenen Vielfachheiten k_ν eine analytische Funktion f, die genau an diesen Stellen p_ν mit der Vielfachheit k_ν verschwindet.* Zu ihrer Konstruktion bestimmt man sich zunächst ein meromorphes Differential φ, das in den Stellen p_ν einfache Pole mit den Residuen $2\pi i k_\nu$ hat. Dies geschieht genau nach dem Schema von § 40.1.3. Das Integral von φ hat in den $p_\varkappa$ logarithmische Singularitäten und ist außerhalb der $p_\varkappa$ lokal eindeutig und analytisch. Nun wählen wir eine starke Homologiebasis $\{\mathfrak{z}_\varkappa\}$, wo jeder Zyklus die Stellen p_ν meidet. Die $\mathfrak{z}_\varkappa \varphi = \pi_\varkappa$ sind dann die Perioden von $\int \varphi$ längs der $\mathfrak{z}_\varkappa$. Nun bestimmen wir uns nach Nr. 2 ein analytisches Differential φ_1 mit $\mathfrak{z}_\varkappa \varphi_1 = - \pi_\varkappa$. Dann werden für $\varphi_2 = \varphi + \varphi_1$ die $\mathfrak{z}_\varkappa \varphi_2$ alle verschwinden. Irgendein Zyklus $\mathfrak{z}$ aus $\mathfrak{Z}_0$, welcher die Stellen p_ν meidet, ist einer ganzzahligen Linearkombination $\sum n_\varkappa \mathfrak{z}_\varkappa$ stark homolog. Nach dem Residuensatz ist dann $\mathfrak{z}\varphi_2 - \sum n_\varkappa \mathfrak{z}_\varkappa \varphi_2$ ein ganzzahliges Vielfaches von $2\pi i$, das Integral $\int \varphi_2$ also modulo $2\pi i$ eindeutig und daher $e^{\int \varphi_2}$ eine eindeutige und analytische Funktion, welche genau in den p_ν mit den Vielfachheiten k_ν verschwindet.

5. *Es gibt zu jeder nicht-kompakten* RIEMANN*schen Fläche R ein analytisches Gebilde (z, w), dessen* RIEMANN*sche Fläche gleich R ist.* Um dieses Gebilde zu konstruieren, betrachten wir zunächst die universelle Überlagerungsfläche von R und nehmen an, sie sei zum Kreise $|t| < 1$ konform äquivalent, denn der parabolische Fall (§ 35.1.2) bedeutet für unsere Frage keine Schwierigkeit. R wird dann durch ein Fundamentalpolygon bezüglich einer fixpunktfreien und diskontinuierlichen Substitutionsgruppe $\mathfrak{G}$ dargestellt. Im Innern dieses Fundamentalpolygons F wählen wir eine Folge von Punkten, die sich im Kreise $|t| < 1$ nicht häufen, aber jeden Randpunkt von F auf der Peripherie $|t| = 1$ als Häufungspunkt besitzen. Dieser Folge entspricht auf R eine Punktfolge $\{p_\nu\}$, $\nu = 1, 2, \ldots$, die in R isoliert ist. Ihre Urbildmenge auf der Überlagerungsfläche $\hat{R}_t = \{t \mid |t| < 1\}$ ist in $\hat{R}_t$ isoliert, hat aber alle

Punkte der Peripherie $|t| = 1$ zu Häufungspunkten. Nach der vorangehenden Nummer gibt es auf R zwei analytische Funktionen $z(p)$ und $w(p)$ mit folgenden Eigenschaften:

1) $z(p)$ verschwindet genau in den Stellen p_ν und zwar mit der Vielfachheit 1.

2) $w(p)$ verschwindet in den Stellen p_ν mit den Vielfachheiten ν, $\nu = 1, 2, \ldots$.

3) In den mehrfachen Stellen q_ν von $z(p)$, d. h. in den Stellen, wo das Differential dz verschwindet, hat $w(p)$ einfache Nullstellen, $\nu = 1, 2, \ldots$, und außer den p_ν und q_ν verschwindet w nirgends.

Wir verpflanzen $z(p)$ und $w(p)$ auf $\hat{R}_t$, indem wir $z(t) = z(p(t))$ und $w(t) = w(p(t))$ setzen, wobei $p(t)$ den Spurpunkt von t auf R bezeichnet. Die beiden Funktionen $z(t)$ und $w(t)$ sind im Kreise $|t| < 1$ analytisch und *nicht fortsetzbar*, da sich ihre Nullstellen in jedem Punkte der Peripherie häufen. Wegen der Bedingung 3) können die Differentiale dz und dw nie gleichzeitig verschwinden. Es stellen deshalb die Funktionen z und w in den zulässigen lokalen Parametern auf R Funktionselemente im Sinne von § 2 dar; es sind Funktionselemente ein und desselben Gebildes (z,w), weil sie alle analytisch zusammenhängen, und es sind sämtliche Elemente des Gebildes, weil $z(t)$ und $w(t)$ nicht fortsetzbar sind.

Indem wir das analytische Gebilde (z,w), als RIEMANNsche Fläche aufgefaßt, mit R' bezeichnen, ist somit jedem Punkt $p \in R$ eindeutig ein Element e in (z,w) und diesem eindeutig ein Punkt p' in R' zugeordnet, also eine Abbildung $\varphi : p \to p'$ von R auf R' definiert. Durch diese Abbildung φ, die lokal konform ist, wird R zu einer unverzweigten Überlagerung von R'. Wir beweisen zunächst, daß sie eine unbegrenzte Überlagerung ist. Nach § 12.2 genügt es zu zeigen, daß zu jedem Punkt $a \in R$ und zu jedem Weg W' in R', der von der Spur des Punktes a ausgeht, ein Weg W in R existiert, der von a ausgeht und W' überlagert. Nun entspricht aber dem Punkt a in (z,w) ein Funktionselement e_0. Dieses ist der Anfang einer stetigen Schar von Funktionselementen, die dem Weg W' entspricht. Diese Schar erhält man aber durch analytische Fortsetzung des Funktionenpaares $(z(p), w(p))$ längs eines von a ausgehenden Weges auf R. Denn jede mit e_0 zusammenhängende Kette von Funktionselementen muß durch analytische Fortsetzung von $z(t)$ und $w(t)$ längs eines Weges in $|t| < 1$ erhalten werden, der von einem über a gelegenen Punkt t_0 ausgeht. Es wird also R' von R unbegrenzt und unverzweigt überlagert und deshalb liegt über jedem Punkt in R' die gleiche Anzahl (Blätterzahl) von Punkten aus R (vgl. § 12.2). Betrachten wir nun speziell den Spurpunkt $p_1' \in R'$ von $p_1 \in R$. Welches sind die über p_1' gelegenen Punkte aus R? In diesen Punkten erzeugen

$z(p)$ und $w(p)$ dasselbe Funktionselement. Deshalb muß dort $z(p)$ verschwinden, da $z(p_1) = 0$ ist. Außer p_1 kommen also höchstens die Punkte $p_2, p_3, \ldots$ in Frage. Die Funktionen $z(p)$ und $w(p)$ erzeugen aber in den Stellen p_ν lauter verschiedene Funktionselemente, $\nu = 1, 2, \ldots$, da $w(p)$ in jedem dieser Punkte mit einer anderen Vielfachheit verschwindet. Somit liegt über p_1' nur ein Punkt aus R, nämlich p_1: die Blätterzahl ist 1 und die Abbildung φ eineindeutig und konform. Das analytische Gebilde (z,w) als RIEMANNsche Fläche aufgefaßt, ist also zu R konform äquivalent oder mit anderen Worten: R ist eine zum (z,w) Gebilde gehörige RIEMANNsche Fläche.

Siebentes Kapitel

Einige Klassen von RIEMANNschen Flächen

§ 41. Nullberandete Flächen

41.1. Durch das PERRONsche Verfahren wurden wir in natürlicher Weise auf die Klasse der nullberandeten Flächen geführt, d. h. jene RIEMANNschen Flächen, auf denen jede negative subharmonische Funktion notwendig eine Konstante ist. Diese Flächenklasse ist in mehrfacher Hinsicht ausgezeichnet (L. V. AHLFORS [7]):

1) Genau auf den nullberandeten RIEMANNschen Flächen existiert keine GREENsche Funktion (vgl. § 28.3). Wir bezeichnen deshalb die Klasse der nullberandeten Flächen mit O_g.

2) Auf den nullberandeten RIEMANNschen Flächen und nur auf diesen ist der ideale Rand jedes Teilgebietes vom harmonischen Maß null (Satz IV.10).

3) Genau auf den nullberandeten RIEMANNschen Flächen gilt das uneingeschränkte Maximumprinzip: Ist G irgendein Teilgebiet von R mit dem Relativrand Γ_0 und u eine beschränkte subharmonische Funktion auf G mit $\limsup\limits_{p \to q \in \Gamma_0} u(p) \leq m$, so ist $u \leq m$ in G. Auf nullberandeten Flächen gilt dieses Prinzip gemäß Satz IV.6. Daß es auf einer positiv berandeten Fläche nicht mehr gilt, zeigt folgendes einfache Beispiel: Ist V eine Zelle auf R und bezeichnet Γ_∞ den idealen Rand von R, so ist das harmonische Maß $H(\Gamma_\infty, R - V)$ von Γ_∞ in bezug auf das Gebiet $R - V$ auf dem Rande von V gleich null und in $R - V$ positiv.

Auf einer Fläche aus O_g muß jede positive harmonische Funktion h notwendig konstant sein, denn $-h$ ist eine negative subharmonische Funktion. Wir bezeichnen mit HP die Klasse der positiven harmonischen Funktionen auf R. Die Klasse der RIEMANNschen Flächen, auf welchen HP aus lauter Konstanten besteht, wird dann sinngemäß mit O_{HP} bezeichnet. Demnach gilt die Inklusion $O_g \subset O_{HP}$.

Die Klasse der absolut beschränkten harmonischen Funktionen auf R bezeichnet man mit HB, die entsprechende Klasse der RIEMANNschen Flächen, auf denen HB aus lauter Konstanten besteht, mit O_{HB}. Jede Funktion aus HB wird durch Addition einer genügend großen positiven Konstanten zu einer Funktion aus HP. Daraus folgt die Inklusion $O_{HP} \subset O_{HB}$. Mit O_{AB} bezeichnet man schließlich die Menge der Flächen R, auf denen die Klasse AB der beschränkten analytischen Funktionen auf R aus lauter Konstanten besteht. Da der Realteil jeder Funktion aus AB in HB liegt, folgt $O_{HB} \subset O_{AB}$. Wir haben also zusammenfassend die trivialen Inklusionen

$$O_g \subset O_{HP} \subset O_{HB} \subset O_{AB} \ {}^1.$$

Eine wichtige Klasse bilden jene RIEMANNschen Flächen, auf denen jede harmonische Funktion mit endlichem DIRICHLET-Integral notwendig eine Konstante ist. Denn nach § 39.2.2 ist auf einer solchen Fläche jedes harmonische Differential ω mit endlicher Norm durch das Funktional $\mathfrak{z}\omega$, $\mathfrak{z} \in \mathfrak{F}_0$, eindeutig bestimmt[2]. Wir bezeichnen diese Flächenklasse mit O_{HD} und mit HD die Klasse der auf R harmonischen Funktionen mit endlichem DIRICHLET-Integral. Analog bezeichnet AD die Klasse der analytischen Funktionen mit endlichem DIRICHLET-Integral und O_{AD} die Klasse der Flächen, auf denen AD aus lauter Konstanten besteht. Gemäß § 39.2.1 ist auf einer Fläche aus O_{AD} jedes analytische Differential φ von endlicher Norm durch das Funktional $\mathfrak{z}\varphi$, $\mathfrak{z} \in \mathfrak{F}_0$, eindeutig bestimmt[3]. Da der Realteil jeder Funktion aus AD in HD liegt, gilt die Inklusion $O_{HD} \subset O_{AD}$.

Es ist eine wichtige und durchaus keine triviale Frage, ob die nullberandeten Flächen in O_{HD} enthalten sind. Daß dies der Fall ist, hat erstmals R. NEVANLINNA [4] bewiesen und gleichzeitig den in § 39.2.2 ausgesprochenen Satz für nullberandete Flächen sichergestellt. Daß dieser Satz auf den Flächen der Klasse O_{HD} gültig ist, hat L. V. AHLFORS [5] gezeigt und dadurch die wichtige Frage aufgeworfen, ob die Inklusion $O_g \subset O_{HD}$ echt sei oder nicht. Wir werden im nächsten Abschnitt unter anderem zeigen, daß O_g in der Flächenklasse O_{HD} enthalten ist.

41.2. Mittelwerte von harmonischen Funktionen

1. Unter einem Ringgebiet P verstehen wir das Innere einer kompakten berandeten RIEMANNschen Fläche, deren Randkomponenten (es sollen mindestens zwei vorhanden sein) irgendwie in zwei nicht-leere Klassen Γ' und Γ'' eingeteilt sind. Wir bezeichnen dieses Ringgebiet

---

[1] Die Aussage $O_g \subset O_{HP}$ ist in der Form „auf einer Fläche $\notin O_{HP}$ gibt es eine GREENsche Funktion" von P. J. MYRBERG [1] schon im Jahre 1933 bewiesen worden.

[2] Und überdies hängt $\mathfrak{z}\omega$ nur von der *schwachen* Homologieklasse der $\mathfrak{z}$ ab.

[3] Hier ist $\mathfrak{z}\varphi$ von der *starken* Homologieklasse der $\mathfrak{z}$ abhängig.

auch mit $(P; \Gamma', \Gamma'')$ und versehen Γ'' mit einem positiven und Γ' mit einem negativen Umlaufssinn in bezug auf die (durch die konforme Struktur) auf P gegebene Orientierung. u sei die auf P harmonische Funktion, welche auf Γ' verschwindet und auf Γ'' den Wert 1 annimmt. Dann ist das DIRICHLET-Integral

$$D(u) = \int\limits_P du \wedge *du = \int\limits_{\Gamma''} *du = \int\limits_{\Gamma'} *du$$

eine zum Ring P gehörige *konforme Invariante* und wir nennen ihren reziproken Wert

$$\mu = \frac{1}{D(u)} = \frac{1}{\int\limits_{\Gamma'} *du}$$

den *Modul des Ringes* P. Sind F' und F'', $\overline{F}' \subset F''$, zwei normale Teilgebiete einer RIEMANNschen Fläche, mit den Rändern Γ' und Γ'', so wollen wir auch die Menge $F'' - \overline{F}'$, in einem allgemeineren Sinn als oben, als ein „Ringgebiet" $P = (F'' - \overline{F}'; \Gamma', \Gamma'')$ auffassen, obwohl $F'' - \overline{F}'$ im allgemeinen nicht zusammenhängend ist, sondern in eine Anzahl Ringgebiete im obigen Sinne zerfällt. Den Modul μ des „Ringgebietes" $P = (F'' - \overline{F}'; \Gamma', \Gamma'')$ definieren wir analog als den reziproken Wert des DIRICHLET-Integrals $D(u)$, wo u auf den einzelnen zusammenhängenden Komponenten von P harmonisch ist, auf Γ' verschwindet und auf Γ'' den Wert 1 annimmt. Wenn P in die einzelnen zusammenhängenden Ringe $P_1, \ldots, P_k$ mit den Moduln $\mu_1, \ldots, \mu_k$ zerfällt, so gilt wegen $D_P(u) = D_{P_1}(u) + \cdots + D_{P_k}(u)$ die Gleichung

$$\frac{1}{\mu} = \frac{1}{\mu_1} + \cdots + \frac{1}{\mu_k}.$$

Nun betrachten wir eine nicht-kompakte RIEMANNsche Fläche R und eine normale Ausschöpfung $\{F_n\}_1^\infty$ durch Teilgebiete F_n, deren Rand Γ_n aus endlich vielen analytischen JORDAN-Kurven besteht. Die Moduln der Ringgebiete $(F_n - \overline{F}_1; \Gamma_1, \Gamma_n)$ bezeichnen wir mit μ_n. Da die zugehörigen harmonischen Funktionen u_n monoton abnehmen, bilden die μ_n eine wachsende Folge. Je nachdem ob R null- oder positivberandet ist, konvergieren die u_n gegen null oder gegen eine in $R - F_1$ positive harmonische Funktion[1]. Wegen $\mu_n^{-1} = D(u_n) = \int\limits_{\Gamma_1} *du_n$ konvergieren die μ_n gegen ∞, wenn R nullberandet ist, und bleiben beschränkt, wenn R positivberandet ist. Ist man in der Lage, die Moduln μ_n genügend genau nach oben oder nach unten abzuschätzen, so gewinnt man Kriterien dafür, ob eine RIEMANNsche Fläche null- bzw. positivberandet ist.

2. Wir betrachten nun wieder ein Ringgebiet $(P; \Gamma', \Gamma'')$ mit dem Modul μ und bezeichnen mit x die auf P harmonische Funktion, welche

---

[1] Vgl. Satz IV.10 und § 27.1.

auf Γ'' verschwindet und auf Γ'' gleich μ ist. Γ'' sei in bezug auf P positiv orientiert. Dann ist $D(x) = \mu \int\limits_{\Gamma''} *\,dx$. Andererseits hat x/μ auf Γ' und Γ''' die Randwerte 0 und 1; somit ist definitionsgemäß $D(x/\mu) = \mu^{-1}$ oder $\int\limits_{\Gamma'} *\,dx = 1/\mu\, D(x) = \mu\, D(x/\mu) = 1$: der Fluß von x durch den Ring hindurch ist gleich 1. Wir setzen $*\,dx = dy$, das ist das Differential der nicht eindeutigen, zu x konjugiert harmonischen Funktion. Die offene Menge $(0, \lambda) = \{p \mid 0 < x(p) < \lambda\,(\leq \mu)\}$ zerfällt im allgemeinen in mehrere Gebiete. Die Niveaulinie $x = \lambda$ wird in bezug auf $(0, \lambda)$ im positiven Sinne orientiert und mit (λ) bezeichnet. Durchlaufen wir (λ) im positiven Sinne, so ist dy stets ≥ 0 und $\int\limits_{(\lambda)} dy = 1$.

Nun sei auf P eine harmonische Funktion h gegeben. Wir setzen

$$m(\lambda) = \sqrt{\int\limits_{(\lambda)} h^2 dy}, \qquad 0 \leq \lambda \leq \mu, \tag{41.1}$$

und nennen $m(\lambda)$ den (quadratischen) Mittelwert von h auf (λ). Mit $D(\lambda)$ bezeichnen wir das Dirichlet-Integral von h, erstreckt über das Gebiet $(0, \lambda)$, setzen also $D(\lambda) = \int\limits_{0 < x < \lambda} dh \wedge *\,dh$. Dann ist

$$D(\lambda) = \int\limits_{(\lambda)} h*dh - \int\limits_{(0)} h*dh. \tag{41.2}$$

Gemäß § 9.3 zerlegen die Flußlinien $dy = 0$ durch die kritischen Stellen von x den Ring P in endlich viele einfach zusammenhängende Gebiete. Auf jedem solchen Gebiet $R_\varkappa$ ist die Funktion $z_\varkappa = x + i y_\varkappa$ eindeutig und bildet $R_\varkappa$ konform auf ein Rechteck $0 < x < \mu,\ v_\varkappa < y_\varkappa < v'_\varkappa$ ab. Daher ist nach (41.1) $m(\lambda)\, m'(\lambda) = \int\limits_{(\lambda)} h \dfrac{\partial h}{\partial x} dy$. Längs der Niveau-linie (λ) ist aber $*\,dh = \dfrac{\partial h}{\partial x} dy$ und somit nach (41.2)

$$D(\lambda) = m(\lambda)\, m'(\lambda) - m(0)\, m'(0). \tag{41.3}$$

Andererseits gibt die Schwarzsche Ungleichung

$$m^2(\lambda)\, m'(\lambda)^2 = \left(\int\limits_{(\lambda)} h \frac{\partial h}{\partial x} dy \right)^2 \leq \int\limits_{(\lambda)} h^2 dy \cdot \int\limits_{(\lambda)} \left(\frac{\partial h}{\partial x} \right)^2 dy$$

$$\leq m^2(\lambda) \int\limits_{(\lambda)} \left[\left(\frac{\partial h}{\partial x} \right)^2 + \left(\frac{\partial h}{\partial y} \right)^2 \right] dy = m^2(\lambda) \cdot \frac{dD(\lambda)}{d\lambda}$$

$$= m^2(\lambda)\, (m'(\lambda)^2 + m(\lambda)\, m''(\lambda)).$$

Daraus folgt $m''(\lambda) \geq 0$ und es ist $m''(\lambda) \equiv 0$ genau dann, wenn $\dfrac{\partial h}{\partial y}$ überall verschwindet. Dann ist aber h nur von x abhängig, also $m(\lambda) = h(\lambda)$ und daher h eine lineare Funktion von x. Folglich gilt der Satz: *Der Mittelwert $m(\lambda)$ einer harmonischen Funktion h ist eine konvexe*

Funktion von λ. Diese ist dann und nur dann linear, wenn h eine lineare Funktion von x ist[1].

Dieser Satz erlaubt mannigfache Schlüsse über das Anwachsen harmonischer Funktionen auf nullberandeten RIEMANNschen Flächen. Wir verweisen hierfür auf die zitierten Arbeiten von R. NEVANLINNA und M. PARREAU und beschränken uns hier auf zwei Folgerungen.

3. Wir zeigen zunächst, daß *jede nicht konstante harmonische Funktion auf einer nullberandeten Fläche notwendig ein unendliches* DIRICHLET-*Integral hat.*

Es sei also R nullberandet und die Funktion h auf R harmonisch und nicht konstant. Wir wählen eine normale Ausschöpfung $\{F_n\}_1^\infty$ der Fläche R, wobei der Rand Γ_n von F_n analytisch sein soll. Wir wenden auf die Ringgebiete $(F_n - \overline{F}_1; \Gamma_1, \Gamma_n)$, deren Moduln μ_n mit wachsendem n gegen unendlich streben, die vorige Betrachtung an. $m(\lambda)$ bezeichne also für ein beliebiges, aber festes n den Mittelwert von h auf der Niveaulinie (λ), $0 \le \lambda \le \mu_n$. Es gilt $D_{F_1}(h) = \int_{\Gamma_1} h * dh = m(0) \cdot m'(0)$. Da h nicht konstant ist, wird diese Größe positiv sein, und ebenso $M = \max_{(F_1)} |h|$.

Daraus folgt wegen $m(0) \le M$

$$m'(0) \ge \frac{D_{F_1}(h)}{M} > 0. \tag{41.4}$$

Der rechtsstehende Ausdruck hängt nur von h ab. Wegen der Konvexität von $m(\lambda)$ ist

$$m(\lambda) \ge m(0) + \lambda \cdot m'(0) > \lambda \cdot m'(0), \quad 0 \le \lambda \le \mu_n. \tag{41.5}$$

Andererseits folgt aus (41.3) $D_{F_n}(h) \ge m(\mu_n) \cdot m'(\mu_n)$. Nun ist $m'(\lambda)$ monoton wachsend und daher nach (41.4) und (41.5)

$$D_{F_n}(h) > \mu_n(m'(0))^2 \ge \mu_n \left(\frac{D_{F_1}(h)}{M}\right)^2.$$

Da die μ_n für $n \to \infty$ über alle Schranken wachsen, ist $D(h) = \lim_{n \to \infty} D_{F_n}(h) = \infty$. *Auf einer nullberandeten Fläche muß also jede harmonische Funktion mit endlichem* DIRICHLET-*Integral notwendig eine Konstante sein.* Daraus folgt die Inklusion $O_g \subset O_{HD}$.

4. Wir ziehen aus der Konvexität des Mittelwertes $m(\lambda)$ noch eine zweite Folgerung. Es sei R wiederum *nullberandet* und F_0 ein Teilgebiet, das in R kompakt ist und dessen Rand Γ_0 aus endlich vielen analytischen JORDAN-Kurven besteht. Das Gebiet $R - \overline{F}_0$ hat den Relativrand Γ_0 und sein idealer Rand ist vom harmonischen Maß null. Gemäß Satz IV.8 hat jede auf $R - F_0$ beschränkte harmonische Funktion h ein endliches DIRICHLET-Integral, welches sich nach der Formel

---

[1] Vgl. R. NEVANLINNA [7], A. RAUCH [1] und M. PARREAU [1].

$D_{R-F}(h) = \int_{\Gamma_0} h * dh$ berechnet. Nun beweisen wir hiervon die Umkehrung:

Jede auf $R - F_0$ harmonische Funktion h mit endlichem Dirichlet-Integral ist notwendig beschränkt. Gemäß Satz IV.7 gibt es auf $R - F_0$ eine beschränkte harmonische Funktion h', die auf Γ_0 mit h übereinstimmt und somit ein endliches Dirichlet-Integral hat. Die Differenz $h - h' = h''$ verschwindet auf Γ_0 und $D(h - h')$ ist endlich. Wir werden zeigen, daß dann h mit h' identisch sein muß und daher beschränkt ist. Es ist also jetzt h'' auf $R - F_0$ harmonisch, auf Γ_0 gleich null, aber nicht identisch null. Dann folgt für eine Ausschöpfung $\{F_n\}_1^\infty$, wobei $\overline{F}_0$ in F_1 enthalten ist, ganz analog wie oben

$$D_{F_n - \overline{F}_0}(h'') \geqq \mu_n \left(\frac{D_{F - \overline{F}_0}(h'')}{M} \right)^2$$

und daraus $D_{R - \overline{F}_0}(h'') = \infty$. h'' kann also nur dann ein endliches Dirichlet-Integral haben und auf Γ_0 verschwinden, wenn es identisch verschwindet. Man sieht daraus, daß die Gebiete, deren idealer Rand vom harmonischen Maß null ist, eine ausgezeichnete Rolle spielen (vgl. hierüber auch M. Parreau [1]).

§ 42. Die Flächenklassen $O_g, \ldots, O_{AD}$

42.1. Wir haben im vorangehenden Paragraphen gesehen, daß die Klasse O_g der nullberandeten Flächen in den Flächenklassen O_{HP}, O_{HB}, O_{HD}, O_{AB} und O_{AD} enthalten ist. In welcher Beziehung stehen diese Flächenklassen untereinander? Wir haben dort die folgenden Inklusionen als gültig erkannt:

$$\begin{aligned} O_g &\subset O_{HP} \subset O_{HB} \subset O_{AB}, \\ O_g &\subset O_{HD} \subset O_{AD}. \end{aligned} \tag{42.1}$$

Einen wesentlichen Fortschritt brachte der Satz von K. I. Virtanen [3] und H. L. Royden [2], wonach O_{HB} in der Klasse O_{HD} enthalten ist:

$$O_{HB} \subset O_{HD}. \tag{42.2}$$

Zum Beweise nehmen wir eine Fläche R, welche nicht zu O_{HD} gehört. Es gibt also auf R eine nicht konstante harmonische Funktion h mit endlichem Dirichletintegral. Wir haben zu zeigen, daß auf R eine nicht konstante und beschränkte harmonische Funktion existiert, also R nicht zu O_{HB} gehört. Zu diesem Zweck wählen wir zwei verschiedene Werte c_1 und c_2, $c_1 < c_2$, welche die Funktion h annimmt und setzen

$$f = \begin{cases} c_1, & \text{wo } h < c_1, \\ h, & \text{wo } c_1 \leqq h \leqq c_2, \\ c_2, & \text{wo } h > c_2, \end{cases} \tag{42.3}$$

ist. f ist beschränkt, stetig und stückweise stetig differenzierbar, und $D(f)$ ist endlich. $\{F_n\}_1^\infty$ sei eine normale Ausschöpfung der Fläche R. Mit u_n bezeichnen wir diejenige in F_n harmonische Funktion, welche auf dem Rande von F_n mit f übereinstimmt. Die u_n sind gleichmäßig beschränkt. Gemäß § 32.1 ist du_n die schwache Projektion von df in bezug auf F_n als RIEMANNsche Fläche. Ist du die schwache Projektion von df in bezug auf R, so gilt nach Satz IV.14 $\lim\limits_{n \to \infty} \|du_n - du\| = 0$. Weil die u_n gleichmäßig beschränkt sind, ist du das Differential einer beschränkten Funktion u. u ist nicht konstant. Denn es ist du als schwache Projektion von der Form $du = df - df_0$, $f_0 \in \overline{C}_0^1$. Wegen $f_0 \in \overline{C}_0^1$ gilt $(dh, df_0) = 0$. Wäre nun $du = 0$, so müßte $(dh, df) = 0$ sein. Nach (42.3) ist aber $(df, df) = (dh, df)$, also wäre dann $f = \text{konst.}$, was der Konstruktion von f widerspricht. Es ist also u nicht konstant.

42.2. AHLFORS und BEURLING [1] haben gezeigt, daß eine schlichtartige Fläche R aus O_{AB} auch zu O_{AD} gehört, mit anderen Worten, gibt es auf einer schlichtartigen Fläche eine nicht konstante analytische Funktion mit endlichem DIRICHLET-Integral, so existiert auf dieser Fläche auch eine nicht konstante beschränkte analytische Funktion. Daraus folgt allgemein der Satz, *daß O_{AB} in der Klasse O_{AD} enthalten ist*:

$$O_{AB} \subset O_{AD}. \tag{42.4}$$

Ist nämlich R eine RIEMANNsche Fläche, welche nicht zu O_{AD} gehört, so gibt es auf ihr eine nicht konstante analytische Funktion $z(p)$ mit $D_R(z(p)) < \infty$. Diese Funktion bildet R auf ein Gebiet G_z der z-Ebene ab, dessen Inhalt kleiner als $D_R(z(p))$ ist. Die komplexe Variable z hat demnach, als Funktion in dem Gebiet G_z betrachtet, ein endliches DIRICHLET-Integral. Nach dem erwähnten Satz von AHLFORS und BEURLING gibt es in G_z eine nicht konstante und beschränkte analytische Funktion $w(z)$. Somit ist die zusammengesetzte Funktion $w(z(p))$ auf R analytisch, beschränkt und nicht konstant. Es gehört also R nicht zu O_{AB}.

(42.1), (42.2) und (42.4) ergeben zusammen die Inklusionen

$$O_g \subset O_{HP} \subset O_{HB} \begin{array}{c} \cup\ O_{HD}\ \cap \\[4pt] \cap\ O_{AB}\ \cup \end{array} O_{AD}. \tag{42.5}$$

42.3. Durch (42.5) werden zwei Fragen aufgeworfen:

1. Welche dieser Inklusionen sind echt?

2. Welche Beziehung besteht zwischen O_{HD} und O_{AD}? Von verschiedenen Seiten sind in den letzten Jahren raffinierte Beispiele von RIEMANNschen Flächen konstruiert worden, welche den folgenden Satz beweisen: *Sämtliche Inklusionen in (42.5) sind echt; es ist weder O_{HD} in O_{AB} noch O_{AB} in O_{HD} enthalten.* Daß O_g ein echter Teil von O_{HP}

und dieses ein echter Teil von O_{HB} ist, wurde fast gleichzeitig von Y. Tôki [2] und L. Sario [10] bewiesen. H. L. Royden [3] und Y. Tôki [1] haben Beispiele von Riemannschen Flächen konstruiert, welche zu O_{HD}, aber nicht zu O_{HB} gehören. Für die Echtheit der Inklusionen $O_{HD} \subset O_{AD}$ und $O_{HB} \subset O_{AB}$ vgl. L. Sario [3]; daß O_{AB} ein echter Teil von O_{AD} ist und O_{AB} nicht in O_{HD} enthalten ist, zeigten Ahlfors und Beurling [1]. Eine Riemannsche Fläche, welche in O_{HD} liegt, aber nicht in O_{AB}, hat Y. Tôki [2] konstruiert.

42.4. Ob der „ideale Rand" einer nicht-kompakten Riemannschen Fläche R das harmonische Maß 0 oder > 0 hat in bezug auf ein „Gebiet" $R - \overline{F}$ (F ein normales Teilgebiet von R), ist eine sog. „Eigenschaft des idealen Randes" von R. Denn, ob $H(\Gamma_\infty, R - \overline{F}) = 0$ oder > 0 ausfällt, ist unabhängig von F, ist also eine Eigenschaft der Riemannschen Fläche R und wir sprechen von einer solchen Eigenschaft als einer „*Eigenschaft des idealen Randes*" von R immer dann, wenn jede andere Riemannsche Fläche R' diese Eigenschaft auch besitzt, sobald für zwei geeignet gewählte normale Teilgebiete $F \subset R$ und $F' \subset R'$ eine konforme Abbildung von $R - \overline{F}$ auf $R' - \overline{F}'$ existiert, bei der die Relativränder einander entsprechen. Gemäß Satz IV.10 kann somit die *Flächenklasse O_g durch Eigenschaften des idealen Randes charakterisiert werden.* Dasselbe ist der Fall für die *Flächenklassen O_{HB} und O_{HD}*, was man ohne Schwierigkeit aus Satz IV.11 und dem in der Anmerkung auf S. 108 ausgesprochenen Satz ersehen kann.

Dagegen hat L. V. Ahlfors [6] durch ein Beispiel gezeigt, daß *die Flächenklassen O_{AB} und O_{AD} nicht durch Eigenschaften des idealen Randes charakterisiert werden können.* Dieses Beispiel benützt eine von P. J. Myrberg [7] gegebene Konstruktion. Wir betrachten eine zweiblättrige Überlagerungsfläche R des Einheitskreises $|z| \leqq 1$ mit einer unendlichen Folge von Verzweigungspunkten a_n über dem Kreisring $\frac{1}{2} < |z| < 1$, deren Grundpunkte gegen einen Punkt z_0, $\frac{1}{2} < |z_0| < 1$ konvergieren. Diese Fläche hat drei Enden, das eine liegt über z_0, die beiden anderen sind Kreislinien über $|z| = 1$.

Nun sei f eine Funktion aus der Klasse AB oder AD, d. h. auf R eindeutig, analytisch und beschränkt bzw. von endlichem Dirichlet-Integral. $g(z) = (f(p) - f(p'))^2$, wo p und p' die über z gelegenen Punkte von R bezeichnen, ist dann eindeutig und analytisch im Kreis $|z| < 1$, ausgenommen evtl. in z_0, und verschwindet in den Grundpunkten der a_n. Nun ist aber die Funktion g beschränkt bzw. ihr Dirichlet-Integral endlich, die eventuelle Singularität in z_0 also hebbar und somit $g \equiv 0$, d. h. $f(p) = f(p')$, sobald die beiden Flächenpunkte p und p' über dem gleichen Grundpunkt z liegen.

Wir bezeichnen mit F das über dem Kreis $|z| < \frac{1}{2}$ gelegene Gebiet auf dem oberen Blatt von R. Wiederholt man die vorige Überlegung für Funktionen der Klassen AB und AD in bezug auf das Gebiet $W = R - \overline{F}$, das sind auf W analytische Funktionen mit endlichem Dirichletintegral bzw. beschränktem Betrag, so erkennt man (P. J. MYRBERG [7]), daß jede solche Funktion von $R - \overline{F}$ in die ganze Fläche R analytisch fortgesetzt werden kann. Bei der Fläche $W = R - \overline{F}$ tritt als ein ähnliches Phänomen auf wie in der Theorie der analytischen Funktionen mehrerer Variablen.

AHLFORS betrachtet nun die SCHOTTKY-Verdoppelung $\hat{W}$ des Gebietes W über seinen Relativrand Γ, das ist der Rand von F (vgl. § 5.3). Es gibt eine antikonforme Abbildung σ von $\hat{W}$ auf sich, welche Γ punktweise festläßt und W in sein Spiegelbild W^* überführt. f sei eine Funktion der Klasse AB oder auf AD. Dann gehört auch die Funktion $g : g(p) = f(p) + \overline{f(\sigma\,p)}$ zu einer dieser Klassen und ist auf Γ reellwertig. Ihre Beschränkung auf W kann nach der vorangehenden Bemerkung auf R analytisch fortgesetzt werden. Sie ist also auf dem Rand Γ des Teilgebietes F reellwertig und somit eine Konstante. Indem wir dieselbe Überlegung für die Funktion $g_1 : g_1(p) = f(p) - \overline{f(\sigma\,p)}$ wiederholen, finden wir, daß auch f selbst eine Konstante sein muß. Es gehört also die Fläche $\hat{W}$ zur Klasse O_{AB} oder O_{AD}.

Betrachten wir anderseits das über dem Kreisring $\frac{1}{2} \leq |z| < 1$ gelegene Stück W_1 der RIEMANNschen Fläche R. Die beiden über $|z| = \frac{1}{2}$ gelegenen Kreise bilden zusammen den Relativrand Γ_1 von W_1. Durch SCHOTTKY-Verdoppelung von W_1 über Γ_1 entsteht eine RIEMANNsche Fläche $\hat{W}_1$ mit „demselben Rand" wie $\hat{W}$. Denn es gibt in $\hat{W}$ und $\hat{W}_1$ je ein normales Teilgebiet F' und F_1', so daß die „Gebiete" $\hat{W} - \overline{F}'$ und $\hat{W}_1 - \overline{F}_1'$ derart aufeinander konform abgebildet werden können, daß ihre Relativränder einander entsprechen. Wenn wir aber die obige Verdoppelung von W_1 zu $\hat{W}_1$ durch Spiegelung der beiden Blätter von W_1 an dem Kreis $|z| = \frac{1}{2}$ ausführen, so wird auch $\hat{W}_1$ eine Überlagerungsfläche der z-Ebene. Indem wir die Variable z auf die Fläche $\hat{W}_1$ „durchdrücken", entsteht darauf eine nicht-konstante Funktion, deren Betrag beschränkt und deren DIRICHLET-Integral endlich ist. Die Fläche $\hat{W}_1$ gehört also weder zur Klasse O_{AB} noch zur Klasse O_{AD}. Damit ist gezeigt, daß die Flächenklassen O_{AB} und O_{AD} nicht durch Eigenschaften des idealen Randes charakterisiert werden können.

42.5. In der Klassifikation RIEMANNscher Flächen besteht eine wichtige Aufgabe darin, effektive hinreichende Kriterien dafür anzugeben, daß eine vorgelegte nicht-kompakte Fläche zu einer der oben genannten Flächenklassen gehört, bzw. nicht zu ihr gehört. Am meisten fortgeschritten ist diese Aufgabe für die Klasse O_g. Hier handelt es sich um die Aufgabe, hinreichende Kriterien dafür anzugeben, daß eine

Fläche null- bzw. positivberandet sei, eine Aufgabe, die sich im Falle einfach zusammenhängender Flächen auf das klassische *Typenproblem* reduziert. Diesen Fragen sind die nächsten zwei Paragraphen gewidmet.

Ein hinreichendes Kriterium dafür, daß eine Fläche zur Klasse O_{AD} gehört, wurde von SARIO [1] gegeben. Die Methode besteht darin, bei einer eindeutigen analytischen Funktion auf einer nicht-kompakten Fläche das Anwachsen ihres DIRICHLET-Integrals in bezug auf eine normale Ausschöpfung $\{F_n\}$ nach unten abzuschätzen. Diese Abschätzung wurde dann in der Folge verschärft (vgl. hierfür meine Arbeit [2]). Ich begnüge mich hier mit einem Hinweis auf die zitierten Arbeiten, auf die Darstellung bei R. NEVANLINNA [1*] sowie auf T. KURODA [2].

§ 43. Hinreichende Kriterien für den parabolischen Typus

43.1. Eine nicht kompakte einfach zusammenhängende RIEMANNsche Fläche ist genau dann nullberandet, wenn sie zur euklidischen Ebene konform äquivalent, also vom parabolischen Typus ist (vgl. § 34). Aus diesem Grunde werden allgemein die nullberandeten Flächen auch *Flächen vom parabolischen Typus* genannt, währenddem man die positivberandeten Flächen auch als *Flächen vom hyperbolischen Typus* bezeichnet. Das klassische Problem, von einer vorgelegten nicht-kompakten und einfach zusammenhängenden Fläche zu entscheiden, ob sie vom parabolischen oder hyperbolischen Typus sei, hat sich also zu dem allgemeineren *Typenproblem* erweitert, von einer vorgelegten Fläche zu entscheiden, ob sie null- oder positivberandet sei.

In § 24 wurde die nullberandete Fläche definiert als eine RIEMANNsche Fläche, auf der jede nach oben beschränkte subharmonische Funktion notwendig eine Konstante ist. Es dürfte wohl schwer sein, durch direkte Anwendung dieses Begriffes in nicht trivialen Fällen zu entscheiden, ob eine Fläche vom parabolischen oder hyperbolischen Typus sei. Eine andere Charakterisierung der null- bzw. positivberandeten Fläche wurde in § 41.2.1 gegeben:

Unabhängig von der gewählten normalen Ausschöpfung $\{F_n\}$ der nicht-kompakten Fläche R, $n = 0, 1, 2, \ldots$, divergiert die Folge der Moduln μ_n der Ringgebiete $(F_n - \overline{F}_0; \Gamma_n, \Gamma_0)$ genau dann gegen ∞, wenn R nullberandet ist.

Wir wollen dieses Kriterium noch umformen. F_0 soll im folgenden stets ein normales Teilgebiet der RIEMANNschen Fläche R sein, dessen Rand Γ_0 aus endlich vielen analytischen JORDAN-Kurven besteht. Γ_0 soll in bezug auf die gegebene Orientierung auf F_0 stets im positiven Sinne durchlaufen werden. Nehmen wir nun zunächst an, es sei R positivberandet. Dann ist nach Satz IV.10 das harmonische Maß $u = H(\Gamma_\infty, R - \overline{F}_0)$ des idealen Randes Γ_∞ in bezug auf das Gebiet

$R - \overline{F}_0$ nicht identisch 0. Sein DIRICHLET-Integral $D(u)$ ist also positiv und gemäß Satz IV.8, wegen $u = 1 - H(\Gamma_0, R - \overline{F}_0)$, auch endlich sowie $D(u) = \int_{\Gamma_0} *du$. Setzen wir nun $\omega = \dfrac{*du}{D(u)}$, so ist offenbar ω ein harmonisches Differential auf $R - F_0$ mit endlicher Norm, $\|\omega\|^2 = \dfrac{1}{D(u)}$, und $\int_{\Gamma_0} \omega = 1$.

Setzen wir nun voraus, es sei R nullberandet und ω ein auf $R - F_0$ harmonisches Differential mit $\int_{\Gamma_0} \omega = 1$. Dann ist notwendig $\|\omega\| = \infty$. Zum Beweise nehmen wir eine normale Ausschöpfung $\{F_n\}$ von R, $n = 1, 2, \ldots$, mit $\overline{F}_0 \subset F_1$; $u_n = H(\Gamma_n, F_n - \overline{F}_0)$ sei das harmonische Maß des Randes Γ_n in bezug auf das Ringgebiet $P_n = (F_n - \overline{F}_0; \Gamma_0, \Gamma_n)$ und μ_n sein Modul. Dann gilt

$$\|\omega\|^2_{P_n} \geqq \mu_n, \quad n = 1, 2, \ldots. \tag{43.1}$$

Denn es ist $D(\mu_n u_n) = \mu_n$ und $\int_{\Gamma_0} \mu_n *du_n = 1$. Wegen

$$(du_n, *\omega + \mu_n du_n)_{P_n} = \int_{\Gamma_n - \Gamma_0} u_n(\mu_n *du_n - \omega) = \int_{\Gamma_n} (\mu_n *du_n - \omega) = 0$$

wird dann

$$\|\omega\|^2_{P_n} = \|(*\omega + \mu_n du_n) - \mu_n du_n\|^2 = \|*\omega + \mu_n du_n\|^2 + \|\mu_n du_n\|^2 \geqq \mu_n.$$

Wegen $\lim\limits_{n \to \infty} \mu_n = \infty$ und (43.1) kann dann die Norm von ω nicht endlich sein. Indem wir ein auf $R - F_0$ harmonisches Differential ω *zulässig* nennen, wenn $\int_{\Gamma_0} \omega = 1$ ist, haben wir folgendes Resultat:

Die Fläche R ist dann und nur dann positivberandet, wenn es auf $R - F_0$ ein zulässiges harmonisches Differential von endlicher Norm gibt. Wegen des impliziten Charakters dieses Kriteriums, der durch das Auftreten harmonischer Formen bewirkt wird, ist seine direkte Anwendung auf konkrete Fälle ebenfalls schwierig. Will man brauchbare Kriterien gewinnen, so muß man darauf verzichten, daß sie exakt, d. h. notwendig und hinreichend seien. Man wird also versuchen, explizite hinreichende Kriterien zu suchen, sei es für den parabolischen, sei es für den hyperbolischen Typus. Einen Hinweis hierfür gibt das obige Kriterium mit Hilfe zulässiger harmonischer Differentiale ω. Denn die harmonischen Differentiale sind nach dem DIRICHLETschen Prinzip durch eine Minimaleigenschaft charakterisiert und so liegt es nahe, das zulässige harmonische Differential im obigen Kriterium zu eliminieren und an seine Stelle ein Variationsproblem zu setzen.

43.2. Die Methode der Extremallänge

1. Wir geben uns auf der RIEMANNschen Fläche R eine Kurvenmenge C und definieren ihre Extremallänge λ_C. Die Elemente c dieser

Menge können einzelne Wege oder ganze Systeme von Wegen sein. Wir setzen aber voraus, daß diese Wege stückweise glatt seien. Eine nicht negative schiefe Form Φ schreiben wir in den lokalen Parametern z, im Gegensatz zu § 16.1, in der Form $\Phi = \varrho^2(z)\, dx\, dy$. Die nicht negative Größe $\varrho(z)$ transformiert sich dann bei konformen Parametertransformationen $z \to z'$ nach dem Gesetz $\varrho(z)\, |dz| = \varrho(z')\, |dz'|$. Das Differential $ds = \varrho(z)\, |dz|$ definiert also auf R eine Art Metrik[1], allerdings in einem sehr allgemeinen Sinn, denn es braucht $\varrho(z)$ nicht nur in isolierten Stellen zu verschwinden. Dagegen setzen wir $\varrho(z)$ als stetig voraus. Das uneigentliche Integral

$$\int\limits_R \Phi = \int\limits_R \varrho^2(z)\, dx\, dy = A(\varrho) \tag{43.2}$$

kann man dann als den Flächeninhalt von R in bezug auf die Metrik ds interpretieren. In gleichem Sinne hat jedes Element c aus C eine bestimmte Länge $l(c)$, definiert durch die Gleichung

$$l(c) = \int\limits_c ds = \int\limits_c \varrho(z)\, |dz|\,. \tag{43.3}$$

Das rechtsstehende Integral ist als RIEMANNsches Integral zu verstehen, als eigentliches, wenn c kompakt ist und sonst als uneigentliches Integral.

Ist $l(c) \geqq 1$ für alle $c \in C$, so heißt die Metrik ds bzw. ϱ *zulässig* für die Kurvenmenge C. Die positive Größe $A(\varrho)$ hat für alle zulässigen $ds = \varrho(z)\, |dz|$ eine wohlbestimmte untere Grenze, die nur von der Kurvenmenge C selbst abhängt. Diese untere Grenze ist definitionsgemäß der reziproke Wert der *Extremallänge* λ_C *der Kurvenmenge* C[2]:

$$\frac{1}{\lambda_C} = \inf_\varrho A(\varrho)\,. \tag{43.4}$$

λ_C ist eine monotone Funktion der Kurvenmenge C:

$$\lambda_C \leqq \lambda_{C'} \quad \text{für} \quad C' \subset C\,. \tag{43.5}$$

Denn jedes für C zulässige ϱ ist auch für C' zulässig. Eine wichtige Eigenschaft der Extremallänge ist ihre *konforme Invarianz:* Geht bei konformer Abbildung von R auf R' die Kurvenmenge C auf R in die Kurvenmenge C' auf R' über, so ist $\lambda_C = \lambda_{C'}$. Denn aus jedem für C' zulässigen $ds' = \varrho'(z')\, |dz'|$ auf R' entsteht durch Verpflanzung auf R ein für C zulässiges $ds = \varrho(z)\, |dz|$, und umgekehrt, und es ist jedes Mal $A_R(\varrho) = A_{R'}(\varrho')$.

---

[1] Es ist eine sog. konforme Metrik, da die zulässigen reellen Koordinatensysteme (x, y) ($x + iy = z$ zulässiger komplexer Parameter) in bezug auf ds isotherm sind.

[2] Vgl. AHLFORS-BEURLING [1] sowie J. HERSCH [1].

2. Es seien F_0 und F_1 zwei Normalgebiete[1] auf R mit den Rändern Γ_0 und Γ_1, so daß $\overline{F}_0$ in F_1 enthalten ist. Wir betrachten das „Ringgebiet" $P = (F_1 - \overline{F}_0; \Gamma_0, \Gamma_1)$, wie in § 41.2.1, und darin die sog. „*Trennenden*". Das sind Kurven oder allgemein Kurvensysteme auf P, welche Γ_0 von Γ_1 trennen; um es genauer zu sagen, unter einer „Trennenden" auf P verstehen wir den Rand Γ eines Normalgebietes auf R, das F_0 enthält und in F_1 enthalten ist. T sei das System aller „Trennenden" im Ring P. Wie groß ist ihre Extremallänge λ_T?

Um diese Aufgabe zu lösen, nehmen wir das harmonische Maß

$$u = H(\Gamma_1, P), \quad \text{setzen} \quad \varrho'(z) = \frac{|\mathrm{grad}_z\, u|}{D(u)} \quad \text{für die lokalen Parameter } z \text{ auf}$$

P und zeigen, daß $ds = \varrho'(z)\,|dz|$

   a) eine zulässige Metrik und

   b) eine extremale Metrik ist.

Hierfür orientieren wir die „Trennenden" so, daß sie die berandeten Normalgebiete im positiven Sinne umlaufen. Dann ist

$$D(u) = \int_{\Gamma_1} *\,du = \int_{\Gamma} *\,du \text{ und somit } 1 = \int_{\Gamma} \frac{*\,du}{D(u)} \leq \int_{\Gamma} \frac{|\mathrm{grad}_z\, u|}{D(u)}\,|dz| = \int_{\Gamma} \varrho'(z)\,|dz|\,;$$

ϱ' ist also zulässig und es gilt gemäß (43.2) und § 41.2.1

$$A(\varrho') = \frac{1}{D(u)} = \mu,$$

wobei μ den Modul des Ringes P bezeichnet.

Um nachzuweisen, daß diese Metrik extremal ist, bezeichnen wir die Niveaulinien $u = x\,(0 \leq x \leq 1)$ mit (x). Diese (x) sind „Trennende". Abgesehen von isolierten Stellen ist $\varphi = du + i *du$ von null verschieden und kann deshalb als Differential zulässiger lokaler Parameter betrachtet werden. Wir setzen $dz = dx + i\,dy = \varphi$. Für irgendeine zulässige Metrik ds ist dann $1 \leq \int_{(x)} \varrho(z)\,|dz| = \int_{(x)} \varrho(z)\,dy$, wenn die Niveaulinie (x) durch keine kritische Stelle von u hindurch geht. Nach der Schwarzschen Ungleichung und wegen $\int_{(x)} dy = \int_{\Gamma} dy = D(u)$ wird dann $1 \leq \int_{(x)} \varrho^2(z)\,dy \cdot D(u)$. Indem wir nach x integrieren, so folgt auf Grund derselben Betrachtungen wie in § 41.2.2, in Verbindung mit (43.2) und § 41.2.1 $A(\varrho) \geq \mu$. ϱ' ist also extremal und deshalb

$$\lambda_T = \frac{1}{\mu}. \tag{43.6}$$

Dabei bedeutet μ den Modul des Ringes P.

---

[1] Unter Normalgebiet auf R verstehen wir hier ein normales Teilgebiet von R im Sinne von § 7.3.2, wobei in der dortigen Bedingung $c)$ „analytisch" durch „glatt" zu ersetzen ist.

Eine sog. „*Verbindende*" auf dem Ring P ist ein stückweise glatter Weg v, der Γ_0 mit Γ_1 in P verbindet. Wir bezeichnen mit V das System aller „Verbindenden" auf P. Wie groß ist seine Extremallänge λ_V?

Um sie zu finden, betrachten wir wiederum das harmonische Maß $u = H(\Gamma_1, P)$. $\varrho''(z) = |\mathrm{grad}_z u|$ ist für V zulässig. Denn es gilt

$$1 = \int\limits_v du \leqq \int\limits_v |\mathrm{grad}_z u|\,|dz|$$

für jede „Verbindende" v. (43.2) und § 41.2.1 ergeben ferner $A(\varrho'') = D(u) = \dfrac{1}{\mu}$. Zum Nachweis, daß die Metrik $ds = \varrho''(z)\,|dz|$ extremal sei, betrachten wir speziell jene „Verbindenden", welche von den Flußlinien $*du = 0$ gebildet werden (vgl. § 9.3). Die endlich vielen Flußlinien von Γ_0 nach Γ_1, welche kritische Stellen von u passieren, zerlegen Γ_0 durch ihre Anfangspunkte in endlich viele Intervalle. Es sei I ein solches Intervall. Die in den inneren Punkten von I beginnenden Flußlinien bilden ein Feld und das von ihnen überdeckte einfach zusammenhängende Gebiet P_I auf P wird durch die Funktion $z = u + iv$ (v ist ein eindeutiger Zweig der zu u konjugiert harmonischen Funktion) konform auf ein Rechteck

$$0 \leqq x \leqq 1 \quad , \quad v' < y < v''$$

abgebildet (vgl. § 9.3). Nun gilt für irgendein zulässiges ϱ

$$1 \leqq \int\limits_{(y)} \varrho(z)\,|dz| = \int\limits_{(y)} \varrho(z)\,dx \ , \quad v' < y < v''.$$

Nach der SCHWARZschen Ungleichung ist $1 \leqq \int\limits_{(y)} \varrho^2(z)\,dx$ und die Integration nach y ergibt

$$v'' - v' \leqq \int\limits_{P_I} \varrho^2(z)\,dx\,dy\,.$$

Hieraus folgt, wegen $\int\limits_{\Gamma_0} dv = D(u) = \dfrac{1}{\mu}$, durch Summation über alle P_I auf P

$$A(\varrho) \geqq D(u) = \frac{1}{\mu}\,.$$

Es ist also $\varrho'' = |\mathrm{grad}_z u|$ extremal und daher

$$\lambda_V = \mu\,. \tag{43.7}$$

3. Nun betrachten wir eine Ausschöpfung der Fläche R durch normale Teilgebiete F_n mit den Rändern Γ_n, $n = 1, 2, \ldots$. Mit T_∞ bezeichnen wir das System der „Trennenden" in bezug auf F_0, das sind die Ränder Γ der Normalgebiete F auf R, die F_0 enthalten. Die „Trennenden" im Ringgebiet $(F_n - \overline{F}_0; \Gamma_0, \Gamma_n)$ bilden eine Teilmenge T_n von T_∞. Nach der Monotonie der Extremallänge [vgl. (43.5)] und wegen

(43.6) ist dann $\lambda_{T_\infty} \leqq \dfrac{1}{\mu_n}$ und schließlich

$$\lambda_{T_\infty} \leqq \lim_{n \to \infty} \frac{1}{\mu_n} \, . \tag{43.8}$$

Wenn R vom parabolischen Typus ist: $\lim\limits_{n \to \infty} \mu_n = \infty$, so folgt $\lambda_{T_\infty} = 0$. Ist hingegen R vom hyperbolischen Typus, so gibt es auf $R - F_0$ ein zulässiges harmonisches Differential ω von endlicher Norm (vgl. § 43.1). Durch $ds = |\omega + i * \omega|$ wird dann eine für T_∞ zulässige Metrik definiert mit $A(\varrho) < \infty$. Es gilt also der Satz:

Eine RIEMANN*sche Fläche R ist genau dann nullberandet, wenn die Extremallänge der ,,Trennenden" bezüglich eines normalen Teilgebietes F_0 verschwindet.*

Wir bezeichnen mit V_∞ das System der ,,Verbindenden" in bezug auf ein normales Teilgebiet F_0 von R, das sind die divergenten halboffenen und stückweise glatten Wege auf $R - F_0$ (vgl. § 15.5.4) mit dem Anfangspunkt auf Γ_0. Ein für das System der ,,Verbindenden" auf dem Ring $(F_n - \overline{F}_0; \Gamma_0, \Gamma_n)$ zulässiges ϱ ist auch zulässig für V_∞. Daraus folgt $\lambda_{V_\infty} \geqq \mu_n$ und somit $\lambda_{V_\infty} = \infty$, wenn R vom parabolischen Typus ist. Bei einer Fläche vom hyperbolischen Typus ist dagegen $\lambda_{V_\infty} < \infty$. Zum Beweis betrachten wir das harmonische Maß $H = H(\Gamma_\infty, R - \overline{F}_0)$ des idealen Randes von R in bezug auf das Teilgebiet $R - \overline{F}_0$ (vgl. § 27); es ist $H > 0$, $D(H)$ positiv und endlich und $\int_{\Gamma_0} * dH = D(H)$. Nun fassen wir irgendeine normale Ausschöpfung $\{F_n\}$ von R ins Auge, $n = 1, 2, \ldots, \overline{F}_0 \subset F_1$, und eine für V_∞ zulässige Metrik $ds = \varrho(z) |dz|$. Die Flußlinien $* dH = 0$, welche in $F_n - \overline{F}_0$ auf eine kritische Stelle von H stoßen, zerlegen den Ring $\mathsf{P} = (F_n - \overline{F}_0; \Gamma_0, \Gamma_n)$ in endlich viele Streifen, welche durch $z = H + i H^*$ (H^* ist ein eindeutiger Zweig der zu H konjugiert harmonischen Funktion) konform auf Streifen

$$0 < x < l(y) \ (< 1) \, , \qquad y_\nu < y < y_{\nu+1} \, , \qquad \nu = 0, 1, \ldots, N-1 \, ,$$
$$0 = y_0 < y_1 < \cdots < y_N = D(H) \, ,$$

abgebildet werden. Wir bezeichnen die Flußlinie, die auf $y = $ konst. abgebildet wird, mit (y); ihre Länge (in ds gemessen) mit $L_n(y)$. Dann ist nach der SCHWARZschen Ungleichung $L_n^2(y) = (\int_{(y)} \varrho(z)\, dx)^2 \leqq \int_{(y)} \varrho^2(z)\, dx$ und durch Integration nach y folgt

$$\int_0^{D(H)} L_n^2(y)\, dy \leqq \int_{F_n - \overline{F}_0} \varrho^2(z)\, dx\, dy \leqq A(\varrho) \, . \tag{43.9}$$

Die Funktionen $L_n(y)$, $0 \leqq y \leqq D(H)$, sind stückweise stetig; sie bilden eine monoton wachsende Folge, deren Grenzfunktion $L(y) \geqq 1$ ist; denn ϱ ist für V_∞ zulässig. Indem wir in (43.9) n gegen unendlich streben lassen, folgt

$$D(H) \leqq \int\limits_0^{D(H)} L^2(y)\, dy = \lim\limits_{n \to \infty} \int\limits_0^{D(H)} L_n^2(y)\, dy \leqq A(\varrho) \qquad (43.10)$$

und daraus $\lambda_{V_\infty} < \infty$[1]. Zusammenfassend gilt der Satz:

R ist genau dann vom parabolischen Typus, wenn die Extremallänge der „Verbindenden" bezüglich eines F_0 unendlich ist.

4. Der Typus einer Riemannschen Fläche (parabolisch oder hyperbolisch) ist also durch Extremallängen der „Verbindenden" oder der „Trennenden" und damit je durch ein Variationsproblem vollständig charakterisiert:

$$\lambda_{T_\infty} = 0 \quad \Longleftrightarrow \quad \lambda_{V_\infty} = \infty \quad \Longleftrightarrow \quad R \text{ vom parabolischen Typus,}$$

$$\lambda_{T_\infty} > 0 \quad \Longleftrightarrow \quad \lambda_{V_\infty} < \infty \quad \Longleftrightarrow \quad R \text{ vom hyperbolischen Typus.}$$

Von diesem Resultat ergeben sich im wesentlichen zwei Arten von Anwendung:

a) Wenn für T_∞ ein zulässiges ϱ mit endlichem $A(\varrho)$ existiert, so ist R vom hyperbolischen Typus. Denn es ist dann $\lambda_{T_\infty} > 0$.

b) Ist von einer geeigneten Teilmenge V'_∞ aus V_∞ die Extremallänge $\lambda_{V'_\infty} < \infty$, so ist R vom hyperbolischen Typus. Denn es ist $\lambda_{V'_\infty} \geqq \lambda_{V_\infty}$.

Ist für eine geeignete Teilmenge T'_∞ aus T_∞ die Extremallänge $\lambda_{T'_\infty}$ gleich null, so ist R vom parabolischen Typus. Denn es ist $\lambda_{T'_\infty} \geqq \lambda_{T_\infty}$.

43.3. Das Modulkriterium.

1. Es seien F, F', F'' drei Normalgebiete von R mit $\overline{F} \subset F'$, $\overline{F'} \subset F''$. **P** bezeichne das Ringgebiet $F' - \overline{F}$ mit dem Modul μ, **P'** das Ringgebiet $F'' - \overline{F'}$ mit dem Modul μ' und schließlich **P''** den Ring $F'' - \overline{F}$ mit dem Modul μ''. Dann gilt

$$\mu + \mu' \leqq \mu''. \qquad (43.11)$$

Zum Beweise dieser Modulungleichung wählen wir ein zulässiges ϱ'' für das System T'' der „Trennenden" auf **P''**. Wir setzen $\varrho = \varrho''$ auf **P** und $\varrho' = \varrho''$ auf **P'**. ϱ ist zulässig für die „Trennenden" T auf **P** und ϱ' ist zulässig für die „Trennenden" T' auf **P'**. Wegen

$$\int\limits_P \varrho(z)^2 dx\, dy + \int\limits_{P'} \varrho'(z)^2 dx\, dy = \int\limits_{P''} \varrho''(z)^2 dx\, dy$$

ist dann

$$\inf A_P(\varrho) + \inf A_{P'}(\varrho') \leqq \inf A_{P''}(\varrho'')$$

und somit

$$\lambda_T^{-1} + \lambda_{T'}^{-1} \leqq \lambda_{T''}^{-1},$$

was in Verbindung mit (43.6) die obige Ungleichung (43.11) ergibt.

---

[1] Berücksichtigt man noch die Ungleichungen $\lambda_{V_\infty} \geqq \mu_n$, so folgt $\lambda_{V_\infty} = \dfrac{1}{D(H)}$.

Sind Γ' und Γ'' die Ränder von F' und F'' und ist Γ' eine Niveaulinie des harmonischen Maßes $H(\Gamma''', F'' - \overline{F})$, so gilt in (43.11) das Gleichheitszeichen.

2. Nun betrachten wir irgendeine normale Ausschöpfung $\{F_n\}$ der Fläche R. Mit M_n bezeichnen wir den Modul des Ringgebietes $F_{n+1} - \overline{F}_n$, $n = 1, 2, \ldots$. Dann liefert die Ungleichung (43.11) das folgende **Nullrandkriterium**: *Wenn die Modulsumme*

$$\mathsf{M}_1 + \mathsf{M}_2 + \cdots + \mathsf{M}_n + \cdots \tag{43.12}$$

divergiert, so ist R nullberandet.

Denn es gilt für den Modul μ_n des Ringgebietes $F_{n+1} - \overline{F}_1$ nach (43.11) die Ungleichung[1]

$$\mathsf{M}_1 + \cdots + \mathsf{M}_n \leq \mu_n$$

und aus der Divergenz von (43.12) folgt $\lim \mu_n = \infty$. R ist also nach § 41.2.1 nullberandet. Das angegebene Kriterium ist hinreichend, aber nicht notwendig. Man kann z. B. für die z-Ebene eine solche normale Ausschöpfung $\{F_n\}$ angeben, wo die zugehörige Modulsumme konvergiert (vgl. L. SARIO [2]). Das Kriterium ist aber insofern scharf, als zu jeder Fläche vom parabolischen Typus eine Ausschöpfung $\{F_n\}$ existiert, deren Modulsumme (43.12) divergiert. Um dies zu zeigen, setzen wir voraus, daß die Fläche R nullberandet sei. Wir wählen irgendeine normale Ausschöpfung $\{F'_n\}$ von R und setzen $F'_1 = F_1$. Die Moduln μ_n^1 der Ringgebiete $F'_n - \overline{F}_1$ werden für $n \to \infty$ beliebig groß. Es gibt somit ein n_1 mit $\mu_{n_1}^1 > 1$. Wir setzen $F_{n_1} = F_2$ und $\mu_{n_1}^1 = \mathsf{M}_1$. Die Moduln μ_n^2 der Ringgebiete $F'_n - \overline{F}_2$ divergieren wiederum zu ∞. Wir wählen ein n_2 mit $\mu_{n_2}^2 > 1$, setzen $F'_{n_2} = F_3$ und $\mu_{n_2}^2 = \mathsf{M}_2$, usw. Durch dieses Verfahren entsteht eine Ausschöpfung $\{F_n\}$, wo die Moduln M_n der Ringgebiete $F_{n+1} - \overline{F}_n$ größer sind als 1, $n = 1, 2, \ldots$ und somit die Reihe (43.12) divergiert.

43.4. Die Methode der quasikonformen Abbildung.

Es sei α eine topologische Abbildung der RIEMANNschen Fläche R auf die RIEMANNsche Fläche R', z ein lokaler Parameter auf R im Punkte p, $z(p) = 0$, und w ein lokaler Parameter auf R' im Bildpunkt p' von p: $p' = \alpha(p)$, $w(p') = 0$. Diese beiden lokalen Parameter $z = x + iy$ und $w = u + iv$ sind dann in der Umgebung des Nullpunktes durch die Abbildung α umkehrbar eindeutig und stetig aufeinander bezogen:

$$\begin{aligned} u &= u(x, y) \\ v &= v(x, y) \, . \end{aligned} \tag{43.13}$$

---

[1] In diesem Zusammenhang ist auf die Streifenmethode von H. GRÖTZSCH, zur Abschätzung des Moduls eines Ringgebietes, hinzuweisen. Seine Methode, mit der SCHWARZschen Ungleichung Längen und Flächen zu vergleichen, liegt schließlich auch der Idee der Extremallänge zugrunde.

Sind diese Funktionen u und v in der Umgebung des Nullpunktes ($z = 0$) stetig differenzierbar und ist ihre Funktionaldeterminante $\dfrac{\partial(u, v)}{\partial(x, y)} > 0$, so nennen wir α in der Umgebung von p stetig differenzierbar und orientierungstreu. Sie heißt stetig differenzierbar und orientierungstreu schlechthin, wenn sie es in der Umgebung jedes Punktes auf R ist. Durch die Abbildung der lokalen Parameter (43.13) wird dann jeder infinitesimale Kreis $|z| = \varepsilon$ in eine infinitesimale Ellipse in der w-Ebene abgebildet, mit den Halbachsen $a\varepsilon$ und $b\varepsilon$, $a \geqq b$. a und b sind von der Wahl der lokalen Parameter z und w abhängig, aber nicht ihr Verhältnis

$$\frac{a}{b} = D(p) \, . \tag{43.14}$$

Wir nennen $D(p)$ den *Dilatationsquotienten* der Abbildung α im Punkte p. Er ist stetig und stets $\geqq 1$. Die inverse Abbildung $\alpha' = \alpha^{-1}$ ist wieder stetig differenzierbar und orientierungstreu mit $D'(p') = D(p)$. Wenn $D(p)$ auf R beschränkt ist,

$$\sup_{p \in R} D(p) = K < \infty \, , \tag{43.15}$$

so sprechen wir von einer *orientierungstreuen und stetig differenzierbaren topologischen Abbildung von R auf R' mit beschränkter Dilatation* oder kurz von einer *quasikonformen Abbildung*. Eine konforme Abbildung ist quasikonform mit $K = 1$; umgekehrt ist eine quasikonforme Abbildung mit $K = 1$ notwendigerweise konform.

Es ist klar, daß zwei konform äquivalente Flächen gleichzeitig null- bzw. positivberandet sind. Diese Invarianz des Typus einer RIEMANNschen Fläche bleibt nun auch bei den wesentlich allgemeinern quasikonformen Abbildungen bestehen: *Wenn zwei RIEMANNsche Flächen quasikonform aufeinander abgebildet werden können, so sind sie beide vom parabolischen bzw. hyperbolischen Typus.*

Die Bedeutung dieses Satzes liegt darin, daß man in vielen Fällen den Typus einer RIEMANNschen Fläche bestimmen kann, indem man seine quasikonforme Äquivalenz mit einer Fläche nachweist, deren Typus bekannt ist[1] (vgl. O. TEICHMÜLLER [1], H. WITTICH [1]). Den Beweis dieses Satzes (vgl. auch A. PFLUGER [1]) führen wir mit der folgenden Eigenschaft der Extremallänge:

Es sei eine quasikonforme Abbildung α der RIEMANNschen Fläche R auf die RIEMANNsche Fläche R' gegeben und auf R eine Kurvenmenge C mit der Extremallänge λ_C. C' sei die Bildmenge C auf R' vermittels der

---

[1] Für diesen Zweck könnte die obige Bedingung (43.15) noch etwas gelockert werden, wie dies im Falle der Ebene wohlbekannt ist: es darf $D(p)$ gegen den idealen Rand hin nicht zu stark anwachsen. Die präzise Formulierung einer solchen Bedingung würde aber zusätzliche Gegebenheiten auf der Fläche erfordern.

Abbildung α; $\lambda_{C'}$ *ihre Extremallänge. Dann gilt*

$$\frac{1}{K}\,\lambda_C \leqq \lambda_{C'} \leqq K\,\lambda_C. \tag{43.16}$$

Betrachten wir nun im Anschluß an § 43.2.3 auf R die Menge T_∞ der „Trennenden" in bezug auf ein normales Teilgebiet F_0 und ihre Bildmenge T'_∞ auf R', das ist die Menge der „Trennenden" auf R' in bezug auf das normale Teilgebiet $\alpha\,(F_0)$. Auf Grund der Ungleichung (43.16) sind die Extremallängen λ_{T_∞} und $\lambda_{T'_\infty}$ gleichzeitig null bzw. positiv, also die Flächen R und R' gleichzeitig vom parabolischen bzw. hyperbolischen Typus.

Beweis der Ungleichung (43.16): Die Metrik ds' auf R', $ds' = \varrho'(w)\,|dw|$, sei für C' zulässig. Wir verpflanzen diese Metrik vermittels der Abbildung α auf R. Sie hat in den lokalen Parametern z die Form

$$(ds')^2 = E\,dx^2 + 2F\,dx\,dy + G\,dy^2,$$

wo

$$E(z) = \varrho'(w)^2(u_x^2 + v_x^2), \quad G(z) = \varrho'(w)^2(u_y^2 + v_y^2)$$

und

$$F(z) = \varrho'(w)^2(u_x u_y + v_x v_y)$$

ist. Die Größen $\dfrac{E+G}{2} = \Sigma$ und $\sqrt{EG - F^2} = \Delta$ verhalten sich in bezug auf die lokalen Parameter auf R wie eine Dichte. Durch eine leichte Rechnung, mit $S(\varphi) = E\cos^2\varphi + 2F\cos\varphi\sin\varphi + G\sin^2\varphi$, findet man

$$\left.\begin{matrix}\max\\\min\end{matrix}\right\}\left|\frac{ds'}{dz}\right|^2 = \left.\begin{matrix}\max\\\min\end{matrix}\right\}_{\varphi} S(\varphi) = \Sigma \pm \sqrt{\Sigma^2 - \Delta^2} = \begin{cases}\varrho'(w)^2\,a(z)^2\\\varrho'(w)^2\,b(z)^2\end{cases}. \tag{43.17}$$

Es ist also

$$D(p) = \frac{\Sigma + \sqrt{\Sigma^2 - \Delta^2}}{\Delta}. \tag{43.18}$$

Indem wir $\varrho(z)$ durch die Gleichung

$$\varrho^2(z) = \Sigma + \sqrt{\Sigma^2 - \Delta^2} = \varrho'(w)^2\,a(z)^2 \tag{43.19}$$

definieren, wird $ds = \varrho(z)\,|dz|$ eine zulässige Metrik für C; denn es ist nach (43.17) $ds \geq ds'$. Gemäß (43.18) und (43.19) ist nun

$$\int_{R'}\varrho'(w)^2\,du\,dv = \int_R \sqrt{EG - F^2}\,dx\,dy = \int_R D^{-1}(p)\,\varrho^2(z)\,dx\,dy \geqq K^{-1}\int_R \varrho^2(z)\,dx\,dy.$$

Es gilt also bei jedem zulässigen ϱ' für C' $\quad A'(\varrho') \geqq \dfrac{1}{K}\,A(\varrho)$ und daraus folgt $\lambda_{C'} \leqq K\lambda_C$. Die andere Ungleichung $\dfrac{1}{K}\,\lambda_C \leqq \lambda_{C'}$ ergibt sich durch Betrachtung der inversen Abbildung α^{-1}.

43.5. Die Methode der konformen Metrik.

1. Wir betrachten nun auf R eine *feste* konforme Metrik ds. Sie drückt sich in den lokalen Parametern in der Form $ds = \lambda(z)|dz|$ aus; dabei soll $\lambda(z)$ stetig und $\geqq 0$ sein und nur in isolierten Stellen verschwinden. Durch diese Metrik wird gemäß § 7.1. auf R eine Abstandsfunktion $\varrho(p,q)$, $p, q \in R$ definiert. Wir machen nun folgende

Voraussetzung über die Metrik ds:

a) Es gibt einen Punkt $p_0 \in R$, so daß mit $\varrho_\infty = \sup\limits_{p \in R} \varrho(p, p_0)$ die offenen Mengen $K_r = \{p \mid \varrho(p,p_0) < r\}$ für $0 < r < \varrho_\infty$ Normalgebiete auf R sind (vgl. Anm. 1, S. 213).

b) Es gibt eine Folge $(0 <) r_1 < r_2 < \cdots$ mit $r_n \to \varrho_\infty$, so daß jede der offenen Mengen $K_{r_{n+1}} - \overline{K}_{r_n}$, $n = 1, 2, \ldots$, aus endlich vielen zweifach zusammenhängenden Ringgebieten $P_1, \ldots, P_N$ besteht.

c) Jedes dieser Ringgebiete P_ν kann topologisch, orientierungstreu und stückweise stetig differenzierbar auf den Kreisring $r_n < |\zeta| < r_{n+1}$ abgebildet werden, so daß die Metrik ds in den Parametern r und φ ($\zeta = re^{i\varphi}$) die folgende Gestalt annimmt:

$$ds^2 = dr^2 + G^2(r,\varphi)\, d\varphi^2\,, \qquad G > 0\,. \tag{43.20}$$

$G(r,\varphi)$ ist dann stückweise stetig, und dem Durchschnitt der Berandung von K_r mit einem der Ringgebiete P_ν entspricht in der ζ-Ebene der Kreis $|\zeta| = r$, $r_n < r < r_{n+1}$.

Man kann leicht zeigen, daß auf jeder nicht-kompakten RIEMANNschen Fläche eine konforme Metrik existiert, welche die oben genannten Voraussetzungen erfüllt. Es genügt hierfür die Flächen zu betrachten, die in dem Kreise $|t| < 1$ durch ein metrisches Fundamentalpolygon in bezug auf $t = 0$ darstellbar sind. Als konforme Metrik wählen wir die in diesem Kreis gegebene hyperbolische Metrik $ds = \dfrac{|dt|}{1-|t|^2}$. Sie erfüllt die obigen Voraussetzungen. p_0 ist der Punkt $t = 0$ und $\varrho_\infty = \infty$. K_r besteht aus dem Durchschnitt der Kreisscheibe $\varrho(0, \zeta) < r$ mit dem Fundamentalpolygon. Die Abstände der Ecken des F.-P. vom Nullpunkt bilden, der Größe nach geordnet, die Folge $(0 <) r_1 < r_2 < \ldots$. Nun betrachten wir einen Kreis $\varrho(0, \zeta) = r$. Jeder auf diesem Kreis gelegene Randpunkt ζ' des F.-P. besitzt genau einen zweiten, von ζ' verschiedenen äquivalenten Punkt ζ'' (bezüglich der Fundamentalgruppe $\mathfrak{G}$), der Randpunkt des F.-P. ist. Wir zeigen, daß dieser auch auf dem Kreis $\varrho(0, \zeta) = r$ liegt. Da ζ' Randpunkt ist, gibt es einen zu $t = 0$ äquivalenten Punkt t' mit $\varrho(t', \zeta') = \varrho(\zeta', 0)$. Ist S die Substitution aus $\mathfrak{G}$, welche t' in 0 überführt, und setzen wir $S(\zeta') = \zeta''$, $S(0) = t''$, so folgt aus der Invarianz des hyperbolischen Abstandes: $\varrho(0, \zeta'')$

$= \varrho(\zeta'', t'')$, d. h. ζ'' ist Randpunkt des F.-P., und wegen $\varrho(\zeta', 0)$ $= \varrho(t', \zeta') = \varrho(0, \zeta'')$ liegt er auch auf dem Kreis $\varrho(0, \zeta) = r$.

Der Durchschnitt des Kreises $\varrho(0, \zeta) = r$ mit dem F.-P. besteht aus endlich vielen Kreisbogen. Ihre Endpunkte sind nach dem oben Gesagten paarweise einander zugeordnet. Durch Identifikation entstehen endlich viele geschlossene Kurven. Daraus ersieht man, daß die konforme Metrik auch die Voraussetzungen b) und c) erfüllt.

2. Die Berandung von K_r hat, in der Metrik ds gemessen, eine bestimmte Länge $\Lambda(r)$, die als Funktion von r stetig ist. Sie liefert das folgende

Nullrandkriterium[1]: *Wenn unter den Voraussetzungen der vorangehenden Nr. 1 das Integral* $\displaystyle\int^{\varrho_\infty} \frac{dr}{\Lambda(r)}$ *divergiert, so ist R nullberandet.*

Beweis. Wir bezeichnen den Rand von K_r mit Γ_r; die auf K_r zufolge der konformen Struktur gegebene Orientierung induziert auf Γ_r einen bestimmten Umlaufssinn.

Nun nehmen wir an, es sei R positivberandet. Dann gibt es nach § 43.1 auf $R - K_{r_1}$ ein harmonisches Differential ω von endlicher Norm mit $\int_{\Gamma_{r_1}} \omega = 1$. Da Γ_r und Γ_{r_1}, $r_1 < r < \varrho_\infty$ stark homolog sind, haben wir dann

$$\|\omega\| < \infty, \qquad \int_{\Gamma_r} \omega = 1, \qquad r_1 < r < \varrho_\infty. \tag{43.21}$$

Betrachten wir nun zunächst die offene Menge $K_{r_{n+1}} - \bar{K}_{r_n}$. Sie besteht nach Voraussetzung aus den Ringgebieten $P_1, \ldots, P_N$ und jedes dieser P_ν kann topologisch und stückweise stetig differenzierbar mit positiver Funktionaldeterminante auf den Kreisring $r_n < |\zeta| < r_{n+1}$ abgebildet werden, wo die Metrik ds die Gestalt

$$ds^2 = dr^2 + G_\nu^2(r, \varphi)\, d\varphi^2$$

annimmt, $\nu = 1, 2, \ldots, N$. In den Parametern r und φ ist ω von der Form

$$\omega = a_\nu(r, \varphi)\, dr + b_\nu(r, \varphi)\, G_\nu(r, \varphi)\, d\varphi \tag{43.22}$$

und

$$\omega \wedge *\omega = (a_\nu^2 + b_\nu^2)\, G_\nu\, dr\, d\varphi. \tag{43.23}$$

Der auf P_ν gelegene Teil des Randes Γ_r, $r_n < r < r_{n+1}$, geht bei der obigen Abbildung in den Kreis $|\zeta| = r$ über und hat somit die Länge $\int_0^{2\pi} G_\nu(r, \varphi)\, d\varphi$.

Daraus folgt für die ganze Länge $\Lambda(r)$ von Γ_r

$$\Lambda(r) = \sum_\nu \int_0^{2\pi} G_\nu(r, \varphi)\, d\varphi. \tag{43.24}$$

---

[1] Vgl. P. Laasonen [1].

Nun ist wegen (43.21) und (43.22)

$$1 = \int_{\Gamma_r} \omega = \sum_\nu \int_0^{2\pi} b_\nu(r,\varphi)\, G_\nu(r,\varphi)\, d\varphi = \sum_\nu \int_0^{2\pi} b_\nu \sqrt{G_\nu} \cdot \sqrt{G_\nu}\, d\varphi .$$

Durch Anwendung der SCHWARZschen Ungleichung folgt, zusammen mit (43.24)

$$1 \leqq \left(\sum_\nu \sqrt{\int b_\nu^2\, G_\nu\, d\varphi} \cdot \sqrt{\int G_\nu\, d\varphi} \right)^2 \leqq \sum_\nu \int_0^{2\pi} b_\nu^2(r,\varphi)\, G_\nu(r,\varphi)\, d\varphi \cdot \Lambda(r) .$$

Nach Division durch $\Lambda(r)$ und Integration nach r, von r_n bis r_{n+1}, folgt unter Berücksichtigung von (43.23)

$$\int_{r_n}^{r_{n+1}} \frac{dr}{\Lambda(r)} \leqq \sum_\nu \int_{\mathsf{P}_\nu} \omega \wedge *\omega = \|\omega\|_n^2 ,$$

wo auf der rechten Seite n zur Abkürzung von $K_{r_{n+1}} - \overline{K}_{r_n}$ steht. Die Summation über alle n ergibt dann schließlich

$$\int_{r_1}^{\varrho_\infty} \frac{dr}{\Lambda(r)} \leqq \|\omega\|^2 < \infty .$$

Daraus folgt durch Kontraposition die Behauptung des obigen Satzes.

Betrachten wir als Beispiel ein metrisches Fundamentalpolygon in bezug auf $t = 0$ im Kreis $|t| < 1$. Statt der hyperbolischen Metrik wie in Nr. 1 können wir, wegen $\dfrac{\dfrac{dr}{1-r^2}}{\dfrac{\Lambda(r)}{1-r^2}}$, ebensogut die euklidische Metrik verwenden: $ds = |dt|$. $\Lambda(r)$ ist dann die euklidische Gesamtlänge der Kreisbogen, die der Kreis $|t| = r$ mit dem F.-P. gemeinsam hat, und $\varrho_\infty = 1$. Wenn nun das Integral $\int \dfrac{dr}{\Lambda(r)}^{1}$ divergiert, so ist die vom F.-P. dargestellte RIEMANNsche Fläche nullberandet.

43.6. Die Methode der Zellennetze

1. Jedes Nullrandkriterium geht von besonderen Gegebenheiten der Fläche aus. Diese sind teils von topologisch-kombinatorischer, teils von metrischer Art. Bei dem letzten Kriterium stand der metrische Aspekt im Vordergrund. Hier handeln wir von einem Nullrandkriterium, wo durch ein Netz von Parameterzellen ein topologisch-kombinatorischer Ausgangspunkt gegeben ist, und die konforme Struktur dann durch gewisse „Gewichte" berücksichtigt wird.

Es sei $\{V_i\}$, $i = 1, 2, \ldots$, irgendeine abzählbare Menge von Parameterzellen auf der gegebenen Fläche R von folgender Art:

a) Keine ihrer Zellen soll „isoliert" sein, d. h. jedes V_i soll mit mindestens einer andern Zelle V_k einen nicht leeren Durchschnitt haben.

b) Jeder Punkt von R wird von höchstens N Zellen der Menge $\{V_i\}$ überdeckt, wobei N eine fest gegebene Zahl ist[1].

c) Ihre Zentren sind alle voneinander verschieden.

d) Haben zwei Zellen aus $\{V_i\}$ einen nicht-leeren Durchschnitt, so liegt ihre Vereinigung in einer Parameterumgebung.

Eine solche Menge $\{V_i\}$ nennen wir kurz ein *Zellennetz* auf R. Zu jedem Zellennetz kann man einen *Streckenkomplex* konstruieren. Die Zentren der Parameterzellen V_i sind seine Ecken σ_i^0. Wenn für irgend zwei verschiedene Indizes h und k die Vereinigungsmenge $V_h \cup V_k$ zusammenhängend ist, so wählen wir darin einen Weg σ_j^1, der von σ_h^0 nach σ_k^0 führt; das ist *die* Kante, welche σ_h^0 und σ_k^0 verbindet und in bestimmter Weise orientiert ist. Dadurch entsteht ein zum Zellennetz gehöriger Streckenkomplex, der im allgemeinen nicht zusammenhängend ist, und im folgenden mit $\mathfrak{S}$ bezeichnet wird.

Das Differential ω sei *auf R harmonisch*. Durch das Integral $\int\limits_{\sigma_j^1} \omega$ ist dann jeder Kante σ_j^1 von $\mathfrak{S}$ eine reelle Zahl x_j zugeordnet, die nur von dem Eckenpaar (σ_h^0, σ_k^0) abhängt und nicht von der gewählten Kante σ_j^1 in $V_h \cap V_k$:

$$x_j = \int\limits_{\sigma_j^1} \omega . \tag{43.25}$$

Durch diese Zuordnung $\sigma_j^1 \to x_j$ ist auf $\mathfrak{S}$ eine Kantenfunktion X definiert, $X(\sigma_j^1) = x_j$. Mit Hilfe dieser von ω induzierten Kantenfunktion X wollen wir die Norm $\|\omega\|$ nach unten abschätzen. Dabei haben wir neben der kombinatorischen Struktur von $\mathfrak{S}$ noch metrische Größen zu berücksichtigen, durch welche zum Ausdruck gebracht wird, wie stark die Zellen aus $\{V_i\}$ überlappen.

2. Um diese Größen zu beschreiben, wählen wir aus dem Netz zwei Parameterzellen (V_h, z_h) und (V_k, z_k) mit einem nicht leeren Durchschnitt $V_h \cap V_k$. Jedem Punkt p aus $V_h \cap V_k$ sind zwei komplexe Zahlen $z_h(p)$ und $z_k(p)$ zugeordnet. Wir setzen

$$r(p) = \max(|z_h(p)|, |z_k(p)|), \qquad p \in V_h \cap V_k,$$

und

$$d_j = 1 - \min_{p \in V_h \cap V_k} r(p),$$

wobei j den Index der Kante σ_j^1 bezeichnet, die σ_h^0 und σ_k^0 verbindet. Es ist $0 < d_j < 1$. Offenbar existiert ein Punkt $p_0 \in V_h \cap V_k$ mit $z_h(p_0) = r_h\, e^{i\varphi}$ und $z_k(p_0) = r_k\, e^{i\vartheta}$; $r_h, r_k \leq 1 - d_j$. Der Strecke $z_h = \varrho\, e^{i\varphi}$, $0 \leq \varrho \leq r_h$, entspricht dann in V_h ein Weg w_h, der σ_h^0 mit p_0 verbindet, und der

---

[1] Es muß aber nicht jeder Punkt überdeckt werden, d. h. $\{V_i\}$ muß nicht eine Überdeckung von R sein.

Strecke $z_k = \varrho\, e^{i\,\theta}$, $0 \leq \varrho \leq r_k$, in V_k ein Weg w_k, der σ_k^0 mit p_0 verbindet. Der Zyklus $\sigma_j^1 + w_k - w_h$ ist stark nullhomolog und deshalb $x_j = \int\limits_{\sigma_j^1} \omega = \int\limits_{w_h} \omega - \int\limits_{w_k} \omega$. Nun gehen wir zum analytischen Differential $\varphi = \omega + i *\omega$ über und setzen $\varphi = A_k(z_k)\, dz_k$ in V_k, $k = 1, 2, \ldots$. Dann ist

$$|x_j| \leq \Big|\int\limits_{w_h - w_k} \varphi\, \Big| \leq \int\limits_{0}^{1-d_j} |A_h(\varrho\, e^{i\,\varphi})|\, d\varrho + \int\limits_{0}^{1-d_j} |A_k(\varrho\, e^{i\,\theta})|\, d\varrho. \qquad (43.26)$$

Nun folgt aus (16.15) $2\pi\, |A_\nu(z_\nu)|^2 d_j^2 \leq \|\varphi\|_{V_\nu}^2$ für $|z_\nu| \leq 1 - d_j$ und $\nu = h, k$. Dies ergibt in Verbindung mit (43.26), nach Anwendung der Schwarzschen Ungleichung und der Beziehung $\|\varphi\|^2 = 2\, \|\omega\|^2$

$$\frac{\pi}{2}\, d_j^2\, x_j^2 \leq \|\omega\|_{V_h}^2 + \|\omega\|_{V_k}^2.$$

Wir bezeichnen mit N_i die Zahl der Kanten, die von der Ecke σ_i^0 ausgehen, und setzen

$$m_j = \max(N_h, N_k),$$

wobei j der Index der Kante σ_j^1 ist, die σ_h^0 und σ_k^0 verbindet. Dann ist

$$\frac{\pi}{2}\, \frac{d_j^2}{m_j}\, x_j^2 \leq \frac{\|\omega\|_{V_h}^2}{N_h} + \frac{\|\omega\|_{V_k}^2}{N_k}.$$

Indem wir nun über alle Kanten summieren und berücksichtigen, daß in der Summe rechts das Glied $\dfrac{\|\omega\|_{V_i}^2}{N_i}$ genau N_i mal auftritt, folgt

$$\sum_j \frac{\pi}{2}\, \frac{d_j^2}{m_j}\, x_j^2 \leq \sum_i \|\omega\|_{V_i}^2 \leq N\, \|\omega\|^2,$$

da jeder Punkt aus R von den Zellen V_i höchstens N mal überdeckt wird. Setzen wir noch

$$g_j = \frac{\pi}{2}\, \frac{d_j^2}{N m_j}, \qquad (43.27)$$

so haben wir schließlich die Ungleichung[1]

$$\sum_j g_j x_j^2 \leq \|\omega\|^2. \qquad (43.28)$$

Die positiven Zahlen g_j interpretieren wir als die Gewichte, die den Kanten σ_j^1 auf Grund der konformen Struktur zuzuschreiben sind; dadurch wird dem Komplex $\mathfrak{S}$ eine gewisse Metrik aufgeprägt und wir definieren den Wert der Reihe $\sum\limits_j g_j x_j^2$ als das Normquadrat der Kantenfunktion X in bezug auf den „metrischen" Komplex $\mathfrak{S}$:

$$\|X\|^2 = \sum_j g_j x_j^2.$$

---

[1] Damit diese Ungleichung und die nachfolgenden Kriterien effektiv seien, müssen die g_j groß, also die m_j klein und die d_j nicht zu nahe bei null sein.

Das erhaltene Resultat können wir nunmehr folgendermaßen aussprechen:

Auf einer RIEMANN*schen Fläche R sei ein Zellennetz gewählt und dazu ein Streckenkomplex $\mathfrak{S}$ konstruiert worden, dessen Kanten σ_j^1 gemäß der Gleichung (43.27) die Gewichte g_j zugeschrieben werden. Dann erzeugt ein auf R harmonisches Differential ω durch (43.25) auf $\mathfrak{S}$ eine Kantenfunktion X, deren Norm nie größer ist als die Norm von ω:*

$$\|X\| \leqq \|\omega\| . \tag{43.29}$$

3. Wir nehmen nun irgendeine positivberandete RIEMANNsche Fläche R und darauf ein normales Teilgebiet F_0, dessen Orientierung auf seinem Rand Γ_0 einen bestimmten Umlaufssinn induziert. Gemäß § 43.1 gibt es auf $R - F_0$ ein zulässiges harmonisches Differential ω mit endlicher Norm:

$$\|\omega\| < \infty, \qquad \int_{\Gamma_0} \omega = 1 . \tag{43.30}$$

Jetzt wählen wir auf dem Gebiet $R - F_0$ entsprechend zu Nr. 1, mit $R - F_0$ als RIEMANNsche Fläche, ein Zellennetz und konstruieren dazu einen Streckenkomplex $\mathfrak{S}$. ω erzeugt auf $\mathfrak{S}$ eine Kantenfunktion X. Ihre Norm ist wegen (43.30) und (43.29) endlich: $\|X\| < \infty$. Sie genügt überdies noch folgender Bedingung: *Für jeden kompakten ganzzahligen Zyklus $\mathfrak{z}$ auf $R - F_0$ von der Form*

$$\mathfrak{z} = \sum_j n_j \sigma_j^1 \approx \Gamma_0 \tag{43.31}$$

ist

$$\sum_j n_j x_j = 1 . \tag{43.32}$$

Denn für jeden solchen Zyklus $\mathfrak{z}$ gilt $\mathfrak{z}\omega = \int_{\Gamma_0} \omega = 1$. Wir nennen jede Kantenfunktion X *zulässig*, welche der eben ausgesprochenen Bedingung (43.32) genügt. Wenn also R eine positivberandete Fläche ist und F_0 irgendein normales Teilgebiet, so gibt es zu jedem Zellennetz auf $R - F_0$ eine zulässige Kantenfunktion von endlicher Norm. Daraus folgt durch Kontraposition das folgende **Nullrandkriterium:** *Wenn man auf einer* RIEMANN*schen Fläche R ein normales Teilgebiet F_0 und auf $R - F_0$ ein Zellennetz so wählen kann, daß auf einem zugehörigen Streckenkomplex $\mathfrak{S}$, dessen Kanten wir gemäß (43.27) die Gewichte g_j zuordnen, keine zulässige Kantenfunktion X von endlicher Norm existiert, so ist R nullberandet.*

Damit dieses Kriterium effektiv sei, muß es unendlich viele Zyklen $\mathfrak{z}$ von der Form (43.31) geben. Denn sonst würden sie alle in einem normalen Teilgebiet F liegen, und man könnte dann eine zulässige Funktion X finden, die auf allen Kanten in $R - F$ verschwindet und somit endliche Norm hätte.

4. Wir nehmen nun an, es bestehe der Streckenkomplex aus unendlich vielen getrennten Zyklen $\mathfrak{z}_n$ von der Form

$$\mathfrak{z}_n = \sum_k \sigma^1_{n_k} \approx \Gamma_0, \quad n = 1, 2, \ldots,$$

so daß also je zwei dieser Zyklen keine gemeinsame Kante haben. Dann ist

$$\sum_n \sum_k g_{n_k} x^2_{n_k} = \|X\|^2.$$

Für eine zulässige Kantenfunktion X folgt aus $\sum_k x_{n_k} = 1$ mit Hilfe der Schwarzschen Ungleichung

$$1 = \left(\sum_k \sqrt{g_{n_k}}\, x_{n_k} \cdot \frac{1}{\sqrt{g_{n_k}}} \right)^2 \leqq \sum_k g_{n_k} x^2_{n_k} \cdot \sum_k g^{-1}_{n_k}.$$

Setzen wir $\sum_k \dfrac{1}{g_{n_k}} = G_n$, so folgt für jede zulässige Kantenfunktion X

$$\sum_n \frac{1}{G_n} \leqq \|X\|^2.$$

Divergiert die links stehende Reihe, so ist die Fläche R nullberandet. Wenn sämtliche Gewichte g_j eine positive untere Schranke g haben, so heißt das Zellennetz *regulär*[1]. In unserem Falle ist dann $G_n \leqq \dfrac{1}{g}\, \Lambda_n$, wo Λ_n die Zahl der Kanten $\sigma^1_{n_k}$ in dem Zyklus $\mathfrak{z}_n$ bezeichnet, und es gilt für jede zulässige Kantenfunktion

$$g \sum_n \frac{1}{\Lambda_n} \leqq \|X\|^2.$$

Wenn die linksstehende Reihe divergiert, so ist die Fläche nullberandet. Dies ist das von R. Nevanlinna gegebene Nullrandkriterium[1]. Seine Analogie zum Wittichschen Kriterium für den parabolischen Typus ist mehr als nur formal. Es kann nämlich aus dem Nullrandkriterium von Nevanlinna jenes von Wittich hergeleitet werden[1].

§ 44. Ein hinreichendes Kriterium für den hyperbolischen Typus

Wir betrachten in diesem Paragraphen ein von H. L. Royden [2] gegebenes hinreichendes Kriterium für den hyperbolischen Typus. Den Ausgangspunkt bildet das in § 43.1 aufgestellte Kriterium mit Hilfe einer auf $R - F_0$ zulässigen harmonischen Form von endlicher Norm. Um von den für unsere Zwecke wenig maniablen harmonischen Formen los zu kommen, definieren wir auf Grund einer polygonalen Zerlegung der Riemannschen Fläche *zulässige, stückweise harmonische Differentiale.* Die hierdurch entstandene Lockerung des harmonischen Charakters ist

---

[1] Vgl. R. Nevanlinna [3], dessen Methode wir hier mit einigen Modifikationen gefolgt sind.

schwach genug, damit ein solches Differential von endlicher Norm den hyperbolischen Typus garantiert. Sie ist aber auch genügend stark, um zu einem expliziten Kriterium zu führen. Die Analyse der Bedingungen, unter denen ein zulässiges und stückweise harmonisches Differential von endlicher Norm konstruiert werden kann, führt nämlich zu einem Kriterium, das in eleganter Weise die kombinatorische Struktur der Polygonzerlegung mit der konformen Struktur der Fläche verknüpft.

44.1. Unter einem *Normalpolygon* Π verstehen wir den Inbegriff der Kreisscheibe $K = \{z \mid |z| \leq 1\}$ als seiner Fläche, einer Anzahl Peripheriepunkte $e^{i\varphi_\nu}$, $\nu = 1, \ldots, n$, als seinen Ecken E_ν und den Kreisbogen $S_\nu = \{e^{i\varphi} \mid \varphi_\nu \leq \varphi \leq \varphi_{\nu+1}\}$ als seinen Kanten, $\nu = 1, \ldots, n$, $\varphi_{n+1} = \varphi_1$. Die nicht-kompakte RIEMANNsche Fläche R wird durch Hinzufügen des ALEXANDROFFschen Punktes oder des „idealen Randes" zu einem kompakten Raum $\overline{R}$ abgeschlossen (vgl. § 5.2). α sei eine stetige Abbildung eines Normalpolygons Π in $\overline{R}$ von folgender Art: Eine gewisse Teilmenge $\mathfrak{E}$ der Ecken E_ν, es kann die Menge aller Ecken oder auch die leere Menge sein, werde dabei auf den idealen Rand abgebildet; $\Pi - \mathfrak{E}$ jedoch werde durch α topologisch in R abgebildet und es sei α im Innern von Π sowie in den inneren Punkten der Kanten S_ν konform. Der Inbegriff (Π, α) eines Normalpolygons Π und einer solchen Abbildung α definiert auf R ein Polygon π. Es heißt kompakt, wenn die Bildmenge $\alpha(\Pi)$ in R kompakt ist, nicht-kompakt im anderen Falle, wobei gewisse seiner Eckpunkte auf den idealen Rand zu liegen kommen. Analog zu früher (vgl. § 9.1 bzw. 15.4.3) definieren wir eine *Polygonzerlegung* von R als ein System von abzählbar unendlichvielen Polygonen $\pi_k = (\Pi_k, \alpha_k)$, $k = 0, 1, 2, \ldots$, welches die drei Bedingungen in § 8.3.2 erfüllt, wobei „Dreieck" durch „Polygon" zu ersetzen ist. Sind alle Polygone des Systems kompakt, so nennen wir die Polygonzerlegung kurz „*kompakt*", andernfalls „*nicht-kompakt*".

Eine solche Polygonzerlegung der Fläche definiert einen zweidimensionalen orientierbaren unendlichen *Zellenkomplex* Z [1]. Die Menge seiner Ecken auf R (0-Zellen) σ^0 kann leer sein. Die Kanten (1-Zellen) σ_j^1 denken wir uns beliebig, aber fest orientiert, $j = 1, 2, \ldots$; die Polygone (2-Zellen) σ_k^2, $k = 0, 1, 2, \ldots$, sollen entsprechend der konformen Struktur auf R orientiert sein. Wir betrachten unendliche Linearformen $X^p = \sum x_k \sigma_k^p$ in den Unbestimmten σ_k^p mit reellen Koeffizienten, die wir auch als p-dim. Ketten auffassen, $p = 0, 1, 2$. Für eine beliebige p-Form $X^p = \sum x_k \sigma_k^p$ und eine endliche p-Form $Y^p = \sum y_k \sigma_k^p$ setzen wir $X_p(Y^p) = \sum x_k y_k$. Dadurch wird X^p zu einer p-Funktion der endlichen p-Ketten Y^p. Der Rand einer Form X^p wurde (in üblicher Weise) in

---

[1] Falls die Polygonzerlegung nicht-kompakt ist, können unendlich viele Kanten mit einer „Ecke" auf den „idealen Rand" inzidieren.

§ 23.2.1 definiert. Der Korand δX^p einer Form X^p ist eine $(p+1)$-Form mit $\delta X^p(\sigma^{p+1}) = X^p(\partial \sigma^{p+1})$, $p = 0, 1$. Wird eine Kante σ_j^1 umorientiert, so ändert ihr Koeffizient x_j in der 1-Funktion $X^1 = \sum x_j \sigma_j^1$ das Vorzeichen. Wenn die 2-Zelle σ_k^2 mit den Kanten $\sigma_{j_1}^1, \ldots, \sigma_{j_n}^1$ inzidiert und wenn σ_k^2 auf diesen Kanten die gegebene Orientierung induziert (was man durch Umorientierung immer erreichen kann), so hat der Korand der 1-Funktion $X^1 = \sum x_j \sigma_j^1$ auf der Zelle σ_k^2 den Wert

$$\delta X^1(\sigma_k^2) = x_{j_1} + \cdots + x_{j_n}.$$

44.2. Wir definieren nun ein *„stückweise harmonisches Differential“*. Hierfür lösen wir für eine stetige und bis auf die Ecken stetig differenzierbare Funktion f auf dem Rand eines Normalpolygons Π, d. i. auf der Peripherie γ des Einheitskreises K, die erste Randwertaufgabe für f; wir bestimmen also jene auf Π stetige und im Innern von Π harmonische Funktion U, die auf dem Rande von Π mit f übereinstimmt. Das DIRICHLET-Integral $D(U)$ ist endlich und das Differential $dU = U_x dx + U_y dy$ im Innern von Π harmonisch. Auf der Peripherie von Π definieren wir dU lediglich als Differential längs der Kreislinie γ:

$$dU = \frac{dU(e^{i\varphi})}{d\varphi}\, d\varphi \qquad \text{längs } \gamma.$$

Ist die Funktion h auf Π stetig und im Innern von Π harmonisch mit endlichem DIRICHLET-Integral, so gilt

$$(dh, *dU)_\Pi = -\int_\gamma h\,dU = -\int_0^{2\pi} h(e^{i\varphi})\, \frac{dU(e^{i\varphi})}{d\varphi}\, d\varphi. \qquad (44.1)$$

Nun konstruieren wir in dieser Weise für jedes Normalpolygon Π_k (der Polygonzerlegung) eine solche Funktion U_k, $k = 1, 2, \ldots$, aber nicht für $k = 0$, und verpflanzen U_k mittels der Abbildung α_k^{-1} in das Polygon $\sigma_k^2 = (\Pi_k, \alpha_k)$ auf R:

$$u_k(p) = U_k(\alpha_k^{-1}(p)), \qquad p \in \sigma_k^2, k = 1, 2, \ldots .$$

Dadurch entsteht auf jedem Polygon $\pi_k = \sigma_k^2$, $k \neq 0$, eine stetige Funktion u_k, die im Innern von σ_k^2 harmonisch und in den inneren Punkten seiner Kanten nach dem Kurvenparameter stetig differenzierbar ist. du_k ist im Innern von σ_k^2 harmonisch und auf seinen Kanten als Differential längs seiner Kanten σ_j^1 zu verstehen. *Wir setzen voraus, daß längs jeder Kante des Komplexes Z $du_i = du_k$ sei, wenn diese Kante an die Zellen σ_i^2 und σ_k^2 mit $i, k \neq 0$ grenzt.* Dann setzen wir $\omega = du_k$ im Innern von σ_k^2 und längs dessen Seiten, $k = 1, 2, \ldots$. Dadurch ist ω abgesehen von den Ecken des Komplexes Z im ganzen Gebiet $R - \sigma_0^2$ eindeutig definiert. Wir nennen ω ein auf $R - \sigma_0^2$ *stückweise harmonisches Differential.*

Das Integral $\int_{\sigma_j^1} \omega$ hat längs jeder Kante des Komplexes Z einen wohl-

bestimmten Sinn. Inzidiert nämlich σ_j^1 mit σ_k^2, $k \neq 0$, und wird σ_j^1 durch α_k^{-1} auf die Kante S_ν von Π_k abgebildet, so ist $\int_{\sigma_j^1} \omega = \pm \int_{S_\nu} dU_k$ mit den

Vorzeichen $+$ oder $-$, je nachdem, ob σ_j^1 im Sinne des wachsenden φ orientiert ist oder nicht. Ist h auf $R - \sigma_0^2$ harmonisch und $D(h) < \infty$, so gilt gemäß (44.1)

$$(dh, *\omega)_{\sigma_k^2} = -\int_{\partial \sigma_k^2} h\,\omega, \qquad k = 1, 2, \ldots . \tag{44.2}$$

Das Quadrat der Norm von ω definieren wir als die Summe der (endlichen) Normquadrate von ω in bezug auf die einzelnen Polygone:

$$\|\omega\|^2 = \sum_{k=1}^{\infty} \|\omega\|^2_{\sigma_k^2} .$$

Wir nennen das Differential ω *zulässig*, wenn $\int_{\partial \sigma_0^2} \omega = 1$ ist. Es gilt der

Hilfssatz: *Wenn in bezug auf eine Polygonzerlegung der Fläche R ein auf $R - \sigma_0^2$ zulässiges stückweise harmonisches Differential von endlicher Norm existiert, so ist R vom hyperbolischen Typus.*

44.3. Beweis des Hilfssatzes.

1. Wir nehmen zunächst an, daß bei der gegebenen Polygonzerlegung sämtliche Polygone σ_k^2 *kompakt* seien. Wir setzen $\sigma_0^2 = \overline{F}_0$, $\partial \sigma_0^2 = \Gamma_0$ und wählen eine normale Ausschöpfung $\{F_n\}$ von R, $n = 1, 2, \ldots$, $\overline{F}_0 \subset F_1$, so daß der Rand Γ_n von F_n gleich einem Kantenzyklus des Zellenkomplexes Z ist (Γ_n werde in bezug auf F_n im positiven Sinne durchlaufen). μ_n sei der Modul des Ringgebietes $P_n = (F_n - \overline{F}_0; \Gamma_0, \Gamma_n)$, $H_n = H(\Gamma_n, P_n)$ das harmonische Maß von Γ_n in bezug auf das Gebiet P_n. Setzen wir $h_n = \mu_n H_n$, so ist gemäß § 41.2.1 $\int_{\Gamma_n} *dh_n = 1$ und $\|dh_n\|^2 = \mu_n$.

Die auf $\overline{P}_n$ gelegenen Flächen, Kanten und Ecken des Zellenkomplexes bilden einen Teilkomplex Z_n. Die in Z_n enthaltenen 2-Zellen bilden eine 2-Kette $X^2 = \sum_k n_k \sigma_k^2$, wo n_k gleich 1 ist, wenn σ_k^2 in Z_n liegt und sonst verschwindet. Es ist $\partial X^2 = \Gamma_n - \Gamma_0$. Wegen $\partial X^2 = \sum_k n_k \partial \sigma_k^2$ folgt dann in Verbindung mit (44.2) für ein zulässiges stückweise harmonisches ω endlicher Norm

$$\int_{\overline{P}_n} dh_n \wedge \omega = \sum_k n_k \int_{\sigma_k^2} dh_n \wedge \omega = \sum_k n_k \int_{\partial \sigma_k^2} h_n\,\omega = \int_{\partial X^2} h_n\,\omega$$

$$= \int_{\Gamma_n - \Gamma_0} h_n\,\omega = \mu_n \int_{\Gamma_n} \omega = \mu_n .$$

Daher ist

$$(dh_n, *\omega + dh_n)_{P_n} = \|dh_n\|_{P_n}^2 - \int\limits_{P_n} dh_n \wedge \omega = 0,$$

also

$$\|\omega\|_{P_n}^2 = \|(*\omega + dh_n) - dh_n\|_{P_n}^2 = \|*\omega + dh_n\|^2 + \|dh_n\|^2 \geq \mu_n$$

und schließlich $\mu_n \leq \|\omega\|^2 < \infty$ für alle n. Die Folge der Moduln μ_n ist somit beschränkt und R vom hyperbolischen Typus.

2. Betrachten wir nun den Fall einer „*nicht-kompakten*" Polygonzerlegung. Die nicht-kompakten Polygone werden durch kompakte Polygone unterteilt. Ist das gegebene Polygon σ_0^2 schon kompakt, so befinden wir uns damit im Falle der vorigen Nr. 1. Ist aber $\pi_0 = (\Pi_0, \alpha_0)$ nicht-kompakt, so wählen wir ein ganz im Innern von π_0 gelegenes Polygon π_0' der Unterteilung. Durch die Abbildung α_0^{-1} wird das Innere von π_0' auf ein Gebiet B im Normalpolygon Π_0 abgebildet. Dabei wird aus dem Differential ω längs des Randes von π_0 ein Differential $a(\varphi)\,d\varphi$ längs der Peripherie $\gamma = \{e^{i\varphi} \mid 0 \leq \varphi \leq 2\pi\}$ mit $\int\limits_0^{2\pi} a(\varphi)\,d\varphi = 1$. Ist γ_0 der Rand von B, μ der Modul des Ringgebietes $P = (\Pi_0 - \overline{B};\ \gamma_0,\ \gamma)$, $H = H(\gamma, P)$ das harmonische Maß von γ in bezug auf P und $\mu * dH = b(\varphi)\,d\varphi$ längs γ, so ist $\int\limits_0^{2\pi} (a(\varphi) - b(\varphi))\,d\varphi = 0$. Es gibt also eine eindeutige Funktion $f(e^{i\varphi})$ mit $df = (a(\varphi) - b(\varphi))\,d\varphi$. U sei die Lösung der Randwertaufgabe für den Kreis $|z| \leq 1$ mit den Randwerten f. Dann ist $dU + \mu * dH = a(\varphi)\,d\varphi$ längs γ. Indem wir das Differential $dU + \mu * dH$ in $\Pi_0 - \overline{B}$ mit α_0 auf $\pi_0 - \pi_0'$ verpflanzen, erhalten wir zusammen mit dem gegebenen Differential ω auf $R - \pi_0$ ein zulässiges Differential in $R - \pi_0'$ von endlicher Norm und sind damit im Falle der vorangehenden Nr. 1.

44.4. Auf Grund des Hilfssatzes in § 44.2 verbleibt uns noch die Aufgabe, mit Hilfe des Zellenkomplexes Z ein Kriterium anzugeben, wann eine zulässige stückweise harmonische Funktion endlicher Norm konstruiert werden kann. Die kombinatorische Struktur von Z allein wird allerdings nicht genügen, da sie nur vom topologischen Typus der Fläche abhängt. Es läßt sich aber die konforme Struktur der Fläche dadurch berücksichtigen, daß den absoluten Kanten $|\sigma_j^1|$ (d. h. ohne Orientierung) des Komplexes gewisse positive Zahlen g_j als Gewichte zugeschrieben werden.

Zur Durchführung dieser Aufgabe wählen wir 1. auf jeder Kante σ_j^1 von Z ein stetiges reelles Differential β_j mit

$$\int\limits_{\sigma_j^1} \beta_j = 1, \quad j = 1, 2, \ldots, \tag{44.3}$$

2. auf dem Komplex Z eine 1-Form[1]

$$X^1 = \sum_j x_j \sigma_j^1 \qquad \text{mit } \delta X^1 = \sigma_0^2 . \tag{44.4}$$

Wir fassen eine 2-Zelle σ_k^2, $k \neq 0$ ins Auge, also ein Polygon $\pi_k = (\Pi_k, \alpha_k)$. $\sigma_{j_\nu}^1$, $\nu = 1, \dots, n$, seien die mit ihm inzidierenden Kanten von Z. Wir nehmen an, daß diese Kanten $\sigma_{j_\nu}^1$ zu σ_k^2 kohärent orientiert sind, was man durch evtl. Umorientieren stets erreichen kann. Wegen $\delta X^1(\sigma_k^2) = 0$ ist dann

$$x_{j_1} + \cdots + x_{j_n} = 0 . \tag{44.5}$$

Durch die Abbildung α_k des Normalpolygons Π_k auf π_k werden die Differentiale β_{j_ν} auf die Kanten S_ν von Π_k übertragen: $\beta_{j_\nu} = b_\nu(\varphi) \, d\varphi$ auf S_ν. Wir setzen

$$\xi = x_{j_\nu} \beta_{j_\nu} = x_{j_\nu} b_\nu(\varphi) \, d\varphi \qquad \text{auf } S_\nu, \quad \nu = 1, 2, \dots, n ,$$

und definieren dadurch auf der Peripherie γ, mit Ausnahme der Ecken E_ν, ein stetiges Differential ξ. Wegen (44.3) und (44.5) ist $\int\limits_{S_\nu} \xi = x_{j_\nu}$ und $\int\limits_\gamma \xi = 0$. Durch das Integral $\int\limits_0^\varphi \xi = f(e^{i\varphi})$ wird also auf γ eine eindeutige, stetige und stückweise stetig differenzierbare Funktion f definiert und wir bezeichnen die zugehörige Lösung der ersten Randwertaufgabe für den Kreis mit U_k. Wie hängt $D(U_k)$ von den Zahlen x_{j_n} ab? Um dies zu sehen, betrachten wir neben dem n-Tupel $x = (x_{j_1}, \dots, x_{j_\nu})$ noch die folgenden

$$\begin{aligned}
e_1 \quad &= (1, 0, \dots, 0, -1) \\
e_2 \quad &= (0, 1, \dots, 0, -1) \\
&\cdot \cdot \cdot \cdot \cdot \cdot \cdot \cdot \cdot \cdot \cdot \cdot \\
e_{n-1} &= (0, 0, \dots, 1, -1) .
\end{aligned}$$

Wir bezeichnen die den $e_1, \dots, e_{n-1}$ zugeordneten harmonischen Funktionen im Kreise K entsprechend mit $u^1, u^2, \dots, u^{n-1}$. Dann ist offenbar

$$U_k = x_{j_1} u^1 + \cdots + x_{j_{n-1}} u^{n-1}$$

und somit

$$D(U_k) = \sum_{\lambda, \nu = 1}^{n-1} D(u^\lambda, u^\nu) \, x_{j_\lambda} x_{j_\nu} . \tag{44.6}$$

Es gibt also eine Zahl $G_k = G(\Pi_k, \beta_{j_\nu})$, die nur von dem Normalpolygon Π_k und den β_{j_ν} abhängig ist, mit

$$D(U_k) \leqq G_k \sum_\nu x_{j_\nu}^2 \tag{44.7}$$

für alle x_{j_ν}, die der Gleichung (44.5) genügen.

---

[1] Es lassen sich leicht solche X^1 schrittweise konstruieren.

Indem wir für jedes U_k diese Konstruktion durchführen, $k = 1, 2, \ldots,$ und die erhaltenen Funktionen U_k vermittels der Abbildung α_k^{-1} auf R verpflanzen, erhalten wir gemäß § 44.2 ein in $R - \sigma_0^2$ stückweise harmonisches Differential ω mit

$$\|\omega\|^2 = \sum_k D(U_k) \leq \sum_k G_k \sum_{j_k} x_{j_k}^2 \, ,$$

wo die Zahlen j_k die Indizes jener Kanten σ_j^1 durchlaufen, die mit σ_k^2 inzidieren. In dieser Summe tritt jedes x_j genau zweimal auf, wenn wir noch ein Glied für $k = 0$ mit $G_0 = 0$ hinzufügen. Sind σ_i^2 und σ_k^2 die an σ_j^1 grenzenden Polygone, so ist

$$g_j = G_i + G_k > 0 \tag{44.8}$$

das der absoluten Seite $|\sigma_j^1|$, d. h. unabhängig von der Orientierung des σ_j^1, zuzuschreibende Gewicht. Es folgt dann

$$\|\omega\|^2 \leq \sum_j g_j x_j^2 \, . \tag{44.9}$$

Wir definieren die Summe auf der rechten Seite als das Quadrat der Norm der 1-Form X^1:

$$\|X^1\|^2 = \sum_j g_j x_j^2 \, . \tag{44.10}$$

Die g_j treten hier in der Weise in Erscheinung, daß sie im Sinne von (44.10) auf Z eine Metrik definieren, wodurch Z zu einem „*metrischen Zellenkomplex*" $(Z, \{g_j\})$ wird, und die Norm $\|X^1\|$ stets in bezug auf $(Z, \{g_j\})$ zu verstehen ist.

ω ist zulässig im Sinne von § 44.2. Um dies nachzuweisen, bezeichnen wir die mit σ_0^2 inzidenten Kanten für den Moment mit $\sigma_1^1, \ldots, \sigma_m^1$ und setzen voraus, daß sie in bezug auf σ_0^2 kohärent orientiert seien. Wegen $\delta X^1 = \sigma_0^2$ in (44.4) ist dann $x_1 + \cdots + x_m = 1$ und aus $\int_{\sigma_j^1} \omega = x_j$ folgt $\int_{\partial \sigma_0^2} \omega = 1$. ω ist also zulässig.

Wenn die Norm von X^1 endlich ist, so muß nach (44.9) auch $\|\omega\| < \infty$, und daher R nach dem Hilfssatz in § 44.2 vom hyperbolischen Typus sein. Damit haben wir das folgende

Kriterium von Royden[1]: *Es liege von der nicht-kompakten Riemannschen Fläche R eine Polygonzerlegung im Sinne von § 44.1 vor. $(Z, \{g_j\})$ sei der metrische Zellenkomplex, der auf Grund der Polygonzerlegung und der den Kanten zugeschriebenen Gewichten (44.8) definiert ist. Gibt es auf $(Z, \{g_j\})$ eine 1-Form X^1 von endlicher Norm (44.10), deren Korand δX^1 auf einer 2-Zelle den Wert 1 und auf allen andern den Wert Null hat, so ist R vom hyperbolischen Typus.*

---

[1] Vgl. H. L. Royden [2].

Dieses Kriterium ist nicht notwendig. Seine Güte hängt wesentlich von der geschickten Wahl der Differentiale β_j längs der Kanten σ_j^1 ab. Ist nämlich R vom hyperbolischen Typus, so gibt es gemäß § 43.1. auf $R - \sigma_0^2$ ein zulässiges harmonisches Differential ω von endlicher Norm. Dieses ω definiert längs der Kanten σ_j^1 bis auf einen Normierungsfaktor x_j die „richtigen" Differentiale β_j. Eine systematische Fehlerquelle kommt also lediglich dort herein, wo die quadratische Form in (44.6) durch die quadratische Form in (44.7) majorisiert wird.

Es liegt natürlich die Frage nahe, ob man auf Grund einer Polygonzerlegung der Fläche und des zugehörigen metrischen Zellenkomplexes $(Z,\{g_j\})$ auch ein hinreichendes Kriterium für den parabolischen Typus angeben kann. Dies ist für eine „kompakte" Polygonzerlegung in der Tat möglich (vgl. meine Arbeit [3]).

44.5. Ein Spezialfall.

Wenn auch im allgemeinen bei der Anwendung des ROYDENschen Kriteriums die Bestimmung der Gewichte ein wesentliches Problem darstellt, so läßt sich immerhin eine große und wichtige Klasse von RIEMANNschen Flächen bzw. Polygonzerlegungen angeben, wo diese Gewichte alle einander gleich und somit gleich 1 gewählt werden können, der metrische Komplex $(Z, \{g_j\})$ also von der Form $(Z, \{1\})$ ist. Wir sprechen dann von einer „regulären" Polygonzerlegung. Eine solche liegt z. B. vor, wenn wir die Fläche durch folgendes Polygonsystem konstruieren. Wir zerlegen die Kreislinie $|z| = 1$ durch eine Anzahl Punkte $E_r = e^{i\varphi_\nu}$ in Kreisbogen S_ν, $\nu = 1, 2, \ldots, n$. Das Polygon Π^i ist die Kreisscheibe $|z| \leq 1$ mit E_ν und S_ν als seinen Ecken und Seiten; das Polygon Π^a ist das Kreisäußere $|z| \geq 1$ mit E_ν und S_ν als seinen Ecken und Seiten. Das Polygonsystem besteht nun aus abzählbar unendlich vielen Exemplaren von Π^i und Π^a, zwischen dessen Seiten eine Paarung im Sinne von § 4.2 definiert ist, und zwar so, daß zwei gepaarte Seiten stets über dem gleichen Kreisbogen liegen und längs dieses Bogens verheftet werden. Dadurch wird eine RIEMANNsche Fläche R (vgl. § 4.2) mit einer polygonalen Zerlegung definiert. Wir nennen sie kurz eine RIEMANN*sche Fläche mit einer gleichmäßigen Polygonzerlegung*. Nun wählen wir die Differentiale β_j auf den Kanten σ_j^1 des Komplexes Z so, daß sie bei Übertragung auf den entsprechenden Kreisbogen S_ν von der Form *konst.* $\cdot d\varphi$ sind. Durch diese Normierung entsteht zwar eine systematische Fehlerquelle, sie hat aber den Vorteil, daß jetzt die Zahlen G_k in (44.7) und somit die Gewichte g_j alle einander gleich sind. Damit haben wir folgendes Resultat: *Wenn für eine* RIE-MANN*sche Fläche mit einer gleichmäßigen Polygonzerlegung auf dem entsprechenden Zellenkomplex Z eine 1-Form $X^1 = \sum x_j \sigma_j^1$ existiert mit*

$$\delta X^1 = \sigma_0^2 \quad und \quad \|X^1\|^2 = \sum_j x_j^2 < \infty,$$

so ist R vom hyperbolischen Typus.

Die obige Riemannsche Fläche stellt man gewöhnlich durch einen *Streckenkomplex* dar (vgl. 15.4.3), das ist das System der Ecken und Kanten des zu Z dualen Zellenkomplexes $\overline{Z}$: seine Ecken, Kanten und Flächen bezeichnen wir mit σ_k^0, $\overline{\sigma}_j^1$ und $\overline{\sigma}_\varrho^2$, die den σ_k^2, σ_j^1 und σ_ϱ^0 aus Z eineindeutig entsprechen. Die $\overline{\sigma}_k^0$ und $\overline{\sigma}_j^1$ sind die Ecken und Kanten des Streckenkomplexes S, die $\overline{\sigma}_\varrho^2$ seine algebraischen oder logarithmischen Elementargebiete. Mit Hilfe dieses Streckenkomplexes S läßt sich das obige Resultat dann folgendermaßen aussprechen: *Wird die Riemann-sche Fläche R in der eben beschriebenen Weise durch einen Strecken-komplex S dargestellt und existiert auf S eine 1-Form $\overline{X}^1 = \sum x_j \overline{\sigma}_j^1$ mit*

$$\|\overline{X}^1\|^2 = \sum_j x_j^2 < \infty,$$

deren Rand ∂X^1 auf einer Ecke den Wert 1 und auf den übrigen Ecken den Wert 0 hat, so ist R vom hyperbolischen Typus.

Die praktische Anwendung vollzieht sich so, daß man ein $\overline{X}^1$ zu wählen sucht, das den angegebenen Bedingungen genügt. Es ist nicht schwer zu zeigen, daß die Wahl dann am günstigsten ist, d. h. $\|\overline{X}^1\|$ sicher dann endlich wird, wenn überhaupt, falls $\overline{X}^1$ der Korand einer 0-Form $\overline{X}^0 = \sum x_k \overline{\sigma}_k^0$ ist. Dies legt es nahe, dem obigen Kriterium die folgende „*physikalische*" *Fassung* zu geben. Wir betrachten den Strecken-komplex als ein unendliches elektrisches Leiternetz, dessen Kanten je ein Leiterstück mit dem Ohmschen Widerstand 1 sind. Nun wird eine Ecke an eine Stromquelle angeschlossen, die einen Strom von 1 Ampère in das Leiternetz hineinführt, in welchem sich dieser Strom nach den Kirchhoffschen Regeln verteilt. Ist die gesamte im Netz entwickelte Joulesche Wärme endlich, so ist R vom hyperbolischen Typus.

44.6. Verallgemeinerung[1].

1. Statt in Polygone zerlegen wir jetzt die nicht-kompakte Riemann-sche Fläche R in *kompakte berandete Flächen R_B*, die wir kurz *Elementar-flächen* oder „*verallgemeinerte Polygone*" nennen und mit $\Phi_0, \Phi_1, \ldots,$ bezeichnen wollen. Liegt auf R ein System $\{\Phi_i\}$ von solchen Elementar-flächen vor, daß

a) jeder Punkt von R mit mindestens einer Elementarfläche inzi-diert und

b) verschiedene Elementarflächen keine inneren Punkte gemeinsam haben,

so sprechen wir von einer Zerlegung der Fläche R in Elementarflächen oder kurz von einer „*verallgemeinerten Polygonzerlegung*" von R. Ecken sind keine vorhanden. Die Φ_k fassen wir wiederum als 2-Zellen σ_k^2 auf, die wir uns entsprechend der konformen Struktur auf R orientiert

---

[1] Wir folgen auch hier den Ausführungen von H. L. Royden [2].

denken, $k = 0, 1, 2, \ldots$. Die Kanten σ_j^1 (1-Zellen) sind jetzt die analytischen JORDAN-Kurven auf R, die für je zwei Elementarflächen eine Randkomponente bilden, $j = 1, 2, \ldots$. Die σ_j^1 sollen beliebig, aber fest orientiert sein. Das System dieser 1- und 2-Zellen bildet einen „Komplex" Z, ohne 0-Zellen.

Ganz entsprechend zu § 44.4 betrachten wir auf Z die 1-Formen $X^1 = \Sigma \, x_j \sigma_j^1$ mit $\delta X^1 = \sigma_0^2$. Auf den σ_j^1 wählen wir je ein stetiges Differential β_j mit $\int_{\sigma_j^1} \beta_j = 1$. Auf jedem σ_k^2, $k \neq 0$ bestimmen wir ein Differential ω_k, das im Innern von σ_k^2 harmonisch ist, auf dem Rande von σ_k^2 als Differential längs dieses Randes erklärt ist und der Bedingung $\omega_k = x_j \beta_j$ längs den mit σ_k^2 inzidenten Kanten σ_j^1 genügt. Und zwar konstruieren wir dieses ω_k auf folgende Art. Zunächst bestimmen wir eine harmonische Funktion H, die auf jeder Randkomponente von σ_k^2 einen solchen (konstanten) Wert annimmt, daß $\int_{\sigma_j^1} *dH = x_j$ ist für jedes mit σ_k^2 inzidente σ_j^1. Dies ist wegen $\delta X^1 (\sigma_k^2) = 0$, $k = 1, 2, \ldots$, möglich. Wegen $\int_{\sigma_j^1} (x_j \beta_j - *dH) = 0$ für jedes an σ_k^2 grenzende σ_j^1 gibt es auf dem Rande von σ_k^2 eine eindeutige Funktion f mit $df = x_j \beta_j - *dH$. Ist h die zugehörige Lösung des DIRICHLETschen Randwertproblems für σ_k^2, so genügt das Differential $\omega_k = *dH + dh$ auf σ_k^2 den gestellten Anforderungen.

Setzen wir nun $\omega = \omega_k$ auf σ_k^2, $k = 1, 2, \ldots$, so erhalten wir wegen $\int_{\partial \sigma_0^2} \omega = 1$ ein *zulässiges stückweise harmonisches Differential auf* $R - \sigma_0^2$. Ganz analog zu § 44.4 finden wir eine Zahl G_k mit

$$\|\omega\|_{\sigma_k^2}^2 - \|\omega_k\|^2 \leq G_k \, \Sigma \, x_j^2 ,$$

wobei rechts über die Indizes der mit σ_k^2 inzidenten Kanten zu summieren ist. Indem wir dann durch die Gewichte $g_j = G_i + G_k$ in (44.8) den „Komplex" Z im Sinne von (44.10) zu einem „metrischen Komplex" $(Z, \{g_j\})$ machen, folgt der Satz: *Liegt von der nichtkompakten Fläche R eine verallgemeinerte Polygonzerlegung vor, sind auf den Kanten σ_j^1 die Differentiale β_j gewählt und existiert auf dem zugehörigen metrischen Komplex $(Z, \{g_j\})$ eine 1-Form X^1 mit endlicher Norm $\|X^1\|$,*

$$\|X^1\|^2 \leq \sum_1^\infty g_j x_j^2 ,$$

deren Korand δX^1 auf einer 2-Zelle den Wert 1 und auf allen anderen den Wert Null hat, so ist R vom hyperbolischen Typus.

2. Wir betrachten nun folgenden bemerkenswerten *Spezialfall*. Auf einer kompakten RIEMANNschen Fläche R_0 wählen wir p getrennte einfach geschlossene analytische Wege w_ν, $\nu = 1, 2, \ldots, p$, so daß

durch diese *Rückkehrschnitte* eine kompakte berandete Fläche R_B entsteht. Ihre Randkomponenten, entsprechend den w_ν orientiert, sind die rechten und linken Ufer w_1^+, w_1^-, ..., w_p^+, w_p^- der Rückkehrschnitte w_ν. R_B induziert auf w_ν^+ die gegebene Orientierung, auf w_ν^- die entgegengesetzte. Nun geben wir uns eine nicht-kompakte Fläche R mit einer „verallgemeinerten Polygonzerlegung" als *unverzweigte und unbegrenzte Überlagerung von R_0, so daß jede Elementarfläche σ_k^2 schlicht über R_B liegt*, $k = 0, 1, 2, \ldots$. Dann liegt jede Kante σ_j^1 über einem Rückkehrschnitt w_ν und somit auch über den beiden Ufern w_ν^+ und w_ν^-. Von einer Fläche R mit einer solchen Zerlegung sprechen wir kurz als einer Rie-mann*schen Fläche mit einer gleichmäßigen „verallgemeinerten Polygonzerlegung"*. Wir wählen längs der w_ν ein Differential β_ν' mit $\int_{w_\nu} \beta_\nu' = 1$, $\nu = 1, \ldots, p$, und verpflanzen diese β_ν' mit Hilfe der Projektion $\alpha: R \to R_0$ auf die Kanten σ_j^1. Zufolge dieser Wahl der β_j werden die Gewichte g_j alle einander gleich, wir können also im obigen Satz den metrischen Komplex $(Z, \{1\})$ zugrunde legen, d. h.: *Wenn bei einer* Riemann*schen Fläche mit einer gleichmäßigen verallgemeinerten Polygonzerlegung auf dem entsprechenden Komplex Z eine 1-Form $X^1 = \Sigma\, x_j \sigma_j^1$ existiert mit $\delta X^1 = \sigma_0^2$ und $\|X^1\|^2 = \Sigma\, x_j^2 < \infty$, so ist R vom hyperbolischen Typus.* Bemerkenswert an diesem Satz ist, daß er umgekehrt werden kann: Die Bedingungen $\delta X^1 = \sigma_0^2$ und $\|X^1\| < \infty$ sind hier, d. h. im Falle einer gleichmäßigen *verallgemeinerten* Polygonzerlegung, auch *notwendig*. Zum Beweise nehmen wir ein R mit einer solchen Zerlegung, das vom hyperbolischen Typus ist. Dann existiert auf $R - \sigma_0^2$ gemäß § 43.1 ein zulässiges harmonisches Differential ω von endlicher Norm. Wir setzen $x_j = \int_{\sigma_j^1} \omega$ und definieren dadurch eine 1-Form $X^1 = \Sigma\, x_j \sigma_j^1$ mit $\delta X^1 = \sigma_0^2$. Wir zeigen, daß $\Sigma\, x_j^2 < \infty$ ist.

Zu diesem Zwecke wählen wir ein σ_k^2, $k = 1, 2, \ldots$, und bezeichnen für den Moment die mit σ_k^2 inzidenten Kanten mit $\sigma_1^1, \ldots, \sigma_{2p}^1$, deren Orientierung mit der von σ_k^2 induzierten übereinstimmen soll. H_ν sei das harmonische Maß von $|\sigma_\nu^1|$ bezüglich σ_k^2, $\nu = 1, 2, \ldots, 2p$. Wir setzen $\varphi_\nu = x_\nu \dfrac{*dH_\nu}{D(H_\nu)}$ und erhalten wegen $\int_{\sigma_j^1} \omega = x_j$

$$(*dH, \omega - \varphi_\nu) = \int_{\sigma_\nu^1} (\omega - \varphi_\nu) = 0, \quad \nu = 1, 2, \ldots, 2p.$$

Daraus folgt

$$\|\omega\|_{\sigma_k^2}^2 = \|\varphi_\nu\|^2 + \|\omega - \varphi_\nu\|^2$$

oder

$$\|\omega\|_{\sigma_k^2}^2 \geqq \|\varphi_\nu\|^2 = x_\nu^2 \cdot \frac{1}{D(H_\nu)}, \quad \nu = 1, 2, \ldots, 2p.$$

Nun liegt σ_k^2 schlicht über R_B; wir können also die vorige Betrachtung ebenso auf R_B ausführen. Die Größen $D(H_\nu)$, $\nu = 1, 2, \ldots, 2\,p$, sind also von k unabhängig und haben somit eine von k unabhängige endliche obere Schranke M. Daraus folgt für σ_k^2

$$\sum_1^{2p} x_\nu^2 \leqq 2p\,M\,\|\omega\|_{\sigma_k^2}^2$$

und durch Summation über alle $k = 1, 2, \ldots$

$$\|X^1\|^2 \leqq 2p\,M\,\|\omega\|^2 < \infty,$$

womit gezeigt ist, daß X^1 eine endliche Norm hat. Zusammenfassend gilt der

Satz: *Damit eine* RIEMANN*sche Fläche mit einer gleichmäßigen verallgemeinerten Polygonzerlegung vom hyperbolischen Typus sei, ist notwendig und hinreichend, daß auf dem entsprechenden Komplex Z eine 1-Form $X^1 = \Sigma\, x_j\, \sigma_j^1$ mit $\sum_j x_j^2 < \infty$ existiert, deren Korand auf einer 2-Zelle den Wert 1 und auf allen andern den Wert Null hat.*

Bemerkung: Die oben gegebene Abschätzung von $\|\omega\|_{\sigma_k^2}^2$ ist nur auf einem verallgemeinerten Polygon möglich und nicht auf einem eigentlichen Polygon. Ist nämlich S ein Teilbogen von $|z| = 1$, so gibt es im Kreis $|z| < 1$ harmonische Funktionen h von beliebig großem DIRICHLET-Integral, die der Bedingung $\int_S dh = 1$ genügen.

3. SCHOTTKY-*Überlagerung.* Es sei R eine RIEMANNsche Fläche mit einer gleichmäßigen verallgemeinerten Polygonzerlegung in bezug auf eine kompakte berandete Fläche R_B, welche durch Aufschneiden einer kompakten Fläche R_0 entstanden ist. R_0 sei vom Geschlecht g und durch g Rückkehrschnitte zu der *schlichtartigen Fläche R_B* aufgeschnitten worden. Ist auch R *schlichtartig*, so sprechen wir von R als einer *Überlagerungsfläche vom* SCHOTTKY*schen Typus.*

Eine solche Fläche können wir mit Hilfe der verallgemeinerten Polygonzerlegung folgendermaßen generationenweise ausschöpfen. σ_0^2 ist die nullte Generation. An die $2g$ Randkomponenten von σ_0^2 grenzen die $2g$ Elementarflächen der ersten Generation. Die Vereinigung der nullten und ersten Generation ist eine kompakte berandete Fläche mit $2g(2g-1)$ Randkomponenten, zwischen denen es wegen der Schlichtartigkeit der Fläche R keine Identifikationen gibt. An diese Randkomponenten grenzen also die $2g(2g-1)$ Elementarflächen der 2-ten Generation usw., die n-te Generation besteht aus $2g(2g-1)^{n-1}$ Elementarflächen, $n = 1, 2, \ldots$. Jede Kante σ_j^1 grenzt an zwei Elementarflächen, die aufeinanderfolgenden Generationen angehören. Wir wählen auf σ_j^1 jene Orientierung, die von der Elementarfläche der früheren Generation induziert wird. Jenen Kanten, die an Flächen der $(n-1)$-ten und n-ten Generation grenzen, ordnen wir die Zahl $x_j = \dfrac{1}{2g(2g-1)^{n-1}}$ zu, $n = 1, 2, \ldots$. Dadurch entsteht eine 1-Form X^1 mit $\delta X^1 = \sigma_0^2$. Die Reihe $\Sigma\, x_j^2 = \sum\limits_{n=1}^{\infty} 2g(2g-1)^{n-1}\,[2g(2g-1)^{n-1}]^{-2} = \sum\limits_{n=1}^{\infty} [2g(2g-1)^{n-1}]^{-1}$ konvergiert für $g > 1$. Dies ergibt den Satz:

Die Schottky-*Überlagerung einer kompakten Fläche R_0 vom Geschlecht g ist für $g > 1$ eine Fläche vom hyperbolischen Typus.*

Wird die schlichtartige berandete Fläche R_B als Kreisbereich in der z-Ebene realisiert, das ist die abgeschlossene Ebene mit $2g$ kreisförmigen Löchern, so folgt: *Die Singularitätenmenge einer* Schottky-*Gruppe in der Ebene hat genau dann eine positive logarithmische Kapazität, wenn diese Gruppe mehr als eine Erzeugende besitzt* (P. J. Myrberg [3]).

Literaturverzeichnis

AHLFORS, L. V.: [1] Zur Uniformisierungstheorie. 9. Congr. Math. Scand. Helsinki 1938. — [2] Die Begründung des DIRICHLETschen Prinzips. Soc. Sci. fenn. Comment. Phys. Math. XI, 15 (1943). — [3] Das DIRICHLETsche Prinzip. Math. Ann. 120 (1943). — [4] Normalintegrale auf offenen RIEMANNschen Flächen. Ann. Acad. fenn. Ser. A, I, No. 35 (1947). — [5] Open RIEMANN surfaces and extremal problems on compact subregions. Comment Math. Helvet. 24 (1950). — [6] Remarks on the classification of open RIEMANN surfaces. Ann. Acad. Sci. fenn. Ser. A, I, No. 87 (1951). — [7] On the characterization of hyperbolic RIEMANN surfaces. Ann. Acad. Sci. fenn. Ser. A, I, No. 125 (1952). — [8] On quasiconformal mappings. J. d'Analyse math. 3 (1953/54).

—, and A. BEURLING: [1] Conformal invariants and function-theoretic nullsets. Acta math. 83 (1950).

—, and H. L. ROYDEN: [1] A counterexample in the classification of open RIEMANN surfaces. Ann. Acad. Sci. fenn. Ser. A, I, No. 120 (1952).

ALEXANDROFF, P.: [1] Über die Metrisation der im Kleinen kompakten topologischen Räume. Math. Ann. 92 (1924).

—, u. H. HOPF: [1*] Topologie. Bd. I. Berlin: Julius Springer 1935.

APPEL, P., et E. GOURSAT: [1*] Théorie des fonctions algébriques et de leurs intégrales. Tom. I et II. Paris: Gauthier-Villars 1929/30.

BADER, R.: [1] Fonctions à singularités polaires sur des domaines compacts et sur des surfaces de RIEMANN ouvertes. Ann. Sci. Ecole norm. sup. 71 (1954).

—, et M. PARREAU: [1] Domaines non compacts et classification des surfaces de RIEMANN. C. r. Acad. Sci. (Paris) 232 (1951).

BEHNKE, H., u. K. STEIN: [1] Entwicklung analytischer Funktionen auf RIEMANNschen Flächen. Math. Ann. 120, 430—461 (1943).

BERGMANN, S.: [1] Über die Entwicklung der harmonischen Funktionen der Ebene und des Raumes nach Orthogonalfunktionen. Math. Ann. 86 (1922).

—, and M. SCHIFFER: [1] Kernel functions and conformal mapping. Compositio Math. 8 (1951).

BOCHNER, S.: [1] Über orthogonale Systeme analytischer Funktionen. Math. Z. 14 (1922). — [2] Fortsetzung RIEMANNscher Flächen. Math. Ann. 98 (1928).

BRELOT, M.: [1] Familles de PERRON et Problème de DIRICHLET. Acta Litt. Sci. Szeged 9 (1939). — [2] Sur la théorie des fonctions sousharmoniques. Bull. Sci. Math. (2) 65 (1941).

CHEVALLEY, C.: [1*] Introduction to the theory of algebraic functions of one variable. Math. Surveys No. VI, Amer. Math. Soc. New York 1951.

CHERN, S. S., P. HARTMANN and A. WINTNER: [1] On isothermic Coordinates. Comment. Math. Helvet. 28 (1954).

COURANT, R.: [1*] Vgl. HURWITZ-COURANT. — [2*] DIRICHLETs principle, conformal mapping and minimal surfaces. Mit einem Anhang von M. SCHIFFER. Intersci. Publ. Inc. New York 1950.

EPSTEIN, B.: [1] Some inequalities relating to conformal mapping upon canonical slit domains. Bull. Amer. Math. Soc. 53 (1947).

FATOU, P.: [1*] Fonctions automorphes. Vgl. APPEL-GOURSAT [1*] t. 2.

FLORACK, H.: [1] Reguläre und meromorphe Funktionen auf nicht geschlossenen RIEMANNschen Flächen. Schriftenreihe Math. Inst. Münster, H. 1 (1948).

FORD, L. R.: [1*] Automorphic functions. 2nd edit. New York 1929.

FREUDENTHAL, H.: [1] Über die Enden topologischer Räume und Gruppen. Math. Z. 33 (1931).

GARABEDIAN, P., and M. SCHIFFER: [1] Identities in the theory of conformal mapping. Ann. of Math. 65 (1949).

GRÖTZSCH, H.: [1] Zum Parallelschlitztheorem der konformen Abbildung schlichter unendlichvielfach zusammenhängender Bereiche. Ber. Verh. sächs. Akad. Wiss. Leipzig. Math.-Phys. Kl. 83 (1931). — [2] Über das Parallelschlitztheorem der konformen Abbildung schlichter Bereiche. Ber. Verh. sächs. Akad. Wiss. Leipzig, Math.-Phys. Kl. 84 (1932).

GRUNSKY, H.: [1] Neue Abschätzungen zur konformen Abbildung mehrfach zusammenhängender schlichter Bereiche. Schr. Math. Inst. u. Inst. Angew. Math. Univ. Berlin I (1932). — [2] Über die konforme Abbildung mehrfach zusammenhängender Bereiche auf mehrblättrige Kreise. Sitzgsber. preuß. Akad. Wiss. Math.-Phys. Kl. 1937.

HALLSTRÖM, G. AF: [1] Über meromorphe Funktionen mit mehrfachzusammenhängenden Existenzgebieten. Acta Acad. Aboensis, Math. et Phys. 12, 8 (1939).

HEINS, M.: [1] The conformal mapping of simply-connected RIEMANN surfaces. Ann. of Math. 50 (1949). — [2] A lemma on positive harmonic functions. Ann. of Math. 52 (1950). — [3] Interior mapping of an orientable surface into S^2. Proc. Amer. Math. Soc. 2 (1951). — [4] A problem concerning the continuation of RIEMANN surfaces. Ann. of Math. Stud. Nr. 30 (1953). — [5] On the continuation of a RIEMANN surface. Ann. of Math. 43 (1942). — [6] RIEMANN surface of infinite genus. Ann. of Math. 55 (1952). — [7] On the LINDELÖF principle. Ann. of Math. 61 (1955). — [8] LINDELÖFian maps. Ann. of Math. 62 (1955). — [9] Remarks on the elliptic case of the mapping theorem for simply connected RIEMANN surfaces. Nagoya Math. J. 9 (1955).

HEINZ, E.: [1] Ein elementarer Beweis des Satzes von RADÓ-BEHNKE-STEIN-CARTAN über analytische Funktionen. Math. Ann. 131 (1956).

HERSCH, J.: [1] Longueurs extrémales et théorie des fonctions. Comment. Math. Helvet. 29 (1955).

HILBERT, D.: [1] Zur Theorie der konformen Abbildung. Nachr. Ges. Wiss. Göttingen 1909.

HOPF, H.: [1] Enden offener Räume und unendlich diskontinuierlicher Gruppen. Comment. Math. Helvet. 16 (1943).

HORNICH, H.: [1] Integrale erster Gattung auf speziellen transzendenten RIEMANNschen Flächen. Mh. Math. Phys. 40 (1933). — [2] Beschränkte Integrale auf der RIEMANNschen Fläche von $\sqrt{\cos \frac{\pi z}{2}}$. Mh. Math. Phys. 42 (1935). — [3] Über transzendente Integrale erster Gattung. Mh. Math. Phys. 47 (1939). — [4] Beschränkte Integrale auf speziellen transzendenten RIEMANNschen Flächen. Mh. Math. Wien 53 (1949). — [5] Beschränkte Integrale auf speziellen transzendenten RIEMANNschen Flächen. Mh. Math. Wien 54 (1950).

HUBER, H.: [1] Über analytische Abbildungen von Ringgebieten in Ringgebiete. Compositio Math. 9 (1951). — [2] Über analytische Abbildungen RIEMANNscher Flächen in sich. Comment. Math. Helvet. 27 (1953).

HURWITZ, A., u. R. COURANT: [1*] Geometrische Funktionentheorie. 3. Aufl. Berlin: Julius Springer 1929.

IVERSEN, F.: [1] Recherches sur les fonctions inverses des fonctions méromorphes. Thèse de Helsingfors, 1914.

KELLOGG, O. D.: [1] An example in potential theory. Proc. Amer. Acad. **58** (1923).

KERÉKJÁRTÓ, B. v.: [1*] Vorlesungen über Topologie. Berlin: Julius Springer 1923.

KOEBE, P.: [1] Über die Uniformisierung beliebiger analytischer Kurven. Nachr. Ges. Wiss. Göttingen, 1907. — [2] Über die Uniformisierung der algebraischen Kurven. II. Math. Ann. **69** (1910). — [3] Abbildung mehrfach zusammenhängender schlichter Bereiche auf Kreisbereiche. Math. Z. **7** (1920).

KÜNZI, H.: [1] Neue Beiträge zur geometrischen Wertverteilungslehre. Comment. Math. Helvet. **29** (1955).

KURODA, T.: [1] A property of some open RIEMANN surfaces and its application. Nagoya math. J. **6** (1953). — [2] Theorems of the Phragmén-LINDELÖF type on an open RIEMANN surface. Osaka Math. J. **6** (1954).

LAASONEN, P.: [1] Zum Typenproblem der RIEMANNschen Flächen. Ann. Acad. Sci. fenn. Ser. A, I, No. **11** (1942).

LEHTO, O.: [1] Anwendung orthogonaler Systeme auf gewisse funktionentheoretische Extremal- und Abbildungsprobleme. Ann. Acad. Sci. fenn. Ser. A, I, No. 59 (1949). — [2] On the existence of analytic functions with a finite DIRICHLET integral. Ann. Acad. Sci. fenn. Ser. A, I, No. 67 (1949). — [3] Value distribution and boundary behaviour of a function of bounded characteristic and the RIEMANN surface of its inverse function. Ann. Acad. Sci. fenn. Ser. A, I, No. 177 (1954).

LE-VAN THIEM: [1] Beitrag zum Typenproblem der RIEMANNschen Flächen. Comment. Math. Helvet. **20** (1947).

LOKKI, O.: Über Existenzbeweise einiger mit Extremaleigenschaft versehenen analytischen Funktionen. Ann. Acad. Sci. fenn. A, I, No. 76 (1950).

MALGRANGE, B.: [1] Existence et approximation des solutions des équations aux dérivées partielles et des équations de convolution. Thèse, Paris 1955.

MORI, A.: [1] On the existence of harmonic functions on a RIEMANN surface. J. Fac. Sci. Imp. Univ. Tokyo, Sect. I, **6** (1951). — [2] On RIEMANN surfaces on which no bounded harmonic function exists. J. Math. Soc. Jap. **3** (1951).

MYRBERG, LAURI: [1] Normalintegrale auf zweiblättrigen RIEMANNschen Flächen mit reellen Verzweigungspunkten. Ann. Acad. Sci. fenn. Ser. A, I, No. 71 (1950). — [2] Über das Verhalten der GREENschen Funktionen in der Nähe des idealen Randes einer RIEMANNschen Fläche. Ann. Acad. Sci. fenn. Ser. A, I, No. 139 (1952). — [3] Über die Existenz von positiven harmonischen Funktionen auf RIEMANNschen Flächen. Ann. Acad. Sci. fenn. Ser. A, I, No. 146 (1953). — [4] Über die Integration der POISSONschen Gleichung auf offenen RIEMANNschen Flächen. Ann. Acad. Sci. fenn. Ser. A, I, No. 161 (1953). — [5] Über das DIRICHLETsche Problem auf offenen RIEMANNschen Flächen. Ann. Acad. Sci. fenn. Ser. A, I, No. 197 (1955). — [6] Über ABELsche Integrale mit unendlich vielen Singularitäten auf offenen RIEMANNschen Flächen. Ann. Acad. Sci. fenn. Ser. A, I, No. 209 (1955).

MYRBERG, P. J.: [1] Über die Existenz der GREENschen Funktion auf einer gegebenen RIEMANNschen Fläche. Acta math. **61** (1933). — [2] Über die Bestimmung des Typus einer RIEMANNschen Fläche. Ann. Acad. Sci. fenn. Ser. A, XLV, No. 3 (1935). — [3] Die Kapazität der singulären Menge der linearen Gruppen. Ann. Acad. Sci. fenn. Ser. A, I, No. 10 (1941). — [4] Über transzendente hyperelliptische Integrale erster Gattung. Ann. Acad. Sci. fenn. Ser. A, I, No. 14 (1943). — [5] Über analytische Funktionen auf transzendenten zweiblättrigen RIEMANNschen Flächen mit reellen Verzweigungspunkten. Acta math. **76** (1944). — [6] Über Integrale auf transzendenten symmetrischen RIEMANNschen Flächen. Ann. Acad. Sci. fenn. Ser. A, I, No. 31 (1945). — [7] Über die analytische Fortsetzung von beschränkten Funktionen. Ann.

Acad. Sci. fenn. Ser. A, I, No. 58 (1949). — [8] Über die Existenz von beschränktartigen automorphen Funktionen. Ann. Acad. Sci. fenn. Ser. A, I, No. 77 (1950). — [9] Sur les fonctions automorphes. Ann. Sci. Ecole norm. sup. (3) 68 (1951). — [10] Darstellung automorpher Funktionen durch Zusammensetzung von elliptischen und fuchsoiden Funktionen. Ann. Acad. Sci. fenn. Ser. A, I, No. 200 (1955).

NEVANLINNA, R.: [1*] Uniformisierung. Berlin: Springer 1953. — [2*] Eindeutige analytische Funktionen. 2. Aufl. Berlin: Springer-Verlag 1953. — [1] Über RIEMANNsche Flächen mit endlich vielen Windungspunkten. Acta math. 58 (1932). — [2] Über die Lösbarkeit des DIRICHLETschen Problems für eine RIEMANNsche Fläche. Nachr. Ges. Wiss. Göttingen, Math.-Phys. Kl., Fachgr. I. N.F. 1 (1939). — [3] Ein Satz über offene RIEMANNsche Flächen. Ann. Acad. Sci. fenn. Ser. A, LIV, No. 3 (1940). — [4] Quadratisch integrierbare Differentiale auf einer RIEMANNschen Mannigfaltigkeit. Ann. Acad. Sci. fenn. Ser. A, I, No. 1 (1941). — [5] Über das Anwachsen des DIRICHLET-Integrals einer analytischen Funktion auf einer offenen RIEMANNschen Fläche. Ann. Acad. Sci. fenn. Ser. A, I, No. 45 (1948). — [6] Über die NEUMANNsche Methode zur Konstruktion von ABELschen Integralen. Comment. Math. Helvet. 22 (1949). — [7] Über Mittelwerte von Potentialfunktionen. Ann. Acad. Sci. fenn. Ser. A, I, 57 (1949). — [8] Über die Existenz von beschränkten Potentialfunktionen auf Flächen von unendlichem Geschlecht. Math. Z. 52 (1950). — [9] Über die Anwendung einer Klasse von Integralgleichungen für Existenzbeweise in der Potentialtheorie. Acta Litt. Sci. Szeged 12 (1950). — [10] Beschränktartige Potentiale. Math. Nachr. 4 (1951). — [11] Beitrag zur Theorie der ABELschen Integrale. Ann. Acad. Sci. fenn. Ser. A, I, No. 100 (1951).

OHTSUKA, M.: [1] DIRICHLET problems on RIEMANN surfaces and conformal mappings. Nagoya Math. J. 3 (1951). — [2] Note on the harmonic measure of the accessible boundary of a covering RIEMANN surface. Nagoya Math. J. 5 (1953). — [3] Boundary components of RIEMANN surfaces. Nagoya Math. J. 7 (1954). — [4] Théorèmes étoilés de GROSS et leurs applications. Ann. Institut Fourier 5 (1953/54).

PARREAU, M.: [1] Sur les moyennes des fonctions harmoniques et analytiques. Ann. Inst. Fourier 3 (1951).

PERRON, O.: [1] Eine neue Behandlung der ersten Randwertaufgabe für $\Delta u = 0$. Math. Z. 18 (1923).

PETERSEN, H.: [1] Über den Bereich absoluter Konvergenz der POINCARÉschen Reihen. Acta math. 80 (1948). — [2] Über die Transformationsfaktoren der relativen Invarianten linearer Substitutionsgruppen. Mh. Math. 53 (1949).— [3] Automorphe Formen als metrische Invarianten, I und II. Math. Nachr. 1 (1948). — [4] Über WEIERSTRASS-Punkte und die expliziten Darstellungen der automorphen Formen reeller Dimension. Math. Z. 52 (1949).

PFLUGER, A.: [1] Sur une propriété de l'application quasiconforme d'une surface de RIEMANN ouverte. C. r. Acad. Sci. (Paris) 227, 25—26 (1948). — [2] Über das Anwachsen eindeutiger analytischer Funktionen auf offenen RIEMANNschen Flächen. Ann. Acad. Sci. fenn. Ser. A, I, No. 64 (1949). — [3] Über das Typenproblem RIEMANNscher Flächen. Comment. Math. Helvet. 27 (1953).—[4] Über die RIEMANNsche Periodenrelation auf transzendenten hyperelliptischen Flächen. Comment. Math. Helvet. 30 (1955). — [5] Ein Approximationssatz für harmonische Funktionen auf RIEMANNschen Flächen. Ann. Acad. Sci. fenn. Ser. A, I, No. 216 (1956). — [6] Ein alternierendes Verfahren auf RIEMANNschen Flächen. Comment. Math. Helvet. 30 (1956).

Poincaré, H.: [1*] Théorie du potentiel Newtonien. Paris 1899. — [1] Mémoire sur les fonctions fuchsiennes. Acta math. 1 (1882). — [2] Sur un théorème de M. Fuchs. Acta math. 7 (1885). — [3] Sur l'uniformisation des fonctions analytiques. Acta math. 31 (1907).

Possel, R. de: [1] Zum Parallelschlitztheorem unendlich-vielfach zusammenhängender Gebiete. Nachr. Ges. Wiss. Göttingen 1931. — [2] Sur quelques propriétés de la représentation conforme des domaines multiplement connexes, en relation avec le théorème des fentes parallèles. Math. Ann. 107 (1933).

Radó, T.: [1*] Subharmonic functions. Ergebnisse der Math. und ihrer Grenzgebiete. Berlin: Julius Springer 1937. — [1] Über eine nichtfortsetzbare Riemannsche Mannigfaltigkeit. Math. Z. 20 (1924). — [2] Über den Begriff der Riemannschen Fläche. Acta Litt. Sci. Szeged 2 (1925).

Rauch, H. E.: [1] Generalizations of some theorems of R. Nevanlinna. Ann. Acad. Sci. fenn. Ser. A, I, No. 51 (1948). — [2] On the transcendental Moduli of algebraic Riemann surfaces. Proc. Nat. Acad. Sci. USA 41 (1955).

Renggli, H.: [1] Zur konformen Abbildung auf Normalgebiete. Comment. Math. Helvet. 31 (1956).

Riemann, B.: [1*] Gesammelte mathematische Werke, 2. Aufl. Leipzig 1892.

Riesz, F., et B. Sz. Nagy: [1*] Leçons d'Analyse fonctionnelle. 2^d édit. Budapest 1953.

Royden, H. L.: [1] Some remarks on open Riemann surfaces. Ann. Acad. Sci. fenn. Ser. A, I, No. 85 (1951). — [2] Harmonic functions on an open Riemann surface. Trans. Amer. Math. Soc. 73 (1952). — [3] Some counterexamples in the classification of open Riemann surfaces. Proc. Amer. Math. Soc. 4 (1953).

Sario, L.: [1] Über Riemannsche Flächen mit hebbarem Rand. Ann. Acad. Sci. fenn. Ser. A, I, No. 50 (1948). — [2] Sur le problème du type des surfaces de Riemann. C. r. Acad. Sci. (Paris) 229 (1949). — [3] Sur la classification des surfaces de Riemann. 11. Congr. Math. Scand. Trondheim 1949. — [4] A linear operator method on arbitrary Riemann surfaces. Trans. Amer. Math. Soc. 72 (1952). — [5] An extremal method on arbitrary Riemann surfaces. Trans. Amer. Math. Soc. 73 (1952). — [6] Alternating method on arbitrary Riemann surfaces. Pacific J. Math. 3 (1953). — [7] Construction of functions with prescribed properties on Riemann surfaces. Ann. of Math. Stud. Nr. 30 (1953). [8] Minimizing operators on subregions. Proc. Amer. Math. Soc. 4 (1953). — [9] Capacity of the boundary and of a boundary component. Ann. of Math. 59 (1954). — [10] Positive harmonic functions. Lectures on functions of a complex variable. The University of Michigan Press Ann Arbor 1955.

Schiffer, M.: [1] The span of multiple connected domains. Duke Math. J. 10 (1943). — [2] An application of orthonormal functions in the theory of conformal mapping. Amer. J. Math. 70 (1948). — [3] Appendix in Courant [2*].

Schiffer, M., and D. C. Spencer: [1*] Functionals of finite Riemann surfaces. Princeton University Press 1954.

Schwarz, H. A.: [1*] Ges. math. Abh., Bd. II. Berlin: Julius Springer 1890.

Schwartz, L.: [1*] Théorie des Distributions. T. I et II. Actualités Sci. et industr. Nr. 1091 et 1122 (1950).

Seifert, H., u. W. Threlfall, W.: [1*] Lehrbuch der Topologie. Leipzig und Berlin: B. G. Teubner 1934.

Speiser, A.: [1] Über Riemannsche Flächen. Comment. Math. Helvet. 2 (1930). — [2] Riemannsche Flächen vom hyperbolischen Typus. Comment. Math. Helvet. 10 (1937).

Steenrod, N.: [1*] The Topology of Fibre Boundles. Princeton University Press 1951.

STEINER, A.: [1] Eine direkte Konstruktion der ABELschen Integrale erster Gattung. Diss. Zürich: Orell Füssli 1950.

STOÏLOW, S.: [1*] Leçons sur les principes topologiques de la théorie des fonctions analytiques. Paris: Gauthier-Villars 1938.

STREBEL, K.: [1] Eine Bemerkung zur Hebbarkeit des Randes einer RIEMANNschen Fläche. Comment. Math. Helvet. 23 (1949). — [2] Über das Kreisnormierungsproblem der konformen Abbildung. Ann. Acad. Sci. fenn. Ser. A, I, No. 101 (1951). — [3] Über die konforme Abbildung von Gebieten unendlich hohen Zusammenhangs. Comment. Math. Helvet. 27 (1953). — [4] Die extremale Distanz zweier Enden einer RIEMANNschen Fläche. Ann. Acad. Sci. fenn. Ser. A, I, No. 179 (1955).

TEICHMÜLLER, O.: [1] Eine Anwendung quasikonformer Abbildungen auf das Typenproblem. D. Math. 2 (1937).

TÔKY, Y.: [1] On the classification of open RIEMANN surfaces. Osaka Math. J. 4 (1952). — [2] On the examples in the classification of open RIEMANN surfaces (I). Osaka Math. J. 5 (1953).

TSUJI, M.: [1] Existence of a potential function with a prescribed singularity on any RIEMANN surfaces. Tôhoku Math. J. 4 (1952). — [2] Theory of meromorphic functions in an open RIEMANN surface with null boundary. Nagoya Math. J. 6 (1953).

ULLRICH, E.: [1] Zum Umkehrproblem der Wertverteilung. Nachr. Ges. Wiss. Göttingen. N.F. Fachgruppe I, No. 9 (1936).

VIRTANEN, K. I.: [1] Über ABELsche Integrale auf nullberandeten RIEMANNschen Flächen von unendlichem Geschlecht. Ann. Acad. Sci. fenn. Ser. A, I, No. 56 (1949). — [2] Über eine Integraldarstellung von quadratisch integrierbaren analytischen Differentialen. Ann. Acad. Sci. fenn. Ser. A, I, No. 69 (1950). — [3] Über die Existenz von beschränkten harmonischen Funktionen auf offenen RIEMANNschen Flächen. Ann. Acad. Sci. fenn. Ser. A, I, No. 75 (1950). — [4] Bemerkungen zur Theorie der quadratisch integrierbaren analytischen Differentiale. Ann. Acad. Sci. fenn. Ser. A, I, No. 78 (1950).

WEYL, H.: [1*] Die Idee der RIEMANNschen Fläche. 3. Aufl. Stuttgart: B. G. Teubner 1955. — [1] The method of orthogonal projection in potential theory. Duke Math. J. 7 (1940). — [2] Über die kombinatorische und kontinuumsmäßige Definition der Überschneidungszahl zweier geschlossener Kurven auf einer Fläche. Z. angew. Math. u. Phys. 4 (1953).

WITTICH, H.: [1] Über die konforme Abbildung einer Klasse RIEMANNscher Flächen. Math. Z. 45 (1939).